기후변화대응을 위한

# 에너지·자원법

1. 우리나라의 온실가스 배출 /

기후변화대응을 위한

# 에너지·자원법

초판발행 | 2015년 6월 30일

지 은 이 | 고문현, 류권홍
펴 낸 이 | 한현수
펴 낸 곳 | 숭실대학교 출판국
등 록 | 제14-2호(1982.1.25)
서울 동작구 상도로 369
TEL. 02-820-0772
FAX. 02-817-5297
http://press.ssu.ac.kr
찍 은 곳 | 미르인쇄 주식회사
TEL. 031-945-3693
FAX. 031-945-3694
값 | 22,000원
ISBN | 978-89-7450-345-1 93360

기후변화대응을 위한

# 에너지·자원법

# 서 문

고문현·류권홍

2015년 1월 이산화탄소 배출 감소를 위한 배출권거래제가 시행되었다. 또한 지난, 6월 30일 국무회의 결의를 통해 2030년 우리나라의 온실가스 배출저감목표를 배출 전망치(BAU) 대비 37%로 확정하고 유엔에 계획안을 제출했다.

한편 기후변화의 원인인 온실가스의 주된 배출원은 화석연료이며, 그 중 석탄이 가장 심각한 비난의 대상이다. 온실가스에서 가장 많은 비중을 차지하는 이산화탄소 배출량의 2/3를 화석연료를 사용하는 에너지 부분이 차지하고 있기 때문에 에너지 부분에서 발생하는 이산화탄소의 배출량을 어떻게 감축할 것인가의 문제는 이미 국제사회의 가장 화급한 화두가 되어 있다.

에너지와 환경의 관련성은 있으나 별개의 정책으로 추진되어 왔으나, 이런 변화된 상황으로 인해, 환경 특히 기후변화에 따른 온실가스 감축정책과 관련하여 에너지가 환경에 종속되는 현상이 강화되고 있다. 그리고 에너지와 환경문제는 동시에 경제 문제이기도 하다. 에너지 다소비형 제조업 위주의 산업구조를 가진 우리나라로서는 저렴하고 안정적인 에너지의 공급이 국가적 과제가 아닐 수 없다. 따라서 에너지·환경·경제는 안보적 차원의 커다란 틀에서 동시에 또한 종합적인 국가적 의제가 되어야 한다.

국내에서 생산되는 석유·가스는 거의 없고, 석유·가스 파이프라인이나 전력망이 다른 국가들과 연결되어 있지도 않으며, 북한이라는 존재로 인해 그 연결도 쉽지 않은 에너지 섬인 우리나라의 상황에서 에너지·환경 정책을 수립하는 데는 많은 어려움이 있다. 신재생 또한 제한적 국토면적과 그 본래적 한계로 인해 화석연료나 원자력의 대안으로 그리 쉽게 선택될 수도 없다.

그러다 보니, 화석연료에 대한 국가 의존도가 높이 유지될 수밖에 없으며, 한편 국제유가가 급격히 오르는 경우 정치권이나 정부는 해외자원개발에 집중할 수밖에 없었다. 하지만, 충분한 기술과 전문가들이 양성되지 못한 상황에서 너무 급하게 뛰어들다 보니 실수가 있었고 저유가 시기까지 복합적으로 작용되고 있는 지금은 국민적인 비난의 대상이 되고 말았다. 하지만 이런 비판의 이면에는 투자의 대규모성, 높은 전문성, 20년 이상의 장기성 등 에너지 산업의 생리를 이해하지 못한 부분이 많다. 그리고 국제유가가 하락 추세인 지금이 투자의 가장 적기일 수밖에 없는데, 냉각된 분위기로 인해 투자의 의지가 꺾이고 있다. 국가의 미래를 생각하고, 에너지를 산업적 측면에서 바라본다면 오히려 지금이 투자의 적기라는 생각을 버릴 수가 없다.

이 번 책에서는 기후변화와 그 대응, 에너지 법제 및 정책과 수자원을 포함한 자원개발에 대해 기존에 발표한 논문·발표문 등을 중심으로 정리해봤다. 특히, 최근 국제 에너지 산업에서 주목의 대상인 셰일가스, 2011년 후쿠시마 원전사고 이후의 원자력 정책, 온실가스 문제의 새로운 해결 수단으로서의 CCS 등에 대한 법적 쟁점, 최근 석유·가스 개발 산업의 새로운 동향은 물론, 에너지 복지와 인간 생존에 필요한 필수자원인 수자원과 관련된 쟁점들까지 폭넓은 주제들을 다루었다.

책이나 논문을 쓰면서 항상 느끼는 것은 '부족하다' 는 것이다. 하지만 에너지와 환경, 수자원 법제와 정책분야에 충분한 연구물이나 자료들이 축적되지 못한 상황이기 때문에 부족한 책이지만 발간을 미룰 수는 없다는 마음이다. 많은 분들이 잘못된 점을 꼬집어 주시고, 같이 논의하면서 발전하는 계기가 될 수 있기를 바란다.

끝으로 이 책의 출간을 위해 전폭적인 도움을 주신 숭실대학교 한헌수 총장님, 한국에너지기술평가원 황진택원장님 등을 비롯한 관계자 여러 분들께 진심으로 감사드린다.

# 목 차

## Ⅰ. 기후변화와 그 대응...19

## Ⅱ. 기후변화와 에너지 법제...51

# 

# IV. 참고...419

## | 표목록 |

### Ⅰ 기후변화와 그 대응



### Ⅱ 기후변화와 에너지법제

**Ⅲ 기후변화와 자원개발, 수자원**

## | 그림목록 |

### Ⅰ 기후변화와 그 대응



### Ⅱ 기후변화와 에너지법제

**Ⅲ 기후변화와 자원개발, 수자원**

# Ⅰ. 기후변화와 그 대응

1. 우리나라의 온실가스 배출
2. 우리나라의 온실가스 배출권 거래제도
3. 탄소배출권의 법적 성격

## 1. 우리나라의 온실가스 배출

### 가. 우리나라의 온실가스 배출현황

우리나라의 2012년 온실가스 총배출량은 아래 표에서 보는 것처럼 688.3백만 톤 $CO_2eq.$이며, 1990년도 총배출량 295.5백만 톤 $CO_2eq.$[1]에 비해 133% 증가하였고 2011년도 총배출량 685.7백만 톤 $CO_2eq.$보다는 0.4% 증가하였다. 2012년 배출량의 전년대비 증감율은 2011년의 전년대비 증감율 4.4%보다 4%p 감소하여 배출량 증가세가 둔화된 것으로 나타났다. 또한, 2012년 온실가스 배출량의 전년대비 증감율은 최근 5년간의 온실가스 배출량 증감율이 국내총생산량(GDP) 증감율과 유사하였던 추세와 다르게 GDP 증감율 2%보다 낮게 나타났다. 2012년 GDP 증감율보다 배출량 증감율이 낮은 이유는 온실가스·에너지 목표관리제의 최초 이행, 액화천연가스(LNG)의 사용 증가, 유가상승 등 다양한 요인에 기인하는 것으로 분석되고 있다.[2]

표1 | 분야별 온실가스 배출량 및 흡수량 (단위 : 백만톤 $CO_2eq.$)

| 분야 | 1990년 대비 2012년 증감율 | | | | | 1990년 대비 2012년 증감율 | 2011년 대비 2012년 증감율 |
|---|---|---|---|---|---|---|---|
| | 1990 | 2000 | 2010 | 2011 | 2012 | | |
| 에너지 | 241.5 | 411.9 | 568.6 | 597.6 | 600.3 | 148.6% | 0.4% |
| 산업공정 | 20.4 | 49.6 | 52.4 | 51.7 | 51.3 | 151.7% | -0.8% |
| 농업 | 23.8 | 23.7 | 22.0 | 21.9 | 22.0 | -7.4% | 0.6% |
| LULUCF | -34.4 | -58.9 | -54.9 | -51.3 | -50.9 | 48.0% | -0.7% |
| 폐기물 | 9.9 | 17.8 | 14.1 | 14.6 | 14.6 | 132.9% | 0.4% |
| 총배출량 (LULUCF[3] 제외) | 295.5 | 503.1 | 657.1 | 685.7 | 688.3 | 132.9% | 0.4% |
| 순배출량 (LULUCF 포함) | 261.1 | 444.1 | 602.3 | 634.5 | 637.4 | 144.1% | 0.5% |

우리나라의 온실가스 배출량은 2012년 기준 세계 8위 정도로 추정되나,

1) 모든 온실가스를 이산화탄소로 환산한 단위(Carbon Dioxide Equivalent)를 의미한다.
2) 온실가스종합정보센터, 2014년 국가 온실가스 인벤토리 보고서(NIR), 2015년 1월 5일, 22면.
3) 'Land Use, Land Use Change, Forestry' 의 약자로, 인간의 토지 이용에 따라 변화하는 온실가스의 증감을 의미한다.

UNFCCC 온실가스 의무감축국(부속서 I)들과 비교하면, 2012년도 우리나라의 온실가스 총배출량 순위는 아래 표에서 보는 바와 같이 미국, 러시아, 일본, 독일, 캐나다 다음으로 6위이다.[4)]

표2 | 우리나라의 온실가스 총배출량 순위(의무감축국) (단위 : 백만톤 $CO_2$eq.)

| 순위 | 국가 | 1990 | 2011 | 2012 | 1990년 대비 증감율(%) | 2011년 대비 증감율(%) |
|---|---|---|---|---|---|---|
| 1 | 미국 | 6,219.5 | 6,717.0 | 6,487.8 | 4.3 | -3.4 |
| 2 | 러시아 | 3,363.3 | 2,284.3 | 2,295.0 | -31.8 | 0.5 |
| 3 | 일본 | 1,234.3 | 1,306.5 | 1,343.1 | 8.8 | 2.8 |
| 4 | 독일 | 1,248.0 | 928.7 | 939.1 | -24.8 | 1.1 |
| 5 | 캐나다 | 590.9 | 701.2 | 698.6 | 18.2 | -0.4 |
| 6 | 대한민국 | 295.5 | 685.7 | 688.3 | 132.9 | 0.4 |

우리나라 연료연소에 의한 1인당 $CO_2$ 배출량은 11.7 톤 $CO_2$/1인으로 전 세계 국가 중 우리나라의 순위는 18위, OECD 회원국 중에는 6위이다. 2011년에 비해 우리나라 연료연소에 의한 1인당 $CO_2$ 배출량은 0.1% 감소하였다.[5)]

표3 | 2012년도 연료연소에 의한 1인당 $CO_2$ 배출량 순위 (단위 : 톤 $CO_2$eq./1인)

| 순위 | 세계 | | 순위 | OECD | |
|---|---|---|---|---|---|
| | 국가 | 1인당 배출량 | | 국가 | 1인당 배출량 |
| 1 | 카타르 | 37.0 | 1 | 룩셈부르크 | 19.2 |
| 2 | 쿠웨이트 | 28.1 | 2 | 호주 | 16.7 |
| 3 | 트리니다드토바고 | 27.7 | 3 | 미국 | 16.2 |
| 4 | 바레인 | 21.9 | 4 | 캐나다 | 15.3 |
| 5 | 앤틸리스 | 20.9 | 5 | 에스토니아 | 12.2 |
| 6 | 오만 | 20.4 | 6 | 대한민국 | 11.7 |
| 7 | 브루나이 | 20.4 | 7 | 네덜란드 | 10.4 |
| 8 | 룩셈부르크 | 19.2 | 8 | 체코 | 10.3 |
| 9 | 아랍에미리트 | 18.6 | 9 | 일본 | 9.6 |
| 10 | 호주 | 16.7 | 10 | 벨기에 | 9.5 |
| 11 | 지브롤터 | 16.5 | 11 | 이스라엘 | 9.3 |
| 12 | 사우디아라비아 | 16.2 | 12 | 독일 | 9.2 |
| 13 | 미국 | 16.2 | 13 | 핀란드 | 9.1 |

4) 온실가스종합정보센터, 위 주석 2), 40면.
5) 온실가스종합정보센터, 위 주석.

| 14 | 캐나다 | 15.3 | 14 | 아일랜드 | 7.7 |
|---|---|---|---|---|---|
| 15 | 카자흐스탄 | 13.5 | 15 | 오스트리아 | 7.7 |
| 16 | 투르크메니스탄 | 12.3 | 16 | 폴란드 | 7.6 |
| 17 | 에스토니아 | 12.2 | 17 | 뉴질랜드 | 7.2 |
| 18 | 대한민국 | 11.7 | 18 | 노르웨이 | 7.2 |
| 19 | 러시아 | 11.6 | 19 | 영국 | 7.2 |
| 20 | 대만 | 11.0 | 20 | 슬로베니아 | 7.1 |

## 나. 에너지부분의 온실가스 비중

### 1) 연료연소 분야의 배출량

연료연소에 의한 $CO_2$ 배출량은 대부분의 국가에서 국가 온실가스 총배출량의 85% ~ 90%를 차지한다. 따라서 해당 배출 통계를 활용하면 세계 국가의 국가 온실가스 배출량 순위를 가늠할 수 있다. 분석 결과 세계에서 배출량이 가장 많은 국가는 중국이며 UNFCCC 하의 의무감축국 중에서는 미국이 가장 큰 온실가스 배출국으로 나타났다. UNFCCC에 국가 온실가스 인벤토리를 제출하지 않는 중국과 인도를 고려한 우리나라의 전세계 연료연소 CO2 배출량 순위는 7위로 전년과 다름없다.[6]

그림1 | 2012년도 국가별 연료연소에 의한 $CO_2$ 배출량

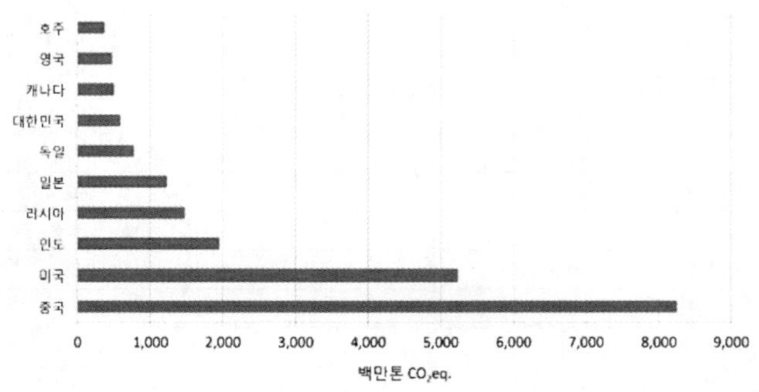


특히 우리나라의 에너지원별 이산화탄소 배출량은 다음 표와 같다.[7]

6) 온실가스종합정보센터, 위 주석 2), 42면.

표4 | 에너지원별 온실가스 배출현황 (단위 : Toe)

| | 1990 | 1995 | 2000 | 2005 | 2007 | 2009 | 2010 | 2011 | 2010~2011 증가율 | 1990~2011 증가율 |
|---|---|---|---|---|---|---|---|---|---|---|
| 석탄 | 24,385 | 28,092 | 42,911 | 54,788 | 59,654 | 68,604 | 77,092 (29.2%) | 83,640 (30.3%) | 8.5% | 5.9% |
| 석유 | 50,175 | 93,955 | 100,279 | 101,526 | 105,494 | 102,336 | 104,301 (39.5%) | 105,146 (38.1%) | 0.8% | 3.7% |
| LNG | 3,023 | 9,213 | 18,924 | 30,355 | 34,663 | 33,908 | 43,008 (16.3%) | 46,284 (16.8%) | 7.6% | 14.2% |
| 수력 | 1,590 | 1,370 | 1,403 | 1,297 | 1,084 | 1,213 | 1,391 (0.5%) | 1,715 (0.6%) | 23.3% | -0.5% |
| 원자력 | 13,222 | 16,757 | 27,241 | 36,695 | 30,731 | 31,771 | 31,948 (12.1%) | 32,285 (11.7%) | 1.1% | 4.5% |
| 신재생 | 797 | 1,051 | 2,130 | 3,961 | 4,828 | 5,480 | 6,064 (2.3%) | 6,618 (2.4%) | 9.1% | 10.7% |
| 계 | 93,192 | 150,438 | 192,888 | 228,622 | 236,454 | 243,312 | 263,805 | 275,688 | 4.5% | 5.3% |

한편, 연료 종류별 이산화탄소 배출량 변화 동향은 다음 그림과 같다.[8] 액체연료 비중은 감소 후 정체 추세를 보이고 있으며 주로 수송용으로 소비되고 있다. 고체연료는 발전용, 철강용으로 꾸준한 증가세를 보이고 있으며, 기체연료 또한 청정연료, 발전용 피크 수요 증가로 인해 꾸준히 증가세를 보이고 있다.

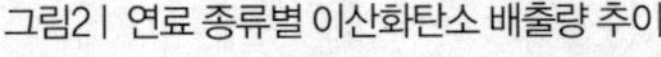
그림2 | 연료 종류별 이산화탄소 배출량 추이 (기준 – 종축 : 백만 톤 CO2eq., 횡축 : 연도)

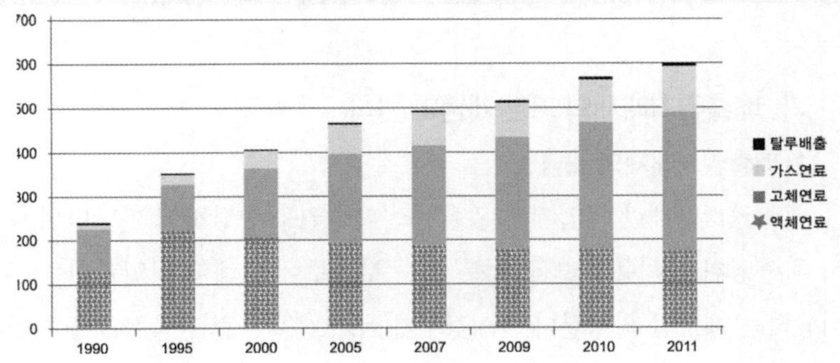


## 2) 수송 분야의 배출량

2012년 UNFCCC 부속서 I 국가와 비교한 우리나라 수송 부문의 배출량

7) 김성균, 우리나라 온실가스 배출통계 작성과정과 문제점, 2014 기후변화법제포럼 자료집, 법제연구원, 87면.

8) 김성균, 위 주석, 86면.

순위는 2011년 11위보다 한 단계 상승한 10위이다.[9]

표5 | 2012년도 수송 부문 배출량 국가별 순위(의무감축국) (단위 : 백만톤 $CO_2$eq.)

| 순위 | 국가 | 수송 부문 배출량 |
|---|---|---|
| 1 | 미국 | 1,736.6 |
| 2 | 러시아 | 241.4 |
| 3 | 일본 | 219.8 |
| 4 | 캐나다 | 195.1 |
| 5 | 독일 | 155.5 |
| 6 | 프랑스 | 133.9 |
| 7 | 영국 | 115.7 |
| 8 | 이탈리아 | 106.1 |
| 9 | 호주 | 90.2 |
| 10 | 대한민국 | 86.4 |
| 11 | 스페인 | 80.7 |

## 2. 우리나라의 온실가스 배출권 거래제도

### 가. 배출권거래제의 기본 개념과 원칙

#### 1) 배출권거래제의 개념

배출권거래제란 기업에게 온실가스 배출권을 할당하고 할당범위 내에서 배출행위를 허용하면서, 여분 또는 부족분에 대해 타기업과의 거래를 허용하는 제도를 의미한다. 즉, 정부가 국가 온실가스 감축목표를 감안하여 배출권거래제의 대상이 되는 업체들의 총 온실가스 배출허용량을 설정하고, 이 배출허용총량을 부문별.업종별.업체별로 나누어 각 대상업체들에게 배출권이라는 것을 분배하여 이를 거래할 수 있도록 하는 것이다.[10]

9) 온실가스종합정보센터, 위 주석 2), 44면.

10) 현준원, 배출권거래제 입법의 성과와 과제, 녹색성장입법의 성과와 과제, 2012년 한국환경법학회, 한국법제연구원 공동학술대회 발표, 2012년 5월 25일, 107면.

만약 어떤 기업의 온실가스 감축노력으로 인해 자신이 할당받은 배출권보다 적은 양의 온실가스를 배출하게 되면 남은 잉여분량의 배출권은 시장의 거래를 통해 이익을 취할 수 있게 되며, 이런 경제적 동기를 통해 온실가스 배출량을 감축하려는 것이 이 제도의 근본 목적이다.

#### 2) 배출권거래제의 기본원칙과 기능

기획재정부가 제시하는 배출권거래제의 기본원칙은 국가온실가스 감축목표와 기후변화 프로그램과의 일관성 유지, 에너지와 산업부문의 효율성 제고를 통한 투자와 혁신 유도, 특별규정의 최소화 등 간단하고 투명한 제도설계, 전력집약적 산업의 경쟁력 보호, 비용효과적인 감축방안으로서의 ETS의 기능 명시 등이다.

또한 해당 계획기간의 총 배출허용한도의 설정원칙 및 운영방향으로 2007년 작성된 기준에 기반하여 감축목표 설정하며, 우발적 소득이 발생하지 않도록 설계하겠다는 것을 제시하고 있다.

### 나. 우리나라 배출권거래제 기본계획

온실가스 배출권의 할당 및 거래에 관한 법률에 따라 정부는 2015년부터 10년 단위의 기본계획을 수립해야 한다. 기본계획의 수립 주체는 우여곡절 끝에 기획재정부장관으로 결정되었으며, 다만, 온실가스 종합정보센터에 조사.연구의 수행을 요청할 수 있도록 하고 있다.

기본계획의 주요 내용은 온실가스 배출권의 할당 및 거래에 관한 법률 제4조에 정한 바와 같이 다음 사항들이 포함되어야 한다.[11)]

1. 배출권거래제에 관한 국내외 현황 및 전망에 관한 사항
   - ○ 온실가스 감축목표 설정과 관련된 기후변화 협상의 동향

---

11) 기획재정부, 배출권거래제 기본계획(안), 2014년 1월.

○ 배출권거래제를 시행하고 있는 해외 사례, 전망 및 시사점
○ 배출권거래제의 기대효과 등

2. 배출권거래제 운영의 기본방향에 관한 사항
   ○ 기본계획 수립의 의의와 성격
   ○ 배출권거래제 운영목표 및 계획기간별 운영방향
   ○ 할당계획과의 관계 및 기본계획 수립 절차
   ○ 배출권 거래소 지정과 운영방향 등
3. 국가온실가스감축목표를 고려한 배출권거래제 계획기간의 운영에 관한 사항
   ○ 국제사회 논의를 고려한 국가온실가스 감축목표
   ○ 배출권거래제가 규제하는 온실가스 배출 범위
   ○ 계획기간별 배출권 총량 설정과 관련된 사항
   ○ 배출권거래제를 통한 국가감축목표 달성의 원칙 등
4. 경제성장과 부문별·업종별 신규 투자 및 시설(온실가스를 배출하는 사업장 또는 그 일부를 말한다. 이하 같다) 확장 등에 따른 온실가스 배출 전망에 관한 사항
   ○ 국가 온실가스 배출목표 및 배출량 전망(BAU)
   ○ 부문별 · 업종별 감축목표 등
5. 배출권거래제 운영에 따른 에너지 가격 및 물가 변동 등 경제적 영향에 관한 사항
   ○ 배출권거래제의 경제적 영향분석을 위한 전제조건 및 모델 설정
   ○ 배출권거래제 운영에 따른 국민소득, 물가, 에너지 가격 등에 미치는 영향 등
6. 무역집약도 또는 탄소집약도 등을 고려한 국내 산업의 지원대책에 관한 사항
   ○ 국내산업 지원의 근거 및 현황
   ○ 국내산업 지원원칙 및 향후 지원정책방향
     – 무상할당 보완, 산업별·계층별·에너지원별 지원대책 등

7. 국제 탄소시장과의 연계 방안 및 국제협력에 관한 사항
  ○ 배출권거래제 연계개념과 장단점 및 주요 해외사례 등
  ○ 배출권거래제 연계를 위한 전제조건 및 고려사항
  ○ 시사점 및 향후 정책방향 등
8. 그 밖에 재원조달, 전문인력 양성, 교육·홍보 등 배출권거래제의 효과적 운영에 관한 사항
  ○ 배출권거래제 운영을 위한 재원조달 및 배출권거래제 관련 수익의 사용원칙
  ○ 거래제 관련 주요사업 영역과 인력수급 및 전문인력 양성계획
  ○ 거래제 관련 교육 및 홍보방안 등

## 3. 탄소배출권의 법적 성격 | 호주를 중심으로

### 가. 법적 성격이 불명확한 배출권

우리나라는 2012년 5월 14일 제정·시행된 '온실가스 배출권의 할당 및 거래에 관한 법률' 에 따라 2015년부터 배출권거래제도가 본격적으로 시행될 예정이다. 이 법은 배출권거래제의 기본계획 및 국가 배출권 할당계획의 수립, 배출권의 할당대상업체, 배출권의 할당기준, 온실가스 배출량 보고, 배출권의 무상할당비율 등을 규정하고 있으며, 특히 법 제19조 제1항은 매매나 기타의 방법에 의한 거래를 허용하고 있다. 다만 배출권 거래단위 및 그 세부사항은 대통령령에 위임하고 있다. 또한, 2012년 11월 15일 제정·시행된 '온실가스 배출권의 할당 및 거래에 관한 법률 시행령' 제23조는 온실가스는 온실가스별 지구온난화 계수에 따라 이산화탄소상당량톤(tCO2-eq)으로 환산하고, 1 이산화탄소상당량톤($tCO_2$-eq)을 1 배출권으로

규정하고 있으며, 배출권의 거래단위는 1 배출권으로 정하고 있다.[12)]

하지만 여전히 배출권의 법적성격에 대해서는 명확한 규명되지 않고 있다. 배출권은 그 할당단계에서는 행정적인 허가(Administrative Grant)이지만 일단 할당된 이후에는 타인에게 양도될 수도 있기 때문에 사법적(私法的) 재산권의 성격을 가지게 된다.[13)]

그렇다면 배출권 거래단위가 오염물질 배출에 대한 허용을 의미하는지, 아니면 권리를 의미하는지, 특정한 형태의 재산권인지 등에 대한 법적 분석이 필요하다. 이런 법적분석이 먼저 이루어져야만 배출권 거래단위를 보유한 자의 권리내용이 분명해지고, 배출권 거래단위를 담보로 취득한 담보권자의 권리 내용도 확정될 수 있으며, 세금의 부과와 회계처리를 어떻게 할 것인지 등에 대한 문제가 해결될 것이기 때문이다.[14)] 배출권 거래단위의 법적성격은 또한 파산과정에도 영향을 미치게 되며 증권 등의 금융서비스에 대한 규제와도 관련되는 문제이다.[15)]

배출권 거래제를 도입했던 호주가 그 법적성격을 어떻게 규정했는지에 대한 논의는 우리나라의 배출권 거래단위의 법적성격을 규명하는데 중요한 비교 자료가 될 것이며, 또한 이런 비교 분석을 통해 향후 발생 가능한 법적 쟁점을 사전에 파악하고 대처할 수 있게 된다.

---

12) 배출권거래제법시행령 제23조(배출권 거래의 최소 단위 등) ① 온실가스는 별표 2에 따른 온실가스별 지구온난화 계수에 따라 이산화탄소상당량톤(tCO2-eq)으로 환산하고, 1 이산화탄소상당량톤(tCO2-eq)을 1 배출권으로 환산하여 거래한다.
② 배출권 거래의 최소 단위는 1 배출권으로 한다.

13) M.J. Maec, 'The Legal Nature of Emission Reductions and EU Allowances: Issues Addressed in an International Workshop', Journal for European Enviromental & Planning Law (2nd, 2005) 124.

14) Ibid.

15) Ibid.

### 나. 탄소배출권의 법적 성격의 논의 필요성

#### 1) 배출권 거래단위에 대한 정의

탄소배출권 거래제도를 도입한 국가들을 저마다 배출권시장에서의 거래 단위에 대해 다른 명칭과 규범들을 정하고 있다. 하지만 탄소배출권은 1톤의 이산화탄소와 동일한 효과를 가지는 온실가스를 배출할 수 있는 권리를 의미한다는 점에서는 일반적으로 공통된다. 호주에서도 적격 배출(Eligible Emission)을 1톤의 이산화탄소와 등량으로 정의하고 있다.[16]

교토의정서에 따른 기본적 거래단위에 관해서는 다음과 같은 개념들을 먼저 이해할 필요가 있다.

- 할당된 배출권(Assigned Amount Units, AAUs) : 교토의정서에 의해 각 국가에 할당된 거래 단위
- 인증된 온실가스 감축량(Certified Emissions Reductions, CERs) : 청정개발체제(CDM)에 의해 감축된 온실가스에 대해 국제인증기관으로부터 인증된 감축량[17]
- 온실가스 감축단위(Emission Reduction Units, ERUs) : 온실가스 공동감축(Joint Implementation)의 실행으로 인해 취득한 온실가스 감축단위

한편, 온실가스 배출권 거래가 시행되거나 시행될 개별 국가에서의 배출권 또한 다양한 방식으로 규정되고 있다.[18]

- 유럽 허용량(Europe Allowances, EUAs) : 유럽 배출권 시장에서 사용되는 기초 거래단위[19]

---

16) Clean Energy Regulator, Eligible emissions units, (2012) 〈http://www.cleanenergyregulator.gov.au/Carbon-Pricing-Mechanism/Liable-entities/Managing-my-liability/Emissions-units/Pages/default.aspx〉.

17) 다만 CERs은 tCER(temporary Certified Emission Reduction Unit)과 lCER(long-term Certified Emission Reduction Unit)를 포함한다.

18) 아래에서 할당량, 허용량 등을 포함한 넓은 개념으로 '배출권 거래단위'를 사용한다.

19) 공식적으로는 허용량(Allowance)이 올바른 표현이다. EU Council Directive 2003/87 Art. 3(a) 'allowance' means an allowance to emit one tonne of carbon dioxide equivalent during a specified period, which shall be valid only for the purposes of meeting the requirements of this Directive and shall be transferable in accordance with the provisions of this Directive;

– 이산화탄소 허용량($CO_2$ allowance)[20] : 미국 RGGI(The Regional Greenhouse Gas Initiative)[21]의 규제기구에 의해 승인되어 이산화탄소 거래 프로그램의 단위로 사용되는 기준

– 적격 국내 거래단위(Eligible Domestic Credit, ECDs)[22] : 캐나다의 Large Final Emitter System에서 인정되는 거래단위[23]

– 탄소 금융 문서(Carbon Financial Instrument)[24] : 노르웨이의 탄소배출권 거래단위

– 확인감축량(Abatement Certificates) : 호주 뉴사우스웨일스주에서 인정되는 거래단위[25]

---

20) Model Rule 12/31/08 final with corrections XX-1.2

(q) CO2 allowance. A limited authorization by the REGULATORY AGENCY or a participating state under the CO2 Budget Trading Program to emit up to one ton of CO2, subject to all applicable limitations contained in this Part.

21) 미국의 Connecticut, Delaware, Maine, Maryland, Massachusetts, New Hampshire, New York, Rhode Island, and Vermont 주들에서 시장에 기초한 온실가스 규제 프로그램이며, 2018년까지 전력부문에서 10%의 온실가스를 감축하는 것을 목표로 하고 있다.

22) Environment Canada, Drafting Instructions Cross-Cutting Provisions Large Final Emitters Regulations, Interpretation

"eligible domestic credit" means:

a. a tradeable unit issued under any program or measure established under section 322 of CEPA, including a temporary domestic credit and is equal to one metric tonne of carbon dioxide equivalent calculated using the global warming potentials as defined in Schedule 1;

b. a tradeable unit, equal to one metric tonne of carbon dioxide equivalent calculated using the global warming potentials as defined in Schedule 1, issued under section 16 of these regulations; or

c. a Technology Investment Unit, equal to one metric tonne of carbon dioxide equivalent calculated using the global warming potentials as defined in Schedule 1, issued pursuant to the Greenhouse Gas Technology Investment Fund Act.

23) 캐나다의 배출권거래에서도 교토의정서의 배출권단위를 인정하고 있다. 〈http://www.ec.gc.ca/lcpe-cepa/default.asp?lang=en&n=cae9f571-1&wsdoc=a6a01335-588f-09dc-657f-607da44d3f4e〉 참조.

24) Christoph M. Meitz, Towards a Global Carbon Market: Legal and Economic Challenges of Linking Different Entity Level Emissions Trading Schemes (2007) 61. 100톤의 이산화탄소와 동등한 온실가스를 표장하는 약정을 의미한다.

25) Electricity Supply Act 1995 – Sec 97AB Definitions

In this Part:

일반적으로 개별 국가들에서 인정되는 배출권 단위가 다른 나라에서 인정되거나 거래의 대상이 되기는 어려운 현실이다. 다만, 유럽의 배출권 시장과 교토의정서에서의 온실가스감축 수단의 연결(Linking)이 그 중요한 예외이며, 유럽 지침에 따르면 청정개발체제에 의해 인증된 온실가스 감축량(CERs)과 공동감축의 이행으로 인해 취득한 온실가스 감축단위(ERUs)는 유럽의 배출권 거래시장에서 사용될 수 있다.[26] 하지만 원자력발전에 의해 주어지는 거래단위와 토지의 이용, 토지이용 변경 그리고 산림활동으로 인해 취득하는 거래단위는 제외된다.[27]

일정한 국가에서 인정된 배출권 거래단위가 다른 국가에서의 거래가 허용되기 위해서는 거래단위 및 법적성격의 통일이 선행되어야 한다. 그럼에도 불구하고 배출권거래 제도를 도입한 대부분의 나라들에서 거래단위의 법적성격에 대해 침묵하고 있다.[28] 대부분의 관련 규정들은 배출권 거래단위의 법적성격에 대한 규정보다는 거래단위의 소유권자에게 어떤 권리를 부여하는가에 집중되어 있다.[29]

---

"abatement certificate" means an abatement certificate created under this Part, being a transferable abatement certificate or a non-transferable abatement certificate.

26) Directive 2004/101/EC Article 11a Use of CERs and ERUs from project activities in the Community scheme
3. All CERs and ERUs that are issued and may be used in accordance with the UNFCCC and the Kyoto Protocol and subsequent decisions adopted thereunder may be used in the Community scheme:
(a) except that, in recognition of the fact that, in accordance with the UNFCCC and the Kyoto Protocol and subsequent decisions adopted thereunder, Member States are to refrain from using CERs and ERUs generated from nuclear facilities to meet their commitments pursuant to Article 3(1) of the Kyoto Protocol and in accordance with Decision 2002/358/EC, operators are to refrain from using CERs and ERUs generated from such facilities in the Community scheme during the period referred to in Article 11(1) and the first five-year period referred to in Article 11(2); and
(b) except for CERs and ERUs from land use, land use change and forestry activities.

27) Ibid.

28) Jillian Button, 'Carbon: Commodity or Currency? The Case for an International Carbon Market Based on the Currency Model', Harvard Environmental Law Review (2008) 574.

29) Ibid.

거래단위의 4가지 요소로는 배출할 수 있는 권리(the Right to Emit), 배출대상(Specified Substance), 특정된 양(a Certain Quantity), 일정한 기간(Over a Defined Period of Time) 등이 있다. 이런 요소들이 잘 반영된 것이 유럽의 배출권거래에서의 허용량이다.[30]

### 2) 배출권 거래단위와 관련된 법적 쟁점

배출권 거래단위는 통상 행정적 특허(Administrative Grant)와 사적재산(Private Property)의 측면을 모두 가지고 있다. 국가에 의해 배출권이 할당될 때에는 국가의 행정작용에 의해 부여되는 특별한 권리의 성격을 가지지만, 일단 거래단위 또는 허용량이 개별 주체에게 부여된 다음부터는 사적재산으로서의 성격을 가지게 된다.

유럽의 배출권 거래 관련 지침 초안에는 배출권 거래단위 또는 허용량이 행정적 수권(Administrative Authorization)으로 법적성격을 규정하였으나, 유럽연합의 설립 원칙 중 하나인 보충성의 원칙과 상충된다는 이유로 수정되어 현재처럼 그 법적성격을 명확히 하지 않는 지침이 형성되었다. 따라서 유럽에서 배출권 거래단위의 법적성격은 각 구성원 국가들의 결정에 의해 정해지게 되었다.[31]

재산권적 측면을 주장하는 중요한 이유는 재산권으로 규정하는 경우 거래가 용이하며, 국가에 의한 자의적 수용이 곤란하게 되어 배출권 거래단위의 거래가 활성화될 것이라는 점에 있다.

한편 대부분의 국가들은 배출권 거래단위의 재산권적인 성격의 부여에 부정적인 입장을 취하고 있다. 왜냐하면, 재산권성이 부여되면 정부가 정책적 목적의 실현을 위해 이미 부여한 배출권을 철회하거나 축소하는 경우

30) EU Council Directive 2003/87 Art. 3(a).

31) Mathieu Wemaere & Charlotte Streck, 'Legal Ownership and Nature of Kyoto Units and EU Allowances', Legal Aspects of Implementing the Kyoto Protocol Mechanisms (David Freestone & Charlotte Streck eds, 2005) 48.

법적인 분쟁이 발생하기 때문이다.[32] 손해배상 등 분쟁을 발생을 두려워하는 배출권의 거래적 특성만을 보아 재산권성을 인정하기 어렵다는 것이 정부들의 입장인 것이다.

이런 이원적 태도는 교토의정서에 그대로 반영되었다. 2002년 제7차 당사국회의에서도 교토의정서는 당사자에게 어떤 종류의 배출에 관한 권리, 권한 또는 자격을 창설하거나 부여하지 않고 있음을 확인하였다.[33]

한편 미국은 재산권성을 공식적으로 부정하고 있다. 미국의 청정대기법(Clean Air Act) 제403조 (f)항은 위에서 본 것처럼 배출권 거래단위의 재산권적 성격을 부여하지 않으려는 국가들의 우려가 반영되어 허용량(Allowance)은 배출에 대한 제한된 허가일 뿐, 허용량 자체가 재산권은 아니라는 점을 분명히 하고 있다.[34] 물론 청정대기법은 이산화탄소가 아니라 이

---

32) Ibid.

33) UNFCCC, FCCC/CP/2001/13/Add.2 21 January 2002

Further recognizing that the Kyoto Protocol has not created or bestowed any right, title or entitlement to emissions of any kind on Parties included in Annex I.

34) (f) Nature of allowances

An allowance allocated under this subchapter is a limited authorization to emit sulfur dioxide in accordance with the provisions of this subchapter. Such allowance does not constitute a property right. Nothing in this subchapter or in any other provision of law shall be construed to limit the authority of the United States to terminate or limit such authorization. Nothing in this section relating to allowances shall be construed as affecting the application of, or compliance with, any other provision of this chapter to an affected unit or source, including the provisions related to applicable National Ambient Air Quality Standards and State implementation plans. Nothing in this section shall be construed as requiring a change of any kind in any State law regulating electric utility rates and charges or affecting any State law regarding such State regulation or as limiting State regulation (including any prudency review) under such a State law. Nothing in this section shall be construed as modifying the Federal Power Act [16 U.S.C. 791a et seq.] or as affecting the authority of the Federal Energy Regulatory Commission under that Act. Nothing in this subchapter shall be construed to interfere with or impair any program for competitive bidding for power supply in a State in which such program is established. Allowances, once allocated to a person by the Administrator, may be received, held, and temporarily or permanently transferred in accordance with this subchapter and the regulations of the Administrator without regard to whether or not a permit is in effect under subchapter V of this chapter or section 7651g of this title with respect to the unit for which such allowance was originally allocated and recorded.

산화황의 배출에 관한 법이지만, 기본적으로 이산화탄소에 대해서도 준용 가능하다.

배출권 거래단위를 재산권으로 규정하더라도 어떤 종류의 재산권으로 정할 것인가는 또 다른 문제이다. 동산으로 볼 것인가 아니면 부동산으로 볼 것인가에 따라 거래의 방식·세금부과·회계장부에 기재되는 방식이 다를 수밖에 없다.[35] 따라서 배출권 거래단위의 법적성격을 정의하기 위해서는 국제법·민법·행정법·환경법·금융관계법·세법·회사법·담보관계법 등이 모두 검토되어야 한다.

### 3) 배출권 거래단위의 법적 성격에 관한 논의

#### 가) 배출권 거래단위가 재화인가?

배출권 거래단위에 대한 법적성격을 규명하기 위해서는 현실에게 어떻게 거래되고 있는지, 거래를 하고 있는 주체들이 이를 어떻게 인식하고 있는지에 대한 확인이 필요하다.

미국에서 배출권 거래에 참여하고 있는 주체들은 배출권 거래단위를 하나의 재화(Commodity)로 인식하고 있다.

또한 국제 스왑·파생상품협회(the International Swaps and Derivatives Association)도 미국과 유럽의 배출권 거래단위를 석탄·석유·가스 등 에너지와 같은 장에 포함시키고 있다.[36] 즉, 미국의 허용량, 유럽의 허용량을 배출권 거래단위를 하나의 에너지 상품으로 정리하고 있는 것이다.

다만 배출권거래단위가 어떤 재화인지에 대해서는 더 많은 실증과 논의가 필요하다. 우선 거래의 대상인 배출권은 물건이 아니라 배출할 수 있

---

Each permit under this subchapter and each permit issued under subchapter V of this chapter for any affected unit shall provide that the affected unit may not emit an annual tonnage of sulfur dioxide in excess of the allowances held for that unit.

35) M.J. Maec, above n 13, 124.

36) ISDA, Energy, Commodities, Developing Products, at 〈http://www2.isda.org/asset-classes/energy-developing-products/〉.

는 권리라는 점이 가장 중요한 특징이다.[37] 물론 매매의 대상인 배출권 거래단위가 교토의정서 또는 해당 국내법에 의해 인증이 된 것인지에 대한 확인이 필요하다.

그리고 매도인의 거래행위에 제3자의 승인이 필요한지 여부, 거래량, 가격, 대금지급방법 등에서도 약간의 차이가 있지만, 특히 권리의 이전이 물건의 점유이전을 통해 이루어지는 것이 아니라 등기소 또는 증권거래소와 같은 별도의 기관을 통해 이루어진다는 점이 특이한 점이다.

나) 배출권 거래단위는 화폐(Currency)인가?

배출권 거래단위를 일종의 화폐로 보는 견해도 있다. 이에 따르면 교토의정서와 마라케시 협약정은 배출량의 한도, 화폐인 배출권 거래단위의 거래, 감독, 보고 및 인증절차를 규정하고, 체약국가의 의무불이행을 다루기 위한 절차를 수립한 것으로 설명하고 있다.[38]

배출권 거래단위는 정부에 의해 거래의 적법성과 유효성을 인정받기 전까지는 아무런 법적의미가 없으므로 일종의 화폐와 같다는 것이다. 1톤의 철강 가치는 정부의 승인이 필요 없이 인정되지만, 배출권 거래단위는 정부의 승인이 있기 전까지 아무런 가치나 정당성을 부여받을 수 없기 때문이다.

이 주장을 더욱 강화시켜주는 근거는 배출권 거래단위는 이월(Bank)이 가능하고 차입(Borrow)될 수도 있다는 점이다.

물론 화폐적 성격을 주장하는 견해가 널리 인정되거나 주목을 받고 있지는 못하지만, 배출권 거래단위의 법적성격을 규명하는 하나의 중요한 시

37) Martjin Wilder & Monique Willis & Mina Guli, 'Carbon Contracts, Structuring Transactions: Practical Experiences', Legal Aspects of Implementing the Kyoto Protocol Mechanisms (David Freestone & Charlotte Streck eds, 2005) 302.

38) Jürgen Lefevere, 'Linking Emissions Trading Schemes" The EU ETS and the' Linking Directive', Legal Aspects of Implementing the Kyoto Protocol Mechanisms (David Freestone & Charlotte Streck eds, 2005) 512.

각이 될 수 있다는 의미를 가진다.

다) 배출권 거래단위는 증권(Security)인가?

배출권 거래단위를 일종의 증권으로 보는 견해도 있다. 특히 독일에서 배출권 거래단위 자체가 독일 금융신용법의 취지에 부합하는 증권으로 다루어지고 있지 않지만 배출권 거래단위에 기초한 파생상품은 일종의 증권으로 보고 있다는 점에 근거하고 있다.[39]

하지만 배출권 거래단위 자체가 아니라 그 파생상품을 증권으로 보고 있기 때문에 배출권 거래단위 자체의 법적성격을 규명하는 근거로 이해하기에는 부족한 점이 있다.

### 4) 유럽 할당량에 대한 영국의 최근 판결

2012년 영국의 최고법원(High Court)은 배출권 거래단위의 법적성격에 대한 의미 있을 판결을 하였다.[40]

이 판결에서 원고 암스트롱(Armstrong)은 피고 위닝톤(Winnington)을 상대로 21,000 단위의 유럽 배출권 거래단위에 해당하는 배상을 청구했다. 2010년 1월 28월 독일 배출권거래소에 등록되어 있던 원고의 배출권 거래단위가 영국 배출권거래소의 피고 배출권 구좌로 이전되었는데, 이 거래는 신원을 확인할 수 없는 제3자가 원고에게 발송한 사기성 전자메일로 인해 이루어진 것이었다. 피고는 피고 계좌에 이전된 배출권 거래단위를 즉시 제3자에게 재판매하였다. 이 사건의 쟁점은 두 당사 중 누가 제3자의 사기에 대한 손실을 부담해야 하는 가에 있으며, 원고는 보통법상의 재산적 원상회복(Restitution)·부당이득에 따른 배상·피고가 타인의 재산이라는 사실을

39) Simon Marr, 'Implementing the European Emissions Trading Directive in Germany', Legal Aspects of Implementing the Kyoto Protocol Mechanisms (David Freestone & Charlotte Streck eds, 2005) 441.

40) Armstrong DLW GmbH v Winnington Networks Ltd [2012] EWHC 10 (Ch) (11 January 2012).

인식했다는 점에 기초한 형평법에 따른 배상 등을 청구하였다.

이 판결에서 법원은 원고의 주장을 판단하기 위한 전제조건으로 유럽 배출권 거래단위의 법적성격에 대해 심도 있는 논의를 전개하였는데 이를 정리하면 다음과 같다.

유럽 배출권 거래단위가 법률상 일종의 재산이라는 점에 대해서는 당사자들 사이에 다툼이 없으나, 그 정확한 특성 및 어떤 종류의 재산권인지에 대해서는 많은 논란이 있었다. 이에 대해 법원은 유럽 배출권 거래단위를 보유하고 있는 자가 민사소송을 통해 집행하거나, 동시에 다른 당사자에게 상대적인 의무를 부과하는 '권리' 를 가지고 있다고 볼 수 없다고 하면서, 오히려 배출권 거래단위는 배출에 대한 허용, 배출금지의 면제 또는 배출에 따르는 벌금의 면제의 의미를 가진다고 해석하고 있다. 그리고 배출권 거래단위는 유럽배출권 거래제도에 의해 형성된 것으로 전자적 형태(Electronic Form)로만 존재하며, 등록제도 내에서 전자적 거래 형태로만 이전이 가능한 것이라는 현실적 특성을 설명하면서, 동시에 배출권 거래단위는 경제적 가치를 가지며, 배출권 거래단위를 통해 매도인과 매수인은 상당한 규모의 금전적 이전도 이루어진다는 점을 확인하였다.

모리스(Stephen Morris) 판사는 배출권 거래단위가 보통법상의 재산(Property)인지에 대해 검토하였는데, National Provincial Bank v Ainsworth [1965] 1 AC 1175 판결에서 윌버포스(Wilberforce) 판사가 제시한 기준에 따를 때, 유럽 배출권 단위는 확정가능하고 구분가능하며, 거래도 가능함은 물론이고 항구성과 안정성을 가지기 때문에 보통법상의 재산이라고 판시하였다.

배출권거래단위가 유형의 재산이지 아니면 무형의 재산인지에 대해서는 무형의 재산이라고 보고 있으며, 결론적으로 호주 최고법원(High Court) Commonwealth of Australia v WMC Resources Ltd (1998) 194 CLR 1 판결 등에 기초하여 In re Celtic Extraction [2001] Ch 487 사건에서 모리트(Morritt) 판사가 제시한 3단계 테스트에 따라 배출권 거래단위의 법적성격을 정의

했다. 첫째, 배출권 거래단위의 소유자에게 벌금을 면제(Exemption)해주는 현행법이 존재하며, 둘째 배출권 거래단위는 현행 법제에서 명시적으로 거래 가능(Transferable)한 면제이고, 마지막으로 경제적 가치(Value)를 가지는 면제이다.[41] 즉, 배출권 거래단위는 현행법적 개념에 따를 때 재산이며 특히 무형의 재산이라는 것이다.[42]

영국의 판결은 미국, 호주 등 보통법 국가들에서도 인용되고 있으므로 이에 대한 분석을 통해 보통법 국가들이 배출권 거래단위에 대한 법적성격을 어떻게 이해하고 있는지 파악할 수 있는 중요한 기준이 될 것이다.

다만 같은 보통법 국가이며, 배출권 거래가 이루어지고 있는 미국의 캘리포니아주에서는 배출권 거래단위를 '이산화탄소 1톤과 등가의 온실가스를 배출할 수 있는 제한적으로 거래 가능한 승인(A Limited Tradable Authorization)'으로 이해하고 있다. 캘리포니아주가 제정한 'Cap-and-Trade' 방식에 관한 최종 규제(Final Regulation Order California cap-and-trade scheme (Subchapter 10 Climate Change, Article 5, Sections 95800 to 96023, Title 17, California Code of Regulations, Article 5: CALIFORNIA CAP ON GREENHOUSE GAS EMISSIONS AND MARKET-BASED COMPLIANCE MECHANISMS) 제95820(c)조는 명시적으로 어떤 형식으로도 재산이나 재산권은 아니라는 입장을 유지하고 있다는 점을 주의할 필요가 있다.[43]

---

41) Armstrong DLW GmbH v Winnington Networks Ltd, above n 42, para. 58.
"Thus in my judgment, applying the three fold test identified by Morritt LJ in In re Celtic Extraction leads to the conclusion that an EUA is certainly "property" and intangible property under the statutory definition there in place. First, there is, here, a statutory framework which confers an entitlement on the holder of an EUA to exemption from a fine. Secondly, the EUA is an exemption which is transferable, and expressly so, under the statutory framework. Thirdly the EUA is an exemption which has value: see paragraph 49 above."

42) Ibid.

43) Section 95820. Compliance Instruments Issued by the Air Resources Board.
(c) Each compliance instrument issued by the Executive Officer represents a limited authorization to emit up to one metric ton in CO2e of any greenhouse gas specified in section 95810, subject to all applicable limitations specified in this article. No provision of this article may be construed to limit the authority of the Executive Officer to terminate or limit such authorization to emit. A

## 다. 호주 청정에너지법(Clean Energy Act)과 탄소배출권

### 1) 호주 청정에너지법의 탄소배출권에 관한 규정

2011년 10월 12일 청정에너지법안을 포함한 18개의 법안들이 호주의 하원을 통과하였으며, 같은 해 11월 8월 36:32라는 근소한 표 차이로 상원을 통과하면서 배출권 거래제도가 도입되었다.[44]

18개의 법률들 중 청정에너지법이 배출권거래제도에 관한 내용을 규정하고 있으며, 그 중요한 내용들을 살펴보면 다음과 같다.

배출권 거래단위(Carbon Unit)는 개인적 재산권으로 규정하고 있다. 개인적 재산권인 배출권 거래단위는 양도(Assignment), 유언(Will), 법률(Devolution by operation by law)에 의한 승계 등에 의해 이전 가능한 것으로 명시하고 있다.[45]

배출권 거래단위의 소유권은 원칙적으로 소유권자로 등록된 자에게 귀속되도록 하고 있으며,[46] 배출권 거래단위의 이전(Transfer)의 개념에 대해서도 최초 등록된 구좌의 이전, 그 다음 단계의 이전, 외국인 구좌로의 이전, 최초 등록자의 외국 구좌로의 이전 및 외국 구좌로부터 호주 구좌로의

---

compliance instrument issued by the Executive Officer does not constitute property or a property right.

44) 다만, 이 법은 2014년 보수당 정권의 재집권과 더불어 'Clean Energy Legislation (Carbon Tax Repeal) Act 2014' 에 의해 폐지되었다. 따라서 아래에서 인용하는 내용들은 현재 시행되는 법이 아니라 호주의 과거 입법 사례로 참조하는 것이다.

45) Section 103 A carbon unit is personal property

A carbon unit is personal property and, subject to sections 105 and 106, is transmissible by assignment, by will and by devolution by operation of law.

46) Section 103A Ownership of carbon unit

(1) The registered holder of a carbon unit:

(a) is the legal owner of the unit; and

(b) may, subject to this Act and the Australian National Registry of Emissions Units Act 2011, deal with the unit as its legal owner and give good discharges for any consideration for any such dealing.

(2) Subsection (1) only protects a person who deals with the registered holder of the unit as a purchaser:

(a) in good faith for value; and

(b) without notice of any defect in the title of the registered holder.

이전 등으로 구분하여 정의하고 있다.[47)]

그리고 양도에 의한 이전,[48)] 법률에 의한 이전의 개념과 방식[49)] 등에 대해서도 개별적인 규정을 두고 있다. 물론 외국으로의 이전과 외국으로부터의 이전에 관한 규정도 명시하고 있다.[50)]

### 2) 배출권 거래단위의 개념·발행 및 반환 등

인증된 배출량 감소의 명확한 성격 규명에 관한 설명서(Statement setting out a concise description of the characteristics of Certified Emission Reductions)에 따르면,[51)] 배출권 거래단위란 청정에너지 규제기관(Clean Energy Regulator)이 전자적 호주 국립 배출권 거래단위 등록기관(the electronic Australian National Registry of Emissions Units)에 구좌를 개설하여 고유 등록번호를 발급받은 개인에게 발급한 개별 단위를 의미한다. 구좌는 적합하고 적절한 개인에게 개설할 수 있는데, 그 기준은 호주 국립 배출권 단위 등록에 관한 규정(Australian National Registry of Emissions Units Regulations)에 정해져 있으며[52)] 적합하고 적절

---

47) Section 104 Transfer of carbon units.

48) Section 105 Transmission of carbon units by assignment.

49) Section 106 Transmission of carbon units by operation of law etc.

50) Section 108 Outgoing international transfers of carbon units and Section 109 Incoming international transfers of carbon units.

51) Clean Energy Regulator, Carbon Units at 〈http://www.cleanenergyregulator.gov.au/ANREU/Concise-description-of-units/Carbon-units/Pages/default.aspx 〉

52) Section 13 Opening of Registry accounts

(1) The Administrator may open a Registry account in response to a request to do so.

(2) The Administrator must open a Registry account only:

(a) if the identification procedures in regulation 23 have been followed; and

(b) if the Administrator is satisfied of the identity of the person in whose name the account is to be opened; and

(c) if the Administrator is satisfied that the person is a fit and proper person having regard to the criteria set out in section 64 of the Carbon Farming Act and any regulations made under that section; and

(d) for a person who is an entity — if the Administrator is satisfied that the individual making the request has been authorised by the entity and has sufficient authority to act on its behalf.

한 개인에 관해서는 탄소배출권법(Carbon Credit(Carbon Farming Initiative) Act)이[53] 정하고 있는 내용에 따르도록 되어 있다.

배출권 거래단위는 청정에너지법에 의해 설립된 탄소 가격 메커니즘을 실현하기 위해 적격기관에게 발행된다. 배출권 거래단위는 첫째 2012년 7월 1일부터 2015년 6월 30일까지의 고정가격 탄소배출권 거래기간(The Fixed Charge Years)[54] 동안의 고정가격발행,[55] 둘째 2015년 7월 1일 이후 경매방식에[56] 따른 결정된 경매가격발행, 셋째 청정에너지법 제7장의 일자리와 경쟁력 확보 프로그램(Jobs and Competitiveness Program)에 따른 무상발행, 마지막으로 청정에너지법 제8장 석탄화력 발전(Coal-fired electricity generation)에 따른 2013년, 2016년에서 2017년까지 적격 석탄화력 발전에 대한 무상발행 등으로 구분되어 있다.

호주의 배출권 거래단위는 청정에너지 규제기관이 위와 같이 발행한 배출권 거래단위뿐만 아니라 국제적으로 인정되는 거래단위도 인정하고 있다.[57] 고정가격 탄소배출권 거래기간 동안에는 무상의 배출권 거래단위가 할당되며, 각 거래 주체들은 규제기관에서 고정된 가격으로 배출권을 매입할 수 있다.[58] 하지만 경매방식에 의한 거래기간 이후에는 시장에 의한 가

---

53) 이법은 기후변화협약과 교토의정서에 따른 호주의 의무를 이행하고, 탄소의 배출을 감소시키기 위한 목적의 법(Section 3)이다.

54) Section 5 Definitions
fixed charge year means:
(a) the eligible financial year beginning on 1 July 2012; or
(b) the eligible financial year beginning on 1 July 2013; or
(c) the eligible financial year beginning on 1 July 2014.

55) Clean Energy Regulator, above n 54.

56) Section 5 Definitions
flexible charge year means:
(a) the eligible financial year beginning on 1 July 2015; or
(b) a later eligible financial year.

57) Department of Climate Change and Energy Efficiency, Exposure Draft of Clean Energy Bill 2011: Commentary on Provisions (28 July, 2011) 89.

58) 2012년-2013년에는 $23, 2013년-2014년에는 $24, 2014년-2015년에는 $25.40이다.

격결정 방식과 배출권 거래단위에 대한 시장에서의 거래가 이루어지게 된다.[59)]

청정에너지법은 무상으로 발급된 배출권 거래단위의 환매(Buy-Back)에 관한 규정을 두고 있는데, 고정가격 탄소배출권 기간 동안 무상으로 배출권 거래단위를 발급받은 당사자가 배출권등록기관에 해당 배출권 거래단위의 취소를 요청하는 경우 청정에너지법에 정한 방식에 따라 결정된 가격을 지불하도록 하고 있다.[60)]

또한 발급된 배출권 거래단위의 반환(Surrender)에 관한 규정도 두고 있으며, 이에 따르면 고정가격 탄소배출권 거래기간 또는 변동가격 탄소배출권 거래기간인지 여부에 따라 반환 방식이 다르다. 예를 들어, 고정가격 탄소배출권 거래기간에 발급된 배출권 거래단위는 제100(1)의 규정에 따라 발급되는 배출권 거래단위에 대해 정해진 유효기간(Vintage Year)이[61)] 지나

59) Department of Climate Change and Energy Efficiency, above n 60, 89-91. 다만, 경매방식에 의한 가격결정이 시작된 후부터 3년 동안에는 가격변동의 상한과 하한을 두어 급격한 가격변동을 제어하고 있다. 가격 상한에 관한 내용은 Exposure Draft of Clean Energy Bill 2011: Commentary on Provisions 98면을 가격 하한에 관한 내용은 105면을 각 참조하면 된다.

60) Section 116 Buy-back of certain free carbon units
Scope
(1) This section applies if a person is the registered holder of one or more carbon units that:
(a) were issued:
(i) in accordance with the Jobs and Competitiveness Program; or
(ii) in accordance with Part 8 (coal-fired electricity generation); and
(b) have a vintage year that is a fixed charge year.
Buy-back
(2) During the period:
(a) beginning at the start of 1 September in that fixed charge year; and
(b) ending at the end of 1 February next following that fixed charge year;
the person may, by electronic notice transmitted to the Regulator, request the Regulator to cancel the unit or units in exchange for the payment to the person of the amount (the buy-back amount) worked out using the formula:

61) Section 96 Vintage year
(1) Each carbon unit has a vintage year.
(2) A vintage year must be a particular eligible financial year.
(3) The identification number of a carbon unit must include digits that represent the vintage year of the unit:

면 자동으로 반환된다.[62)]

이외에도 배출권 거래단위의 취소, 포기 등에 관한 규정·거래의 방법 및 절차에 관한 규정 등을 두고 있다.

### 3) 호주 배출권 거래단위의 재산권성과 그 내용

호주 배출권 거래단위는 그 권리성이 직접적으로 인정되고 있으며, 특히 일종의 재산권이라고 분류되어 있다는 점이 가장 중요한 특징이다.

배출권 거래단위의 보유자로 등록된 자는 그 법적인 소유권자가 되며, 배출권 거래단위를 타인에게 양도할 수 있게 된다. 다만 규제기관은 배출권 거래단위의 등록에 관한 법(Australian National Registry of Emissions Units Act)에 따라 등록에 사무적 오류·명백한 하자 등이 있는 경우 이를 정정할 수 있다.[63)]

---

62) Section 100 Automatic surrender of units
(7) If a carbon unit is issued to a person in accordance with this section:
(a) immediately after the issue of the unit, the person is taken to have surrendered the unit; and
(b) the person is taken to have done so by electronic notice transmitted to the Regulator under subsection 122(1); and
(c) the notice is taken to have:
(i) specified the unit; and
(ii) specified the vintage year of the unit as the eligible financial year to which the surrender relates; and
(iii) specified the account number of the person's Registry account in which there is an entry for the unit that is being surrendered.

63) Section 19 Corrections of clerical errors, obvious defects or unauthorised entries etc.
Power of correction
(1) The Regulator may alter the Registry for the purposes of correcting:
(a) a clerical error or an obvious defect in the Registry; or
(b) an entry made in the Registry without sufficient cause; or
(c) an entry wrongly existing in the Registry; or
(d) an entry wrongly removed from the Registry.
(2) The Regulator may exercise the power conferred by subsection (1):
(a) on written application being made to the Regulator by a person; or
(b) on the Regulator's own initiative.
(3) The Regulator must not exercise the power conferred by subsection (1) of this section in a manner contrary to a decision of the Federal Court in proceedings under section 22.

위에서 본 것처럼 배출권 거래단위는 재산권이므로 당사자들 사이의 합의·유언·기타 법에 의해 허용되는 방식에 의해 이전·양도될 수 있다.

이렇게 재산권적 특성을 부각시키는 입법은 배출권 거래단위의 법적성격을 분명하게 정하기 때문에 이에 대한 신뢰를 증진시키고, 배출권 거래단위의 보유에 대한 불확실성을 줄일 수 있으며, 배출권 거래시장이 발달에 필요한 시장의 신뢰성 또한 확보할 것이라는 믿음에 기초하고 있다.

특히 배출권 거래단위의 환매에서 규제기관은 해당 배출권 거래단위에 대한 대가를 지급하고 이를 취득하도록 하고 있는 점에서 볼 때, 호주는 정부의 필요에 의해 배출권 거래제도에 대한 수정을 가하거나 정책을 변경할 때에도 보상을 통해서만 가능한 것으로 해석할 수 있다. 그렇다면 호주의 배출권 거래제도는 배출권 거래단위에 대한 공공적 차원에서의 접근보다는 사법적(私法的) 차원 중점을 두고 있는 것으로 해석할 수 있다.

호주의 배출권 거래단위는 이산화탄소 1톤과 동등한 양으로 정해져 있지만, 해당 거래단위의 가치는 시장에서 수요와 공급의 법칙에 따라 결정된다. 다만 배출의 한계의 규정과 무상 배출권 거래단위의 할당 등을 어떻게 정할 것인가에 따라 배출권의 가격 또한 영향을 받을 수밖에 없으며, 이런 영향에 대해서는 독립된 감독기관에 의해 감시되고 조정되도록 하고 있다.[64] 즉 재산권적 측면이 강조된 사법적(私法的) 거래에 중점을 두는 반면, 공공적 목적의 실현에 필요한 규칙성·전문성·독립성·공공성이 확보된 지속적인 감시와 감독이 이루어지도록 하고 있는 것이다.

한편, 청정에너지법은 배출권 거래단위와 관련한 형평법(Equitable Inter-

---

(3A) The Regulator must not exercise the power conferred by subsection (1) of this section in a manner contrary to:

(a) regulations made for the purposes of section 32A or 49A of this Act; or

(b) section 150A of the Carbon Credits (Carbon Farming Initiative) Act 2011.

(3B) The Regulator must not exercise the power conferred by subsection (1) of this section in a manner contrary to section 103A of the Clean Energy Act 2011.

64) Clean Energy Act Part 22—Reviews by the Climate Change Authority.

est)에 따른 권한들에 영향을 미치지 않는다고 확인하고 있다.[65] 즉, 형평법에 의해 형성된 배출권 거래단위에 대한 신탁의 설정이나 신탁에 의한 강제집행 등은 청정에너지법의 시행으로 인해 어떤 영향을 받지 않는다는 것이다. 특히 제110조 제2항은 청정에너지법이 형평법에 따른 권한들에 영향을 미치지 않는다는 제1항의 규정은 혼란을 피하기 위한 확인 규정이라는 점을 분명히 하여 이로 인한 논란을 피하고 있다. 형평법에 의한 권한의 등록을 위해서는 별도의 규정을 두도록 하고 있다.[66]

다만 사망한 신탁자를 위한 수탁자로의 신탁에 의한 배출권 거래단위의 이전을 위해서는 신탁자에게 이에 대한 증거를 요구할 수 있으며 필요한 경우 새로운 등록구좌의 개설이 요구될 수도 있다.

물론 배출권 거래단위에 대한 담보의 설정 등에도 아무런 제한이 없다. 따라서 배출권거래단위를 담보의 목적물로 설정할 수 있다. 따라서 배출권을 일종의 무형 재산권으로 보고 있기 때문에 호주의 동산담보법(Personal Property Securities Act)에 따라 담보권이 설정되고 이전될 수 있다.

호주에서 배출권 거래단위가 세법상 어떻게 처리되는지 간단히 정리하면 다음과 같다.

배출권 거래단위에 대한 비용은 소득공제의 대상이 될 수 있으며, 배출권 거래단위의 판매 또는 반환(Surrender)로 취득한 차익(Proceeds)은 거래가

---

65) Section 110 Equitable interests in relation to a carbon unit

(1) This Act does not affect:

(a) the creation of; or

(b) any dealings with; or

(c) the enforcement of;

equitable interests in relation to a carbon unit.

(2) Subsection (1) is enacted for the avoidance of doubt.

66) Section 109A Registration of equitable interests in relation to a carbon unit

(1) The regulations may make provision for or in relation to the registration in the Registry of equitable interests in relation to carbon units.

(2) Subsection (1) does not apply to an equitable interest that is a security interest within the meaning of the Personal Property Securities Act 2009, and to which that Act applies.

이루어진 회계연도의 장부에 소득으로 기재될 수 있다. 새로운 세법(A New Tax System (Goods and Services Tax) Act)은 배출권 거래단위의 거래를 부가가치세의 면제 대상으로 규정하고 있다.[67] 배출권 거래단위의 매도인은 일정한 경우, 관련 당사자들 사이의 거래에서 매매 가격을 시장가격으로 간주될 수 있으며, 배출권 거래단위의 취득을 위한 비용을 법인세에서 소득공제의 대상이 될 수 있으나, 해당 소득공제의 혜택은 배출권 거래단위가 매도되거나 반환되는 해까지 연기될 수도 있다.

### 라. 우리나라의 탄소배출권에 주는 시사점

#### 1) 배출권 거래단위는 무엇인가?

우리나라의 온실가스 배출권의 할당 및 거래에 관한 법률은 배출권이란 '개별 온실가스 배출업체에 할당되는 배출허용량' 이라고 정의하고 있다.[68] 배출허용량이라는 표현은 유럽, 미국 등에서 사용하고 있는 허용량(Allowance)의 표현을 사용하고 있는 것으로 보인다.

그리고 배출권은 매매 기타의 방법으로 거래될 수 있으며, 거래단위는 대통령령에 정하는 바에 따라 이산화탄소상당톤으로 환산한 단위를 사용

---

67) Clean Energy (Consequential Amendments) Act 2011
Schedule 2—Taxation amendments
Part 1—Amendments relating to GST
A New Tax System (Goods and Services Tax) Act 1999
1 At the end of Division 38
Add:
Subdivision 38-S—Eligible emissions units
38-590 Eligible emissions units
A supply of an *eligible emissions unit is GST-free.
2 Section 195-1
Insert:
eligible emissions unit has the same meaning as in the Clean Energy Act 2011.

68) 제2조 제3호.

하도록 하고 있다.[69] 이에 따라 온실가스 배출권의 할당 및 거래에 관한 법률 시행령 제23조는 1 이산화탄소상당량톤(tCO2-eq)을 1 배출권으로 정하고 1배출권을 최소의 거래단위로 규정하고 있다.[70] 따라서 우리나라의 배출권 거래단위는 '1 이산화탄소상당량톤의 배출허용량' 이라고 정의된다.

이런 현행법의 문제점을 지적하면 첫째, '매매 기타의 방법' 에서 '기타의 방법' 이 무엇인지 명확하지 않기 때문에 매매 이외에 어떤 종류에 방식에 의한 거래가 허용되는지에 대해 특정할 수 없다는 것이다. 다만, 온실가스 배출권의 할당 및 거래에 관한 법률 제21조 제3항을 반대해석하면 상속이나 법인의 합병 등에 의한 배출권의 이전도 가능한 것으로 해석된다.[71] 이는 민법 제187의 법률행위에 의하지 않는 물권변동의 규정과 유사하다.[72] 그러나 공용징수·판결·기타 법률에 의한 이전은 허용되는지에 대한 문제는 물론이고 배출권 거래단위에 대한 담보권의 설정이 가능한지의 문제도 여전히 풀어야 할 숙제로 남아 있다.

원칙적으로 어떤 거래방식이 가능한지는 그 법적성격이 명확히 규명된 이후에야 가능하며, 배출권 거래단위에 대한 통일된 해석이 불가능하기 때문에 단순히 법해석에 맡기는 것보다는 법률에 명시적 규정을 두는 것이

69) 제19조(배출권의 거래) ① 배출권은 매매나 그 밖의 방법으로 거래할 수 있다.
② 배출권은 온실가스를 대통령령으로 정하는 바에 따라 이산화탄소상당량톤으로 환산한 단위로 거래한다.
③ 배출권 거래의 최소 단위 등 배출권 거래에 필요한 세부 사항은 대통령령으로 정한다.

70) 제23조(배출권 거래의 최소 단위 등) ① 온실가스는 별표 2에 따른 온실가스별 지구온난화 계수에 따라 이산화탄소상당량톤(tCO2-eq)으로 환산하고, 1 이산화탄소상당량톤(tCO2-eq)을 1 배출권으로 환산하여 거래한다.
② 배출권 거래의 최소 단위는 1 배출권으로 한다.

71) 제21조(배출권 거래의 신고) ① 배출권을 거래한 자는 대통령령으로 정하는 바에 따라 그 사실을 주무관청에 신고하여야 한다.
② 제1항에 따른 신고를 받은 주무관청은 지체 없이 배출권등록부에 그 내용을 등록하여야 한다.
③ 배출권 거래에 따른 배출권의 이전은 제2항에 따라 배출권 거래 내용을 등록한 때에 효력이 생긴다.
④ 제1항부터 제3항까지의 규정은 상속이나 법인의 합병 등 거래에 의하지 아니하고 배출권이 이전되는 경우에 준용한다.

72) 제187조 (등기를 요하지 아니하는 부동산물권취득)

배출권 거래를 둘러싸고 발생 가능한 법률적 문제들을 보다 효과적으로 해결하는 방법이 될 것이다.

둘째, 유럽이나 미국, 호주 등에서 취득한 배출권 거래단위가 우리나라에서 거래될 수 있느냐에 대한 문제가 해결되지 않고 있다. 온실가스 배출권의 할당 및 거래에 관한 법률 제3조 제5호는 '국제 탄소시장과의 연계를 고려하여 국제적 기준에 적합하게 정책을 운영할 것'을 배출권 할당 및 거래제도 수립 및 시행에서의 기본 원칙 중 하나로 명시하고 있으나, 법률이나 시행령 어디에서 국제 탄소시장에서 인정된 배출권을 우리나라에서 어떻게 수용할 것인지에 대한 규정이 없다. 배출권 거래는 특정 국가만의 사안이 아니며, GCF를 유치한 우리나라로서는 국제적 기준에 부합하는 배출권 거래단위에 대해서도 거래를 인정할 필요가 있다. 호주가 국제적으로 인정되는 배출권 거래단위를 국내에서 인정하고 있음은 위에서 본 바와 같다.

### 2) 우리나라 배출권 거래단위의 법적 성격

우리나라 배출권 거래단위의 법적성격은 권리성 여부, 권리라면 재산권인가 아니면 다른 종류의 권리인가, 재산권이라면 어떤 종류의 재산권인가에 대한 법적인 정리의 문제이다.

현행 온실가스 배출권의 할당 및 거래에 관한 법률은 배출권 거래단위가 권리인지는 물론이고 어떤 종류의 권리인지에 대한 규정을 두고 있지 않다. 다만 거래가 가능하다는 정도의 확인만 하고 있을 뿐이다.

그리고 배출권이 1 이산화탄소상당량톤의 배출허용량이라 정의된다면 단순히 배출할 수 있는 허용권한을 부여받아 이를 배출해도 처벌을 받지 않는다는 정도의 양해 대상일 뿐, 그 법적인 성격과 내용이 무엇인지에 대해서는 거의 백지 상황과 다름이 없다.

하지만, 거래의 대상인 재화의 거래 안전성을 확보하기 위해서는 권리성이 인정되어야만 한다. 만약 권리가 아니라면, 사실상 이익 또는 국가에 의해 주어진 일정한 혜택으로 해석되는데 그렇다면 법률상 보호이익이 인정되지 않아 행정소송을 통해 그 권리를 보호받을 수 없다. 또한 민사적으로 배출권 거래단위의 거래에서 발생되는 거래의 방식·의무불이행 등의 문제·세법상 거래비용의 세금공제와 거래로 인해 발생한 차익에 대한 과세의 문제·장부의 기재에서 어떤 종류의 자산으로 기재되어야 하는지의 문제 등을 포함한 수많은 법적인 쟁점들을 해결하기 어렵게 된다.

지구환경의 보호를 통한 인류의 생존을 목적으로 이산화탄소의 배출을 규제한다는 공익적 차원의 접근, 배출권의 할당을 중심으로 하는 법체계, 온실가스 배출권의 할당 및 거래에 관한 법률이 배출권 할당의 취소에 관한 규정에서 취소에 대한 법적 보상이 규정되어 있지 않다는 점[73] 등을 종합적으로 살펴보면 우리의 온실가스 배출권의 할당 및 거래에 관한 법률은 배출권 거래단위를 사법적(私法的) 권리보다는 국가 배려차원의 공법적 시각이 강조되어 있음을 알 수 있다.

그럼에도 불구하고, 온실가스 배출권 거래를 활성화하기 위해서는 거래의 안정성이 확보되어야 하며, 거래의 안정성 확보의 가장 기본적인 법적 전제가 어떤 성격의 권리인가를 분명히 하는 것이기 때문에 이에 대한 정비가 요구된다. 또한 온실가스 배출권의 할당 및 거래에 관한 법률 제3조의 기본원칙 중 하나가 '배출권의 거래가 일반적인 시장 거래 원칙에 따라 공정하고 투명하게 이루어지도록 할 것' 이라면, 일반적 시장거래의 원칙에 따라 공정하고 투명한 거래가 이루어지기 위해서도 법적성격의 규명은 필수적인 전제사항이라 할 것이다.

### 3) 호주 배출권 거래제도의 시사점

우리나라도 온실가스 배출권의 할당 및 거래에 관한 법률과 그 시행령이 시행되고, GCF라는 국제기구를 유치하여 환경분야에서의 선진국 대열

73) 제17조(배출권 할당의 취소)

에 참여하게 되었다. 하지만 우리나라는 아직까지 배출권 거래단위의 법적성격을 어떻게 규정할 것인가에 대해 입법화되거나 해석학적으로 합의에 이르지 못하고 있다.

최종적으로는 입법 정책적으로 결정될 것이지만, 배출권 거래의 활성화가 온실가스 감축의 효과를 가져 온다면 거래의 활성화에 중점을 두는 재산권적 성격이 강조되어 호주와 같은 입법형식을 갖추어야 할 것이다. 할당의 취소나 할당 과정에서 국가를 상대로 하는 분쟁의 발생을 방지하기 위한 법적 제한 규정을 두면서 기본적으로 배출권 거래단위는 상속·거래 등에서 통상의 재산권과 동일하게 다루어져야 할 것이다.

특히, 배출권 거래단위의 법적성격은 배출권의 거래에서 전제가 되는 것이기 때문에 이를 조속히 정리해야 한다. 이런 법제 정비에서 호주의 사례는 좋은 기준이 될 수 있을 것이다.

# II. 기후변화와 에너지 법제

1. 에너지안보와 에너지 정책
2. 안정적 중장기 에너지믹스의 구축
3. 국제정세의 변화에 따른 우리나라 에너지 정책의 방향
4. 에너지부문 창조경제 구현을 위한 법제도 개선
5. 후쿠시마 사고와 원자력 발전
6. 셰일가스 개발과 환경
7. 전력사업의 발전 방향 | 호주의 전력산업을 중심으로
8. DCS 관련 법적 쟁점
9. 에너지와 복지 | 호주의 에너지 곤란해소를 위한 지원 법제

## 1. 에너지 안보와 에너지 정책

### 가. 우리나라의 에너지 믹스

우리나라는 에너지원의 97%를 수입에 의존하고 있으며, 아래의 표1에서 보는 것처럼 2010년 에너지원의 구성비에서 석탄·석유·LNG가 약 85%를 차지하고 있다. 이런 추세는 2011년 3월 일본 후쿠시마 원자력 발전소 사고로 인해 원자력에 대한 위험성이 고조되는 추세와 신재생에너지의 한계에 대한 인식으로 인해 더욱 고착화될 것이다.

표1 | 우리나라 1차 에너지원 구성비

| 연도 | 총에너지 | 석탄 | 석유 | LNG | 수력 | 원자력 | 신재생 |
|---|---|---|---|---|---|---|---|
| 2001 | 100 | 23 | 50.6 | 10.5 | 0.5 | 14.1 | 1.2 |
| 2005 | 100 | 24 | 44.4 | 13.3 | 0.6 | 16.1 | 1.7 |
| 2009 | 100 | 28.2 | 42.1 | 13.9 | 0.5 | 13.1 | 2.3 |
| 2010 | 100 | 28.9 | 39.7 | 16.4 | 0.5 | 12.2 | 2.3 |

국가에너지통계종합정보시스템

이런 화석연료에 대한 의존은 우리나라에 국한된 현상이 아니라 세계적인 추세라는 점에서 중요의 시사점을 찾을 수 있는데, 그림 1.은 2011년 세계에너지기구(IEA)의 '세계에너지 전망 2011(World Energy Outlook)' 의 2035년 세계에너지 구성비를 보여주고 있다. 이에 따르면 2035년에도 여전히 화석연료는 인류의 주요한 에너지원으로서의 역할을 수행할 것이다.

그림1 | 2035년, 세계 에너지원 구성비 IEA, World Energy Outlook 2011 p. 72.

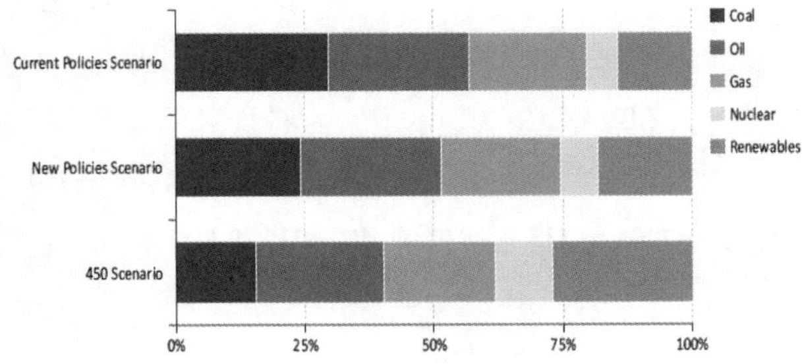

이에 따르면 각 국이 이산화탄소 배출을 제한하기 위한 규제로 화석연료의 사용을 감소시키기 위해 새로운 정책들을 수행하는 시나리오(New Policies Scenario)에 따르더라도, 2035년 세계에너지원 구성비는 석탄 25%, 석유 27%, 천연가스 23%로 화석연료의 전체적 비율은 여전히 75%에 이를 것이라는 현실을 보여주고 있다.

대표적 화석연료인 석유의 전 세계 하루 소비량은1) 2010년 기준 약 9,000만 배럴이며, 이 중 한국은 비율로 2.3%, 약 255만 배럴을 소비하는 세계 8위의 석유소비 대국이다.[2]

그림2 | 그림 국제유가 및 석유소비량 예측 IEA, World Energy Outlook 2011, p. 104

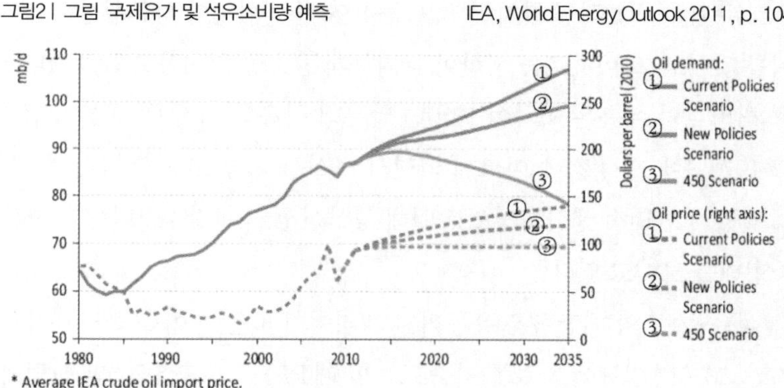


한편, 에너지의 문제는 경제, 국방, 외교 등 국가 전체적인 분야와 직접 관련되며, 화석연료의 소비로 인해 환경문제까지 논의해야 하는 복잡한 국가적 의제 중 하나이며, 미국을 포함한 선진국들에서는 에너지 안보적 차원에서 접근하고 있다.

이제 우리나라도 에너지 안보적[3] 시각에서 에너지 문제를 바라보고, 이와 관련된 법적 쟁점들을 논의할 필요가 있다.

---

1) 통상 'Barrels Per Day'의 약자로 'bpd'라는 표현을 사용하고 있다.

2) 또한 2009년 석유는 5위, 천연가스는 6위, 석탄은 3위의 순수입국이다. IEA, Key World Energy Statistics (2011) 11, 13, 15.

3) 여기서의 '에너지 안보'는 에너지원인 석유 · 가스 · 석탄 · 원자력 등과 에너지인 전력을 모두 포함하는 포괄적인 개념으로 사용한다.

## 나. 에너지 안보

### 1) 에너지와 관련된 쟁점

#### 가) 에너지원의 유한성

에너지원의 유한성은 화석연료인 석유·가스 또는 석탄의 매장량이 유한하다는 주장으로, 현재도 지구 어딘가에서 화석연료인 하이드로카본(Hydrocarbon)이 형성되고 있기는 하지만, 생성되는 양보다 소비되는 양이 훨씬 많기 때문에 결국 고갈될 것이라는 것이다. 특히 미국의 유명한 지구물리학자 허버트(Marian King Hubert)는 에너지원 중 석유의 유한성을 과학적으로 주장한 대표적인 학자인데, 그는 1970년에 미국의 석유생산은 정점에 이를 것이고 그 이후로는 생산이 급격하게 감소할 것이라고 예측했다.[4)]

허버트의 예측은 미국이 1960년 말부터 석유의 미국 내 생산이 감소하고 1970년에 그 정점에 이르게 되면서 사실상 적중했다.[5)] 다만, 생산기술의 발달과 합리적 생산운영으로 인해 생산이 급격한 감소보다는 완만한 감소형태를 보이고 있다.

석유·가스의 매장량은 유동적인 개념이기 때문에 이를 확정하기 어렵지만, 2010년 발표된 자료를 기준으로 할 때 BP는 약 1조 5,260만 배럴의 확정매장량(Proven Reserves)을[6)] 석유·가스 저널(Oil and Gas Journal)은 약 1조 4,700만 배럴의 확정매장량을 각 추정하고 있다. 이를 일일소비량을 기준으로 계산하면 약 40년에서 45년 정도의 소비량에 해당한다. 한편, 확정매장량을 포함한 나머지 생산가능매장량은 약 5조 5,000만 배럴로 추정되고 있다. 그 중 전통적 석유가 약 1조 3,000만 배럴, 비전통 석유가 약 2조 7,000

---

4) Morgan Dawney, Oil 101 (2009) 298-299.

5) 이런 국내 생산의 감소로 인해 미국 국내 생산의 통제를 통해 세계의 유가를 조정해오던 텍사스 철도위원회(Texas Railroad Commission)가 1971년 텍사스 석유회사들에게 스스로의 결정에 따라 자유롭게 생산하도록 하는 규제폐지를 선언하게 된다.

6) 석유의 매장량은 확정매장량(Proven Reserves), 추정매장량(Probable Reserves) 그리고 가능매장량(Possible Reserves) 구분하며, 확정매장량은 추정 당시의 기술과 경제성에 기초해서 상업적으로 생산할 수 있을 정도의 합리적 확실성이 인정되는 석유를 의미한다. 류권홍, 국제 석유·가스개발 및 거래계약, 한국학술정보, 2011, 21-22면.

만 배럴에 이른다.[7] 즉, 앞으로도 약 150년 동안 사용할 수 있는 석유가 매장되어 있다는 것이다.

그림3 | 개발 가능한 잔존 석유자원과 확정매장량(2012년 기준)

EIA, World Energy Outlook 2011, p. 423. 단위 : 10억 배럴

| | Conventional resources | | Unconventional resources | | | Totals | |
|---|---|---|---|---|---|---|---|
| | Crude oil | NGLs | EHOB | Kerogen oil | Light tight oil | Resources | Proven reserves |
| **OECD** | **315** | **102** | **811** | **1 016** | **115** | **2 359** | **240** |
| Americas | 250 | 59 | 808 | 1 000 | 81 | 2 197 | 221 |
| Europe | 59 | 33 | 3 | 4 | 17 | 116 | 14 |
| Asia Oceania | 6 | 11 | 0 | 12 | 18 | 47 | 4 |
| **Non-OECD** | **1 888** | **363** | **1 069** | **57** | **230** | **3 606** | **1 462** |
| E.Europe/Eurasia | 347 | 82 | 552 | 20 | 78 | 1 078 | 150 |
| Asia | 96 | 27 | 3 | 4 | 56 | 187 | 46 |
| Middle East | 971 | 168 | 14 | 30 | 0 | 1 184 | 813 |
| Africa | 254 | 54 | 2 | 0 | 38 | 348 | 130 |
| Latin America | 219 | 32 | 498 | 3 | 57 | 809 | 323 |
| **World** | **2 203** | **465** | **1 879** | **1 073** | **345** | **5 965** | **1 702** |

여기에 국경분쟁으로 인해 개발이 불가능한 지역, 북극과 남극 및 심해저 등 기술과 자연조건의 문제로 인해 개발이 되지 못하고 있는 지역 그리고 기존 석유·가스전의 생산능력을 높이는 2차, 3차적 생산증가기술 등의 발달을 근거로 하는 낙관적인 시각에 따르면 향후 300년까지도 석유의 생산이 가능하다.

천연가스의 경우도 비슷하다. 전통적 천연가스 매장량이 약 400조 입방미터이며, 여기에 거의 비슷한 양의 비전통 천연가스 매장량을 포함하면 250년에 가까운 동안 생산할 수 있는 양이다.[8]

즉, 이런 사실들은 화석연료의 유한성은 에너지 정책의 수립에서 심각한 고려사항이 아니라는 점을 시사하고 있다.

### 나) 화석연료와 환경

인류의 화석연료에 대한 의존은 대기오염물질배출 특히 이산화탄소

7) IEA, above n 2, 121.

8) Ibid, 161.

의 배출과 이로 인한 기후변화라는 부정적 효과가 발생하게 되었다. 2010년 화석연료로 인한 이산화탄소 배출량은 약 30.4Gt[9]에 이르며, 전체 이산화탄소 배출량의 약 65%를 차지한다.[10] 또한, 새로운 정책 시나리오에 따르더라도, 2035년 화석연료에 사용에 따른 이산화탄소 배출량의 비율은 약 72%까지 증가할 것으로 예측되고 있다.[11]

우리나라의 2009년 이산화탄소 배출량은 5억2천813만t으로 세계 9위에 이르고 있으며, 산업화와 에너지 사용의 증가로 인해 지속적인 증가 추세를 보이고 있다.[12]

화석연료의 사용을 줄이고 이산화탄소의 배출량을 감소시키기 위한 노력이 국제적으로 진행되고 있는 현실의 한편에는 우리의 산업구조에 대한 논의를 하지 않을 수 없다. 2011년, 우리나라의 수출에서 석유제품과 석유화학을 합해서 차지하는 비중이 17.6%에 이르며, 그 외에도 에너지 다소비형 산업인 중공업, 자동차, 철강 등의 주된 산업으로 하는 수출주도형 중공업 산업구조를 가지고 있다.[13] 우리나라는 일본·독일 기타 서비스 산업 위주의 선진국형 산업구조에 진입한 국가들과 환경문제를 접근하는 방식이 같을 수 없다는 현실은 분명히 지적되어야 한다.

화석연료의 환경 유해성 문제를 해결하기 위한 방안으로 원자력과 신재생이 대안으로 제시되었고 각 국가마다 상황에 맞게 원자력 또는 신재생을 추진해오고 있다. 하지만, 2011년 후쿠시마 원전사고는 원자력에 대한 근본적인 시각의 변화를 요구하고 있으며, 신재생이 과연 친환경적인지 그리고 우리나라의 현실에 맞는 정책적 대안인지에 대한 냉정한 논의가 필요한 상황이 되었다.

---

9) 'Giga Ton' 의 약자이며, 1Gt은 10억 톤이다.

10) IEA, above n 2, 99.

11) Ibid.

12) EIA, ' Carbon Dioxide Emissions' , Find statistics on Korea, South (2010) 〈http://www.eia.gov/countries/country-data.cfm?fips=KS&trk=m〉 at 1 May 2012.

13) 에너지신문, 무역규모 1조달러, 에너지 '견인차' , 2011년 12월 5일자 보도 〈http://www.energy-news.co.kr/news/articleView.html?idxno=7225〉.

특히 스페인은 재정위기의 중요한 원인 중 하나인 신재생에 대한 지원을 중지하겠다고 선언하는 등[14] 신재생에너지에 대한 보조금문제가 새로운 쟁점으로 등장하고 있다.[15]

이런 원자력과 신재생의 기술적·정책적 한계와 경제성의 문제를 해결할 수 있는 대안으로 천연가스가 주목을 받게 되었다.[16] 석유에 비해 이산화탄소 배출량이 훨씬 적고 매장량이 풍부하며, LNG와 파이프라인 인프라의 구축으로 인해 저렴하고 안전하며 친환경적인 연료라는 인식이 확립된 때문이다. 따라서 우리나라도 천연가스를 중심으로 하는 에너지 정책의 전환이 요구되고 있다.[17]

### 다) 에너지와 경제

인류의 문명과 경제는 산업혁명 이후의 석탄, 제1, 2차 세계대전 이후의 석유 그리고 1970년대 후반부터 천연가스의 사용과 더불어 급진적으로 발달했다. 만약 저렴하고 안전한 화석연료를 대체할 수 있는 연료를 공급할 수 없다면 인류의 경제적 발전은 중단될 수밖에 없다.

이를 대변하는 표현은 1913년 7월 17일 영국 수상 윈스턴 처칠이 군함

---

14) 72조 유로의 전력생산에 대한 보조금을 감축하는데, 그 중 71%가 신재생 영역에 대한 지원금이다. Reuters, 'Spain says ends subsidies for new renewable units' (Jan. 27, 2012) 〈http://www.reuters.com/article/2012/01/27/spain-renewables-idUSL5E8CR2B620120127〉 at 1 May 2012.

15) 미국에서의 에탄올 생산을 예로 들 수 있는데, 1 갤런의 휘발유와 동일한 거리를 주행하기 위해서는 1.5 갤런의 에탄올이 필요하며 2006년 기준의 가격을 비교할 때 휘발유는 갤런 당 $2.2인 반면 보조금을 포함한 에탄올의 실질적 가격은 $3.16라는 지적을 예로 들 수 있다. 또한 환경문제도 에탄올 생산을 위한 옥수수 재배 과정에서 사용되는 농약으로 인해 온실가스의 일종인 아산화질소(Nitrous Oxide)가 배출되며, 에탄올의 정유과정에서 석탄발전에 의한 전기가 사용된다는 점을 지적하고 있다. Pietro S. Nivola, Erin E. R. Carter, "Making Sense of "Energy Independence"", Energy Security, Brookings Institution Press (2010) 112-113.

16) ExxonMobil의 '2012 The outlook for Energy: A View to 2040' 에 따르면 천연가스가 석탄의 지위를 넘어 에너지 구성에서 석유 다음의 2인자가 될 것이며, 2040년까지 천연가스 수요는 60% 이상 증가할 것으로 예측되고 있다.

17) IEA는 이미 'Are we entering a Golden Age of Gas?' 라는 보고서를 통해 천연가스의 시대가 도래하고 있음을 밝히고 있다. IEA, above n 2, 170.

의 연료를 석탄에서 석유로 전환하면서 한 "만약 우리가 석유를 취득할 수 없다면, 우리는 식량도, 섬유도, 그리고 대영제국의 경제발전 동력으로 필요한 그 어떤 상품도 취득할 수 없습니다."라는 의회연설을 들 수 있다.

에너지 안보와 관련된 정책을 실현하는 에너지 관련 법령의 제정·개정과 그 집행에 있어서 경제발전의 문제와 어떻게 조화를 추구할 것인지에 대한 고려가 필요한 이유가 여기에 있다.

2014년 하반기부터 발생한 8국제유가하락 현상은 2013년 국제에너지기구가 에너지전망(Energy Outlook 2013)에서 예측했던 유가 예측 시나리오를 우습게 만들었다. 국제에너지기구는 미국을 포함한 북미, 브라질, 러시아 등의 원유 공급 증가를 반영하더라도 2035년까지 배럴당 130달러를 향해 꾸준히 상승하거나, 원유 공급초과 및 기후변화 정책의 강력한 추진을 배경으로 한 저유가 시나리오에 따르더라도 배럴당 80달러를 유지할 것으로 예측했었다.

그림4 | 국제유가 예측 EIA, World Energy Outlook 2011, p. 491

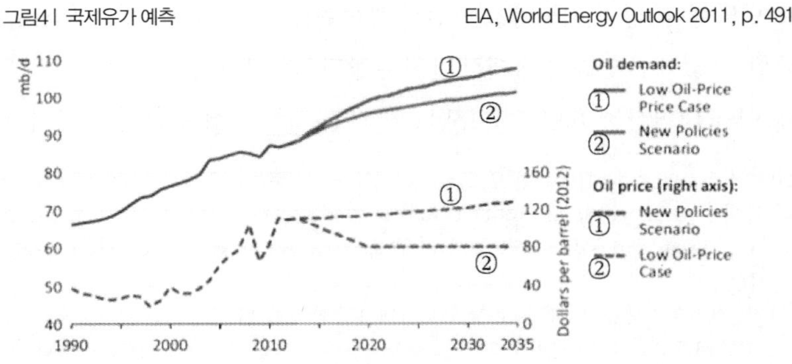


이런 저유가 현상의 원인에 대해서는 수요 감소와 공급의 증가를 원인으로 보는 경제적 분석, 미국의 비전통자원과 사우디와 OPEC을 중심으로 전통자원 사이의 경쟁으로 보는 구조적 분석, 2014년 초 우크라이나 사태를 발생시킨 러시아에 대한 실질적 제재수단으로 미국과 사우디아라비아가 저유가를 활용하고 있다는 국제정치적 분석 등 다양한 해석이 이루어지

고 있다.

경제적 분석에 따르면, 셰일가스 등 비전통자원의 생산이 미국을 중심으로 급격히 늘어난 한편, 2008년 이후 진행된 고유가 현상으로 인해 석유, 가스 상류부분 투자가 급증하였고 그로부터 약 5년이 지난 현재 시점에 원유과다 공급현상이 나타나고 있다는 공급측면의 원인과 국제경기 하락에 따른 원유 수요의 하락을 중요한 원인으로 들고 있다.

구조적 분석은 1870년부터 유지되어 온 미국의 석유시장에서의 패권이 1970년 초반 이후 생산량 감소로 인해 사우디아라비아를 중심으로 하는 OPEC 국가들로 이전되었으나, 2000년 후반부터 셰일가스를 중심으로 하는 비전통자원의 생산이 증가함에 따라 그 패권이 다시 미국으로 이전되고 있는 현상을 보이고 있다는 것이다. 이에 대한 견제로 사우디아라비아가 저유가 정책을 유지하고 있으며, 비전통자원의 생산원가 이하로 국제유가를 유지함으로써 미국산 석유, 가스의 경쟁력을 약화시키려 한다는 견해이다.

마지막으로 국제정치적 분석에 따르면, 2014년 초 러시아와 우크라이나의 갈등과 크림반도 복속은 기존 국제질서를 훼손하는 행위였고, 미국을 중심으로 하는 서방이 러시아에 대해 다양한 제재를 시행했으나 그 효과가 사실상 미미했다. 이에 미국과 서방은 1990년 소비에트 연방 해체의 핵심적 수단이었던 저유가 정책을 실효적 제재수단으로 다시 선택하게 되었다는 것이다.

고도의 정치적 재화라는 석유의 특성상 어느 하나의 분석틀로 현재의 저유가 현상을 해석할 수는 없다. 따라서 정치성, 경제성, 산업구조적 특성 등의 다양한 시각이 종합적으로 반영되어 검토되어야 한다. 즉, 현재의 저유가 현상은 경제적, 국제정치적, 구조적 원인들이 복합적으로 작용되어 나타난 결과로 보여 진다. 다만 그 중에서 좀 더 핵심적 원인을 찾으라면 공급과잉을 들고 싶다. 공급이 충분하지 않다면 석유라는 재화를 국제정치적 문제를 풀기 위한 수단으로 활용하기 어려우며, 미국에서 비전통자원이 풍부히 생산되지 않았다면 저유가 현상은 발생하기 어려웠을 것이기 때문이다.

특히 셰일가스를 중심으로 하는 비전통자원의 개발이 미국이 에너지 패권을 다시 행사할 수 있게 하는 원인이며, 또한 이산화탄소 감축 등 환경에 대해 기존의 소극적 대처에서 적극적인 대처로 전환할 수 있는 배경이라는 것은 누구도 부정할 수 없는 사실이다.

이런 저유가 현상이 얼마나 지속될지 여부를 판단하는 중요한 요소 중 하나가 주요 산유국들의 재정적 손익분기유가(Fiscal Break-Even Oil Price)이다. 재정적 손익분기유가는 자국의 재정수요를 충족시킬 수 있는 국제유가수준을 의미하는 데, 산유국들은 재정적 손익분기유가 이상으로 국제유가가 유지되기를 원하며 이 보다 낮은 유가가 지속된다면 감산이라는 수단에 합의하게 될 유인이 강해지게 된다.

재정적 손익분기유가의 분석에도 다양한 요소들이 고려되어야 하지만, 대표적인 자료에 따르면 다음 표와 같다.

표2 | Dr Abhishek Deshpande and Nic Brown

| 국가 | 재정적 손익분기유가(배럴) |
|---|---|
| 사우디아라비아 | 97달러 |
| 이란 | 126달러 |
| 이라크 | 103.40달러 |
| 쿠웨이트 | 61달러 |
| 아랍에미레이트 | 88.7달러 |

Fiscal Break-Even Oil Prices for Major OPEC Members, April 3, 2014

저유가의 또 다른 중요한 원인인 비전통자원의 생산원가에 대해서도 다양한 주장이 있으나, 배럴당 90달러 이하의 유가가 지속된다면 새로운 투자를 지속하기 어렵다고 본다. 물론 자원의 존재 현황, 생산 인프라의 존재 여부, 수요처와의 거리 등 다양한 요인에 따라 생산원가는 모두 다르게 나타난다. 하지만, 금융권의 시각에서 비전통자원에 대한 투자를 통해 수익을 발생시키기 위해서는 배럴당 80달러가 유지되어야 하며, 여기에 안정적으로 투자 또는 대출금을 회수하기 위해 10달러를 추가하여 총 90달러를 기준으로 삼고 있다. 다만, 텍사스의 이글포드(Eagle Ford Shale) 광구 등에서는 배럴당 53달러가 유지되면 수익이 창출되는 것으로 분석되고 있으므로 광구에 따라 달리 평가될 수밖에 없다.

또 한 가지 유가 하락과 관련하여 중요한 변수는 비전통자원 개발로 인해 증가하고 있는 미국의 일자리이다. 2013년 IHS는 미국의 비전통석유가스의 개발로 인해 2012년 170만개 이상의 일자리가 생성되었으며, 2015년에는 250만개, 2020년에는 300만개로 늘고 2035년에는 350만개까지 확대될 것으로 예측했다. 국제유가가 지속적으로 하락하고 일자리 창출이 어려워지면 미국의 경제성장이 둔화되며 정치적으로 심각한 압박을 받을 수 있다.

따라서 산유국 특히 사우디아라비아가 감당하기 어려운 정도의 재정적 부담이 되고, 미국의 비전통자원개발에 대한 위험이 높아지는 수준으로까지 국제유가가 하락하는 것을 기대하기는 어려우며, 국제유가가 안정을 되찾는 시점은 러시아가 현재의 저유가 상황은 버티지 못하고 손을 드는 때라 할 것이다. 이미 루블화 가치의 폭락으로 러시아의 디폴트가 우려되고 있기 때문에 비정상적 유가폭락은 그리 오래가지 않을 것이다.

국제유가의 하락이 우리나라 경제에 부정적인 영향을 미칠 것이라는 우려가 있다. 단기적으로는 산유국들의 건설 발주 부진 또는 대금지금 지체로 건설사들이 어려움을 겪고, 석유화학 기업들이 고유가에 매입해둔 원유를 처리하기 전까지 어려움을 겪을 수 있다. 하지만, 장기적으로는 석유제품의 원가하락, 자동차 사용 증가, 에너지 요금 하락 등으로 인해 우리나라의 산업경쟁력은 높아질 것이다.

유가하락에 따라 많은 국가들이 부도위험이 높아지는 반면 우리나라는 중국, 일본보다 낮은 아시아 최저의 부도위험국가로 분류되고 있으며, 주가하락도 주요 35개국 중 11번째로 낙폭이 작다는 현상이 긍정적 평가의 증거라 할 것이다. CNBC도 우리나라를 국제유가 하락에 따라 경제성장률이 높아지는 국가로 분류하고 있다.

그림5 | John W. Schoen, Winners & losers: Oil's effect around the globe
CNBC, Thursday, 11 Dec 2014 | 2:03 PM ET

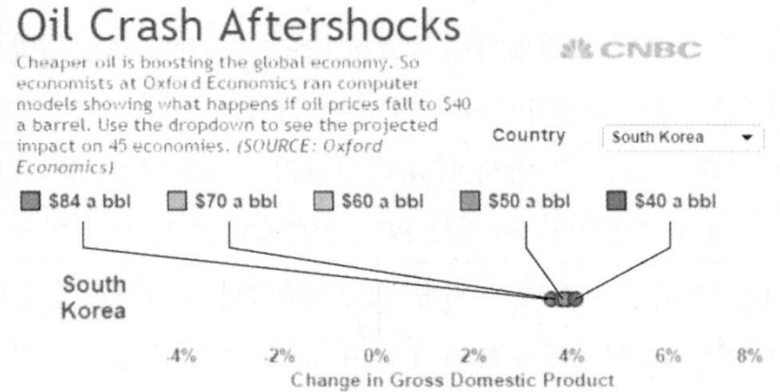


따라서 저유가를 걱정하기보다는 저유가 상황을 우리나라 경제회복에 어떻게 더 적극적으로 활용할 것인가에 대해 산업별 대책을 수립, 시행해야 하고, 다시 돌아올 고유가 시대에 대비한 국가적 차원의 산업구조 개편이 이루어져야 한다. 또한 어렵게 찾아온 저유가 시대에 에너지와 자원의 확보를 위한 노력을 다하여 장래의 고유가에 대비해야 한다.

### 2) 에너지 안보의 개념과 요소

#### 가) 에너지 안보의 개념

우리나라를 포함한 많은 나라에서 에너지 정책은 국제유가의 급등락 또는 전쟁 기타의 사유에 따른 공급중단 사태가 발생한 경우 이를 해결하기 위한 단기적이고 근시안적인 정책이 주류를 이루었다. 하지만 이런 단기적인 정책은 에너지원의 공급의 중단과 에너지 가격의 급격한 변동이라는 근본적이고 고질적인 문제에 대한 해결책을 제시하지 못해왔다.

또한, 에너지에 대한 세금의 부과, 탄소 배출의 규제 및 에너지 효율성의 증대를 위한 국가적 정책은 강력한 사회적 저항으로 인해 현실화되지 못하고 있으며, 환경비용 또는 에너지 개발 및 에너지 공급망의 안전을 위해 지출되는 비용들이 에너지 가격에 반영되는 내부화도 어려움에 처해 있다.[18]

2008년 수립된 우리나라의 「국가에너지기본계획」에 따르면, '저탄소·녹색성장'을 뒷받침하고, '석유 이후 시대'에 대한 전략적 대응을 위한 장기 정책임을 밝히면서, 기존의 안정적 공급 중심의 에너지 정책과 다르게 수요 전망과 함께 강력한 에너지 절감 목표를 제시하고, '환경', '효율', '안보' 등의 정책 목표도 고려하였음을 강조하고 있다.[19] 하지만 기본적인 틀은 기존의 에너지 정책 기조로부터 크게 변화하지 않았으며, '녹색성장'이라는 부분만 강조·보완된 것으로 보인다.

특히 '저탄소 녹색성장 구현 등 미래지향적 에너지정책 방향의 제시'를 국가에너지기본계획의 가장 우선하는 의의로 정리하면서, '화석연료 자원의 고갈, 기후변화 등' 인류사적 도전에 직면하고 있으므로 새로운 미래지향적 에너지정책이 요구되는데 그것이 '녹색성장'이라고 정의하였다. 그렇지만 에너지 안보에 대한 주요 개념으로 비현실적이고 무국적 개념인 '자주개발율'을[20] 지표로 사용했던 점과 '석유 이후 시대의 대비'에 대해 너무 빨리 판단하고 에너지 정책을 수립하였다는 문제점을 지적하지 않을 수 없다.[21]

에너지 안보는 「공급원의 다양성 및 신뢰성(Availability and Reliability), 가격

---

18) 미국이 중동 수행하고 있는 이라크 전쟁 등에 소요된 비용이 에너지 부분에 대한 일종의 보조금적 성격을 가지는데, 이 전쟁비용이 미국 내 유가에 반영되지 못하고 있는 것을 대표적인 예로 들 수 있다.

19) 지식경제부 보도자료, '녹색성장'의 주춧돌 「국가에너지기본계획」 수립, 2008년 8월 27일.

20) 통계청 나리지표에 따르면 자주개발율은 연간 원유/가스 도입 물량에 대한 우리기업들이 해외에서 직접 개발하여 생산하는 물량과의 비율로 정의되고 있다.

21) 미국의 오바마 대통령은 2012년 2월 23일 국회연설에서 아직 석유의 시대로부터의 전환이 곧 이루어지지는 않을 것이라는 점을 역설하고 있다. 연설 내용은 다음과 같다. "Now, it starts with the need for safe, responsible oil production here in America. We' re not going to transition out of oil anytime soon. And that' s why under my administration, America is producing more oil today than at any time in the last 8 years. That' s why we have a record number of oil rigs operating right now—more working oil and gas rigs than the rest of the world combined."

의 적정성 및 낮은 가격 변동성(Affordability)[22] 그리고 충분한 공급 인프라」 등이 중요한 요소들이다.[23] 하지만, 화석연료가 배출하는 온실가스의 문제로 인해 지속가능성(Sustainability)이 또 하나의 중요한 에너지 안보요소가 되었음을 부정할 수 없다. 에너지 안보의 주요 개념들은 다음과 같다.

### 나) 에너지 안보의 중요 요소

에너지 안보와 관련된 10대 원칙이 주장되고 있는데,[24] 가장 우선되는 안보의 요소는 공급원 다양성의 확보이다. 달리 표현하면, 다양한 공급원을 통해 에너지에 대한 수요를 충족시킬 수 있어야 한다는 것이다. 영국의 수상 윈스턴 처칠이 석유의 수급문제를 이유로 군함의 연료를 석탄에서 석유로 전환하는 것에 반대하는 의원들에 대한 답변으로 "석유의 공급 안전과 확실성은 오로지 공급원의 다양성에 있습니다.(Safety and certainty in oil lie in variety and variety alone.)"라고 하였는데, 이 표현이 공급의 다양상이 에너지의 안보에서 얼마나 중요한 의미를 가지는지 대변해주고 있다.

산유국의 입장에서는 수요처의 다양성을 중요한 요소로 보고 있는데, 다양한 수요처의 확보가 판매의 안정성을 확보할 수 있기 때문이다.[25]

공급원의 다양성을 좀 더 세분해서 살펴보면, 산유국의 충분한 매장량·이를 개발할 수 있는 기술, 재정, 운영능력·개발과 관련된 법, 제도의 정

---

22) 낮은 가격도 중요하지만, 가격변동이 낮아야 한다는 점이 더 중요한 정책적 고려 요소이다.

23) Jan H. Kalicki, David L. Goldwyn, 'Introduction: The Need to Integrate Energy and Foreign Policy', Energy and Security: Toward a New Foreign Policy Strategy (2005) 9.

24) 이 부분은 Daniel Yergin의 '에너지안보와 시장(Energy Security and Markets)'에서 찾아 볼 수 있으며. 공급의 다양성 확보, 세계 석유시장의 단일성에 대한 인식, 안보 차원의 여유 생산능력 확보와 비축유, 석유시장의 유연성 확보, 생산국과 소비국의 협력, 소비국간의 대화와 협력, 능동적 안보체계의 구축, 양질의 정보 제공 및 공유, 건전하고 기술 지향적 에너지 산업의 육성, 연구·개발·혁신 등이 그 내용이다. Daniel Yergin, 'Energy Security and Markets', Energy and Security: Toward a New Foreign Policy Strategy, (2005) 51-64.

25) 다만, 이 부분에 대한 반론이 가능하다. 즉, 특정 산유국과 특정 수요국이 장기 계약을 체결하는 것이 산유국의 입장에서 보다 판매의 안정성을 확보할 수 있는 방법이라고 판단할 수 있기 때문이다.

비·환경과 인권 등의 규제와 준수는 물론 수송망을 포함한 공급 인프라의 다양성도 확보되어야 한다. 다양한 공급 인프라가 갖추어지지 않는다면, 하나의 인프라에서 사고가 발생하는 경우 바로 공급중단이라는 사태가 발생하기 때문이다.

공급 측면에서 또 하나의 중요한 의미를 가지는 요소가 여유 생산량이다. 여유 생산량은 넓은 의미에서 공급의 안전을 담보하기 위한 여유분을 뜻하며, 구체적으로는 공급이 중단된 물량을 보완해 줄 수 있는 여유분의 생산 가능한 물량으로 정의 될 수 있다.

여유 생산량은 여유 생산능력과 전략적 비축유로 구분될 수 있다. 첫 번째의 여유 생산량의 '여유 생산능력(Spare Capacity)' 은 통상적인 생산량을 초과한 석유를 생산할 수 있는 여유 능력을 의미한다. 사우디아라비아 등 일부 생산 국가들이 그 능력을 유지하고 있다.

두 번째로 '전략적 비축유(Strategic Petroleum Reserve; SPR)' 는 심각한 석유 공급 중단에 대한 최전방 방어 수단으로서의 기능을 하고 있다.[26] 1973년 제1차 석유파동 이후 형성된 국제에너지기구(IEA)는 소비국들이 산유국들의 수출금지 또는 제한으로부터의 충격을 완화하기 위한 방법으로 전략적으로 석유를 비축할 것을 권유하였고 이에 동의하는 OECD 국가들은 일정한 양의 석유를 보유하고 있다.[27] 전략적 비축유는 이라크의 쿠웨이트 침략, 1999년 및 2003년 두 번의 이라크 전쟁과 같은 경우 석유 공급 감소문제를 해소하기 위해 가동되기도 하였다.[28] 전략적 비축유는 중대한 공급중단이나 이로 인해 발생하는 경제적 위협에 대처하는 하나의 보험과 같지

26) 전략적 비축유는 뒤에서 보는 신뢰성을 확보하기 위한 방안으로도 정리될 수 있다.

27) 민간부분과 공공부분을 포함한 2010년 9월말 기준 전략적 비축유는 약 42억 8,000만 배럴이다. 미국의 공공부분이 약 7억 7,200만 배럴, 우리나라는 약 1억 7,400만 배럴을 각 비축하고 있다. 미국의 전략적 비축에 대한 설명은 에너지부의 자료를 참조하면 된다. DOE, Strategic Petroleum Reserve, 〈http://energy.gov/fe/services/petroleum-reserves/strategic-petroleum-reserve〉 at March 3, 2015.

28) 국제시장의 유가는 여유 생산능력에 의해 상당한 영향을 받는다. EIA, What drives crude oil prices? (April, 4, 2012) 12.

만, 일시적 시장 가격 변동을 다루기 위한 시장 조정 수단으로 사용된 수 없다는 점에 주의해야 한다.[29)]

두 번째, 신뢰성 부분은 갑작스러운 공급중단 사태가 발생하지 않아야 한다는 것을 의미한다. 신뢰성의 확보를 위한 방안의 핵심은 다양화(Diversification)이다. 다양화는 공급원의 다양화, 공급망(Supply Network)의 다양화, 여유 공급망의 확보 등을 들 수 있다.

세 번째로, 적정한 가격과 낮은 가격변동성을 포함한 적정성(Affordability)이 에너지 안보의 요소로서 중요한 쟁점이다. 다만 단순히 가격이 낮아야 한다는 점 보다는 유가의 급등으로 인해 발생하는 경제적 충격을 어떻게 해소할 것인지가 더 중요한 문제이다. 특히 유가의 문제는 대부분의 나라에서 국내 정치적 상황과 직결되며 국민들의 경제적 생활에 즉시 반영되는 아주 민감한 부분이기 때문이다. 에너지 가격의 정치적 민감성 때문에 많은 국가들이 다양한 방식의 보조를 통해 저렴하게 공급하고 있는 것도 이 때문이다. 우리나라의 전기요금이나 가스요금이 실질적인 공급원가보다 낮은 수준에서 공급되고 있는 것이 그 예이다. 따라서 어떻게 적정한 요금을 반영할 것인가와 화석연료에 대한 보조금을 낮추는 문제가 국제사회의 주요한 의제이기도 하다.[30)]

에너지 안보의 새로운 중요 요소가 지속가능성이다. 어떻게 환경적으로 지속가능한 방법으로 에너지 문제를 해결할 것인가의 문제이기도 하다. 화석연료에 대한 의존을 급진적으로 줄이지 못하는 원인은, 화석연료의 경제성·에너지 관련 사회기반시설에의 수명이 길고, 대규모의 초기 투자비용이 소요되기 때문에 발생하는 '잠금효과(Lock In Effect)' 등에서 찾을 수 있다. 이런 문제들을 효과적으로 극복하면서 어떻게 환경과 조화하는 에너

29) 만약 단기적 가격 조절 수단으로 사용된다면, 안전 수단으로서의 가치 및 정당성을 잃게 될 것이고, 또한 무엇보다 중요하게 생산과 투자를 감소시키고 수요와 공급에 스스로 적응하는 시장의 기능을 수행하지 못하게 될 위험이 있기 때문이다.

30) IEA, OECD and World Bank Joint Report, The Scope of Fossil-Fuel Subsidies in 2009 and a Road Map for Phasing Our Fossil-Fuel Subsidies (2010).

지 정책을 구현할 것인가는 인류가 당면한 중요한 과제가 되었다.

### 다) 새로운 에너지 안보 정책의 수립

에너지 안보 문제는 에너지원의 희소성이 아니라 에너지의 지리정치적(Geopolitics) 성격으로 인해 발생하고 있다는 점은 과거의 에너지와 관련된 국제적 사건 등을 통해서 쉽게 알 수 있다.

에너지경제연구원의 연구보고서에 따르면, 새로운 에너지 안보개념을 정리하면서 ① 에너지 공급 안보, ② 에너지 경제 안보, ③ 에너지 국가 안보의 세 영역으로 구분하여 검토하고 있다.[31] 즉, 에너지 공급 안보 측면은 기존의 에너지에 대한 물량적 확보의 문제를 포함한 물리적 공급의 문제와 관련된 것으로, 에너지 경제 안보 측면은 시장 불안정성이나 환경규제 등으로 인해 에너지 소비와 관련된 가격 변동에 대한 문제로 그리고 에너지 국가 안보의 측면은 식량안보와 유사한 측면의 국방 및 국가 필수기능에 필요한 에너지 확보와 국제전략 차원에서의 에너지 문제를 포괄하는 것으로 정리하고 있다.

이러한 안보개념은 과거보다 상당한 진전된 수준의 정의로 보이지만 ① 국가 안보의 측면을 국가 전체적 차원이 아닌 국방 및 국가 필수기능에 필요한 에너지의 확보로 제한하고 있는 점, ② 국제 전략의 의미가 불분명하다는 점, ③ 국가 안보적 측면의 문제는 동시에 외교적 차원의 정책이 포함되어야 한다는 점, ④ 전체적으로는 기존의 정책으로부터 국가 전체적 안보와 관련된 포괄적인 정책으로의 전환[32]이 이루어지지 못하고 있다는 점, ⑤ 에너지 안보의 지속가능성 확보에 대한 논의가 부족하다는 점, ⑥ 에너지 공급의 안보에서 누가, 어떻게 공급의 문제를 해소할 수 것인가(에너지 거버넌스의 문제)에 대한 분석이 부족하다는 문제점들을 지적할 수 있다.

---

31) 도현재, 21세기 에너지 안보의 재조명 및 강화방안, 에너지경제연구원, (2003), 36-38면.

32) 수요 감소.공급 증대.친환경.신재생에너지는 누차 반복되는 차원의 정책수단일 뿐, 외교.국방 등과 관련된 새로운 정책방향은 제시되지 않고 있다.

또한 지난 정부가 추진해 온 「녹색성장」 정책에 대한 평가가 필요하며, 에너지 안보와 관련된 문제점들을 현행 에너지 관련 법제에서 어떻게 구현되고 있는지, 또는 어떤 점이 보완되어야 하는지 검토되어야 한다.

## 다. 우리나라 에너지 법제의 현황과 문제점

### 1) 법제의 이원성

우리나라는 에너지법과 저탄소 녹색성장 기본법, 여기에 지속가능발전법까지 복잡한 법체제를 가지고 있다. 에너지법은 '안정적이고 효율적이며 환경친화적인 에너지 수급(需給) 구조를 실현하기 위한 에너지정책 및 에너지 관련 계획의 수립·시행에 관한 기본적인 사항을 정함으로써 국민경제의 지속가능한 발전과 국민의 복리(福利) 향상에 이바지하는 것' 을 목적으로 하고 있으며,[33] 저탄소녹색성장기본법은 '경제와 환경의 조화로운 발전을 위하여 저탄소(低炭素) 녹색성장에 필요한 기반을 조성하고 녹색기술과 녹색산업을 새로운 성장동력으로 활용함으로써 국민경제의 발전을 도모하며 저탄소 사회 구현을 통하여 국민의 삶의 질을 높이고 국제사회에서 책임을 다하는 성숙한 선진 일류국가로 도약하는 데 이바지함' 을 목적으로 하고 있다.[34]

에너지 문제가 정치·경제·환경 등과 직접 관련되어 있다는 점과, 온실가스 배출의 약 65%의 원인이 에너지 소비에 의해 발생한다는 점에 비추어 볼 때 이런 이원적 입법은 합리적이지 않아 보인다. 저탄소 녹색성장 기본법은 기후변화·에너지·자원 문제의 해결, 민간 주도의 녹색성장, 이런 원칙에 부합하도록 하는 제도의 구현 등을 주된 내용으로 하고 있다.[35]

근본적으로 에너지·기후변화의 문제를 해결하기 위한 수단으로 녹색성

33) 에너지법 제1조(목적).
34) 저탄소 녹색성장 기본법 제1조(목적).
35) 같은 법 제3조(저탄소 녹색성장 추진의 기본원칙).

장을 추구하고 있으며, 이는 결국 지속가능한 발전이라는 궁극적 개념으로 되돌아 올 수밖에 없게 된다. 지속가능발전법 제2조 제1호가 정의하고 있는 '현재 세대의 필요를 충족시키기 위하여 미래 세대가 사용할 경제·사회·환경 등의 자원을 낭비하거나 여건을 저하(低下)시키지 아니하고 서로 조화와 균형을 이루는 것' 이라는 지속가능성의 개념이 최상위개념이다.

한편, 에너지법도 환경·온실가스 등에 관한 내용을 담고 있는데 이 또한 복잡한 법제가 가져오는 혼란의 일면이라고 생각된다.[36) 37)]

따라서 저탄소 녹색성장 기본법과 에너지법은 에너지 안보라는 동일한 정책목적을 실현하기 위한 것이므로 통합을 통해 정책적 일관성과 합리성을 추구해야 한다. 미국은 2005년 에너지 정책법(Energy Policy Act)을 통해 에너지와 환경을 포괄하는 정책을 실현하도록 하고 있다. 에너지의 공급측면에서는 화석연료·재생에너지·원자력·수소·에탄올·전기 등을 모두 포괄하고 있으며, 수요측면의 효율성·연구개발 등도 별도의 장에서 정리하고 있다. 동시에 환경과 관련된 기후변화의 문제도 다루고 있다.[38)]

그리고 국가 에너지 정책의 근본 목표를 어디에 둘 것인가에 대한 사회적 합의가 필요하다. 녹색성장의 핵심 요소인 신재생에너지의 비율이 2.3%에 불과한 것이 우리나라의 현실이며, 또한 신재생에너지에 대한 보조금이 스페인 등 유럽 경제위기의 중요한 하나의 원인이 되고 있다는 사실 및 신재생에너지가 가지는 스스로의 한계 등으로 인해 현실적으로 녹색성장을 추진하기에는 상당히 어렵다. 여기에 제조업 특히 석유화학과 전기 소비량이 많은 철강, 자동차 산업이 주류인 산업구조적인 측면을 고려할 때 가장 국가적 과제는 신재생에너지 중심의 녹색성장과 에너지의 안정적 공급을 조화롭게 유지하는 것이 되어야 한다.

---

36) 그 외에도 에너지법은 제10조 제1호 등에서 저탄소 녹색성장 기본법을 인용하고 있다.

37) 또 하나의 혼란으로, 국가에너지기본계획은 에너지의 수급이 핵심적 사항임에도 불구하고 에너지법이 아닌 저탄소 녹색성장 기본법 제41조에 규정되어 있다.

38) 자세한 것은 미국 에너지부 홈페이지 〈http://www1.eere.energy.gov/femp/regulations/epact2005.html〉를 참조하면 된다.

즉, 에너지에 대한 안정적 확보를 우선으로 하되, 에너지 소비의 감소와 효율성 증대도 하나의 새로운 중요한 제도적 축이 되어야 한다. 그리고 신재생에너지에 대한 연구개발을 중심으로 하는 국가적 지원이 이루어져서 화석연료 이후 시대에 대한 준비를 해야 한다.

### 2) 에너지의 개념 정리

#### 가) 에너지의 개념

에너지는 일을 할 수 있는 능력(Capacity to do work)을 의미하는 데, 구체적인 내용은 물리학에서 출발한다. 일(Work)=힘(Power)×거리(Distance)인데 여기서 힘을 만들어 내는 것이 바로 에너지이다.

그런데 에너지는 추상적인 개념이며, 위치에너지·열에너지·전기에너지 등의 형태로 존재하게 된다. 한편 이런 에너지가 발생하기 위해서는 에너지를 만들어 내는 에너지원이 필요하다. 이런 에너지원을 대표하는 것들이 석유·가스와 같은 화석연료 또는 원자력에서의 우라늄·수력에서의 물·풍력에서의 바람이다.

만약 이런 에너지와 에너지원을 정확히 구분하지 못하고 혼동하여 사용하는 경우, 석유·가스 등 화석연료의 수급문제와 전기에너지 등 에너지에 대한 정책을 명확히 구분하지 않게 된다. 즉, 현재 에너지 안보에서의 주된 쟁점 사항은 주로 화석연료 또는 화석연료로 인한 환경문제 등 에너지원에 관한 문제이며, 에너지와 직접 관련된 정책 과제는 이런 에너지원을 사용하여 생산된 전기에너지의 안정적 공급 및 효율성 확보 등의 문제이다. 다만, 2011년 9월 15일 순환정전으로 이후, 전력안보가 중요한 국가적 과제로 대두되었다.

에너지법 제2조는 제1호는 '"에너지"란 연료·열 및 전기를 말한다.', 제2호는 '"연료"란 석유·가스·석탄, 그 밖에 열을 발생하는 열원(熱源)을 말한다. 다만, 제품의 원료로 사용되는 것은 제외한다.' 라고 각 정의하고 있다. 즉 에너지법이 에너지와 에너지원을 혼용하여 사용하고 있는 것이다. 이에 따르면 연료인 석유·가스도, 그것을 태워 생산한 열이나 전기도 동일한 범주의 에너지에 속하게 된다.[39]

나) 에너지원에 대한 소유권 귀속

대부분의 국가들은 에너지원 기타 광물에 대한 소유권 문제에 헌법 또는 석유법 등에서 해당 자원의 소유권이 국가에 귀속된다고 명시하고 있다. 예를 들어 보통법에 의해 금과 은은 국왕에게 그 소유권을 귀속시켰던 영국도 1934년 석유생산법(the Petroleum(Production) Act) 제1조 제1항에서 석유를 국왕에게 배타적으로 귀속시키는 사실상 국유화 조치를 시행했으며,[40] 이라크의 경우도 2005년 헌법 제111조에서 석유와 가스는 이라크 전체 국민의 소유임을 확인하고 있다.[41]

하지만 우리나라 헌법은 제120조 제1항에서 광물 기타 중요한 지하자원은 법률이 정하는 바에 의해 일정한 기간 그 채취·개발 또는 이용을 특허할 수 있다고 하여 특허제도를 두고 있을 뿐 해당 광물의 소유권에 대하여는 언급하지 않고 있다.

일부 견해는 당연히 국가의 소유임을 전제로 한 규정이라고 주장하고 있다. 그러나 법문의 해석은 문리적 해석이 원칙이며, 우리 헌법이 사용하

---

39) 미국의 에너지정책법은 신재생에너지원으로부터 생산된 전기를 신재생에너지라 한다고 하여 명확히 구분하고 있다. 또한 풍력, 태양력 등을 신재생에너지원으로 정의하고 있다. Section. 609. RURAL AND REMOTE COMMUNITIES ELECTRIFICATION GRANTS. ‘‘(a) DEFINITIONS.— In this section:

‘‘(3) The term ‘renewable energy’ means electricity generated from—

‘‘(A) a renewable energy source; or

‘‘(B) hydrogen, other than hydrogen produced from a fossil fuel, that is produced from a renewable energy source.

40) 다만, 1934년의 법이 ‘대브리튼(Great Britain)’으로 한정하고 있어서 북아일랜드를 포함하느냐에 대한 논란이 있었으며, 1982년 영국의회는 ‘대브리튼’ 또는 그에 인접하는 영연방지역을 포함하는 것으로 개정하여 이 문제를 해결하였다. 류권홍, 위 주석 82), 41-42면.

41) Article 111. Oil and Gas are owned by all the people of Iraq in all the regions and governorates.

고 있는 특허제도는 배타적 성격의 탐사·개발권을 국가가 부여한다는 내용을 정할 뿐 소유권에 대해서는 아무런 정의가 없는 것으로 해석된다. 미국에서는 토지 소유권자에게 광물의 소유권도 귀속시키고 있는 점 등을 볼 때 석유·가스를 포함한 광물의 소유권에 대한 문제는[42] 헌법의 개정 또는 하부 법률에 의해 정립되어야 할 필요가 있다.

## 2. 안정적 중장기 에너지믹스의 구축

### 가. 급변하는 에너지 시장

국제 에너지 시장여건은 급변하고 있다. 2011년 3월 발생한 일본의 대지진 및 쓰나미로 인한 후쿠시마 원자력발전소 사고 이후의 원자력발전에 대한 반대 여론 확산, 미국의 셰일가스의 등장으로 인한 화석 에너지시장 구도의 변화, 2008년 금융위기 이후에 악화된 외국 주요 에너지기업의 재무구조로 인한 자원개발 투자의 지연, 기후변화와 관련된 국제적 움직임의 지연, 등이 중요한 에너지 여건의 변화 요인이라고 진단될 수 있다. 국내적으로는 2011년 9월에 발생한 순환정전사태, 최근의 전력 수급의 어려움의 발생 등으로 안정적인 에너지수급체계 (Energy Mix) 구축의 필요성에 대한 관심이 크게 고조되고 있다.

국내 부존자원이 열악하여 대부분의 에너지를 수입하고 있는 우리나라는 에너지 위기가 주로 외부적 요인에 기인하여 왔다. 따라서 안정적인 에너지수급체계를 구축하기 위하여 우리나라는 세계 에너지시장의 움직임과 장기 전망에 기초하여 에너지원을 선택하는 전략을 추진하여 왔고, 앞

42) 우리나라에서는 아직까지 내륙에서 석유나 가스가 발견되지 않고 있기 때문에 논쟁의 대상이 되지 않았다고 생각된다. 해상의 경우는 국가의 영역이기 때문에 별도의 논의가 발생하지 않는다. 다만, 연방국가에서는 주정부와 연방정부의 관할권 문제가 발생한다.

으로도 그렇게 해야 할 것이다. 실례로, 과거 에너지위기의 실체는 주로 중동지역의 정정 불안으로 인한 석유 공급의 차단 가능성에 기인하였기 때문에, 에너지 공급원의 지역적 다원화, 석유를 대신할 수 있는 천연가스, 유연탄, 원자력 등의 에너지원 종류의 다각화를 통해 에너지수급의 안정을 이루어 왔다.

그러나 에너지 위기의 원인은 단순히 중동발(中東發) 석유 위기 같은 외부적 돌발 상황에만 국한되는 것은 아니다. 에너지의 안정적 공급을 저해하는 위기 요인은 우리나라의 에너지 시스템 내부 또는 국내 시장여건 내에 구조적으로 존재할 수도 있으며,[43] 우리는 최근 발생한 전력수급 문제에서 이러한 사실을 확인할 수 있었다.

안정적인 에너지수급체계 즉, 에너지믹스 구축은 우리나라가 당면하고 있는 심각한 도전이다. 우리는 해외 에너지시장여건 변화에 능동적으로 대처해야 할뿐만 아니고, 국내적으로도 해결해야할 많은 숙제를 안고 있다.

## 나. 국내 에너지수급구조의 변화 및 진단

### 1) 에너지믹스의 다원화

우리나라의 에너지 소비는 지난 수십 년 동안 경제성장에 따라 급속하게 증가하였고, 총 일차에너지소비는 1981년 45.7백만 석유환산톤(TOE, Ton of Oil Equivalent)에서 2011년 275.7 백만 TOE로 6배 이상 증가하였다. 국내 에너지자원이 전무한 우리나라는 대부분의 에너지수급을 해외로부터 수입하고 있다. 국내 에너지자원은 수력과 무연탄 그리고 일부 신·재생에너지[44]에 국한되어 있고, 석유, 천연가스, 유연탄 등의 대부분의 에너지수급을 해외 수입에 의존하고 있다. 따라서 국내 에너지자립도는 3% 내외에 그

43) 류지철, 「한국의 에너지 안보: 정책과 대응방안」, 2005.

44) 신·재생에너지는 석탄, 석유, 천연가스 등의 화석연료와 원자력을 제외한 에너지원을 의미하며, 태양에너지, 풍력, 폐기물 자원, 조력, 등을 포함한다.

치고 있다.

우리나라는 경제규모 확대 및 산업구조 변화로 인해 에너지 소비규모가 급증해 옴에 따라, 다양한 에너지 수요를 충족하는 동시에 에너지 공급의 안정성을 제고시키기 위하여 에너지 다원화 정책을 지속적으로 추진하여 왔다.

에너지 수급구조의 다원화는 에너지 안보 기반 구축에서 가장 중요한 의미를 지니고 있다. 이는 어느 에너지원의 공급에 차질이 발생하였을 경우, 그 충격을 다른 에너지원의 이용을 통하여 흡수 또는 최소화할 수 있고, 공급 중단의 충격에 유연하고 신축적으로 대응하고 장기적으로 지탱할 수 있는 경제 기반의 체질을 갖출 수 있기 때문이다. 이러한 이유에서, 우리나라에서는 2차 석유위기 이후, 석유보다는 공급이 안정성이 높은 석탄과 원자력 등이 발전부문에 도입되었고, 천연가스가 높은 가격에도 불구하고 이용의 효율성과 편이성 등을 고려하여 민생부문에 도입되게 되었다.

표3 | 일차에너지 에너지원별 소비구조의 변화 (단위: 백만TOE, %)

| 구 분 | 1981 | | 1990 | | 2000 | | 2011 | |
|---|---|---|---|---|---|---|---|---|
| 석 탄 | 15.2 | (33.3) | 24.4 | (26.2) | 42.9 | (22.2) | 83.6 | (30.3) |
| 석 유 | 26.6 | (58.1) | 50.2 | (53.8) | 100.3 | (52.1) | 105.1 | (38.1) |
| LNG | 0 | (0.0) | 3.0 | (3.2) | 18.9 | (9.8) | 46.3 | (16.8) |
| 수 력 | 0.7 | (1.5) | 1.6 | (1.7) | 1.4 | (0.7) | 1.7 | (0.6) |
| 원자력 | 0.7 | (1.6) | 13.2 | (14.2) | 27.2 | (14.1) | 32.3 | (11.7) |
| 신재생 | 2.5 | (5.5) | 0.8 | (0.9) | 2.1 | (1.1) | 6.6 | (2.4) |
| 합 계 | 181.4 | (100.0) | 279.5 | (100.0) | 192.9 | (100.0) | 275.7 | (100.0) |

주: ( ) 내는 1차에너지 구성비(%)임. 자료: 지식경제부·에너지경제연구원, 『에너지통계연보』, 2011

발전부문에서도 기존 화력발전 중 석유발전 비중이 축소되는 대신 유연탄발전 비중이 대폭 늘어나게 되었다. 1978년부터 시작된 원자력발전이 본격화되어 1983년 이후 원자력 발전소가 발전부문의 기저부하용으로 지속적으로 건설되어, 현재 23기의 원전이 운영되고 있다.

에너지원별 수급구조는 각각의 에너지원별 특성에 맞게 그 용도와 수요가 정해짐에 따라 전체적인 에너지 믹스의 모습을 갖게 된다. 석유의 이용은 산업용 연료 및 원료, 가정-상업용 난방 및 취사용, 수송용의 주된 연료, 발전용 연료 등으로 다양하게 이용되고 있다. 이러한 석유의 특성으로 인하여, 석유는 경제활동과 산업 발전에 있어 필수적인 에너지로의 위상을 굳혀왔다.

우리나라의 에너지믹스가 비교적 안정적이라고 평가 받은 것은 1980년대초 당시 거의 석유에 의존하였던 발전용 연료를 유연탄, 원자력, 천연가스로 다원화하여 발전용 석유소비가 대폭 감소하였고, 공급이 안정적이고 경제적인 유연탄과 원자력이 대규모로 도입되었기 때문이다. 그러나 원자력은 높은 건설비용과 높은 입지소요, 장기간의 건설 기간 등의 문제가 있고, 석탄은 이산화탄소를 많이 배출하는 에너지원으로서 환경친화적이지 않다는 문제를 지니고 있다. 신재생에너지의 경우에는 우리나라와 같이 에너지수요밀도가 높고, 신재생에너지 가용자원이 제한적인 나라에서는 낮은 경제성의 문제를 지니고 있다.

표4 | 에너지원의 일반적 특성 및 용도

| | 장 점 | 단 점 | 이용 용도 |
|---|---|---|---|
| 석 유 | - 이용의 편이성 및 다양성<br>- 설비의 신축성 | - 공급 및 가격의 불안정성<br>- 가채년수: 50년 정도<br>- 대기오염 등 환경문제 | - 전부문에 걸쳐 다양함 |
| 석 탄 | - 공급의 안정성<br>- 가채년수: 300여년 | - 온실가스 배출 등 환경문제 | - 발전용, 산업용 연료 및 원료 |
| 천연가스 | - 환경친화성<br>- 공급의 안정성 높음<br>- 고효율 이용 가능 | - 장기계약의 경직성<br>- 설비투자의 자본집약성<br>- 높은 연료비 | - 민생용, 수송용, 발전용, 산업용 등 다양함 |
| 원자력 | - 준국산에너지로 간주가능<br>- 공급 안정성 높음 | - 입지문제<br>- 자본집약성 및 장기성 | - 발전용 기저부하 설비로서 경쟁력 |
| 수 력 | - 환경친화성 및 재생성<br>- 장기간 발전 안정성 | - 계절별 강우량 편중으로 이용률 저조 | - 발전용 |
| 신·재생 에너지 | - 환경친화성 및 지역 친화력 | - 가용자원 제약성<br>- 경제성 및 시장성 | - 수요지 용도에 적합 |

### 2) 기존 에너지정책 변화의 필요성 대두

지난 5년 동안 국내외 에너지시장의 여건은 크게 변화하고 있다. 이러한 변화는 과거 이명박 정부에서 추진하여 왔던 '저탄소 녹색에너지 정책'의 현실적 기반을 흔드는 것으로 우리나라 중장기 에너지정책이 전면적으로 다시 검토·조정되어야 하는 과제를 낳고 있다.

저탄소 녹색에너지정책의 기조는 원자력발전의 확대와 신재생에너지 보급의 확대, 등에 기초하고 있다.[45] 이러한 정책은 2008년 당시 고유가와 기후변화협약의 확고한 국제적 이행에 대한 기대, 원자력 발전의 르네상스 등을 가정하여 수립된 정책이라고 할 수 있다. 그러나 2008년 후반에 발생한 서구의 금융위기와 더불어 국제 석유시장과 유가는 안정되었고, 2011년 일본의 후쿠시마 원전 사고 발생으로 인하여 원자력 발전의 시장적 가치는 크게 하락하게 된다. 또한, 2012년 기후변화협상 당사국 총회에서 나타났듯이 범지구적으로 기후변화와 관련된 국제적 규제 움직임은 쇠퇴 국면으로 들어서며 국제적으로 신재생에너지 산업은 위기를 맞이하고 있다. 여기에 미국의 비전통자원 특히, 셰일가스의 등장은 더더욱 신재생에너지의 경제적 가치를 하락시키고 있다.

국내적으로는 2011년 9월 발생한 순환정전사태로 인하여 전력수급에 대한 문제가 도출되고, 잇따른 원전의 운행 중지 발생으로 후쿠시마 사태에 이어 원전에 대한 국민적 수용성 문제의 부각, 송배전 설비의 포화 문제 등이 심각하게 제기되고 있다. 또한, 에너지가격 왜곡문제와 더불어 에너지 공기업의 역할에 대한 재고의 필요성이 절실하게 대두되고 있다.

---

45) 대한민국정부,2008. 8,『제1차 국가에너지기본계획』.

## 다. 향후 에너지믹스 결정요인에 대한 평가 및 전망

### 1) 원자력 발전

가) 국내·외 동향

우리나라는 현재 23기 원전(20,716 MW)을 가동하고 있으며, 2012년 설비비중 23.6%, 발전량 비중 29.8%를 유지하여, 원자력이 기저전원으로서의 역할을 담당하고 있다. 또한 추가적으로 5기(6,600 MW)가 건설 중에 있으며, 6기(8,600 MW)가 계획 중에 있다.

제6차 전력수급기본계획 (2013~2027)에 의하면, 향후 원전 건설계획은 5차 계획에 반영되어 2024년까지 건설 예정인 한수원의 원전 11기는 확정하여 반영하고, 2025~' 27년간 신규 반영물량에 대해서는 판단을 2013년 하반기에 확정될 제2차 국가에너지기본계획이 확정될 때(2013년 하반기)까지 유보하는 것으로 되어있다.[46] 전력수급계획에서 원전은 정책성 전원이기 때문에 별도의 평가 없이 목표물량을 확정, 반영하였다고 언급되어 있다.[47] 따라서 신정부의 원전에 대한 정책은 지난 이명박정부의 정책을 검토.분석.판단 없이 그대로 승계하는 정책관성의 결과라고 판단될 수 있다.

표5 | 일본원전사고 이후 주요 국가별 원전정책

| 정책 방향 | 정책 분류 | 국가별 |
|---|---|---|
| 원전정책 유지 | 원전정책 기조유지 | 미국, 프랑스, 러시아, 영국, 중국 |
| | 원전건설 고수 | 폴란드, 말레이시아, 칠레, 카자흐스탄, 브라질, 남아공 등 |
| 재검토 | 정책 재검토 | 일본, 멕시 |
| | 신규건설 보류 | 스웨덴, 필리핀, 베네수엘라 |
| 단계적 폐쇄 | 가동원전 단계적 폐쇄 | 독일, 스위스, 벨기에 |
| | 원전재도입 반대 | 이탈리아 |

자료: 에너지경제연구원, 2013.4. 신정부 에너지정책 방향

후쿠시마 사고 이후 해외 원전정책 변화 동향을 살펴보면, 원전가동 30개국 중 미국, 프랑스, 러시아, 영국, 중국 등은 원전 기조를 유지하고 있으

46) 기존 정책목표는 안정적인 전력공급 기반 구축과 에너지 안보, 경제성, 온실가스 배출 저감을 위하여 전원구성에서 원전 설비비중을 26%(' 06년)에서 41%(' 30년) 수준으로, 발전량 비중을 39%에서 51%로 확대하는 것으로 설정되어 있다.

47) 지식경제부, 『제6차 전력수급기본계획 (2013~2027)』, 2013년 2월.

며, 반원전 여론이 강한 독일, 스위스, 벨기에 등은 가동원전의 단계적 폐쇄 입장으로 선회하였다. 사고 당사국인 일본은 2030년 '원전제로' 전략을 수립하였으나 최종 결정은 유보하고 있다(2012.9). 국내적으로는 후쿠시마 사고 후 원전폐기를 주장하는 집단들의 활동 강화, 원전지역 주민들은 안전성확보 및 지역지원을 동시에 요구하는 등의 움직임이 나타날 것으로 예상되고 있다.[48]

나) 문제의 진단

우리나라 원전 관련 문제는 입지확보와 관련된 국토의 원전수용성과 사용후연료의 저장 및 처리문제, 원전의 안정성 확보 문제 등으로 요약될 수 있다.

우선 입지문제를 살펴보면, 우리나라의 원전 단지는 고리, 월성, 울진, 한빛 등 4개 지역에 분포되어 있고, 향후 건설될 원전부지 확보를 위하여 영덕과 삼척이 신규 원전 8기 건설이 가능한 원전부지 전원개발사업 예정구역으로 2012년 9월 지정, 고시되어있다. 그러나 향후 우리나라의 원전은 국민적 수용성 여부와 관련된 사회적 갈등이 높아질 것이다. 국민들의 환경복지에 대한 의식이 고조되어 주거 및 생태환경에 대한 보다 높은 환경수준을 요구함에 따라 환경 친화적이지 못한 에너지 시설에 대한 사회적 수용성이 크게 저하되어 심각한 사회적 문제로 부각될 가능성이 매우 크다. 특히, 원자력 발전이 경제·사회에 미치는 영향에 대해서는 훨씬 다양한 의견이 표출될 것으로 예상되어, 원자력발전의 단계적 축소 또는 전면폐기를 요구하는 의견도 점차 증가할 것으로 예상되고 있다.

또한, 우리나라 원전의 사용후연료의 저장설비 문제는 당면한 문제이다. 현재 우리나라는 원전부지 내에 사용후핵연료를 임시 저장하고 있다.[49] 각 원자력 발전소는 대형 수조에 폐기물을 쌓아두는 임시 저장방식

48) 에너지경제연구원, 『신정부 에너지정책 방향』, 2013년 4월.

을 사용한다. 월성 원전에서는 유일하게 건식 저장 방식을 활용한다. 이 임시저장설비가 2016년에 고리원전부터 포화시점에 도달하기 시작하여, 월성 원전은 2017년, 한빛원전은 2021년, 울진 원전은 2018년에 각각 포화상태가 된다.[50] 임시저장시설 포화 후 최종처분장 마련 시까지 사용후핵연료 저장공간 확보를 위한 별도의 중간저장시설이 필요하다. 주요 원전운영국은 공통적으로 중간저장을 우선한 후에 최종관리방안으로 재처리 또는 직접처분 방식을 채택하고 있다.[51] 현재 우리나라는 우라늄 농축 및 사용후핵연료 재처리를 금지한 한.미 원자력협정 개정을 위하여 미국과 협상을 진행 중에 있다.

### 다) 정책 평가

신정부는 대선 공약과 국정과제 선정에서 원자력에 대하여 안정성을 강화하는 정책을 강조하고 있다. 또한, 대선 공약에서는 '전원믹스를 원점에서 재설정하고 다른 에너지원 확보 전제하에 재검토 약속 '을 설정함으로써 원전의 확대 보다는 축소 또는 현상 유지를 간접적으로 시사하고 있다.

표6 | 새누리당 2012 대통령 선거 공약 (원전 관련)

| 새누리당 2012 대통령 선거 공약 (원전 관련) |
|---|
| 안전우선주의에 입각한 원전 이용 (p.319) |
| 원칙과 신뢰에 근거한 원전 안전운영 책임관리 체계 구축 약속 |
| 노후 원전 안전 정책 추진 및 전원믹스(Mix)를 원점에서 재설정하고 다른 에너지원 확보 전제하에 재검토 약속 |
| 안전관리를 최우선으로 하는 원전 체계 수립을 위한 관련 법령 개정 실천 |

49) 가공된 우라늄을 원료로 원자력발전소를 구동하면 3년 뒤 사용후핵연료가 나온다. 핵 연료봉 폐기물이다. 23개 원자력 발전소에서 매년 800톤씩 폐기물이 나온다. 폐기물에는 타고 남은 우라늄(95.6%)과 플루토늄(1.2%), 초우라늄 원소(0.2%), 세슘 · 스트론튬(0.5%), 요오드-129와 테크네슘-99(0.1%) 등 다양한 방사성 원소들이 뒤섞여 있다. 이 가운데 초우라늄 원소는 우라늄보다 무겁고 방사선을 많이 낸다. 반감기는 무려 수 만년이다. 반영구적으로 방사선을 내뿜는다는 설명이다.

50) 전자신문, 사용후핵연료 대안 있나? etnews.com, 2013.4.17,

51) 영국과 프랑스, 일본은 재처리 시설을 운영하고 있으며, 이는 폐기물 부피를 대폭 줄일 수 있다. 스웨덴과 핀란드, 캐나다 등은 사용 후 핵연료를 지하 500~1000m 땅속 깊은 곳에 만든 처분시설에 영구 폐기하는 방식을 추진하고 있다.

또한, 인수위에서 선정한 국정과제에서도 원자력의 안전을 최우선 과제로 선정하고, 관련 추진계획을 수립한 바 있다.

사용후핵연료 관리를 위해 정부는 「공론화위원회」를 발족하고(2013.4), 논의결과를 토대로 임기내 중간저장시설 부지선정과 착공을 추진하고 있다. 이는 고준위 저장설비의 사회적 공론화 및 중간저장시설 건설에 약 10년 이상 소요되기 때문에 매우 시급한 정책과제로 판단된다.

표7 | 박근혜 대통령 인수위원회 선정 140대 국정 과제 중 원전 관련 사항

| 박근혜 대통령 인수위원회 선정 140대 국정 과제 중 원전 관련 사항 | | |
|---|---|---|
| (95)원자력 안전관리체계 구축 | – 안전 최우선 원자력관리 강화→국민 안심 | · 노후원전 스트레스 테스트 실시<br>· 국민신뢰 확보를 위한 안전규제의 투명성 제고<br>· 원전비리 척결 위한 원전관리시스템 재정비<br>· 세계 최고 수준의 원자력안전규제 전문역량 확보<br>· 원자력안전위원회 역량과 기능을 세밀하게 설계 → 원자력안전체계의 실질적 강화 |

## 2) 국제 화석연료 시장의 변화

### 가) 국내·외 동향

세계 화석연료시장은 천연가스를 중심으로 대규모의 변화(Mega-Trend 변화)가 진행되고 있다. 북미지역의 셰일가스의 등장, 아프리카, 지중해, 북극해 등 신규 전통가스 자원 생산지역의 확대 등으로 인하여 세계 천연가스 공급능력은 크게 확대되고, 수급시장의 유연성도 크게 증대되고 있다.

미국은 셰일가스 생산물량을 LNG로 수출화하는 전략을 추진하고 있으며, 2013년 4월 기준으로 미국의 LNG 수출허가 신청규모는 총 2억 7,563만톤이고, 이중 허가용량은 우리나라 350만톤('17년부터)을 포함하여 총 1,600만톤/년에 이르고 있다. 또한, 캐나다의 현재 수출승인 용량은 약 3천만톤/년이며, 서부 아프리카의 탐사.개발중인 모잠비크 해상광구의 잠재매장량은[52] 약 27억톤, 탄자니아 추정매장량 약 12억톤 규모에 이르고 있다.[53]

52) 모잠비크에서 개발되는 가스는 전통가스이다.

53) 에너지경제연구원, 2013. 4, 『신정부 에너지정책 방향』

이에 따라, LNG 생산국 간의 공급경쟁 확대되고 있으며, 유럽.아시아 시장의 허브가격 연동물량 공급증가로 LNG 교역조건의 유연성과 가격인하가 전망되고 있다.

#### 나) 문제의 진단

LNG를 수입에 의존하고 있는 우리나라에게 있어 최근 세계 천연가스 시장의 Mega-trend 변화는 매우 긍정적적인 파급효과를 줄 것이다. 즉, 대규모 도입국가인 우리나라는 저렴하고 유연한 LNG 도입 조건으로 수출국과 협상할 수 있을 것이며, 우리나라의 에너지 Mix에서 원자력과 신재생에너지에 비하여 천연가스가 경쟁력을 가지게 되는 결정적 요인이 될 수 있다. 따라서 이런 Mega-trend를 적극적으로 활용할 수 있는 제도적 준비가 이루어져야 한다.

#### 다) 정책 평가

신정부의 화석연료 관련된 정책관련 사항으로는 대선 공약에서 동북아에너지그리드의 구축에서 러시아-북한-우리나라를 잇는 가스파이프라인 사업의 지속 추진 약속 '이 유일하며, 이 공약 사항은 140대 국정과제에서는 통째로 빠져있다.

표8 | 새누리당 2012 대통령 선거 공약 (화석연료 관련)

| 새누리당 2012 대통령 선거 공약 (화석연료 관련) |
|---|
| 동북아에너지그리드를 구축하여 에너지 공급 안정화 기반 마련(p.322)<br>동북아 에너지 그리드를 구축하여 에너지공급 안정화 기반 마련 약속<br>현재 추진 중인 러시아~북한~우리나라를 잇는 가스파이프라인 사업 지속 추진 약속<br>현재 진행 중인 동해안 오일허브에 동북아시아 석유거래의 거점을 구축하여 석유 공급의 안정화 도모 약속<br>사업 추진을 위한 태스크포스 운영 |

제11차 장기 천연가스 수급계획(2013.03, 산업통상자원부)에 의하면, 우리나라의 천연가스 수요는 2012년 3,828.7만 톤에서 2027년에는 3,769.9만 톤으로 감소하는 으로 전망되어 있다. 이는 발전용 천연가스 수요가 2012년

1,817.9만 톤에서 775.6만 톤으로 크게 감소하는 데에 기인하고 있다.

발전용 천연가스가 줄어드는 예측과 더불어, 앞서 발표된 제6차 전력수급기본계획은 원자력과 석탄, 신재생에너지 발전비중을 높임으로써 천연가스 수요가 줄어드는 것으로 전망하고 있다. 그리고 제6차 전력수급기본계획에 의하면, LNG 발전소의 설비 이용률이 2012년 60%에서 16%(전원 발전량 기준 2012년 24.9%에서 2027년 7.6%)로 대폭 감소하는 것으로 전망되고 있다.

이렇게 천연가스의 역할이 과소평가된 점은 우리나라 에너지믹스에 대한 정책이 실질적으로 부재하거나 혼란 속에 있다는 반증이다.

### 3) 신재생에너지산업

#### 가) 국내·외 동향

지난 이명박 정부에서 신재생에너지 보급 확대를 위한 정책은 매우 의욕적으로 추진하였다. 제1차 국가에너지기본계획에서 신재생에너지 보급 목표를 2030년에 1차에너지 대비 11%의 공급 비중을 설정하였으며, 2015년에 세계 5대 신재생에너지 강국으로 도약한다는 정책목표를 설정하였다.

정부의 육성의지를 바탕으로 신재생에너지 산업의 가시적인 성과 나타나, 2007~'11년 동안 기업체수는 2.2배, 고용인원은 4.0배, 매출액은 7.9배, 수출액은 6.6배, 민간투자는 6.7배로 크게 증가하였다.

그러나 실제 신재생에너지 보급은 목표대비 실적이 미흡한 것으로 나타나고 있다. 정부 지원이 태양광을 중심으로 쏠림현상이 있었으며(2011년 태양광 지원비중 54.1%), 보급 중심의 정책과 산업 육성을 위한 프로그램 부족으로 목표달성율은 미흡하였다. 2012년 기준 생산 목표달성율은 65%에 그치고, 수출 달성율도 58%에 그치고 있다. 또한, RPS 이행율은 약 70% 수준에 그쳐 RPS 목표치의 수정이 불가피한 실정이다.

한편, 세계적으로도 신재생에너지산업은 재편되고 있다. 태양광 수요는 꾸준히 증가하고 있으나 공급과잉으로 인해 시장 구조조정 진행 중에 있으며 제품가격이 지속적으로 하락하여, 중국의 1위 업체 Suntech이 파산보호를 신청하였다. 중국업체 JA Solar는 생산라인 통폐합으로 생산용량 축소, LDK는 1만 명이 장기 무급휴직 상태, 생산라인 절반 이상 가동 중지하고 있다. 풍력의 경우 지속적인 성장세를 보이다 최근 성장세가 둔화되고 있다.[54)]

나) 정책 평가

신정부의 신재생에너지 관련된 정책관련 사항으로는 대선 공약에서 '신재생에너지 보급제도 혁신' 이 제시되고 있으며, 140대 국정과제에서도 실천계획이 구체적으로 제시되고 있다.

표9 | 새누리당 2012 대통령 선거 공약 (신재생에너지 관련)

| 새누리당 2012 대통령 선거 공약 (신재생에너지 관련) |
|---|
| 신재생에너지 보급제도 혁신 및 에너지 수요관리 확대 (P.320)<br>신재생에너지 보급 국가목표(2020년, 2030년) 및 달성 전략 수립 약속<br>신재생에너지 (스마트그리드, 전력저장시스템 등) 보급 촉진을 위한 인프라 구축 약속<br>에너지세제 개편 실천 |

표10 | 박근혜 대통령 인수위원회 선정 140대 국정 과제 중 신재생에너지 관련 사항

| 박근혜 대통령 인수위원회 선정 140대 국정 과제 중 신재생에너지 관련 사항 | | |
|---|---|---|
| (101)신재생에너지 보급확대 및 산업육성 | – 신재생에너지의 보급확대, 신성장동력 산업화를 위해 중장기 전략 수립 | · 제2차 에기본('13년 수립)에 ' 35년 신재생에너지 중장기 보급목표 재설정(현재 ' 30년 비중 목표 11%)<br>· 직접 보조금 투입위주에서 시장창출을 통해 신재생보급<br>· 산업화가 촉진되도록 정책 전환<br>· 신재생에너지 확대보급, 전력수요 효율적 관리를 위해 스마트그리드 기반 조기구축 |

제6차 전력수급기본계획(2013.2)에서는 신재생에너지의 비중이 2027년 기준 발전량의 12%, 발전설비의 20% 이상 설정되어있다. 이는 제1차 국가에너지기본계획('08년)의 2027년 기준 신재생 발전량 비중 7% 수준에 비하여 파격적으로 높게 설정된 것으로, 신재생발전단가를 낮추기 위한 기술개발, 민간투자 촉진을 위한 입지규제완화 등의 가정에 기초하고 있는 것이다.

---

54) 에너지경제연구원, 『신정부 에너지정책 방향』, 2013. 4.

표11 | 신재생에너지 발전량 비중 (단위 : GWh, %)

| 년도 | '15 | '20 | '25 | '27 |
|---|---|---|---|---|
| 6차 수급계획 | 24,664 (4.4%) | 54,139 (8.4%) | 77,364 (11.3%) | 90,134 (12.6%) |
| 1차 국기본 | 13,716 (3.1%) | 25,562 (5.4%) | 40,569 (-) | 47,433 (7.0%) |

이러한 과도한 신재생에너지의 발전량 및 설비 비중의 확충은 전력수급안정에는 부정적 요인으로 작용할 것이며, 기저설비 비중 감소 등을 고려할 때 전기요금 대폭 인상 가능성이 존재하고 있다.

#### 4) 에너지 가격구조의 왜곡

##### 가) 문제의 진단

우리나라의 에너지가격은 특히, 전력가격을 중심으로 크게 왜곡되고 있다. 2005년 이후 전기요금은 원가 이하의 수준에서 결정되고 있으며, 이는 에너지가격 결정에 물가안정 등과 같은 정책요인의 영향이 크게 작용하여 원가 반영 가격결정구조를 확립하는 데에 한계가 있었기 때문이다. 또한, 원가 반영 가격구조를 위한 연료비연동제(전력)가 시행되지 않고 원료비연동제(가스)도 준수되지 않고 있다. 실제로 2011년 우리나라의 전력판매단가는 전력생산원가의 87.4%에 그치고 있다.[55)]

표12 | 총괄원가 및 평균 판매단가 추이 : 전력

| | 2005 | 2006 | 2007 | 2008 | 2009 | 2010 | 2011 |
|---|---|---|---|---|---|---|---|
| 총괄원가 | 75.88 | 80.48 | 82.95 | 102.00 | 92.06 | 96.27 | 103.31 |
| 판매단가 | 74.39 | 76.45 | 77.71 | 79.24 | 84.23 | 86.80 | 90.32 |
| 보상률(%) | 98.00 | 95.00 | 93.70 | 77.70 | 91.50 | 90.20 | 87.40 |

자료: 에너지경제연구원, 『신정부 에너지정책 방향』, 2013. 4.

또한, 에너지 세제 개편의 필요에도 불구하고 기존의 세제가 지속되고 있으며, 에너지 과세 기준에 일관성이 없고 에너지에 11개에 달하는 세금 및 부과금이 부과되는 복잡한 체계가 유지되고 있다.

55) 에너지경제연구원, 2013. 4, 『신정부 에너지정책 방향』

나) 정책 평가

신정부의 에너지가격 관련된 정책관련 사항으로는 대선 공약에서 '실효적 수요관리 위한 전기 등 에너지 요금체계 전면 개편 약속'이 제시되고 있으며, 140대 국정과제에서는 구체적인 실천계획이 제시되고 있지 않다.

표13 | 새누리당 2012 대통령 선거 공약 (에너지가격 관련)

| 새누리당 2012 대통령 선거 공약 (에너지가격 관련) |
| --- |
| 신재생에너지 보급제도 혁신 및 에너지 수요관리 확대 (P.320)<br>실효적 수요관리 위한 전기 등 에너지 요금체계 전면 개편 약속<br>독점 구조의 비효율(전력, 가스 등)을 제거하고 공정경쟁 체제가 이끄는 건실한 수급시장 형성 약속<br>에너지세제 개편 실천 |

안정적이고 합리적인 에너지믹스를 구현하기 위한 강력하고 효율적인 정책수단은 가격과 시장의 변동사항이 소비자에게 제대로 전달되는 가격결정 제도의 확립이다. 즉, 시장변동의 상황과 충격을 시장에 전달하여 소비자들로 하여금 가격변동에 대비한 가장 효율적인 소비를 강구하게 하는 것이다. 가격의 변동이 제대로 시장에 전달되어야만, 에너지공급업체는 능동적으로 가격위험을 완충할 수 있는 여건을 마련하고, 소비자들은 가격급등에 대비한 소비절감 및 수요특성에 맞는 연료전환 능력을 갖추게 된다.

따라서 우리나라의 에너지정책 중의 시급한 대책은 조속히 원가주의에 입각한 전력, 가스 등의 네트워크 에너지 요금체계로의 전환하는 것이다. 전기요금 수준을 현실화하고 연료비연동제(전력)와 원료비연동제(가스)를 확립하여 원가반영 가격체계를 구축하며, 요금 결정 시 교차보조의 해소를 통한 에너지원간 공정경쟁 유도 및 소비자간 형평성을 제고하여, 합리적인 전력소비구조를 확립해야 할 것이다.

다만, 그 전제로 요금 인상이 에너지기업들의 배만 불리는 현상이 나타나지 않도록 하려면 에너지 관련 공기업들의 투명성과 효율성을 높이기 위한 가시적 조치가 요구되며, 요금 결정의 민주성과 투명성이 보장되도록 관련 정보의 공개, 시민의 참여 및 요금결정 과정을 투명하게 공개하는 등의 제도적 보완이 요구된다.

또한, 일관성 있는 세제 기준을 정립하고 과세구조를 단순화할 필요가 있다. 에너지 과세기준을 환경오염 등 사회적 비용을 종합적으로 반영하여 단계적으로 개편해야 할 것이다.

### 5) 에너지 믹스 개선을 위한 정책 개선방향

#### 가) 전력수급기본계획의 오류 수정: 원자력과 신재생 대신 천연가스

앞에서 논의하였듯이, 원자력과 신재생에너지는 향후 다른 화석연료에 비하여 경쟁력을 크게 잃을 것으로 전망되고 있다. 특히, 셰일가스의 등장은 국제 천연가스 수급과 가격 안정에도 크게 기여하고 있기 때문에 LNG의 대규모 수입국인 우리나라에게는 천연가스가 경제성과 경쟁력을 가지는 좋은 대안으로 부각될 것이다. 또한, 우리나라에게는 북미 중심으로 생산량이 늘어나는 셰일가스 LNG뿐만 아니고, 러시아의 파이프라인 가스(PNG), 모잠비크 탐사·개발이 예상되는 LNG 등의 경쟁력있는 공급 대안들이 있으며, 향후 중동과 호주 등지에서도 LNG 수출용 천연가스 개발사업이 많이 예정되어 있어, 장기 천연가스 도입선 확보도 활력을 받게 될 것이다.

그러나 제6차 전력수급기본계획에 의하면, 발전용 천연가스 수요는 향후 크게 줄어들 전망이다. 이는 앞서 언급하였듯이, 신재생에너지와 원자력 설비 증설과 석탄 화력의 확충에 기인한 결과이다. 동 계획에서 설정된 전원구성을 살펴보면, 최종년도(2027년) 정격용량 기준으로는 석탄이 28.5%, 원전이 22.8%, LNG는 19.8% 이며, 신재생 비중이 4.9%에서 20.3%로 대폭 확대되는 반면, LNG 비중은 25.8%에서19.8%로 크게 축소되는 것으로 나타났다. 반면, 피크기여도 반영 기준으로 석탄은 34.6%, 원전은 27.7%, LNG는 24.1%, 신재생에너지는 4.5%인 것으로 설정되어 있다.

원전과 석탄 화력은 기저부하용이고 LNG는 피크부하용인 반면, 신재생에너지는 부하조절이 불가능한 발전원이다. 피크기여도 반영기준으로 비중이 4.5% 밖에 되지 않는 신재생에너지 발전설비를 정격용량기준으로 20%이상의 설비를 확정하는 것은 전력수급에 막대한 차질을 유발시킬 가능성을 내포하고 있는 것으로 판단된다. 원전과 마찬가지로 신재생에너지 또한 정책성 전원이기 때문에 별도 평가없이 목표물량을 확정 반영하였다는 것은 전력수급의 효율성, 경제성, 안정성에 대한 사려 깊은 고려가 없었다는 사실을 보여주는 근거이다.

신재생에너지에 대한 과도하게 의욕적인 전력수급계획은 2027년 예비율 목표 22%를 통한 전력 수급안정이라는 정책목표에도 심각한 문제를 발생시킬 가능성을 충분히 내포하고 있다.

또 다른 심각한 문제는 전원설비계획에서 2027년까지 설계수명이 종료되는 원전의 연장가동을 반영하였다는 사실이다. 이는 원전에 대한 대내외 여건 변화를 감안할 때 전력수급계획이 대단히 불확실하고, 장기적인 전력수급의 안정성을 확보하고 있지 못하다는 것을 분명히 내포하고 있다.

종합하여 볼 때, 2013년 2월에 발표된 제6차 전력수급기본계획은 마땅히 수정·보완되어야 할 것이다. 원전과 신재생에너지를 대체할 수 있는 방안은 LNG 설비 이용률을 현재 60%에서 2027년에 16%로 하향 조정한 것과 석탄화력의 설비 이용률을 현재 94%수준에서 75% 수준으로 하향조정한 제6차 전력수급기본계획을 전면 백지화하고, 전문적이고 객관성 있는 분석에 기초하여 에너지 믹스를 다시 수립하여야 할 것이다.

#### 나) 에너지가격의 현실화 및 에너지산업구조의 개편

우리나라 에너지산업과 시장의 비효율성은 시장원칙에 맞지 않은 정부의 정치적 개입으로부터 상당 부분 그 원인을 찾을 수 있다. 대표적인 사례가 전력가격결정 메커니즘에 대한 정부의 적절하지 못한 개입으로 인하여 에너지시장이 왜곡되고 있는 것과, 전력시장과 천연가스시장에서의 경쟁도입 여부에 대한 어정쩡한 태도로 인해 앞으로도 뒤로도 갈 수 없는 정책적 교착상태에 처해 있다는 것이다. 즉, 에너지시장에서의 경쟁체제의 도입을 위한 정책적 시도가 과거에 있었으나, 노조 등 이익단체의 반대와 충분한 사회적 합의 실패로 인해 정책 이행이 부분적으로 이행되었거나 중단되어 있는 상태이다.

에너지산업의 구조는 장기적이고 안정적인 에너지수급체계(Energy Mix)의 달성과 직결되는 문제이다. 시장 기능의 활성화와 시장 경쟁원리 도입을 통하여 에너지수급체계의 안정을 달성할 수도 있으며, 현행의 정부 주도형 에너지 믹스체계를 유지할 수도 있는데, 어떤 형태를 유지할 것인지에 대한 명확한 정책적 결정을 하는 것이 에너지 시장의 참여자들에 대한 예측가능성을 보장하고 시장의 불확실성 또한 해소할 수 있을 것이다.

전력산업에 대해서는 우선 가격수준의 적정한 정상화를 이행하여야 할 것이며, 가격 결정체계의 개선, 도매전력시장의 단계적 선진화를 통한 경쟁 확대 및 가격기능 제고, 소비자선택권 확대와 비용절감 유인을 위한 단계적 소매경쟁 도입여부 등도 전문성 있는 검토와 사회적 합의를 통해 단계적으로 추진되어야 한다.

가스산업은 자가소비용 및 발전용 LNG 직도입 허용 등으로 일부 시장경쟁제도를 도입하였으나, 어떻게 하는 것이 세계 가스시장 흐름과 수요처의 다양한 요구에 부응할 수 있는 합리적인 방안인지에 대한 논의와 충분한 사회적 합의를 통해 올바른 산업구조로 개선해야 할 것이다.

#### 다) 에너지계획 수립 및 추진 Governance의 개편

우리나라에는 정부가 수립하고 추진하는 에너지관련 계획들이 많이 있다. 에너지기본계획, 전력수급기본계획, 장기 천연가스 수급계획, 신재생에너지기본계획, 에너지이용합리화 기본계획, 해외자원개발기본계획 등이 있으며, 모두 관련 법률에서 정한 법정계획들이다. 이중에서 에너지

기본계획은 정책시계가 향후 20년으로 중장기 에너지 정책방향과 비전을 제시하는 최상위 계획이다.

그러나 현재 심각하게 제기되고 있는 문제는 이라한 계획들이 서로 연계되고 조정되어 일관성을 가지고 수립·추진되고 있지 않다는 현실이다.

우선, 정책 시계가 서로 다르다. 에너지기본계획과 신재생에너지기본계획은 향후 20년, 전력수급기본계획과 장기 천연가스 수급계획은 15년, 에너지이용합리화기본계획은 5년, 해외자원개발기본계획은 10년이다. 또한, 계획 수립시점도 서로 연계할 수 있게 설정되어 있지 않다. 예를 들면, 2013년말까지 최상위계획인 제2차 에너지기본계획이 수립될 예정인데, 하위계획인 전력과 천연가스 계획은 그에 앞서 각각 2013년 2월과 4월에 이미 수립이 끝난 상태이다.[56] 따라서 상위계획인 에너지기본계획이 하위계획에 얽매이는 형편이  된 실정이다. 또한 전력계획이 먼저 수립되어 이후에 수립되는 천연가스계획은 전력계획 결과에 영향을 받고 있다. 그 외의 다른 계획들도 2013년 하반기에 수립이 예정되어 있어, 에너지기본계획과의 일관성 및 서열구조(Hierarchy) 등의 문제가 발생할 수 있다. 따라서 각각의 에너지관련 계획들의 수립 단계에서 서로 연계하여 수립되고, 추진단계에서도 정책의 혼선이 없이 일관성 있게 추진되도록 에너지 관련 계획의 Governance를 획기적으로 조정할 필요가 있다.

---

56) 산업통상자원부, 『새 정부의 에너지정책방향』, 2013. 3.

## 3. 국제정세의 변화에 따른 우리나라 에너지 정책의 방향

### 가. 국제정세의 변화와 국제유가의 변동

#### 1) 러시아와 중국 그리고 러시아와 우크라이나

##### 가) 러시아와 중국의 천연가스 매매계약

2014년 5월 21일 중국을 방문한 러시아 대통령 푸틴은 중국에 4,000억 달러에 이르는 천연가스 매매계약에 서명했다.

러시아는 세계 최대의 에너지 소비국인 중국에 대한 천연가스 공급을 통해 우크라이나 사태에 따라 유럽의 천연가스 소비 감소의 위험을 해소할 수 있게 되었다. '세기의 천연가스 매매계약' 이 러시아의 푸틴 대통령에게 주는 의미는 아시아의 최대 에너지 소비국인 중국과 손을 잡게 됨으로써 우크라이나 사태에 따라 미국과 유럽이 추진 중이던 러시아에 대한 제재 및 고립 정책에 대항할 수 있게 되었다는 것이다.

중국과 러시아의 천연가스 매매계약은 가격을 비롯한 계약조건에서 의견이 합치되지 않아 교착상태에 있었으나, 미국의 셰일가스 개발 및 최근 우크라이나 사태가 심각해짐에 따라 러시아가 가격 조건에서 한 발 물러서면서 전격적으로 타결된 것이다.

따라서 상업적으로는 중국에게 유리한 계약이지만, 정치적으로는 러시아의 고립을 타개할 수 있는 결정적 고리가 될 수 있기 때문에 중국과 러시아 모두에게 유리한 상호 Win-Win 사례라 할 수 있다.

중국의 국영석유회사인 CNPC(China National Petroleum Corp)와 러시아의 국영 가스회사 가즈프롬(Gazprom)이 계약서에 서명한 후, 푸틴 대통령이 "이번 천연가스 매매계약은 구 소비에트 연방 이래로 최대 규모의 계약인데, 우리의 중국 친구들은 상대하기 어려운 협상당사자"라는 표현에서 가격 측면에서 러시아가 양보하고 정치적 측면에서 미국과 유럽의 고립에 대응하기 위한 협약이라는 점을 추론할 수 있다.

온실가스에 대한 새로운 정책 시나리오에 따른 중국의 천연가스 수요는 2011년 1,320억㎥에서 2035년 5,300억㎥로 세계 최대의 증가율을 보일 것으로 예측되고 있다.[57] 중국의 천연가스 소비증가율은 연평균 약 6%에 이르며, 특히 전력생산에 공급되는 연료로서의 천연가스 수요가 급증할 것으로 예상되고 있다. 중국의 급증하는 도시화와 도시의 대기환경 개선을 위해서는 천연가스 발전이 필수적인 것이다. 따라서 2011년에서 2035년까지 발전용 천연가스의 소비는 1,600억㎥으로 약 6배 증가될 것이다.

중국은 급증하는 천연가스 국내 수요에 대응하기 위해 안정적이고 가능한 저렴한 천연가스를 러시아로부터 도입하기 위해, 우크라이나 사태로 인해 러시아의 협상력이 가장 약해진 시점을 택해 전격적인 협상 타결에 나선 것이다.

### 나) 러시아와 우크라이나의 관계

구 소비에트 연방에서 독립한 우크라이나는 러시아에 우호적이 관계를 유지해 왔으나, 2005년 12월 오렌지 혁명 혁명을 통해 친서방적인 유스첸코 정권이 등장하고, 우크라이나와 러시아는 급격한 긴장관계에 돌입하게 된다. 천연가스를 통해 우크라이나를 사실상 통제해오던 러시아와 우크라이나는 가스 가격과 통과료에 대한 분쟁이 발발했고, 원만한 합의에 이르지 못하자 2006년 1월 1일 아주 추운 일요일 오전 10시, 러시아가 가스공급을 감축했다. 이로 인해 오스트리아 33%, 헝가리 40%, 이탈리아 24%의 공급이 감소되었다.

2006년 가스공급중단 사태 이후, 유럽 국가들은 여러 나라를 통과하는 에너지 공급의 안정성 문제에 대한 새로운 시각을 가지게 되었고, 러시아산 천연가스에 대한 의존도를 낮추는 정책을 추진하게 되었다. 이외에도

57) IEA, World Energy Outlook 2013, 104.

2008년, 2009년에도 러시아는 우크라이나에게 천연가스 가격을 인상해달라고 주장하고, 반대로 우크라이나는 러시아에게 통과료를 올려달라고 주장하는 대치 상태가 발생했으며, 2006년처럼 러시아의 공급중단이 있었다.

그러던 중 2010년 4월, 우크라이나에 친 러시아 성향의 야누코비치(2월부터 대통령 임기 시작) 정권과 푸틴의 합의로 일단락되었는데, 러시아는 우크라이나에 판매하는 천연가스 가격을 30% 낮추는 대신 흑해의 세바스토폴 우크라이나 해군기지 사용에 대한 25년 및 5년의 플러스 옵션을 취하게 된다.

하지만 2014년 우크라이나 혁명으로 친러파인 빅토르 야누코비치가 탄핵되고 친서방파인 올렉산드르 투르치노프가 대통령으로 당선된 이후, 크림반도의 소유권을 둘러싼 분쟁이 러시아와 우크라이나 사이에 발생하게 된다.

크림자치정부 지역은 인구 2백만의 60% 가까운 사람들이 러시아 계통이며, 러시아는 자국민을 보호하겠다는 명분을 들고 있다. 2월 27일 러시아의 군사행동과 더불어 시작된 크림분쟁의 발발 이후, 3월 16일 크림반도 러시아 귀속에 대한 주민투표, 3월 18일 푸틴 대통령과 세르게이 악쇼노프 크림 공화국 총리 등과의 귀속협정체결 및 러시아 의회 승인, 그리고 3월 21일 최종 병합문서 서명을 통해 전격적으로 러시아의 일부가 되었다.

러시아의 가스프롬은 지난 6월 16일 천연가스 매매대금에 대한 합의가 이루어지지 않았다는 이유로 우크라이나에 대한 천연가스 송출을 중단한다. 러시아의 우크라이나에 대한 천연가스 공급중단은 단순히 우크라이나만 영향을 미치는 것이 아니라 유럽 전체의 에너지 공급에 영향을 미치며 이는 또 다시 우리나라와 일본을 비롯한 동아시아 시장의 에너지 공급에도 심각한 영향을 미칠 수 있게 된다.

유럽에서 소비되는 18.7 trillion cubic feet(Tcf)의 천연가스 중 약 30%(5.7 Tcf)를 러시아에서 공급받고 있으며, 16%(3.0 Tcf)가 우크라이나를 통과하는 천연가스 파이프라인을 통해 러시아로부터 수입되고 있고, 러시아가 우크

그림6 | EIA, 16% of natural gas consumed in Europe flows through Ukraine

라이나에 공급하는 물량만큼의 공급을 중단하더라도 국내 소비를 위해 파이프라인에서 얼마든지 천연가스를 뽑아 쓸 수 있기 때문에 최종적으로 유럽에서의 천연가스 수급에 문제가 발생하게 된다.

연쇄적으로 유럽의 천연가스 수급에 문제가 발생하게 되면, 유럽은 세계 LNG 시장에서 천연가스를 구입하려 하게 되고 결국 세계 LNG 시장의 가격이 오르면서 우리나라와 일본 등 LNG에 의존하는 국가들에게 불리한 환경이 조성될 가능성이 높아진다.

러시아의 공급중단 결정이 여름철에 이루어졌기 때문에 그 영향이 크지는 않을 것이지만, 우크라이나와 원만한 합의에 이르지 못하고 겨울까지 사태가 진행되는 경우 그 여파는 상당히 심각할 수 있다.

### 2) 이라크 내전

2014년 6월 중순부터 이라크 북부지역은 이슬람 급진단체 ISIS(Islamic State of Iraq and Greater Syria)에 의해 점령되었고, 이라크 수도인 바그다드 코앞까지 위험에 처해 있다.

이라크 국민의 다수는 이란과 같은 시아파(60-65%)이며, 사우디아라비아의 주류이고 사담 후세인 정권의 배경이었던 수니파(25-30%)는 소수민족이다. 여기에 이라크 북부지역의 쿠르드계와 연결된 터키까지 관련된 복잡한 3각 역학 구도가 이라크의 내전을 발생시킨 것이다. ISIS의 이라크, 시리아 점령에 따라 위기감을 느끼게 되는 이스라엘이 관여하고, 같은 시아파인 이란이 현재의 이라크 정권을 지원하며, 수니파를 보호한다는 명분으로 사우디아라비아까지 어떤 형식으로든 참여하게 될 수 있다. 여기에 미국이 중동의 국제질서를 다잡지 못하게 된다면 국제 석유시장은 사상 최악의 혼란 상태에 이르게 될 수도 있다.

그림7 | 이라크 총 석유 액체(petroleum liquids) 생산 및 소비량 (백만 배럴/일)

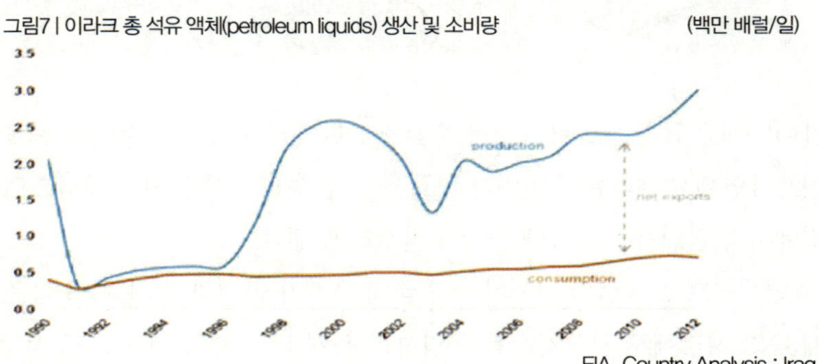


EIA, Country Analysis : Iraq.

사담 후세인 정권의 붕괴 이후, 이라크 원유 생산량은 2012년 하루 약 300만 배럴로 OPEC의 두 번째 산유국이다. 전체 원유 생산량의 2/3이 이라크 남부지역에서 생산되고 있으며 나머지가 북부 키르쿠크 지역에서 생산되고 있다. 이라크는 세계 6위의 원유 순수출국이며, 2012년 하루 약 240만 배럴의 원유를 수출하고 있다. 그 중 우리나라는 이라크 생산량의 11%인 약 26만 배럴을[58] 수입하고 있다.

이라크는 2012년 하루 300만 배럴에서 2035년 750만 배럴로 증가할 것으로 예상되고 있으며, 국제 유가의 안정에서 가장 중요한 역할을 할 것으로 기대되고 있었다.[59]

하지만 이라크 국내 정세가 안정되지 못하고 심각한 내전을 겪게 되면

58) 2013년 우리나라의 원유 소비량은 하루 약 230만 배럴이다.

59) IEA, above n 57, 485.

그림8 | 이라크의 원유 수출

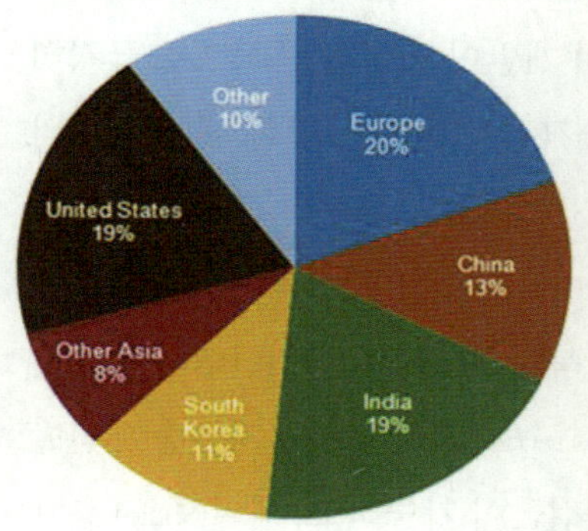


그림9 | TIME, 표지, 2014년 6월 19일

서 이라크의 원유 증산으로 인한 국제 유가 안정이라는 시나리오는 더 이상 현실성 있는 가정이 되지 못하고 있다. 현재까지는 ISIS가 주된 원유 생산지역인 남부지역을 점령하지 못하고 있지만, 만약 남부지역까지 내전지역에 포함된다면 국제 원유 시장에 극도의 혼란이 발생할 수 있다.

ISIS로 인한 이라크의 혼란으로 6월 두 번째 주의 국제유가가 지난해 12월 이후 최대의 상승폭을 기록했다. 7월 인도분 서부텍사스산원유(WTI) 선물가격은 13일(현지시간)에 전일대비 38센트(0.4%) 상승한 배럴당 106.91달러를 기록, 2013년 9월 18일 이후 최고가를 나타냈다. 한주 동안에는 4.1% 오른 것이다. 7월 인도분 브렌트 선물 가격은 전일대비 39센트(0.3%) 오른 배럴당 113.41을 기록했다. 이는 지난해 9월 9일 이후 최고가이다. 한주 동안의 상승폭은 4.4%였다.

타임의 2014년 6월 19일자 표지 그림은 이라크의 정국과 국제 에너지 시장에 가져올 파장에 대한 예고로서 중요한 의미를 가진다.

### 3) 셰일가스 등 비전통자원의 개발 | 천연가스의 황금기

최근 들어, 셰일가스 등 비전통자원의 개발이 미국을 중심으로 급격히 증가하고 있다. 비전통자원이 부각되어 각광을 받기 시작한 배경에는 비전통자원의 특이한 지질 구조에 접근이 가능하고 그로부터 대규모의 석유와 천연가스를 채굴.포집할 수 있는 기술이 다양하게 개발되어 생산과정에 적용되기 시작하였기 때문이다. 실제로 북미지역에서 2000년대 후반부터 진행되고 있는 '셰일가스의 혁명(Shale gas revolution)'은 지하 저류층에 산발적으로 분포되어 있는 천연가스 자원에 접근이 가능하고, 셰일(Shale) 층으로부터 대규모 메탄을 포집·추출할 수 있는 '수평시추 및 수압파쇄' 등 관련 생산기술 발달에 기인하고 있다.

이런 비전통자원의 개발로 인해 2011년 비전통석유의 생산량이 하루 390만 배럴에 불과하던 것이 2035년 1,320만 배럴로 증가할 것이며,[60] 천연가스 매장량 규모가 2012년 기준의 세계 소비량을 기준으로 230년 이상 소비할 수 있는 정도로 추정되고 있고,[61] 셰일가스를 중심으로 하는 비전통가스의 생산량은 2035년 약 1조 6,000만㎥에 이를 것으로 예상되고 있다.[62]

비전통가스는 미국, 중국, 호주를 중심으로 그 생산량이 증가하는데, 현재 78%에 이르는 미국의 비전통가스 점유율이 2035년에는 44%로 하락하는 반면, 중국과 호주의 점유율은 셰일가스와 석탄층가스의 개발로 인해 급격히 상승할 것이다.[63]

비전통자원의 개발로 인해 국제 천연가스 시장에 커다란 변화가 이루어지고 있으며, 미국의 천연가스 수출 정책의 변화로 인해 러시아 및 캐나다가 천연가스 수출에 대한 우려를 하고 있다. 또한 미국의 저렴한 천연가스 소비 증가로 인해 발전용 연료인 석탄의 소비가 감소하고, 이에 따라 미국산 석탄의 수출이 증가하면서 국제 석탄 가격이 하락하는 추세를 보이고 있다.

60) IEA, World Energy Outlook 2012, 102.

61) Ibid, 134.

62) Ibid, 145.

63) Ibid, 141.

중국의 미국산 석탄 수입은 2010년 1,445만 톤에서 2012년 2,876만 톤으로, 독일은 2010년 985천 톤에서 2012년 7,400만 톤으로, 영국은 2010년 1,219만 톤에서 2012년 8,700만 톤으로 미국산 석탄 수입이 세계적으로 급격히 증가했다. 이로 인해 유럽의 이산화탄소 배출량이 오히려 증가했다는 역설적인 결과가 나타나고 있다.

### 4) 일본의 원자력 발전 재가동 시도

2011년 후쿠시마 원전 사고 이후 일본 내 원전은 대부분 가동이 중단되었고, 현재는 모든 원전의 가동이 중단되어 있는 상태이다.

후쿠시마 사고 이전 일본에는 총 54기의 원자로가 운영 중이었으나[64] 사고 이후 간 나오트 총리의 탈원전 정책과 더불어 후쿠시마 제1원전 1~4호기를 폐쇄하고 모든 원전의 가동을 중단했다.

하지만 2011년 9월 취인한 노다 오시히코 총리는 기존의 탈원전 정책에서 물러나 안전성을 우선시하되 원자력 에너지를 계속 확보한다는 방향으로 정책을 전환한다.

이런 정책 변환으로 인해 2012년 7월, 오이원전 3,4호기를 재가동하였으나 3호기는 2013년 9월 2일에, 4호기는 9월 15일에 정기 검사에 들어감으로써, 이후 일본은 다시 원전 가동제로 상태가 되어 있다.

하지만, 2013년 일본의 무역수지적자는 통계 수집을 시작한 1979년 이후 최대 적자액인 약 11.5조 엔을 기록하며 처음으로 10조 엔대를 초과하였고, 그 중요한 원인이 비싼 원료인 천연가스의 수입 때문이었다. 이런 경제적 어려움과 전력요금의 인상에 따른 국민 부담을 줄이기 위해 2014년 4월 11일 일본 내각은 후쿠시마 사고 이후 수립되었던 단계적 감축이라는 원자력 정책기조에서 원자력을 유지하는 방향으로 그 흐름을 전환하는 '제3차 에너지기본계획' 을 통과시켰다. 그리고 에너지 정책의 기본 방침은 기

64) 도쿄전력이 후쿠시마 제1원전 5,6호기를 2014년 1월 31일자로 폐쇄함으로써 현재 일본 내 원자로는 총 48기이다.

존의 3E+S(Energy Security, Economic Efficiency, Environment, and Safety)에 새롭게 '국제적 관점'과 '경제성장'을 포함시키면서 국가경제는 물론 국제사회의 요구를 반영하도록 하고 있다.

결국 일본은 기후변화에의 대응, 에너지 비용 절감, 에너지 수입 비용의 국민경제에 미치는 영향을 고려하여 원자력을 폐기하기 보다는 안전성에 중심을 두어 원전유지의 정책으로 기조를 변경했다.

## 나. 우리나라 에너지 정책의 개선방향

### 1) 국제유가 상승에 대비한 에너지 안보체제 확립

#### 가) 해외자원개발의 적극적 추진

전체 에너지원의 97% 이상을 수입해야 하는 우리나라로서는 에너지 안보의 문제가 국가의 명운을 결정하는 중요한 의제가 되어야 함에도 불구하고, 경제 또는 외교정책의 일부로 인식되어 있다.

국제유가의 변동에 따라 우리나라 경제가 어려움을 겪었고, 전력공급의 불안으로 인해 2011년 9.15 순환정전이라는 큰 시련을 경험했음에도 불구하고 지난 정권이 저지른 자원개발에서의 구조적 실패를 이유로 해외자원개발 정책이 급격히 위축되고 있는 것이 현실이다.

지난 정권에서의 해외자원개발 정책의 문제는 자원개발 산업에 대한 이해의 부족, 시스템과 전문기업이 아닌 특정 개인에 의존하는 개발추진, 해외자원개발 성공 여부의 판단에 대한 객관적 검증 시스템의 부족 등으로 인해 발생한 부작용으로 분석된다.

해외자원개발의 낮은 성공률이 낮다는 주장은 20년 이상 장기적 안목에서 바라봐야 하는 자원개발의 특성에서 볼 때 너무 성급한 판단이며, 자원개발 공기업들의 전문성과 연구에 따른 개발추진이 아니라 정치권의 요구에 따라 수동적으로 이루어진 투자라는 현실이 적절히 반영되어 평가되어야 한다.

자원개발 특히 석유·가스개발 산업은 2012년부터 2035년까지 상류부분에만 약 1경 5천조 원의 투자가 필요한 지구상에서 가장 최대 규모의 산업이다. 2012년 세계 최대의 상류부분 투자회사는 중국의 페트로차이나인데 한 해 투자금액에 약 290억 달러에 이른다. 하지만, 우리나라는 2011년 석유가스 부분에 투자한 금액이 약 92억 달러로 상대적으로 아주 적은 투자규모를 보이고 있다.

해외자원개발의 성공적 추진을 위해서는 자원개발 산업에 대한 이해를 바탕으로 장기적 시각에서 국가 에너지 정책을 수립하고, 자원개발 분야의 전문가를 육성하며 자원개발의 성공여부에 대한 객관적이고 전문적인 평가가 가능한 국가 시스템을 수립해야 한다.

위에서 본 것과 같이, 국제정세의 변화에 따라 국제유가는 급격히 등락할 수 있으며, 이런 위험에 대한 안전판으로 작용하고 에너지 분야의 산업이 육성되어 창조경제에 이바지할 수 있도록 거시적으로 정책방향이 전환되어야 한다.

#### 나) 자원개발의 투명성 확보를 통한 자원개발 금융 활성화

자원개발 분야에서의 민간투자가 활성화되지 않은 우리나라의 상황에서 투자자들의 신뢰를 확보하는 것은 민간투자의 유도에 필요한 기본 토대이다.

CNK의 다이아몬드광산 개발관련 주가조작사건 등은 에너지 자원개발 분야에서의 투명성과 신뢰성이 확보되지 못해서 발생한 대표적인 부작용이다. CNK 다이아몬드 사건은 자원개발 관련 정보에 대한 신뢰 부족으로 인해 광산개발권에 대한 과대포장 → 보도자료 및 홍보 → 주가 부양 → 거액의 이익 취득이 가능하게 되었다.

자원개발회사가 공개하는 정보에 대한 신뢰가 확보되어야, 민간투자자들이 투자위험성을 객관적으로 평가할 수 있으며 투자여부 및 투자규모의 결정·융자여부의 결정 및 이에 따른 이자율·대출기간 등에 대한 판단이 가능하게 된다.

따라서 자원개발 투자에 대한 신뢰성의 확보를 위해 공개보고서(Public Report)제도를 도입하고 공개보고서의 작성에 대한 능력과 책임이 있는 자원전문가를 양성하는 것이 CNK 사건 등의 발생을 사전에 방지할 수 있는 자원개발 금융활성화의 필요조건 중 하나가 될 것이다.

캐나다, 미국 등은 에너지 자원의 개발에 관한 공개보고서제도를 도입하여 시행하고 있다. 예를 들어, 캐나다의 공개보고서에는 매장량에 대한 정보·독립되고 능력 있는 기관 또는 개인에 의한 매장량 평가결과·운영 및 감독과 관련된 내용들이 포함되어야 한다.

자원개발에 대한 민간투자의 활성화가 요구되는 우리나라의 현실에서 투자자의 보호를 위해서는 공개보고서제도의 도입이 필수적이며, 이를 위한 법제도의 개선이 요구된다.

#### 다) 석탄의 재발견

이산화탄소 배출과 대기오염의 주범이라는 오명과 더불어 '더러운 연료' 로 인식되어 오던 석탄에 대한 인식의 전환이 필요하다.

최근 석탄발전에서 유해가스의 배출을 저감시키는 청정석탄기술(Cleam Coal Technology)의 발달, 석탄발전에서 배출되는 이산화탄소의 포집 및 저장 기술(Carbon Capture and Storage) 기술의 발달과 더불어 석탄을 새롭게 보는 시각이 전개되고 있다.

특히 2011년 1조 400억 톤에 이르는 석탄 확인매장량은 53억 9천만 톤의 연간 소비량을 기준으로 약 200년 동안 사용가능한 양이며 확인매장량은 호주 등에서 탐사가 활발히 진행됨에 따라 지속적으로 증가해오고 있다.

석탄의 풍부함과 저렴한 가격, 이산화탄소배출을 저감시키는 기술의 발달과 안전성 문제로 인한 원자력의 증설이 어려운 국가적 상황을 고려할 때, 전기요금의 안정은 물론 경제에 미치는 영향을 최소화할 수 있는 방안이 될 수 있다.

석탄을 등한시 할 것이 아니라 적극적으로 연구 검토하고 관련 기술을 개발하여 활용하도록 국가 정책적 차원의 접근이 필요하다.

## 2) 새로운 에너지 거버넌스의 정립

### 가) 에너지 정책의 지속성을 확보하기 위한 조직 재검토

유가가 오를 때는 에너지 문제에 대해 정치권과 국민의 관심이 높지만, 유가가 하락하면 그 관심은 사라지는 반복된 행태를 보여 왔다.

하지만 이제는 에너지 정책의 지속성을 유지하면서 유가변동으로 인한 충격을 최대한 완화하고, 에너지에 대한 산업적 접근, 에너지와 물 그리고 식량 문제에 대한 통합적 접근을 위해 에너지와 관련된 독립적이며 전문적인 기구가 설립되어야 한다.

이를 위해 국가에너지위원회를 대통령 직속의 독립위원회로 개편하는 방안과 청와대 비서실에 에너지.자원 담당비서관을 신설하여 정책의 일관성과 전문성을 확보하는 방안이 제시될 수 있다.

또한, 향후 에너지 공기업의 사장이나 감사 그리고 비상임이사의 선임에서 에너지 분야에서의 전문성과 경험이 풍부한 인력이 배치되도록 하여 잘못된 개발투자에 대한 감시, 에너지 공기업의 효율성을 높일 수 있도록 해야 한다.

### 나) 민관협의에 의한 에너지 정책 수립

지금까지 에너지 정책은 관위주의 수혜적 차원에서 수립되고 시행되어 왔다. 제2차 국가에너지기본계획에서 전문가 그룹의 활용이 있었다 하지만, 시민사회·에너지 관련 단체·에너지 전문가들의 의견이 충분히 반영되었다고 평가하기 어렵다.

원자력을 포함한 전력, 해외자원개발 등 각 분야에 민간 전문가들이 적극적으로 참여할 수 있는 기회를 제공하도록 제도적 개선이 요구되며, 정부 정책에 반대되는 의견을 제시하는 전문가들의 참여와 의견제시가 이루어질 수 있도록 해야 한다.

### 3) 동북아 그리드 구상의 재검토

섬으로 고립된 우리나라의 전력문제를 해결하기 위해 동북아 그리드라는 거창한 구상이 대통령 선거 공약으로 제시되어 논의되고 있다.

그러나 중국과 일본을 포함하는 에너지 그리드의 구축이 에너지 공급의 안정화에 기여할 수 있는지 여부에 대한 깊은 고민이 필요하다. 중국과 일본이라는 거대 수요자를 우리가 효과적으로 통제하기 어렵다면, 오히려 그리드 확대로 인해 중국이나 일본의 에너지 위기에 휩싸이게 될 수도 있다.

즉 전력소비가 급증하는 중국과 후쿠시마 원자력 사고로 인해 전력위기가 상존하는 일본과의 그리드 연결은 오히려 우리나라의 전력위기를 더 심화시킬 수도 있다.

9.15정전 이후 통합 그리드의 위험을 지적하면서 분산형 그리드의 주장이 나오고 있는 이유로 모두가 연결된 통합 그리드 시스템은 일부의 사고로 인해 전체가 위험해지지만, 분산형 그리드는 일부의 정전만 발생할 뿐 다른 독립된 그리드에는 여향을 미치지 않는다는 현실적인 장점에서 찾을 수 있다.

그렇다면 국내에서는 분산형 그리드를 주장하면서 동아시아에서 통합 그리드를 추진한다는 것은 전후 모순된 정책이라 할 것이다.

동북아 에너지 그리드의 또 한 가지 추진사항인 남북러 가스전의 연결은 중국이 러시아와의 관계를 개선하면서 상대적으로 저렴한 가격에 러시아산 천연가스를 수입하게 되었기 때문에 우리도 가격에서 상당히 유리한 조건에 도입을 추진할 수 있는 상황이 전개되었다.

따라서 미국과의 관계를 고려하면서 러시아의 천연가스를 북한을 통과하는 파이프라인을 통해 도입하도록 적극 추진하되, 북한을 통과하는 천연가스 파이프라인이 북한과의 관계로 인해 어렵다면 LNG로 도입한 후 향후 상황 전개에 따라 북한의 파이프라인을 통해 도입할 수 있도록 유동적인 다변화 정책을 추진해야 한다.

#### 4) 에너지 정책의 방향

에너지 정책은 가격이라는 경제적 요소뿐만 아니라 국제정치·문화·법률·군사적인 요소들이 모두 통합적으로 반영되어 수립되고 집행되어야 한다. 특히 최근의 급변하는 국제정세는 우리나라의 에너지 안보에 현실적이고 심각한 위험 요소가 되고 있다.

과거 정권에서의 에너지 자원 확보정책의 실패가 현 정권에서의 지속적으로 추진되어야 하는 해외자원개발의 발목을 잡고 있으며, 국제유가의 일시적 하락에 안주해서 향후 유가상승에 따른 충격에 대한 대비를 소홀히 하고 있다.

자원개발 공기업들의 비효율성을 제거하고 거품을 빼는 것은 옳지만 자원개발에 대한 의지를 꺾고, 그나마 시작된 해외자원개발에 대한 싹을 잘라버리는 정책이 추진된다면 국가의 에너지 안보를 확고히 하는 것은 요원한 일이 될 것이다.

자원개발의 실효성을 높여 국가 에너지 안보를 보장하기 위해서는 석유공사와 가스공사의 합병을 통한 일관성 있는 자원개발의 추진, 자원개발 인력의 지속적 확충, 자원탐사 결과에 대한 객관적이고 전문적인 평가, 이를 통한 민간금융기관들의 투자 유인 등의 선순환적 구조가 수립되도록 해야 한다. 이런 에너지 정책이 제대로 운용되기 위해서는 에너지 정책 관련 올바른 거버넌스가 형성되어야 함은 물론이다.

## 4. 에너지부문 창조경제 구현을 위한 법제도 개선

### 가. 에너지 산업의 현황과 특성

#### 1) 에너지 산업의 현황

가) 세계 석유 · 가스 산업에 대한 투자 규모

석유·가스 산업에 대한 투자금액은 2011년에 비해 2012년 약 8% 정도 성장하여, 6,190억 달러 규모에 이르러,[65] 2008년 대비 20% 이상의 성장률을 기록하고 있다.

대표적인 에너지 메이저인 엑손모빌의 2007년부터 2012년까지 5년간 에너지 프로젝트에 대한 투자금액이 1,250억 달러를 넘고 있다.[66] 그리고 엑손모빌은 전통적 에너지(Conventional Oil and Gas)의 개발뿐만 아니라, 오일 샌드, 셰일 등 비전통 에너지 및 심해저 개발에 대한 투자를 중요시하고 있다.[67]

석유·가스 산업에서 대표적인 석유회사들의 투자 규모는 다음 표와 같다.

표14 | 석유 · 가스 산업에 대한 기업별 투자 (단위:10억 달러)

| 회사/투자 | 상류 | | | 총투자 | | |
|---|---|---|---|---|---|---|
| | 2011 | 2012 | 투자 변화율 | 2011 | 2012 | 투자 변화율 |
| 페트로차이나 | 27.5 | 29.3 | 6% | 45.1 | 48.0 | 6% |
| 페트로브라스 | 23.0 | 28.4 | 23% | 43.2 | 47.3 | 10% |
| 엑손모빌 | 33.1 | 33.3 | 1% | 36.8 | 37.0 | 1% |
| 쉐브론 | 23.9 | 28.5 | 19% | 26.5 | 32.7 | 23% |
| 로얄더치쉘 | 19.1 | 24.4 | 28% | 23.5 | 30.0 | 28% |
| 토탈 | 16.8 | 19.2 | 14% | 19.0 | 24.0 | 26% |
| 에니 | 12.2 | 12.8 | 5% | 17.4 | 17.0 | -2% |
| 아나다코 | 5.0 | 6.1 | 22% | 6.6 | 6.8 | 4% |
| 엔카나 | 4.3 | 3.3 | -23% | 4.6 | 3.5 | -24% |
| 70개 회사 | 4,623 | 5,004 | 8% | | | |
| 세계 | 5,719 | 6,190 | 8% | | | |

자료: IEA, World Energy Outlook 2012

한편, 2012년까지 유지되고 있는 에너지 관련 정책을 유지하면서 동시

65) IEA(2012). World Energy Outlook, 120.

66) ExxonMobil(2012). The Outlook for Energy: A View to 2040, 9.

67) Ibid.

에 각 국가들의 신재생과 에너지효율과 관련된 새로운 목표를 준수한다는 신정책 시나리오(New Policy Scenario)에 따른 IEA의 분석에 의하면, 2012년부터 2035년까지 석유의 생산과 정제, 가스의 생산과 수송 분야에 필요한 누적투자액은 각 8조 9,080억 달러, 5조 8,290억 달러에 이른다.

표15 | 2012년부터 2035년까지 석유의 생산과 정제, 가스의 생산과 수송 분야에 필요한 누적투자액

(단위: 10억 달러)

| | 석유 | | | 가스 | | | 총계 |
|---|---|---|---|---|---|---|---|
| | 상류 | 정유 | 총액 | 상류 | 수송 | 총액 | 연평균 상류부문 투자액 |
| OECD | 3,070 | 271 | 3,341 | 2,547 | 920 | 3,467 | 234 |
| No-OECD | 5,838 | 8,030 | 66,410 | 3,282 | 1,131 | 4,412 | 380 |
| 세계 | 8,908 | 1,074 | 10,242 | 5,829 | 2,051 | 8,677 | 614 |

IEA, World Energy Outlook 2012, 수송은 Transmission과 Distribution을 포함

이러한 석유·가스 상류부분에 대한 투자규모는 1차 에너지원으로서 화석연료의 2035년 비중이 2010년의 81% 수준보다는 떨어지더라도 최소 63%에서 80% 수준을 유지할 것이라는 예측에 기초하고 있다.

그림10에서 보는 것처럼, BP도 2030년까지 신재생에너지의 비중이 가장 높게 성장하더라도 석유·가스·석탄 등 화석연료의 비중은 각 26-27%를 유지할 것으로 전망하고 있다.

그림10 | 세계 1차 에너지원 및 성장률 비교

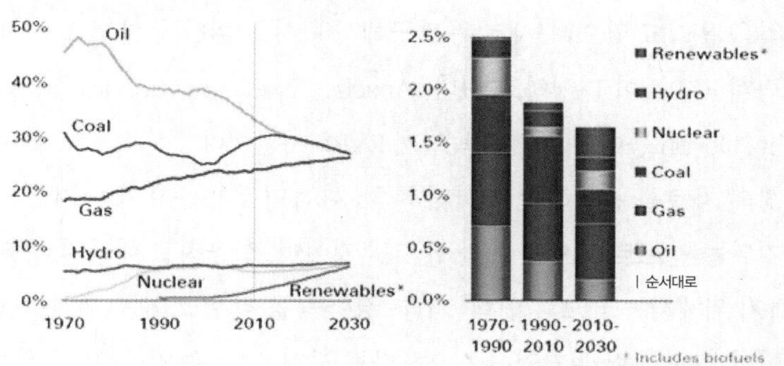


BP, Energy Outlook 2013, 2011

에너지 산업은 탐사와 개발에 대한 상류(Upstream), 수송의 중류(Midstream), 정제와 판매의 하류(Downstream)로 구분되어 있으며, 이 모든 분야에 참여하는 다국적 기업을 석유 메이저(Major)라 하며 그 중 3 개 이하의 사업부분에 참여하는 기업을 독립계회사(Independent)라 한다.

Platts는 세계적인 에너지 기업들의 순위를 발표하고 있는데, 그 중 20위권까지를 정리하면 다음과 같다.[68)]

표16 | 세계 20위 에너지 회사

| 순위 | 회사 | 국적 | 순위 | 회사 | 국적 |
|---|---|---|---|---|---|
| 1 | 엑손모빌 | 미국 | 11 | 루크오일 | 러시아 |
| 2 | 로얄더치쉘 | 네덜란드 | 12 | 중국석화 | 중국 |
| 3 | 쉐브론 | 미국 | 13 | 중국해양석유 | 중국 |
| 4 | 비피 | 영국 | 14 | 에코페트롤 | 미국 |
| 5 | 가스프롬 | 러시아 | 15 | 티엔케이-비피 | 러시아 |
| 6 | 스타트오일 | 노르웨이 | 16 | 중국신화에너지 | 중국 |
| 7 | 토탈 | 프랑스 | 17 | 에니 | 이탈리아 |
| 8 | 코노코필립스 | 미국 | 18 | 페트로브라스 | 브라질 |
| 9 | 페트로차이나 | 중국 | 19 | 오시덴탈 석유 | 미국 |
| 10 | 로즈네프트 | 러시아 | 20 | 수루구트네프트가스 | 러시아 |

PLATTS, 2012 Top 250 Companies, 2012

독립계회사들 중 특히 상류의 탐사와 생산 부분에만 집중적으로 참여하는 회사를 독립계 E&P[69)] 회사로 구분하기도 한다. 독립계 E&P회사들은 위험이 아주 높은 탐사와 생산 분야에 대한 집중투자의 대가로 상당히 높은 수익을 올리고 있으며, 새로운 광구에서 탐사를 위한 굴착의 80% 이상을 독립계 E&P들이 진행하고 있다. Apache, Anadarco, Canadian Natural, Murphy, Devon 등이 대표적인 독립계 E&P회사들이다.

이상의 자료를 종합하면 에너지 특히, 화석연료의 주요 에너지원으로서의 지위는 앞으로도 오랜 기간 유지될 것이며, 성공적인 에너지 정책을 실현하기 위해서는 규모와 인력·기술·경험 등을 갖추고 있는 수직계열화된 메이저 또는 독립계 기업이 필요하다는 사실을 알 수 있다. 또한 석유·가스 연관 산업은 지구상에서 가장 규모가 크기 때문에, 이에 대한 지속적

68) Platts(2012). Top 250 Companies, 〈http://top250.platts.com/Top250Rankings〉 at August 8 2013.
69) 'Exploration and Production' 의 약어이다.

투자와 경쟁력 있는 기업의 육성은 에너지 안보 차원을 넘는 국가적 과제가 되어야 한다.

나) 우리나라의 에너지 자원개발에 대한 투자 현황

우리나라는 2011년 12월까지 재 57개국 341개의 석유·가스 개발 프로젝트에 참여했으며, 그 중 143개는 이미 종료된 사업이며 198개 사업이 현재 진행 중에 있다.

표17 | 사업단계별 석유 · 가스 개발 사업현황

| 구분 | 석유·가스 | |
|---|---|---|
| | 진출국 | 사업 |
| ㅇ 진행사업 | 36 | 198 |
| - 생산 | 20 | 73 |
| - 개발 | 12 | 29 |
| - 탐사(조사) | 27 | 96 |
| ㅇ 종료사업 | 45 | 143 |
| ㅇ 총 진출사업 | 57 | 341 |

해외자원개발정보시스템

해외자원개발사업의 증가에 따라 투자규모도 급증하는 추세를 보이고 있는데, 자원개발 해외투자 현황을 보면 2006년도 21억 8,000달러에서 매년 증가추세를 보여 2011년에는 105억 400만 달러를 기록하고 있다. 2011년도 해외자원개발 투자 구성을 보면 석유·가스 부문의 투자비중이 전체 해외자원개발 투자의 87.8%를 차지한다.

한편, 2011년 말까지 전체 자원개발에 대한 투자의 연도별 현황은 아래 표와 같다.

표18 | 석유 · 가스 개발 투자 현황 (단위: 백만 달러)

| 구분 | | 2006 | 2007 | 2008 | 2009 | 2010 | 2011 |
|---|---|---|---|---|---|---|---|
| 총계 | 총투자 | 2,180 | 2,904 | 5,808 | 6,213 | 9,094 | 10,504 |
| | 에특융자 | 237 | 406 | 334 | 246 | 214 | 176 |
| 석유·가스 | 총투자 | 1,993 | 2,231 | 3,930 | 5,187 | 6,454 | 9,225 |
| | 에특융자 | 184 | 332 | 267 | 193 | 156 | 116 |
| 유연탄·일반광물 | 총투자 | 187 | 673 | 1,878 | 1,026 | 2,640 | 1,279 |
| | 에특융자 | 53 | 74 | 67 | 53 | 58 | 60 |

해외자원개발종합정보시스템

2007년 20억 달러를 넘던 투자액이 2010년에는 65억 달러에 이를 정도로 높아졌으나, 위에서 본 세계적 석유회사들의 투자금액과 비교하면 초라한 수준일 뿐이다. 현재까지의 우리나라의 석유·가스 개발에 대한 투자액이 대표적인 메이저 석유회사의 1년 투자액에도 미치지 못하고 있다는 사실이 더 놀라울 뿐이다.

우리나라의 석유·가스 개발사업은 한국석유공사와 한국가스공사 등의 공기업과 몇몇의 민간회사들에 의해 진행되고 있다.[70] 지난 정권의 집중 지원으로 인해 자원개발 공기업들의 외형적 규모는 커졌지만, 인적·기술적 역량은 아직 충분히 성숙되지 못한 상황이다.

특히 석유의 개발은 2000년 초반까지만 해도 주로 한국석유공사인 공기업과 일부 종합상사가 주도하는 방식으로 진행되었으며, 탐사·평가·운영 등 거의 모든 단계에서 전적으로 외국의 자원개발 서비스 기업에 의존하여 온 것이 사실이다.[71]

그나마 한국석유공사가 자원개발의 용도로 1984년 건조한 시추선 두성호 조차 1990년대부터 2000년대 초반까지 독자적인 자원개발 사업에 투입되지 못했고, 이로 인해 두성호를 시추선 서비스사업에 활용해야 하는 상황에까지 이르게 되었다.[72] 자원개발의 활성화에 따라 최근에는 두성호가 한국석유공사의 자체 개발을 위해 사용되고 있으나, 그마저 2013년 현재 그 수명이 29년이 되기 때문에 곧 경제수명 30년이 완료될 예정이다.[73]

---

70) 민간부문의 경우 현대종합상사, LG상사, 대우인터내셔널 등의 종합상사와 정유회사 등이 자원개발 사업을 추진 중이며, 정유회사와 종합상사 등은 석유공사 등과 공동으로 유전개발 지분투자를 추진하고 있다. SK이노베이션은 16개국 25개 광구의 탐사-개발-생산과 관련한 사업을 진행하고 있으며, 페루, 예멘, 오만, 카타르 등 4개국에서 액화천연가스(LNG) 프로젝트에 참여하고 있고, GS에너지는 동남아시아 4개 광구를 비롯해 아랍에미리트연합(UAE), 북미지역 광구 등 총 6개 광구에 참여하고 있다. 그 외에 현대종합상사도 오만 LNG사업 등 7개 자원개발사업에 투자하고 있다.

71) 정우진(2012). 자원개발 기반산업 육성 방안, 38-39.

72) 위의 책, 39면.

73) 위의 책.

그리고 자원개발은 사업 전체에 대한 지원을 위해 매장량 평가, 기술자문, 교육, 법률 등 다양한 서비스사업이 필요한데, 2012년 초를 기준으로 할 때 우리나라에는 5개의 기업이 자원개발 서비스기업으로 등록되어 있는 상황이다.[74] 그나마 시추선 서비스를 제공하고 있는 회사는 한국석유공사이기 때문에 이를 제외한 나머지 회사들의 규모나 능력은 아주 미흡하다고 평가하지 않을 수 없다.

표19 | 국내 석유개발 서비스 기업 현황

| 기업명 | 자산(억원) | 매출액(억원) | 인원(명) | 설립년도 | 서비스 분야 |
|---|---|---|---|---|---|
| 한국석유공사 시추선 사업부문 | 1,600 | 827 | 46(국내) | 1984 | 기술제공(시추) |
| 오일퀘스트 | 2 | 2.5 | 4 | 2009 | 기술제공(탐사자료처리), 사업평가(매장량평가) |
| ㈜신스 지오피직스 | – | – | 2 | 2006 | 기술제공(탐사자료처리), 연관서비스(S/W 개발) |
| ㈜ 유니버설 에너지서비스 | 0.46 | – | 2 | 2005 | 사업평가(매장량 평가) |
| 에너지홀딩스 그룹(주) | 10 | 10 | 8 | 2004 | 사업평가(매장량 평가, 중개), 연관서비스(교육) |

해외자원개발협회, 2012년

한편, 지난 정권에서는 신재생에너지의 성장동력화를 강력히 추진하기 위해 RPS(신재생 에너지 공급의무화제도) 및 RFS(수송용연료 혼합의무제)의 법제화를 추진하여 신재생에너지의 시장을 창출하기 위해 노력하였다. 또한 해상풍력 대표기업의 육성을 위해 글로벌 스타기업 50개를 육성하는 정책과 중소·중견기업의 해외진출 지원을 위한 '신재생에너지 수출지원센터' 도 구축하였다. 그리고 신재생에너지 10대 핵심·원칙기술개발을 및 중소·중견기업을 위한 부품·소재장비의 국산화를 지원하고 테스트베드를 구축하기 위한 정책도 추진하였으며,[75] 그린에너지 산업의 성장동력화를 위한 R&D에도 집중투자가 이루어졌다.

지난 정권에서 가장 성공한 사례라고 주장되고 있는 것이 원전수출이다. UAE 원전 수주를 통해 얻은 자신감을 통해 원전수출을 적극적으로 추

74) 위의 책.
75) 산업자원통상부(2011). 2011년 에너지 · 자원 정책방향, 12.

진하는 정책을 추진하면서 한국형 원전을 중심으로 하는 수출여건을 조성하기 위한 국가 차원의 지원이 있었다.[76)]

### 2) 에너지 산업의 특징

자원개발사업은 석유, 석탄, 가스 등과 같은 연성에너지자원(Soft Minerals)과 철, 동, 아연, 희토류와 같은 경성광물자원(Hard Minerals)의 조사, 탐사 및 개발과 생산사업으로 구분할 수 있다.

최근 신흥공업국의 경제성장과 더불어 자원소비 증가에 따른 자원부족의 문제 및 자원 민족주의 심화로[77)] 인해 에너지안보가 국가적 의제가 되어 있으며, 에너지원의 97%를 수입에 의존하고, 에너지 소비량의 87%가 화석연료인 우리나라의 현실에서 에너지·자원개발사업의 지속적이고 힘있는 추진이 요구되고 있다.

에너지 산업은 초대형 프로젝트(Mega Project)인 경우가 많고, 다양하고 복잡한 위험이 존재하며 그 위험이 현실화되는 경우 막대한 손해를 보게 된다는 특징을 가지고 있다. 통상 초대형 프로젝트란 대규모·높은 비용·복잡성·다국적성·수십 년에 걸친 운영기간 등을 특성으로 하는 사업을 의미한다.[78)]

초대형 프로젝트들은 10억 달러가 넘은 투자규모와 복잡한 법적·상업적·기술적·사회, 문화적 쟁점들을 다루기 위해 다양한 전문가들의 참여가

---

76) 위의 자료, 14.

77) 자원민족주의는 후진국·선진국을 불문하고 발생하는 현상이다. 러시아, 베네수엘라, 에콰도르, 볼리비아 등에서 석유회사 국유화를 추진되었고, 최근에는 2012년 5월 아르헨티나는 스페인계 석유회사인 Repsol의 자국 국영석유회사 YPF에 대한 지분 51%를 국유화하는 조치를 취하였다. 국유화는 모든 경제 분야에서의 총체적 국유화, 특정 산업에서의 총체적 국유화, 특별한 국유화, 점진적 국유화, 간접적 국유화 등으로 구분되며, 간접적·점진적 국유화를 통해 자원 민족주의를 실현하는 것이 최근의 경향이다. 자원보유국들은 자국 국영기업의 지분 확대, 부당이득세의 부과 또는 법인세 등에 대한 세율의 인상, 로얄티 인상, 생산물 판매 가격의 인상, 및 기타 계약조건을 자원보유국에 유리하게 변경하는 조치를 취하고 있다.

78) Michael J. Newmann(2009). Mega Projects: The Initial Phase, 55 Rocky Mt. Min. L. Ins. 3.

필요한 분야이다. 그리고 에너지자원의 개발 후 이를 수송하기 위한 파이프라인, 도로 등의 사회기반시설들은 하나 이상의 국가·지역·마을을 통과하여 건설되어야 하는 경우가 많기 때문에 다국적·다문화적인 성격을 지닐 수밖에 없다.[79] 여기에 에너지자원 개발을 위해 필요한 상품, 재료, 서비스 등의 제공도 국제적인 성격을 가지는 것이 통상적이다.

초대형 프로젝트는 그 수명이 20년에서 길게는 100년이 넘을 수도 있다. 이런 긴 수명의 프로젝트는 사전준비[80] → 개발 → 운영 → 종료의 단계를 거치게 된다. 다만 최근에는 종료 자체로 프로젝트의 수명을 다하지 못하며, 누구의 비용으로 어떻게 친환경적으로 시설물을 해체할 것인지(Decommissioning)가 중요한 쟁점이 되어 있다.

이렇게 다양하고 심각한 위험을 다루어야 하는 초대형 프로젝트의 성공여부는 높은 위험을 분석하고 다룰 수 있는지에 대한 능력에 의해 좌우될 수밖에 없다. 특히 대부분의 자원보유국은 후진국이며 후진국은 석유·개발에 필요한 자금을 조달할 정도의 국내자본과 기술 등이 발달되어 있지 못하고, 이로 인해 해외투자자의 반드시 유치가 필요한 상황이다. 해외투자자를 유치하기 위해서는 사업의 안정성·수익성 등이 보장되어야 하며, 투자유치의 성공을 위해서는 자원보유국의 국내 정치적·경제적·법적·사회적·문화적 환경이 우호적이고 안정적이어야 한다. 즉, 자원보유국의 투자환경이 비우호적인 경우, 프로젝트의 위험이 높아지고 투자에 대한 적대적 환경이 형성되기 마련이다.[81]

이렇듯 에너지 산업은 단순히 경제성과 기술만으로 성공을 장담할 수

---

79) Ibid.

80) 사전단계도 프로젝트에 대한 정보 수집과 이해의 선행단계(Front Loading)[예비평가(Preliminary Assessment), 프로젝트에 필요한 협정 또는 계약의 분석(Identifying the Mega Projcet Agreements), 예비실사(Preliminary Due Diligence)를 포함] → 전반적 실사단계(Comprehensive Due Diligence)[법적 검토, 사업의 시행을 위해 필요한 사업권의 기간, 지역에서의 관행, 재정적 요구사항, 전략적 쟁점, 운영과 관련된 문제 등을 포함] 등으로 구분되어 전개된다.

81) Hossein Pazavi((1996). Financing Energy Projects in Emerging Economics, 13.

없다. 정치·법·문화·사회적 측면이 종합적이고 유기적으로 고려되어야 하며, 그 중심에는 일체의 위험을 분석하고 해소방안을 제시할 수 있는 능력과 경험을 축적한 금융이 존재한다.

## 나. 에너지 산업과 창조경제

### 1) 에너지 산업에 대한 시각의 전환

우리나라의 에너지 정책은 에너지의 안정적 공급이라는 에너지 안보적 차원에서 접근되어 오고 있다. 2011년 3월 후쿠시마 원전사고와 같은 해 9월 15일 순환정전사건, 그리고 지난 정권에서 이루어진 계획적이고 체계적이지 못한 해외자원개발 정책의 후폭풍으로 인해 현 정부에서는 적극적이고 도전적인 에너지자원의 개발보다는 보수적이고 안정적인 에너지 정책으로 방향이 전환되어 있다.

2013년 산업자원통상부의 에너지 관련 업무보고에서도 이런 현상이 반영되어, 발전설비의 적기 확충을 통한 안심할 수 있는 예비전력의 확보와 제2차 에너지기본계획 수립을 통한 중장기 에너지믹스의 비중을 확정하겠다는 것을 주된 내용으로 하는 「안정적 에너지 시스템 구축」이 가장 우선적 정책과제로 제시되고 있다.[82]

이렇듯 에너지의 안정적 공급을 위주로 하는 정책을 추진하다보니 '자주개발율'[83]이라는 자주개발율은 우리기업이 개발하여 확보한 자원이라는 광의의 개념과, 국내에 도입한 자원의 협의의 개념으로 구분된다.

모호하고 비현실적인 개념을 정책목표로 설정할 수밖에 없었다. 자주개발율의 산정식은 다음과 같다.

---

82) 산업통상자원부(2013). 창조경제 생태계 조성과 글로번 전문기업 육성, 2013년 산업통상자원부 업무보고, 29.

83) 자주개발률은 우리기업이 개발하여 확보한 자원이라는 광의의 개념과, 국내에 도입한 자원의 협의의 개념으로 구분된다.

표20 | 자주개발율 산정식

|  |
|---|
| 자주개발물량 = 생산광구 총생산량 × 국내기업 지분율 |
| 자주개발률(%) = (자주개발물량 ÷ 총수립량) × 100 |

에너지원의 97%를 수입하는 우리나라의 입장에서 해외에서 개발한 자원의 국내도입이 중요하다는 것을 무시할 수는 없지만, 위의 자주개발률 개념에 따르면 운영권이 없이 단지 일부 지분만 인수한 경우에도 자주개발물량으로 산정하도록 하여 국제 에너지 산업의 현실을 외면하고 있다. 통상, 운영권자 또는 상당한 지분을 취득한 사업 구성원이 아닌 약간의 지분을 인수한 투자자는 배당금 기타 주주로서 취득하는 이익을 수령할 수 있지만, 많은 경우 생산된 석유·가스에 대한 처분권이 부여되지 않는다. Off-take에 대한 권한은 자원개발협정 또는 운영협정(Operating Agreement)에 의해 결정되는데, 프로젝트의 초기 주요 참여자들에게 부여되기 때문이다.

운영권확보보다는 일부 지분 참여방식의 해외자원개발을 추진하면서, 일부 지분에 해당하는 물량을 자주개발물량으로 산정하다보니 2012년 4월 감사원의 「해외자원 개발 및 도입실태」 감사결과보고서와[84] 같은 왜곡된 감사도 가능하게 된 것이다.

감사원의 감사결과보고서에 따르면, "해외자원개발사업의 목적은 해외자원의 개발을 통해 장기적이고 안정적으로 필요한 자원을 확보함으로써 유가 급등, 원자재 수급 불균형 등 자원시장 교란 상황에 효과적으로 대응하기 위한 것"이라고 정의하면서, 따라서 "원유 가격이 급등하거나 주요 원자재 수급에 차질이 발생하는 때를 대비하여 개발한 해외자원을 국내로 도입할 수 있도록 함으로써 국내외 자원수급 불균형에 효과적으로 대응하는 등 사업목적을 제대로 달성할 수 있도록 해외자원개발사업을 추진해야 하고, 당초 사업목적과 달리 필요시에도 국내로 자원을 도입할 수 없는 형태의 해외자원개발사업을 주로 추진하는 것은 지양하여야 한다."고 지적하

84) 감사원(2012). 감사결과보고서 – 해외자원 개발 및 도입실태 -, 21-22.

고 있다.

산업육성이라는 중요한 측면과 산업의 현실을 고려하지 못한[85] 감사원의 지적으로 인해 주무부서는 물론 자원개발기업들까지 보수적이며 후진하고 있는 모습을 보이고 있다. 이런 비현실적 판단이 되풀이 되면, 국제경기가 되살아나고 국제유가가 상승한다면 또다시 때늦은 후회를 할 수밖에 없게 될 것이다.[86]

이렇게 에너지 개발의 산업적·현실적 차원의 접근이 이루어지지 않고 있다는 현상은 정부가 에너지 산업과 관련된 해외자원개발에 대해 아직도 양적성장이 필요함에도 불구하고 「양적성장에서 질적성장」으로 전환하는 내실화에 중점을 두고 있다는 사실에서 찾을 수 있다.

인구증가·경제발전·후진국의 에너지 수요증가 등으로 인해 앞으로도 수십 년은 화석연료에 대한 의존에서 벗어날 수 없는 현실이라면, 에너지 안보라는 보수적이고 수동적인 정책방향에서 탈피해서 지구상 최대 규모의 산업에 적극적으로 진출하여 국제적으로 경쟁력 있는 기업을 육성하고, 인공위성을 띄우는 것보다 어렵다는 관련 기술을 확보하여, 더 많은 고급 일자리를 창출함과 동시에, 우리나라의 기업이 운영권과 처분권을 확보할 수 있게 하여, 이를 통해 에너지 안보를 하게 되는 보다 적극적이고 현실적인 방향으로 국가정책을 전환할 필요가 있다.

### 2) 에너지 산업에 대한 정책 목표의 변경

자원보유국의 에너지 산업의 육성을 통해 달성하려는 목적은 근본적으로 자국의 경제발전이다.[87] 이를 위해 석유·가스에 대한 국가적 통제권을

85) 예를 들어, 한국석유공사가 해외 에너지 개발회사의 지분을 100% 취득했다 하더라도, 해당 회사가 다른 구매자와 장기원유매매계약을 체결한 상황이라면 이미 체결된 계약을 위반하면서 우리나라로 원유를 들여오는 것은 계약위반으로 인한 손해배상, 국제사회의 신뢰문제 등으로 인해 현실적으로 거의 불가능하다.

86) 유가가 하락함에도 원유를 구매해두지 않는 것은 "분명히 아주 심각한 실수"(We will surely make a great mistake if we do not buy)를 저지르는 것이라는 록펠러의 말을 다시 상기할 필요도 없을 것이다. Daniel Yergin(1992). the Prize, 46.

유지하려는 법제도를 두고 있다. 자원보유국의 입장에서는 로열티·보너스·세금 등 에너지 자원의 개발을 통해 취득하게 되는 몫에 대해 가장 신중한 정책적 결정을 해야 한다.

하지만, 석유·가스 등 자원이 발견되지 못하고 있는 우리나라는 자원보유국들과 전혀 다른 상황에 처해 있다. 즉, 소비국의 입장에서 바라보는 에너지는 에너지 안보라는 정책적 목표를 우선시할 수밖에 없었던 것이다.[88]

이에 따라, 에너지공급확대와 저에너지가격정책을 중심으로 하는 에너지정책이 수립되고 시행되어 왔으며, 우리나라는 세계 10위 경제대국임에도 불구하고 상류부문에서는 OECD 국가들 중 가장 취약한 모습을 보이고 있다.[89]

그런데 우리와 비슷하게 국내 에너지 자원이 부족한 이탈리아나 프랑스는 단순히 에너지의 안정적 공급이라는 차원을 넘어 주도적으로 에너지 자원의 개발에 나서고 있다는 사실은 우리에게 많은 시사점을 던져주고 있다.

1926년 설립된 이탈리아 국영석유회사 Agip을 모체로 시작된 에니(Eni)는 2011년 현재 탐사·개발분야(E&P)의 자회사 119개, 건설·엔지니어링 분야의 자회사 66개, 가스·전력·정유·마케팅 각 29개, 석유화학 7개사 등 264개의 자회사를 거느린 세계 굴지의 에너지 메이저가 되었다.[90]

1924년 설립된 프랑스 석유회사(Compagnie Francaise des Petroles; CFP)로부터 시작된 토탈(Total)은 130개 이상의 나라에서 탐사·개발·생산 등 상류 및 중·하류 모든 부분에서 활동하고 있는 세계적인 에너지 메이저기업이다.[91]

세계 10위의 원유소비국인[92] 우리나라도 막강한 구매력과 기술력, 그리고 자금을 바탕으로 세계적 에너지 기업을 육성해야 할 필요가 있다. 또한,

87) 류권홍(2011). 국제 석유 · 가스 개발과 거래 계약. 26.
88) 위의 책, 29.
89) 염명천(2006). 에너지 시장, 산업 & 정책, 94.
90) 한국가스공사 경영연구소(2013). 해외 주요 에너지기업 분석, 95.
91) 위의 책, 77.
92) EIA, Country Analysis Brief(Korea, South), 〈http://www.eia.gov/countries/cab.cfm?fips=KS〉.

이를 보완할 수 있는 다양한 서비스 기업들도 발달되어야 한다.

특히, 최근 에너지 산업에서 새롭게 주목받고 있는 비전통자원의 개발 기술·인력·노하우 등이 국내 기업들에게 축적되어야 한다. 이를 위해서는 비전통자원의 개발에 필요한 기술개발정책의 강화·기술인력의 양성·비전통자원에 대한 자산평가능력 확충·재정적 지원 등이 국가적 차원에서 이루어져야 한다.[93]

신재생분야는 신재생의 자체적 한계, 화석연료에 대한 낮은 가격경쟁력, 낮은 기술수준, 중국 기업 등의 시장진입으로 인한 높아진 경쟁 등으로 인해 어려운 상황에 처해 있지만, 장기적이고 거시적 안목에서 바라볼 때, 우리나라의 상황에 맞는 신재생 에너지에 대한 기술력의 확보가 필요하다. 다만, 녹색성장의 핵심 요소인 신재생에너지의 비율이 2.3%에 불과한 것이 우리나라의 현실이며, 또한 신재생에너지에 대한 보조금이 스페인 등 유럽 경제위기의 중요한 하나의 원인이 되고 있다는 사실 및 신재생에너지 스스로의 한계 등으로 인해 현실적으로 녹색성장을 에너지 정책의 주된 대상으로 이끌고 가기는 아주 어려운 상황이다. 여기에 제조업 특히, 석유화학과 전기 소비량이 많은 철강, 자동차 산업이 주류인 산업구조적인 측면을 고려할 때 에너지정책에서의 국가적 과제는 신재생에너지 중심의 녹색성장보다 에너지 산업의 경쟁력 확보와 에너지의 안정적 공급이 우선될 수 밖에 없다.

따라서 에너지 산업의 육성을 통해 에너지의 안보를 확고히 한다는 방향으로 시각을 전환하면서 누가, 어떻게 이 목적을 달성할 것인가에 대한 국가적 계획이 작성되어야 한다. 이런 계획의 수립과정에서 선결적으로 해결되어야 하는 쟁점들로는 자원개발을 공기업 주도로 추진할 것인가 아니면 민간기업 중심으로 추진할 것인가의 문제,[94] 석유공사와 가스공사의 이중

93) 류지철(2012). 비전통자원의 기술진보와 R&D 사업전망, 121-132.

94) 민간의 에너지자원개발에 대한 의지와 능력 여부, 공기업이 주도할 때 발생하는 문제점 등에 대한 검토와 대안 등이 제시되어야 한다.

적 자원개발 공기업 체제를 그대로 유지하는 것이 국가적 차원에서 합리적인지 여부, 수직계열화된 산업생태계의 보장 여부에 대한 문제 등이다.[95)]

더불어 신재생에너지와 원자력을 어떻게 조화롭고 신뢰할 수 있게 개발 또는 유지할 것인가에 대한 국민적 합의도 요구된다.

### 3) 에너지 산업에서의 투명성과 신뢰성 확보

자원개발 분야에서의 민간투자가 활성화되지 않은 우리나라의 상황에서 투자자들의 신뢰를 확보하는 것은 민간투자의 유도에 필요한 기본 토대라 할 수 있다.

CNK의 다이아몬드광산 개발관련 주가조작사건 등은 에너지 자원개발 분야에서의 투명성과 신뢰성이 확보되지 못해서 발생한 대표적인 부작용이다. CNK 다이아몬드 사건은 자원개발 관련 정보에 대한 신뢰 부족으로 인해 광산개발권에 대한 과대포장 → 보도자료 및 홍보 → 주가 부양 → 거액의 이익 취득이 가능하게 되었다.

자원개발회사가 공개하는 정보에 대한 신뢰가 확보되어야, 민간투자자들이 투자위험성을 객관적으로 평가할 수 있으며 투자여부 및 투자규모의 결정·융자여부의 결정 및 이에 따른 이자율·대출기간 등에 대한 판단이 가능하게 된다.

따라서 자원개발 투자에 대한 신뢰성의 확보를 위해 공개보고서(Public Report)제도를 도입하고[96)] 공개보고서의 작성에 대한 능력과 책임이 있는 자원전문가를 양성하는 것이 CNK 사건 등의 발생을 사전에 방지할 수 있는 자원개발 금융활성화의 필요조건 중 하나가 될 것이다.[97)]

---

95) 진부하게 진행되어 온 사회적 쟁점들이지만, 이제는 결론을 내려야 하는 시점에 왔다고 본다. 또한 수직적 결합의 가치는 에너지 자원개발 사업의 특성이 주는 의미도 함께 논의되어야 한다.

96) 국제 광업 · 광물위원회(International Council on Mining and Metals)에 의해 설립된 통합 광물자원 보고 표준위원회(Combined Mineral Reserves International Reporting Standards Committee)에 의해 국제적으로 통용되는 공개보고서의 기준을 작성하기 위한 노력이 진행되고 있다.

캐나다, 미국 등은 에너지 자원의 개발에 관한 공개보고서제도를 도입하여 시행하고 있다. 예를 들어, 캐나다의 공개보고서에는 매장량에 대한 정보·독립되고 능력 있는 기관 또는 개인에 의한 매장량 평가결과·운영 및 감독과 관련된 내용들이 포함되어야 한다.[98]

자원개발에 대한 민간투자의 활성화가 요구되는 우리나라의 현실에서 투자자의 보호를 위해서는 공개보고서제도의 도입이 필수적이며, 이를 위한 법제도의 개선이 요구된다.

공개보고서제도의 도입을 통해 능력 있는 자원전문가의 양성이 가능해지며, 매장량 평가기술도 확보할 수 있다. 이런 환경 속에서 자원개발에 대한 금융이 활성화될 수 있을 것이며, 결국 에너지 자원개발 분야의 국가적 경쟁력을 높이는 계기가 될 것이다. 이와 관련된 내용은 아래 법제도 개선 부분에서 다시 정리한다.

## 다. 창조적 에너지 산업 육성을 위한 법제도 개선

### 1) 에너지 자원의 개발과 법제도 개선

#### 가) 에너지 자원개발 법제도의 체계화 및 선진화

우리나라는 지난 정권에서 강조된 녹색성장의 여파로 인해 에너지법과 저탄소 녹색성장 기본법 모두가 에너지 관련 정책의 근거가 되고 있

97) 자원개발에 대한 공개보고서제도를 도입하고 있는 호주는 공개보고서(Public Report)가 충분하며, 명확하고 모순되지 않을 정도의 정보를 독자(讀者)에게 제공하여야 한다는 투명성의 원칙, 투자자나 투자자의 자문가들이 공개보고서에 들어 있는 탐사결과(Exploration Results), 매장량(Mineral Resources), 경제성 있는 매장량(Ore Reserves)과 관련하여 합리적으로 요구하거나 기대할 수 있을 정도의 일체의 관련 정보가 공개보고서에 포함되어야 한다는 충분성의 원칙, 전문 직업윤리규정(Enforceable Professional Code of Ethics)을 준수하는 자격과 경험이 있는 전문가의 책임 있는 결과물에 기초하여 작성되어야 한다는 적격성의 원칙을 신뢰제고와 관련된 3대 원칙으로 확인하고 있다.

98) World Mining Congress, Standards of Disclosure of Oil & Gas Activities, 〈http://web.cim.org/standards/MenuPage.cfm?sections=177&menu=252〉.

는 복잡한 법체제를 가지고 있다. 에너지법은 '안정적이고 효율적이며 환경친화적인 에너지 수급(需給) 구조를 실현하기 위한 에너지정책 및 에너지 관련 계획의 수립·시행에 관한 기본적인 사항을 정함으로써 국민경제의 지속가능한 발전과 국민의 복리(福利) 향상에 이바지하는 것' 을 목적으로 하고 있고,[99] 저탄소녹색성장기본법은 '경제와 환경의 조화로운 발전을 위하여 저탄소(低炭素) 녹색성장에 필요한 기반을 조성하고 녹색기술과 녹색산업을 새로운 성장동력으로 활용함으로써 국민경제의 발전을 도모하며 저탄소 사회 구현을 통하여 국민의 삶의 질을 높이고 국제사회에서 책임을 다하는 성숙한 선진 일류국가로 도약하는 데 이바지함' 을 목적으로[100] 하여 그 내용에서 차이가 있기는 하다.

하지만, 에너지 문제가 정치·경제·환경 등과 직접 관련되어 있다는 점, 온실가스 배출의 약 65%의 원인이 에너지 소비에 의해 발생한다는 점에 비추어 볼 때 이런 이원적 입법의 합리성을 찾기 어려워 보인다.[101] 즉, 저탄소 녹색성장 기본법이 정하는 원칙을 보면, 기후변화·에너지·자원 문제의 해결, 민간 주도의 녹색성장, 이런 원칙에 부합하도록 하는 제도의 구현 등을 주된 내용으로 하고 있다.[102] 에너지·기후변화·이를 해결하기 위한 녹색성장이라는 논리는 지속가능한 발전이라는 개념으로 되돌아 올 수밖에 없는 것이다. 에너지법도 환경·온실가스 등에 관한 내용을 담고 있는데 이 또한 이중적 법제가 가져오는 혼란의 일면이라고 생각된다.[103] [104]

따라서 지속가능발전법, 저탄소 녹색성장 기본법과 에너지법은 모두 지속가능한 발전을 목적으로 하고 있으므로, 이를 통합·재정리하여 정책적 일관성과 합리성을 추구해야 한다. 미국은 2005년 에너지 정책법(Energy Pol-

99) 에너지법 제1조(목적)

100) 저탄소 녹색성장 기본법 제1조(목적).

101) 류권홍(2012년 8월). "에너지 안보와 에너지법제의 현황", 환경법연구, 103-104.

102) 저탄소 녹색성장 기본법 제3조(저탄소 녹색성장 추진의 기본원칙).

103) 그 외에도 에너지법은 제10조 제1호 등에서 저탄소 녹색성장 기본법을 인용하고 있다.

104) 또 하나의 혼란으로, 국가에너지기본계획은 에너지의 수급이 핵심적 사항임에도 불구하고 에너지법이 아닌 저탄소 녹색성장 기본법 제41조에 규정되어 있다.

icy Act)을 통해 에너지와 환경을 포괄하는 정책을 실현하도록 하고 있다.[105]

우리나라는 자원법·해저광물자원 개발법·해외자원개발사업법 등의 자원개발에 관한 법, 에너지이용합리화법의 소비측면에 관한 법, 석유 및 석유대체연료 사업법, 전기사업법, 도시가스사업법, 석탄산업법 등 국내에너지 산업에 관한 법, 신에너지 및 재생에너지 개발·이용·보급 촉진법 등 신재생에너지의 보급에 관한 법과 에너지 및 자원사업 특별회계법·자본시장법·공정거래법·외국환거래법 등의 기타 관련 법률 등으로 구성되어 있다.

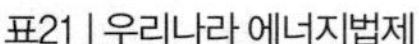
표21 | 우리나라 에너지법제

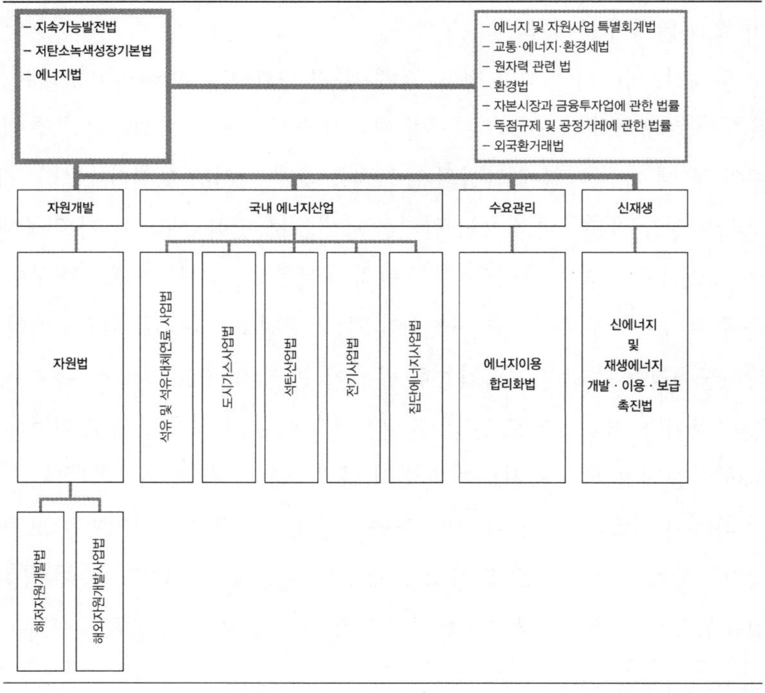


105) 에너지의 공급측면에서는 화석연료·재생에너지·원자력·수소·에탄올·전기 등을 모두 포괄하고 있으며, 수요측면의 효율성·연구개발 등도 별도의 장에서 정리하고 있다. 동시에 환경과 관련된 기후변화의 문제도 다루고 있다. 자세한 것은 미국 에너지부 홈페이지 〈http://www1.eere.energy.gov/femp/regulations/epact2005.html〉를 참조하면 된다.

자원법은 국내자원의 개발에 대한 기본법이며, 해저광물자원개발법은 국내 대륙붕에서의 석유·가스 개발을 위한 법이다. 한편, 해외자원개발사업법은 국내가 아닌 해외에서의 자원개발에 관한 법으로 그 관할 영역을 달리하고 있다.

현재까지는 국내 육상에서 석유·가스가 발견되지 않고 있기 때문에 석유·가스를 대상으로 하는 석유법(Petroleum Act 또는 Hydrocarbon Act)이 제정되지 않고 자원법이 이와 관련된 부분을 포섭하고 있으며, 해저광물자원개발법은 동해가스전 등 대륙붕에서의 석유·가스 등에 대해 규율하고 있다.

다만, 여기서 지적되어야 하는 것은 국내 자원개발에 대한 광업법과 해저광물자원개발법은 자원개발을 통해 추구하려는 국가적 목적·광물의 대상·개발방법·개발에 따른 몫의 분배 등에 대한 일관되고 통일된 기준을 제시해야 하는데 그렇지 못하다는 것이다.[106] 즉, 우리나라는 석유 등 에너지 자원의 개발 필요성이 다른 어느 나라보다 강하게 요구되기 때문에 개발권의 종류·개발권의 취득절차·개발권의 기간·조세·개발에 필요한 장비나 재료의 구입 관련 혜택·필요한 토지·시설·서비스의 취득·외국인의 채용·수익금의 송금 등에 관한 제도적 틀을 정비하고, 최소작업의무·탐사결과 취득한 정보 귀속·매장량평가·기술이전 등 자원의 개발에 대한 국가의 정책적 요구사항을 명시적으로 규정하여 투자자들로 하여금 예측가능성을 확보하게 해야 한다.[107]

다만, 해외자원개발사업법은 국내법이지만 국제적 기준과 관행을 따라야 하므로 많은 자원보유국들의 제도 및 개발계약에 대한 검토를 통해 현실성 있는 법으로 거듭나야 한다.[108]

---

106) 이에 대한 내용은 아래에서 다시 정리한다.

107) 류권홍, 위의 주석 93), 50-51면.

108) 예를 들어, 우리나라는 광업법에서 아직도 개발권의 일부 양도를 기본적으로 제한하는 취지의 조광권 제도를 두고 있으나, 많은 자원개발 선진국들은 Farm-In(Out)제도를 받아들이면서 원칙적으로 개발권의 일부 양도에 대해 긍정적인 입장을 보이고 있다.

나) 에너지 자원개발 서비스 산업의 육성

우리나라의 자원개발 서비스산업은 자원개발 산업과 같이 경쟁국들에 비해 상당히 뒤쳐져 있는 상황이다. 하지만 서비스산업의 발달이 없이는 자원개발산업의 발달이 어렵고 현실적인 산업육성 효과도 기대하기 어렵다.

자원개발 서비스산업의 발달은 해외 투자액의 국내환수 효과가 크고 지식기반의 고부가가치 분야에서의 일자리를 늘리는 효과, 서비스산업의 발전으로부터 자원개발 사업 자체의 경쟁력을 갖추게 되는 효과 및 운영권 산업으로의 진출을 촉진하는 효과 등을 기대할 수 있다.[109]

에너지 자원개발 서비스 산업의 육성을 위해서는 우리나라가 경쟁력이 있거나 경쟁력을 확보할 수 있는 분야에 대한 집중적인 지원과 투자가 요구된다. 이를 위해, 자원개발 서비스산업에 대한 산업분류체계를 정립하고, 산업발전법의 적용을 받도록 하여 정부의 지원을 가능하게 하며, 신성장동력산업의 하나로 지정되도록 하는 등의 법제도적 개선이 요구된다.[110]

다) 공개보고서 · 자원개발전문가 제도의 도입

에너지뿐만 아니라 광물자원개발 산업에서, 객관적으로 검증된 정보의 공개 없이는 개인·기관을 불문하고 투자에 대한 판단이 어려워지며, 의도적으로 왜곡된 정보를 제공하거나 의도적이지는 않더라도 잘못된 정보의 제공으로 인해 다수의 투자자들이 커다란 손해를 볼 가능성이 높아진다.

일반적인 투자자들은 자원개발에 대한 전문지식과 사업성의 평가 및 자원개발에 따르는 위험을 분석하고 이를 평가할 수 있는 능력이 없기 때문에 사업자들이 제공하는 정보를 신뢰하기 쉬우며, 이런 현실을 악용하는 사례들이 많았다.

금융감독원을 이런 문제를 해결하기 위해 2008년부터 「유전(가스)개발

109) 정우진, 위의 주석 71), ii-iii면.

110) 위의 주석, 79-97면.

사업 모범공시기준」을 제정하여 자원개발사업의 공시를 권고 또는 강제해 오고 있다.

이에 따르면 유전(가스)개발사업자의 공시는 발행 및 특수공시[111)]·수시공시·정기공시로 구분되어 있으며, 회사의 유전개발사업 추진 현황·유전개발 대상지역의 개발사업 추진현황·유전개발사업 추진관련 위험(Risk)요인·회계처리 현황 등을 공시되도록 하고 있다.[112)]

유전(가스)개발사업 모범공시기준은 유전개발사업의 평가와 관련하여 자원량(매장량)의 산정기준도 나름대로 제시하고 있다.[113)]

하지만, 유전(가스)개발사업 모범공시기준 5.3에 따르면 공시내용의 객관적 검증에 필요한 관련전문가 또는 평가인의 선임을 임의적으로 할 수 있게 되어 있고, 2.2에 따르면 유전개발사업의 공시내용은 유전개발사업별 투자금액이 자기자본의 100분의 30이상 투자하는 경우에만 적용되므로 유전개발사업별 투자금액 자기자본의 100분의 30이하인 경우는 공시하지 않아도 된다는 허점이 존재한다.

그리고 유전(가스)개발사업 모범공시기준은 증권거래에서의 공정한 경쟁을 촉진하고 투자자를 보호한다는 자본시장과 금융투자업에 관한 법률의 목적을 달성하기 위한 기준은 될 수 있으나, 자본시장과 금융투자업에 관한 법률의 적용을 받지 않는 방법에 의한 유전(가스)개발에 필요한 자금조달의 경우 적용될 수 없는 한계가 있다.

공개보고서 제도를 두고 있는 서호주의 광업법은 모든 종류의 탐사권·개발권의 취득을 위한 신청 단계에서 지질학적 탐사와 관련 프로그램·광물의 채집 등에 관한 활동·굴착 계획·기술적 조사 등을 내용으로 하는 보고서를 제출하도록 하고 있다.[114)]

---

111) 유전개발사업에 대한 사업별 투자금액이 해당기업 자기자본의 100분의 30이상인 경우이루어지는 공시를 의미한다.

112) 금융감독원, 유전(가스)개발사업 모범공시기준, 제4편 유전개발사업의 공시내용, 8-13면.

113) 제5편, 13면 이하.

114) Department of Industry and Resources(2006). Guidelines for MINERAL EXPLORATION REPORTS ON MINING TENEMENTS, 1.

즉, 공개보고서는 증권거래에서의 투자자보호뿐만 아니라 광업권 취득을 위한 요건이며, 이에 따라 공개보고서는 개발사업자들로 하여금 사업의 추진에 대한 계획을 실질적으로 이행하도록 강제하는 기능도 하고 있다.

다만, 공개보고서제도가 제 기능을 다하기 위한 전제조건은 공개보고서의 신뢰성과 객관성을 담보할 수 있는 능력과 자격을 갖춘 자원전문가(Competent Person)[115] 집단의 양성이 전제되어야 한다. 물론 자원전문가들에게는 변호사나 의사럼 높은 전문성 및 직업윤리가 요구되고 있다.[116]

우리나라도 자원전문가제도를 도입하고, 공개보고서의 제출을 의무화하는 법제도를 도입하여 에너지 자원개발 산업에 대한 신뢰성을 구축함과 동시에 이렇게 구축된 투자자들의 신뢰를 바탕으로 자원개발에 필요한 금융을 활성화해야 한다.

### 2) 신재생에너지 및 에너지수요관리 관련 법제도 개선

#### 가) 신재생에너지 관련 법제도의 개선

신재생에너지 정책의 필요성에 대해서는 누구나 공감하는 것이기 때문에 특별한 논의가 요구되지 않는다.

다만, 신재생에너지 정책의 시작은 신재생에너지에 대한 개념의 정립과 우리의 현실에 맞는 신재생에너지의 파악 및 신재생에너지를 통해 달성하고자 하는 목표의 설정 등으로부터 이루어진다.

그런데 신에너지 및 재생에너지 개발 · 이용 · 보급 촉진법 제2조 제1항은 신재생에너지의 개념을 '기존의 화석연료를 변환시켜 이용하거나 햇빛·물·지열(地熱)·강수(降水)·생물유기체 등을 포함하는 재생 가능한 에너지를 변환시켜 이용하는 에너지로서 다음 각 목의 어느 하나에 해당하는 것'

115) 서호주에서 사용되는 표현이며, 캐나다의 석유 · 가스 개발활동 공개기준(Standards of Disclosure of Oil & Gas Activities)에서는 'Independent Qualified Reserves Evaluator or Auditor' 라 하고 있다.

116) Kym Livesley(2008). Liability of Competent Person for JORC reports, 56-61.

이라고 정의하고 있으며, 같은 항 바. 목은 '석탄을 액화·가스화한 에너지 및 중질잔사유(重質殘渣油)를[117] 가스화한 에너지로서 대통령령으로 정하는 기준 및 범위에 해당하는 에너지'를 신재생에너지의 하나로 분류하고 있다. 그러면서 카.목은 또, 기본적으로 석유·석탄·원자력 또는 천연가스가 아닌 에너지를 신재생에너지로 규정하고 있다.

신재생에너지 정책을 추진하게 된 가장 중요한 이유는 화석연료에서 배출되는 이산화탄소의 감축에 있다. 그런데 화석연료의 전환을 신재생에너지에 포함시키면서 석탄액화, 가스와 및 중질잔사유 액화, 가스화를 신재생에너지에 포함시킨다는 것은 논리적으로 모순이다. 또한, 연료전지도 현재로서는 천연가스로부터 수소를 추출하여 전기에너지를 생성하고 있기 때문에 결국은 화석연료를 소비한다는 점, 수소에너지도 물이나 유기물 등으로부터 수소를 추출하기 위해 화력발전 또는 원자력발전으로부터 생산된 전기를 소비해야 한다는 점에서 본래의 취지에 부합하는 신재생에너지로 분류하기 어렵다.

따라서 국제기준에 맞고, 신재생에너지 제도의 근본 취지에 맞는 신재생에너지의 개념정립이 요구된다. 미국의 에너지정책법(Energy Policy Act 2005)은 석유·가스 소비의 감소, 환경·보건·안전에 대한 무해성이 인정될 때 신재생에너지로 지정할 수 있도록 하고 있으며, 태양열 또는 태양광, 풍력, 바이오 등이 신재생에너지로 인정되고 있을 뿐, 석탄가스 등을 신재생에너지로 인정하지 않고 있다.[118] 유럽연합도 미국과 유사하게 정의하고 있다.[119]

한편, 2013년 3월과 7월 신에너지 및 재생에너지 개발·이용·보급 촉진

117) 중질잔사유란 원유를 정제하고 남은 최종잔재물로서 감압증류과정에서 나오는 감압잔사유·아스팔트와 열분해공정에서 나오는 코크·타르·피치 등을 의미한다.

118) Section 206. RENEWABLE ENERGY SECURITY.

119) Directive 2009/28/EC Article 2 Definitions

For the purposes of this Directive, the definitions in Directive 2003/54/EC apply.

The following definitions also apply:

(a) 'energy from renewable sources' means energy from renewable non-fossil sources, namely wind, solar, aerothermal, geothermal, hydrothermal and ocean energy, hydropower, biomass, landfill gas, sewage treatment plant gas and biogases;

법 제2조의 정의조항이 개정되어 신에너지와 재생에너지를 구분하면서 수소에너지·연료전지·석탄액화 등을 신에너지의 범주로 정의하고 있으나,[120] 화석연료를 전환하여 생산된 에너지는 화석연료를 소비하여 생산된 에너지이기 때문에 문제를 해결한 입법으로 보기 어렵다.

신재생에너지 분야는 우리나라의 상황에 맞고 현실성이 인정되며, 강점 또는 우위를 가지고 있는 신재생에너지를 찾아 이 부분에 집중적인 투자를 시행하는 것이 필요하다. 그러기 위해서는 우리의 현실에 맞는 잠재력 있는 신재생에너지에 대한 분석을 면밀히 시행된 후, 신재생에너지에 대한 정책목표가 수립될 필요가 있다.[121] 미국의 에너지정책법은 주무장관으로 하여금 매년 신재생에너지에 대한 연차평가보고서를 작성·배포하도록 하고 있는데,[122] 우리도 신에너지 및 재생에너지 개발·이용·보급 촉진법에 매년 또는 격년으로 신재생에너지에 대한 평가보고서의 작성·제출하도록 하는 것은 우리의 현실을 파악할 수 있는 좋은 방법이 될 것이다.

이렇게 구축된 신재생에너지에 대한 현황에 기초하여, 경쟁력 있는 신재생에너지의 형태와 지역을 파악하고 신재생의 활용 가능성이 높은 분야를 분석하며 이에 대한 지원방법을 구체화할 수 있게 될 것이다.[123]

그리고 기술개발의 둔화·미약한 신재생에너지기술시장·선진기업의

---

120) 신에너지 및 재생에너지 개발·이용·보급 촉진법 제2조(정의) 이 법에서 사용하는 용어의 뜻은 다음과 같다. 〈개정 2013.3.23, 2013.7.30〉

1. "신에너지"란 기존의 화석연료를 변환시켜 이용하거나 수소·산소 등의 화학 반응을 통하여 전기 또는 열을 이용하는 에너지로서 다음 각 목의 어느 하나에 해당하는 것을 말한다.
   가. 수소에너지
   나. 연료전지
   다. 석탄을 액화·가스화한 에너지 및 중질잔사유(重質殘渣油)를 가스화한 에너지로서 대통령령으로 정하는 기준 및 범위에 해당하는 에너지
   라. 그 밖에 석유·석탄·원자력 또는 천연가스가 아닌 에너지로서 대통령령으로 정하는 에너지

121) 산업통상자원부의 2013년 업무보고에 따르면, 신재생 자원지도의 업그레이드를 2013년 말까지 완료하는 것으로 되어 있다.

122) Section. 201. ASSESSMENT OF RENEWABLE ENERGY RESOURCES.

123)유럽연합의 신재생에너지에 대한 제도에 대해서는 김태호(2012). 유럽연합의 친환경적 에너지법제와 시사점, 기후변화와 녹색성장(법제의 성과와 전망) II, 400-403.

급속한 성장에 따른 경쟁력 격차 · 신재생에너지의 보급상 비효율성 · 국가별, 업체별 전략적 제휴 및 생산설비 증대 등 경쟁 심화 · 중국, 스페인 국적의 신규업체 진출로 국제시장 경쟁 심화 · 세계적인 발전차액 보조금 축소 경향으로 시장축소 우려 · 후발업계의 공격적 투자로 인한 공급과잉 등의[124] 현실속에서 우리나라의 신재생에너지 경쟁력을 확보하기 위한 법제도적 지원방법이 현실성 있게 연구되고 추진되어야 한다.

나) 에너지수요관리 관련 법제도의 개선

에너지에 대한 산업적 접근 및 에너지 안보의 문제와는 별도로, 에너지 해외의존도와 에너지 집약적 산업구조를 가진 우리나라는 시급하게 에너지 저소비 · 고효율 사회를 구축할 필요가 있다.

이를 위해 산업 · 수송 · 건물 등 분야별 에너지 수요관리의 혁신 및 국가적인 스마트 혁명을 통해 에너지 소비의 절감이 유도되어야 한다. 그리고 전력공급 부족을 해소하기 위해 에너지소비 감축에 대한 세제혜택 등 적극적인 인센티브도 부여되어야 한다.

한편, 에너지절약 전문기업(ESCO)의 획기적 육성과 역량을 강화하기 위한 제도적인 노력이 필요한데, 공공기관부터 먼저 에너지 소비에 대한 진단을 받고 감축하도록 의무화할 필요가 있다. 이를 통해 별도의 예산 지출이 없이 에너지 소비를 줄이는 한편, 에너지절약 전문기업은 새로운 시장에서 적절한 이익을 창출할 수 있는 일석이조(一石二鳥)의 효과를 기대할 수 있다. 또한 장기적으로 수명이 오래된 건축물들에 대한 시장도 확대할 필요가 있다. 이를 위해서는 유럽연합의 건물 전체에너지효율성에 관한 지침[125]· 에너지최종소비효율성과 에너지서비스에 관한 지침과[126] 같은 법제도적 지원이 이루어져야 한다.

---

124) 권혁범(2012년 6월). 한국의 신 · 재생에너지 정책과 녹색성장전략, 한국산업기술대학교 지식기반기술 · 에너지 대학원 박사학위 논문, 162.

125) DIRECTIVE 2002/91/EC on the energy performance of buildings.

126) DIRECTIVE 2006/32/EC on energy end-use efficiency and energy services.

한편, 전력 공급의 문제를 해결하기 위해 추진되고 있는 전력부하관리 제도가 일정한 효과를 거두고 있는 것은 사실이지만, 전력부하관리 자체가 하나의 시장이라면 시장에서의 공정한 경쟁이 가능하도록 산업구조(생태계)가 제도적으로 구축되어야 한다.

또한, 유럽연합처럼 에너지 사용제품의 친환경적 설계를 통해 제품의 기능·에너지 경제성·환경성이 고려되도록 정책적인 뒷받침이 되어야 한다. 제품의 생산에서 폐기물 처리에 이르기까지 전체 과정을 포섭하는 설계가 이루어지도록 하여 단순히 에너지 효율적인인 제품의 구매를 넘어 에너지 제품의 공급과 제조공정을 정부가 직접 규율하도록 하는 제도적 개선이 요구된다.[127]

## 5. 후쿠시마 사고와 원자력 발전

### 가. 원자력 발전 현황

2013년 12월 18일을 기준으로 436개의 원자력 발전기가 약 372 GW의 전력이 지구상에서 생산되고 있다.[128] 그 중 80% 이상이 OECD 국가에, 11%가 동유럽 및 유라시아 국가에 나머지 약 8%가 개발도상국에 존재하고 있다.

1973년과 1979년 두 차례의 유가폭등 이후 제1차 원전 중흥기를 거쳐, 쓰리마일 원전사고와 체르노빌 원전사고로 인해 후퇴하였으나, 기후변화 문제와 친환경성으로 인해[129] 원자력의 새로운 중흥기를 맞이하지만, 2011

127) DIRECTIVE 2009/125/EC establishing a framework for the setting of ecodesign requirements for energy-related products.

128) IAEA, Operational & Long-Term Shutdown Reactors, 〈http://www.iaea.org/PRIS/WorldStatistics/OperationalReactorsByCountry.aspx〉 at December 18, 2013.

129) 원자력 발전이 친환경적인지 여부에 대한 논의는 별도의 쟁점이기 때문에 이 논문에서는 추가 논의를 하지 않는다. 다만, 여기서 친환경성이란 $CO_2$ 배출량이 화석연료에 비해 현저히 낮

년 3월 일본 후쿠시마에서 발생한 사고로 인해 원자력의 안전성 문제와 전력믹스(Mix)에서[130] 원자력의 중요성 부분에 대한 논의가 새롭고 심각하게 진행되게 되었다.

원자력 발전에 대한 안전성 문제로 인해 국제에너지기구(IEA)의 2013년 에너지 전망(World Energy Outlook 2013)에 따르면 2011년 2,584 TWh인 원자력 발전이 2035년 4,300 TWh로 성장하며, 전력생산에서의 비중은 12%를 유지할 것으로 예측되고 있다.[131] 하지만 우리나라를 포함하면 원자력 발전의 비중이 약간 증가하지만, 한국을 제외하면 OECD 국가에서의 원자력 발전은 지속적으로 감소할 것이다.[132] OECD 국가 중, 우리나라가 2035년까지 원자력 발전의 용량을 27 GW까지 추가할 것으로 예상되고 있기 때문이다.[133]

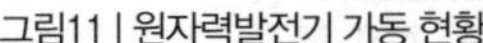
그림11 | 원자력발전기 가동 현황

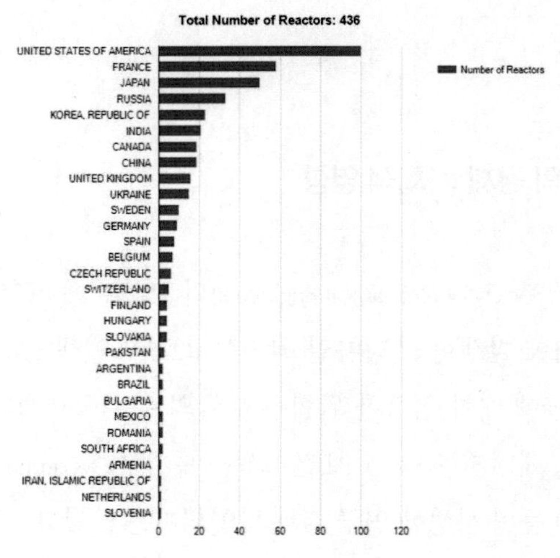


---

다는 점이 강조된 것이라는 점과 원자력 중흥기에는 친환경성이 널리 인정되었다는 점에서 '친환경성' 이라는 표현을 그대로 사용한다.

130) '전원구성' 이라는 표현이 한글 표현으로는 더 적합하지만, '전력믹스' 가 업계에서 널리 사용되고 있기 때문에 이하에서 '전력믹스' 라고 표현한다.

131) IEA, World Energy Outlook 2013, 187.

132) Ibid.

133) Ibid.

2008년 작성된 제1차 국가에너지기본계획에서 설정한 2030년 전력믹스에서 전력설비를 기준으로 할 때 원자력의 비중은 41%였는데, 현재 정부가 작성 중에 있는 제2차 국가에너지기본계획 초안에서는 민관 워킹그룹에서 제안한 22-29%의 범위 내로 감축할 것을 목표로 잡고 있다.[134]

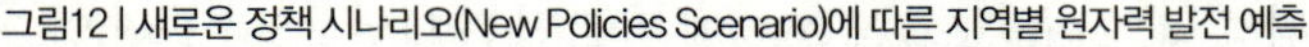
그림12 | 새로운 정책 시나리오(New Policies Scenario)에 따른 지역별 원자력 발전 예측

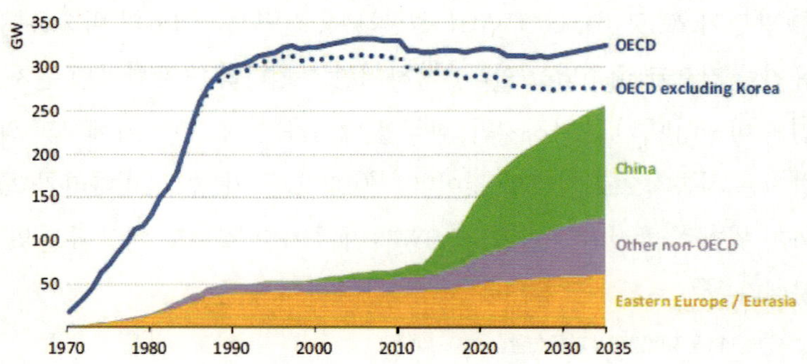


## 나. 원자력 발전 사고의 경제·사회적 영향

### 1) 쓰리마일 원전사고

미국 기계학회(American Society of Mechanical Engineers)의 보고서에 따르면, 1979년 3월 28일 오전 4시에 발생한 쓰리마일 원전사고로[135] 인해 공공에 대한 위험이나 원전직원들에 대한 심각한 위험이 미국의 원자력규제위원회(NRC), 환경보호청(EPA), 에너지부(DOE), 보건·교육·복지부(Department of Health, Education and Welfare) 등이 시행한 연구 결과 확인되지는 않았다. 펜실베이니아 주정부 또한 사고 이후 방사능에 대한 검사를 시행했는데, 자연

134) 정부의 입장은 29%를 유지하고 있으나, 국가에너지기본계획의 최종 확정 단계에서는 어떻게 될 것인지 아직 분명하지 않다.

135) 제2호 발전기가 정격출력의 97%로 출력운전 중, 전기적 기술적 문제로 인해, 원자로에서 발생하는 열을 제거하는 증기발생기에 물을 공급하는 급수펌프의 작동이 중단되면서 발생한 사고이다.

상태에서 존재하는 방사능의 양을 넘지 않는 수준이었다.[136)]

즉, 쓰리마일 원전사고에 의해 원자로에 심각한 손상이 발생했지만, 대부분의 방사능 물질들이 외부로 유출되지 않았으며, 외부 방출량은 아주 미미한 정도였기 때문에 사람의 건강이나 환경에 영향을 미칠 정도는 아니었다는 것이다. 예를 들어, 미국의 원자력규제위원회에 따르면, 쓰리마일 원전사고 이후 수개월 동안 해당 지역의 사람, 동물, 식물 등에 미칠 수 있는 부정적 영향에 대한 우려가 커졌지만, 쓰리마일 원전사고와 직접 관련된 결과는 확인되지 않은 것으로 확인되었다.[137)] 수 천 샘플의 공기·물·우유·채소·토양 등에 대해 많은 국가기관들이 점검하였으나 쓰리마일 원전사고로 인해 발생한 방사성물질은 아주 낮은 수준으로 보고되었다.[138)]

그림13 | 쓰리마일 원전사고의 개념도

하지만, 수십억 달러에 이르는 쓰리마일 발전기의 폐쇄 이외에도, 쓰리마일 원전사고로 사회.정치적 영향은 아주 다양하다. 1979년부터 8월부터 1993년 12월까지의 방사능물질 제거작업에 투입된 약 10억 달러의 비용, 펜실베이니아 주에 매년 9억 달러에 이르는 경제적 손실, 미국에 있는 다른 원자로들의 개선·기타 비용 100억에서 600억 달러, 쓰리마일 섬 인근의

136) ASME, Forging a New Nuclear Safety Construct (2012) 88.

137) USNRC, Backgrounder on the Three Mile Island Accident 〈http://www.nrc.gov/reading-rm/doc-collections/fact-sheets/3mile-isle.html〉 at December 5, 2013.

138) Ibid.

140,000명의 임산부와 취학 전 아동의 대피, 수십 년 동안 또는 현재까지도 남아 있는 비정부기구 및 대중의 반핵 안전에 대한 확고한 우려, 이미 건설 중에 있었던 다수의 신규 원자력 발전기 건설의 중단 및 원자력 산업에 신뢰상실 등을 예로 들 수 있다.[139]

미국의 원자력규제위원회가 분석한 쓰리마일 원전사고의 영향은 주로 제도적인 것들인데 중요 내용은 다음과 같다. 첫째, 원자력 발전 설계 및 장비의 기준이 상향 및 강화되었다. 이런 기준에는 방화, 급수 시스템, 자동 중단 등이 포함된다.[140] 둘째, 시설안전에서 인력이 수행하는 중요한 역할을 분류하여 작업훈련을 개편하고 인력을 보완하게 되었다.[141] 셋째, 심각한 사고발생 즉시 원자력규제위원회에 보고 할 것과 원자력규제위원회의 운영센터에 24시간 직원을 배치하는 것, 그리고 훈련과 대응계획의 수립 및, 1년에도 여러 차례의 점검을 받도록 하는 것을 포함한 위기 대비 조치가 강화되었다.[142] 넷째, 원자력규제위원회은 원자력 발전 면허권자의 실행 및 운영 효율성에 대한 관찰결과.발견내용 등이 원자력규제위원회의 공개보고서에 통합·공개되어야 한다.[143] 다섯째, 원자력규제위원회의 상급 관리자들은 추가적인 규제와 주의가 요구되는 원전의 가동 현황에 대한 주기적 분석을 실시해야 한다.[144] 여섯 번째, 1977년에 시행된 원자력규제위원회의 상주 감시 프로그램(Resident Inspector Program)을 확대하여 미국 내 모든 원자력 발전소에 최소 2명 이상의 감독관이 상주하여 원자력규제위원회의 규제를 따르는지 여부에 대한 감독을 시행하도록 한다.[145] 일곱째, 발전소의 운영은 물론 안전을 동시에 지향하는 감독기능의 확대 및 심각한 사고에 대한 원전의 취약성을 확인하기 위한 위험평가(Risk Assessment)를 활

139) ASME, above n 136.
140) USNRC, above n 137.
141) Ibid.
142) Ibid.
143) Ibid.
144) Ibid.
145) Ibid.

용한다.[146] 여덟째, 원자력규제위원회 내에 별도의 조직으로 실행을 위한 인력을 강화·재편한다.[147] 아홉째, 원자력 산업계의 "정책" 그룹으로 원자력발전 운영기구(Institute of Nuclear Power Operations)를 설치하며, 원자력 에너지 기구(Nuclear Energy Institute)를 설립하여 원자력 규제와 관련된 쟁점에 대하여 산업계의 통일된 접근 및 원자력규제위원회 기타의 정부기관들과 교류가 이루어지도록 한다.[148] 열 번째, 사고발생의 조건들을 완화시키고 방사능 수준 및 시설의 상태를 감시하기 위해 추가적인 장비를 설치한다.[149] 열한 번째, 안전과 관련된 중요한 문제의 조기 확인 및 관련 정보의 취합과 평가를 위한 프로그램을 시행함으로써 운영의 경험들이 공유되고 조기에 시행되도록 한다.[150] 마지막으로, 많은 중요한 기술 분야에서 원자력 안전과 관련된 발달된 지식을 공유할 수 있도록 원자력규제위원회의 국제적 활동을 촉진한다.[151]

### 2) 체르노빌 원전사고

1986년 4월 26일 새벽 1시 23분 우크라이나공화국 프리퍄트강 주변의 체르노빌에 있는 원자력 발전기 중 제4호기에서 대형 사고가 발생한다. 하루 전인 25일 제4호기의 정기 점검을 위해 가동을 정지하는 계획이 있었는데, 이 정지를 시행하기 전에 원자로를 정지하지 않은 상태에서 터빈의 관성으로 발전하는 실험을 해보기로 한다.[152] 이를 위해 원자로에 이상이 발생하면 자동으로 정지시키는 비상정지계통을 끊어 놓고 실험에 착수한다.[153] 그 과정에서 출력의 1/3로 떨어뜨려 놓았어야 하는데, 조작 잘못으

146) Ibid.
147) Ibid.
148) Ibid.
149) Ibid.
150) Ibid.
151) Ibid.
152) 이정훈, 한국의 핵주권, 2011년, 304면.
153) 위의 책, 같은 면.

로 거의 정지된 상태를 만들었고, 다시 출력을 높이면서 1/3 정도를 넘어 정상보다 원자로가 더 가동시키는 실수를 저지른다. 이 경우 비상정지계통이 자동으로 가동을 중단해야 하는데, 이미 계통이 마비된 상태였고 원자로는 순식간에 과열되어 폭발한 것이다.[154)]

체르노빌 사고와 쓰리마일 사고는 원자로의 형태 및 격납용기의 존재 여부에서 중대한 차이가 있다. 경수로 형태인 쓰리마일과 달리 체르노빌 원전은 흑연을 감속재로 사용하는 원자로였다. 흑연은 불에 타는 가연성이 높은 물질이며, 핵증기로 인해 폭발한 원자로에서 나온 흑연 파편들이 사방으로 날아가면서 동시에 방사능 또한 엄청난 규모로 방출되었다.[155)] 또한, 제4호기 외부에 얇은 벽과 지붕만 있었기 때문에 핵증기들이 모두 날아가 버리게 되었고 이로 인해 방사능 물질이 더 쉽게 방출되었다.[156)]

체르노빌 사고를 더 심각하게 만든 것은 정부의 정치적 구조로 인해 인근 주민들에 대한 통지와 피난 조치가 늦게 이루어진 것이다.[157)] 체르노빌로 인한 주요 영향들을 정리하면 다음과 같다.

첫째, 세계적으로 원자력 발전 시설 폐쇄 및 재배치를 통해 25년간 약 2,500억 달러에서 5,000억 달러에 이르는 비용이 지출되었다. 특히 유럽에 많은 영향을 미쳤다. 둘째, 300,000명에 이르는 이주와 수백만 명에게 심리적.사회적 영향이 발생했다. 셋째, 토지·주거지·일자리의 붕괴가 발생했다. 국제원자력기구(IAEA)에 따르면 벨로루시, 러시아 및 우크라이나의 약 150,000㎢에 이르는 지역이 오염되었으며, 체르노빌 원전 주변 30㎞이내의 지역이 출입통제지역(Exclusion Zone)으로 선언되었다. 마지막으로, 현재 가장 심각한 영향지역의 주민 약 7백만 명이 사고로부터의 회복 또는 영향에 따른 보상이나 지원을 받고 있다.[158)]

154) 위의 책, 같은 면.

155) 위의 책, 같은 면.

156) 위의 책, 같은 면.

157) The Chernobyl Forum, Chernobyl's Legacy: Health, Environmental and Economic Impacts (March 2006), 11.

158) Ibid.

유엔 총회 핵방사능 효과에 관한 과학위원회(United Nations Scientific Committee on the Effects of Atomic Radiation (UNSCEAR))의 2008년 보고서에 따르면, 벨로루시, 우크라이나, 러시아 4개 지역에서 체르노빌 피폭자들에게 갑상선암(Thyroid Cancer)의 발생률이 급격이 증가했음이 확인되었다.[159] 1991년에서 2005년 사이에 6,000건 이상의 갑상선암 발병이 보고되었는데, 1986년 체르노빌 사고로 방출된 아이오딘 131에 감염된 우유를 음용한 것이 가장 큰 원인으로 파악되었다.[160]

유엔 총회 핵방사능 효과에 관한 과학위원회의 2008년 보고서는 또한, 2000년 보고서에서 지적한 것과 같이, 아동기에 방사능에 노출되거나, 현장 작업자들처럼 높은 정도의 방사능에 노출된 경우, 방사능 관련 위험의 발생률이 높아지고 있음을 다시 확인하고 있다.[161]

체르노빌 사고로 인한 사망자의 수에 대해서는 여전히 논쟁이 진행 중에 있으며, 59명이라는 주장으로부터,[162] 수천, 수만에 이른다는 주장까지 다양하다. 하지만, 체르노빌 사고 현장 근로자 134명이 급성방사성증후군(Acute Radiation Syndrome)으로 판정되었으며, 그 중 1986년 28명, 1987년에서 2004년 사이 19명이 각 급성방사성증후군으로 사망한 것이 확인되었으며,[163] 방사능 노출로 인한 암 사망에 대해서는 여러 가지 원인으로 인해 객관적으로 신뢰할만한 수치가 확인되는 못하고 있으나 몇 퍼센트 이상 높은 암발생률이 추정되며, 이는 다른 원인에 의한 100,000명의 암환자 중 약 4,000명 정도가 원전사고에서 그 원인을 찾을 수 있는 것 것으로 예측되고 있다.[164]

159) UNSCEAR, Sources of Ionizing Radiation (2008) 17.
160) Ibid.
161) Ibid.
162) 이정훈, 한국의 핵주권, 2011년, 305면.
163) Ibid.
164) Ibid.

### 3) 후쿠시마 원전사고

#### 가) 후쿠시마 원전사고의 개요

2011년 3월 11일 14:46분 센다이 동쪽 약 130㎞, 동경 북동쪽 약 372㎞에 위치한 혼슈섬 인근 해저 25m에서 발생한 리히터 9.0 규모의 지진으로 인해 일본 북동쪽에 위치한 오나가와 제1, 2, 3호기, 후쿠시마 다이치 제1, 2, 3호기, 후쿠시마 다이니 제1, 2, 3, 4호기 및 도카이 제2 원전의 가동이 자동 중단되었다.[165] 당시 원전 상황은 아래 그림 14와 같다.[166]

이 지진으로 인해 발생된 높이 14m 이상의 쓰나미가 후쿠시마 다이치 원전을 덮쳤고, 8m 높이의 쓰나미를 기준으로 설계되고 시공된 후쿠시마 다이치 원전 발전소에서 원전사고가 발생하게 된 것이다. 지진과 쓰나미로 인해 원전사고 이외에도, 25,000명의 사망 및 실종은 물론 수만 명의 이주민과 동북 일본의 사회기반시설들도 막대한 피해가 발생하게 되었다.[167]

후쿠시마 다이치 원전부지에는 6기의 발전기가 있는데 제1-4호기 북쪽에 위치한 제5, 6호기는 쓰나미 발생 당시 정기 점검을 위해 가동 중단 중에 있었고, 제1-3호기는 정상 가동 중이었으며 제4호기는 연료봉이 장착되지 않은 상태였다.

문제는 지진과 쓰나미로 인해 외부로부터의 전력 공급이 중단되었고, 긴급한 상황에 대처하기 위해 준비된 발전소 내의 디젤발전기조차[168] 정상적으로 가동되지 않았다. 이로 인해 보조발전기가 정상 가동된 원전 제6호기를 제외한 제1-5호기까지 발전소 전원공급중단(station blackout) 상황이[169]

---

165) NRC, Recommendations for Enhancing Reactor Safety in The 21th Century (July 12, 2011) 8.

166) Ibid.

167) Ibid.

168) 이를 보조발전(Back-Up Generation)이라 한다.

169) NRC, Regulations Title 10, Code of Federal Regulations
Section 50.2 Definitions.
Station blackout means the complete loss of alternating current (ac) electric power to the essential and nonessential switchgear buses in a nuclear power plant (i.e., loss of offsite electric power system concurrent with turbine trip and unavailability of the onsite emergency ac power system). Station blackout does not include the loss of available ac power to buses fed by station

발생하게 되었다. 발전소 전원공급중단이 발생하면 발전소에 설치된 배터리를 통해 전력이 공급되지만 이런 비상전원공급은 몇 시간 동안만 유효하며, 하루를 넘길 수 없다는 한계가 있다.

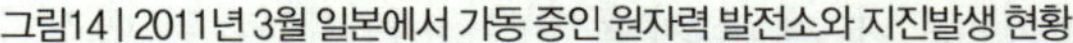
그림14 | 2011년 3월 일본에서 가동 중인 원자력 발전소와 지진발생 현황

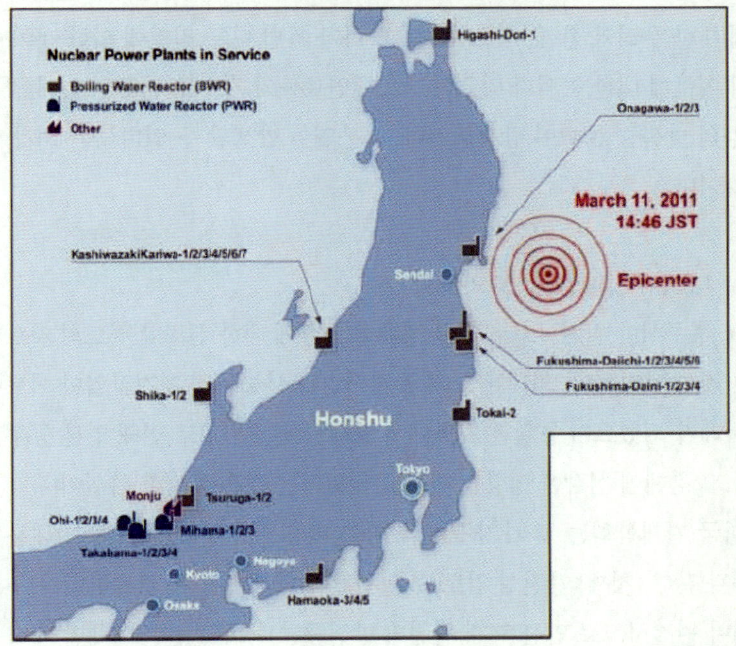


재난 상황에서 후쿠시마 원전의 작업자들은 원전의 가동뿐만 아니라, 지진과 쓰나미에 의해 발생한 시설물 파손으로 인해 현장에 접근하거나 다른 조치를 취하는 것이 아주 어려운 상황에 처하게 되었다. 현장 작업자들

---

batteries through inverters or by alternate ac sources as defined in this section, nor does it assume a concurrent single failure or design basis accident. At single unit sites, any emergency ac power source(s) in excess of the number required to meet minimum redundancy requirements (i.e., single failure) for safe shutdown (non-DBA) is assumed to be available and may be designated as an alternate power source(s) provided the applicable requirements are met. At multi-unit sites, where the combination of emergency ac power sources exceeds the minimum redundancy requirements for safe shutdown (non-DBA) of all units, the remaining emergency ac power sources may be used as alternate ac power sources provided they meet the applicable requirements. If these criteria are not met, station blackout must be assumed on all the units.

의 노력에도 불구하고, 제1원전, 제2원전, 제3원전이 노심 냉각이 불가능하게 되고 연료봉에 손상이 가해지기 시작했다.

특히 제1-3호기에서 발생한 폭발은 연료봉 손상으로 인해 발생한 수소가스의 발화로 인한 것이었으나, 제4호기 폭발의 경우 폐연료봉 냉각가능성에 대한 우려와 함께, 수소가스의 발화가 아닌 다른 원인에 의한 것이 아닌지 여부에 대한 논의가 있었다. 즉, 폐연료봉의 저수조 건조로 인해 엄청난 양의 방사능 물질이 방출되거나, 핵분열이 발생할 수 있다는 우려가 커진 것이다.

나) 후쿠시마 원전사고의 영향

후쿠시마 원전사고로 인한 경제적 영향에 대한 신뢰할 정도의 자료가 있는 것은 아니지만, 최대 규모의 공개적인 방사능물질 제거작업이 이루어진 사례가 되었으며 동일본 지역에서 발생한 원전사고로 인해 일본 동부지역과 그 경제에 심각한 영향을 미치게 되었다는 것은 분명한 사실이다.

미국 기계학회는 몇 가지 분류에 따라 비용을 추정하였는데, 그 내용은 다음과 같다. 첫째, 안전성 검토 및 원전 발전재개 승인은 보류하더라도 후쿠시마 원전사고로 인한 54개 원전의 발전중단과 이로 인한 대체발전 비용에 관한 것이다.

후쿠시마 원전사고 전, 일본에서 원자력 발전의 비중은 약 30%였는데, 이를 대체하기 위해 수입한 화석연료 특히 액화천연가스(LNG)의 비용이 2011년 후쿠시마 사고 이후 9개월 동안 약 550억 달러에 이른다. 결국 1980년 이후, 2011년 일본은 처음으로 320억 달러의 무역적자에 처하게 되는데 그 대부분이 액화천연가스의 수입에 기인한 것이다. 두 번째는 후쿠시마 원전 제1-4호기의 방사능물질 제거 및 원자로 폐쇄비용(Decommissioning)이다. 일본 정부에 따르면 이 작업은 약 40년의 기간이 필요하며, 2011년 6월 일본 원자력 산업포럼(Japan Atomic Industrial Forum)은 방사능 물질 제거작업에 소요되는 비용을 2,500억 달러로 추정했다. 셋째, 후쿠시마 원전 사로고 인해 오염된 주변 토지의 정화작업에 필요한 비용이다. 2011년 8월, 일본 수상 노다의 발표에 따르면, 오염된 토지의 재생을 위해 필요한 비용이 약 130억 달러로 추정되었다. 넷째, 후쿠시마 원전사고 후, 주거지를 떠나 이주했던 시민들에 대한 배상비용이다. 체재기간에 따라 추정이 달라질 수 밖에 없지만, 2011년 4월 제이피모건(JPMorgan)에 따르면 약 230억 달러의 배상비용이 필요한 것으로, 2012년 1월 불름버그는 580억 달러로 각 추정하였다. 하지만, 2012년 1월, 일본 원자력 산업포럼에 따르면 일본 정부는 원자력 손해배상 문제를 실행하기 위한 기구를 설립하면서 650억 달러 규모의 채권발행을 승인한 것으로 보아 사실상 이보다 더 큰 규모의 배상이 이루어질 것으로 예상된다. 다섯째, 동경전력의 자본 손실이다. 블룸버그, 로이터 등에 따르면 후쿠시마 원전사고 이후, 동경전력의 불안정한 재정적 책임으로 인해 약 300억 달러, 약 90%의 주가가 하락한 것으로 보고되고 있다. 여섯째, 후쿠시마 원전사고와 방사능 오염으로 인한 동일본 지역의 경제적 타격이다. 동일본 지역의 일본 경제에서의 비중이 약 2.5%에 불과하기 때문에 후쿠시마 원전사고로 인해 일본 경제에 미치는 영향이 미미할 것으로 예측되고는 있으나, 농산품이나 수산품에 대한 방사능 오염의 우려로 인해 일본 경제에 미치는 영향이 생각보다 훨씬 클 가능성도 제기되고 있다.

이상의 내용을 개략적으로 종합하면 후쿠시마 사고로 인한 비용이 약 5,000억 달러에 이르는 것으로 추정되고 있다. 물론 이 추정은, 향후 추가적인 액화천연가스의 수입 등으로 인해 더욱 증가될 수도 있다.

한편, 일본 경제산업성 자원에너지청 기본정책분과회의가 2013년 12월 6일 9차 회의에서 발표한 '제3차 에너지기본계획 개정안' 의 기본내용의 핵심적 내용은 크게 2가지이다.[170] 첫 번째는 기존 에너지기본계획에서 제시

170) 에너지경제연구원, '일본 에너지기본계획 개정안(초안) 기본내용' , 세계 에너지현안 인사이트 (제13-4호, 2013년 12월 20일), 3.

한 에너지 정책의 기본방침인 3E+S(Energy security, Economic efficiency, Environment, and Safety)에 새롭게 '국제적 관점' 과 '경제성장' 을 추가한 것이며, 두 번째는 온난화 대책과 에너지비용 절감 측면에서 안전성을 전제로 원자력 발전을 계속해서 중요한 전원으로 활용한다는 것이다.[171]

즉, 일본의 제3차 에너지기본계획 개정안은 원자력은 에너지 비용 절감, 온난화 대응 측면에서 안전성을 전제로 계속해서 이용해야 할 중요한 기본 전원으로 규정하고 있으며,[172] 다만 원전 의존도와 관련해서 에너지 절약, 신재생에너지 도입, 화력발전 기술의 고효율화 등을 통해 가능한 원전 의존도를 낮춰가도록 하고, 이러한 방침 하에 전력의 안정적 공급, 에너지 비용 절감, 온난화대책 등을 고려해서 충분한 검토를 거친 후에 적정한 원전비중을 결정할 것이며, 원전의 안전을 최우선으로 고려하며 국민의 우려를 해소하기 위해 최선을 다한다는 전제 하에 원자력규제위원회가 안정성을 확인한 원전에 대해서는 재가동을 추진한다는 계획을 내용으로 담고 있다.[173]

일본은 2011년 3월 후쿠시마 원전사고 이후, 간 나오토(菅直人) 당시 총리는 '탈 원전' 을 선언했으나 같은 해 9월 2일 취임한 노다 요시히코 총리는 여기서 다소 물러났다. 즉, 전력의 30% 가까이를 원전에 의존하고 있어 즉각적인 '탈원전' 은 현실적으로 어렵기 때문에, 일본정부는 안전성을 우선시하되 원자력 에너지를 계속 확보한다는 것이다.[174] 그리고 지역사회의 동의를 전제로 기존원전에 대해서는 재가동을 추진할 것이나 원전의 수명이 40년에 이르면 폐기할 것이며 선규원전의 건설은 포기한다는 점진적

171) 위의 보고서.

172) Global Post, Japan moving to label nuclear power as "important" in energy policy (December 6, 2013 1:03pm) 〈http://www.globalpost.com/dispatch/news/kyodo-news-international/131205/japan-moving-label-nuclear-power-important-energy-plan〉 at December 23, 2013.

173) 에너지경제연구원, 위 주석 170, 7.

174) 문화일보, 日 원전 90% 중지… 유럽 脫원전 도미노 (6) 후쿠시마 사태 후 '反원전' 확산, 2011년 11월 19일자 보도, 〈http://www.munhwa.com/news/view.html?no=2011121901032132023002〉 2013년 12월 23일.

인 탈원전정책을 천명한다.[175] 하지만, 2013년의 제3차 에너지기본계획안은 이보다 더 후퇴한 원전정책을 제시하게 된 것이다.[176]

### 다. 원자력 안전과 관련된 대응

#### 1) 국제사회의 대응과 안전기준

##### 가) 원자력 안전에 관한 실행계획(Action Plan)

2011년 6월 G8, 경제협력개발기구(OECD)의 원자력에너지기구(Nuclear Energy Agency)는 파리에서 원자력 안전에 관한 장관급 세미나를 개최하였으며, 원자력 감독기관의 모임도 이루어졌다.[177]

장관급 회의 이후, 국제원자력기구는 회원국, 원전 운영자, 국제에너지기구 및 원자력 안전 강화를 실현할 다른 다국적 기구들과 관련된 실행계획 초안을 작성한다.[178] 초안은 이사회의 승인을 거쳐 2011년 9월 총회에서 채택되었다.

실행계획은 다음 12가지 주요 행위의 실행에서 회원국들의 협조와 참여를 강조하고 있으며, 주요 내용은 다음과 같다.[179]

- 후쿠시마 원전사고의 교훈에 비추어 원전의 안전에 대한 평가를 시행한다. 이를 위해 회원국들은 극단적인 재난으로 인한 원전의 설계상 위험성 평가를 즉각적으로 실시하고 이에 따라 필요한 조치를 적절히 시행하도록 하고 있다. 또한 국제원자력기구는 평가기준의 수립, 지원 및 평가 등을 시행해야 한다.

---

175) 일본의 원전 정책 변화에 따른 액화천연가스 시장의 변동에 대해서는 최성수, '일본 원전사태의 악화와 에너지정책의 변화에 따른 영향 분석', 계간 가스산업 (2012년 6월 제11권 제2호), 1-16면 참조.

176) 2012년 일본의 원전비중은 약 20.7%로, 50개의 원전이 가동 중에 있다. 위의 주석 2) 참조.

177) NEA, Proceedings of the Forum on the Fukushima (2011) 5.

178) IAEA, Draft IAEA Action Plan on Nuclear Safety (September 5, 2011) 〈http://www.iaea.org/About/Policy/GC/GC55/Documents/gc55-14.pdf〉 at December 24, 2013.

179) IAEA, Action Plan on Nuclear Safety (September 22, 2011) 2.

— 국제원자력기구에 의한 동료평가(Peer Review)를 강화한다. 규제의 효율성, 운영의 안전, 설계의 안전, 위기대비 및 대응 등의 문제를 중심으로 하는 평가를 시행하도록 하고 있다.
— 위기대비 및 대응과 관련된 능력을 고양한다.
— 국내 규제기구의 효율성을 향상시킨다.
— 원자력 안전과 관련된 운영 기구의 효율성을 향상시킨다.
— 국제원자력기구의 안전기준을 재검토 및 강화하고 그 실현을 개선한다.
— 원자력 안전에 관한 국제적인 법 체제의[180] 효율성을 개선한다.
— 원전 프로그램을 시행하려는 회원국들은 국제원자력기구의 안전에 대한 기준에 맞추어 필요한 기반시설을 구축한다.
— 원전의 안전에 필요한 인력양성 등 능력육성(Capacity Building)을 시행한다.
— 전리방사선으로부터 사람 및 환경을 보호한다.
— 정보의 확산을 증진하고, 소통의 투명성과 효율성을 증대한다.
— 연구·개발 결과를 효과적으로 활용한다.

### 나) 국제원자력기구의 10대 기본안전기준[181]

국제원자력기구의 원자력에 관한 10대 기본적인 안전에 관한 제1원칙(Principle 1: Responsibility for safety)에 따르면 안전에 대한 책임은 방사능 위험을 야기한 시설물의 소유 또는 관리하는 개인·기관, 또는 위험을 야기하는 행동을 한 개인·기관에 있다.[182] 일정한 시설을 운영하거나 일정한 행위를 할 수 있도록 허가된 개인·기관을 면허권자(Licensee)라 하고 있으며,

---

180) 실행계획은 원전 안전에 관한 국제법으로 다음과 같은 조약들이 예시되고 있다. 또한, 아래의 조약들과 더불어 원전안전조약 및 원전사고의 조기 통지에 관한 협약에 대한 개정 의견들도 참고하도록 하고 있다.
— The Convention on Nuclear Safety
— The Joint Convention on the Safety of Spent Fuel Management and the Safety of Radioactive Waste Management
— The Convention on the Early Notification of a Nuclear Accident
— The Convention on Assistance in the Case of a Nuclear Accident or Radiological Emergency

181) IAEA, Fundamental Safety Principles (2006) 5.

면허권자는 면허받은 시설의 운영 또는 행위로 인해 발생한 위험에 대한 책임을 부담한다. 즉, 국제원자력기구의 기본적인 안전기준 제1원칙은 또한 원인자책임의 원칙을 반영하고 있다.

제2원칙(Principle 2: Role of government)은 정부의 역할에 대한 것으로, 정부는 독립된 규제기관을 포함하여 원자력 안전에 대한 효과적인 법제도·정부차원의 제도를 구축하고 유지할 책임이 있음을 확인하고 있다.[183]

효과적으로 수립된 제도와 기준들은 면허권자들이 시설물을 운영하거나 행위를 함에 있어서 행동기준이 되며, 안전사고를 사전에 방지할 수 있는 사전방지수단으로서의 기능을 수행한다.

제3원칙(Principle 3: Leadership and management for safety)은 안전에 관한 리더십과 관리에 대한 원칙으로, 원자력 안전을 위해 효과적인 리더십과 관리체계가 수립되고 운영되어야 한다.[184] 리더십·관리체계는 통합적으로 구성되고 운영되어야 한다는 점과 안전은 다른 어떤 필요 또는 상황과 타협되지 않아야 한다는 점도 강조되고 있다.

제4원칙(Principle 4: Justification of facilities and activities)은[185] 정당성의 원칙이다. 정당성의 원칙이란 원자력 관련 시설의 설치와 운영 및 원자력 관련 활동으로 인한 위험보다 이로 인한 이익이 더 커야 한다는 것이다. 물론, 시설물의 운영과 원자력 관련 행위로 인해 발생하는 일체의 의미 있는 결과들이 위험·이익의 분석에 고려되어야 한다는 점도 강조되고 있다.

---

182) Principle 1: Responsibility for safety

The prime responsibility for safety must rest with the person or organization responsible for facilities and activities that give rise to radiation risks.

183) Principle 2: Role of government

An effective legal and governmental framework for safety, including an independent regulatory body, must be established and sustained.

184) Principle 3: Leadership and management for safety

Effective leadership and management for safety must be established and sustained in organizations concerned with, and facilities and activities that give rise to, radiation risks.

185) Principle 4: Justification of facilities and activities

Facilities and activities that give rise to radiation risks must yield an overall benefit.

제5원칙(Principle 5: Optimization of protection)은[186] 보호의 최적화의 원칙이다. 원자력 시설과 행위에 적용되는 안전에 관한 수단들은 합리적으로 달성될 수 있는 최상의 기준에 최적화되어야 한다는 것이다. 또한, 최적화의 원칙은 일상적인 활동에 적용 가능한 범위 내에서 원자력의 위험을 회피하기 위한 선량한 관행 및 보편적 상식에 따를 것을 포함하고 있다.

제6원칙(Principle 6: Limitation of risks to individuals)은 개인에 대한 원자력 위험 노출의 제한에 관한 원칙이다.[187] 정당성 또는 최적화원칙은 개인이 수용가능한 원자력 위험에 처하지 않아야 한다는 것을 보장하지 않고 있다. 따라서 위험에의 노출은 일정한 한도를 초과하지 않아야 한다는 위험노출 제한의 원칙을 통해 개개인의 안전을 확보하고 있는 것이다. 다만, 위험 노출의 허용 한도는 단순히 법적 허용치의 최고 한도를 의미할 뿐이라는 점은 다시 강조될 필요가 있다.

제7원칙(Principle 7: Protection of present and future generations)은 현재와 미래 세대의 보호원칙이다.[188] 현재와 미래세대의 인류와 환경이 원자력 위험으로부터 보호받아야 한다는 것으로, 원자력으로 인한 위험은 해당 지역뿐만 아니라 해당 지역으로부터 멀리 떨어져 있는 지역의 주민에게도 영향을 미친다는 사실과 현세대 및 미래세대 모두에게 영향을 미친다는 사실이 안전기준으로 반영되어야 한다는 점이 강조되고 있다.

제8원칙(Principle 8: Prevention of accidents)은 사고방지의 원칙이다.[189] 사고방지의 원칙에 따르면 원자력 안전사고의 방지 또는 완화를 위해 필요한 모든 실현가능한 노력을 다해야 한다. 이를 위해 효과적인 운영관리체계·

---

186) Principle 5: Optimization of protection

Protection must be optimized to provide the highest level of safety that can reasonably be achieved.

187) Principle 6: Limitation of risks to individuals

Measures for controlling radiation risks must ensure that no individual bears an unacceptable risk of harm.

188) Principle 7: Protection of present and future generations

People and the environment, present and future, must be protected against radiation risks.

숙고된 부지선택·최적의 설계 등을 포함한 심층방호(defence in depth) 시스템이 구축되어야 한다.

제9원칙(Principle 9: Emergency preparedness and response)은 긴급 상황 대비 및 대응조치에 관한 응급조치의 원칙이다.[190] 효과적인 대응·누출 최소화·사람 및 환경에 대한 피해의 최소화 등이 응급조치 원칙의 중요 목적이다.

제10원칙(Principle 10: Protective actions to reduce existing or unregulated radiation risks)은 방어행동의 원칙이다.[191] 규제 시설이나 활동으로부터 원자력 위험이 발생할 수 있는데, 이런 상황에서 그 피해의 발생을 최소화하기 위해 필요한 안전조치의 내용을 두도록 하는 원칙이 방어행동의 원칙이다.

### 다) 원자력 활동에 관한 국제 기준

1955년 유엔 결의 913(X)에 의해 설립된 유엔 총회 핵방사능 효과에 관한 과학위원회는 유엔 회원국들로부터 제공되는 방사선 관련 정보를 수집하고 정리하여 전리 방사선의 수준과 노출에 따르는 효과를 평가하고 이를 보고하는 역할을 수행하고 있다.[192] 국가들은 물론 원자력 관련기구들도 유엔 총회 핵방사능 효과에 관한 과학위원회가 측정한 결과를 방사능 위험을 평가하고 방호조치를 취하는데 있어서 과학적 기준으로 활용하고 있다.

유엔 총회 핵방사능 효과에 관한 과학위원회에 의해 이루어진 방사능

189) Principle 8: Prevention of accidents
All practical efforts must be made to prevent and mitigate nuclear or radiation accidents.

190) Principle 9: Emergency preparedness and response
Arrangements must be made for emergency preparedness and response for nuclear or radiation incidents.

191) Principle 10: Protective actions to reduce existing or unregulated radiation risks
Protective actions to reduce existing or unregulated radiation risks must be justified and optimized.

192) UNSCEAR, Mandate of the Committee, 〈http://www.unscear.org/unscear/en/about_us/mandate.html〉 at December 23, 2013.

에 대한 정보를 수집하여 과학적 평가에 기초하여, 다른 국제기구들이 권고 또는 기준을 제시하게 된다.

다양한 전문가로 구성된 비정부 국제기구인 국제방사선 방호위원회(International Commission on Radiation Protection)는[193] 유용한 과학적·기술적 정보를 분석하여 작업자의 보호·전리된 방사능으로부터 대중 및 환자의 보호와 관련된 권고를 해오고 있다. 즉, 국제방사선 방호위원회는 방사능에 노출되어 발생할 수 있는 암을 포함한 질병으로부터 인간을 보호하며, 환경을 보호하기 위한 기구이다.[194]

국제원자력기구(International Atomic Energy Agency)는[195] 원자력 활동에 대한 국제기준을 작성하는 또 하나의 대표적인 독립 정부간 국제기구이다. 국제원자력기구는 원자력 안전과 방사능 방호 분야에 대한 기준을 정기적으로 발표 및 수정해오고 있다.[196]

그리고 국제표준화기구(International Standards Organization)도[197] 방사능 방호 체계의 핵심부분이 되는 국제기술표준을 작성하고 있다.[198]

한편, 유럽연합의 유럽원자력기구 설립에 관한 협약(Treaty establishing the European Atomic Energy Community),[199] 1996년 5월 13일 제정된 유럽연합의 지

---

193) 이하, 'ICRP' 라 한다.

194) ICRP, About ICRP 〈http://www.icrp.org/〉 at December 23, 2013.

195) 이하, '국제원자력기구' 라 한다.

196) IAEA, The IAEA Mission Statement 〈http://www.iaea.org/About/mission.html〉 at December 23, 2013. IAEA의 기준에 대해서는 아래에서 정리한다.

197) 이하, 'ISO' 라 한다.

198) 구체적으로 'ISO 15382:2002 Nuclear energy - Radiationprotection - Procedure for radiation protection monitoring in nuclear installations for external exposure to weakly penetrating radiation, especially to beta radiation' 을 예로 들 수 있다.

199) 이하, 'EURATOM 협약' 이라 한다.

200) 1. Directive 96/29/Euratom - ionizing radiation - of 13 May 1996 laying down basic safety standards for the protection of the health of workers and the general public against the dangers arising from ionizing radiation.

2. Directive 97/43/Euratom of 30 June 1997 on health protection of individuals against the dan-

침들[200] 또한 중요한 규범이라 할 수 있다.

유럽연합은 2008년 기존의 지침들을 통합하고 개정하기 위한 절차에 착수했으며, 2011년 채택된 제안이[201] 2014년 공표를 목적으로 구성원 국가들의 회람절차를 거치고 있다.

### 2) 프랑스의 원자력 안전 관련 제도

후쿠시마 원전 사고 이후, 단계적 원전 폐쇄정책을 결정한 독일과는 다르게,[202] 프랑스의 원자력안전청(ASN)은 원전시설들에 대해서 "보충적 안전성 평가(l' évaluation complémentaires de sûreté)"를 실시하였으며, 그 결과 프랑스 내의 원자로는 운영을 계속하는 데 충분한 수준의 안전성을 가지고 있지만, 극한의 상황에서의 원자력 안전은 강화되어야 한다는 결론을 도출하였다.[203] 이를 위해 원자력안전청은 2012년 6월 28일자 지침을 통해 2011년 평가대상 원전주요시설 운영자에 대해서는 '비상시 원자력안전체계(noyau dur)'을 갖출 것을 요구하고, 각 원자로마다 '원자력신속대응팀(Force d' action rapide nucléaire)'을 편성하도록 하였다.[204]

다만, 장기적으로는 프랑스도 원자력 의존율을 낮추고, 안전성과 투명

---

gers of ionizing radiation in relation to medical exposure, and repealing Directive 84/466/Euratom.

3. Directive 2003/122/Euratom - radioactive sources - of 22 December 2003 on the control of high-activity sealed radioactive sources and orphan sources.

201) EUROPEAN COMMISSION, Proposal for a COUNCIL DIRECTIVE laying down basic safety standards for protection against the dangers arising from exposure to ionising radiation Draft presented under Article 31 Euratom Treaty for the opinion of the European Economic and Social Committee 〈http://ec.europa.eu/energy/nuclear/radiation_protection/doc/com_2011_0593.pdf〉 at December 23, 2013.

202) Lars Kramm, 'The German Nuclear Phase-Out after Fukushima: A Peculiar Path or an Example for Others?', Renewable Energy Law and Policy Review (2012) 261.

203) 김지영, '프랑스 원자력안전법제의 현황과 과제 - 우리나라 원자력 안전법제로의 시사점 도출을 중심으로', 3.11 이후 각국 원자력안전법제의 현황과 과제, 2013년 제4차 건국대학교 법학연구소 국내학술대회, 2013년 9월 13일, 46면.

204) 위의 논문.

성을 강화하는 정책을 지속하겠다고 선언하였으며, 프랑수와 올랑드(François HOLLANDE) 대통령은 2012년 9월 28일 "원자력정책위원회(Conseil de politique nucléaire)"에서 2025년까지 프랑스 전력생산량 중 원자력 발전이 차지하는 비중을 75%에서 50%까지 감소시키겠다는 의지를 표명하였다.[205] 아래에서 원자력 안전에 관한 프랑스의 법제와 중요 특징을 살펴본다.

가) 프랑스의 국내법

공중보건법(Public Health Code)의 전리 방사선에 관한 절(Chapter, 節)은 일체의 원자력 활동을 규율하고 있는데, 인공 방사능 또는 자연 방사능을 묻지 않고 인체가 전리 방사선에 노출되는 위험과 관련된 모든 활동을 포함한다.[206]

공중보건법 L. 1333-1은 정당성(Justification)·최적화(Optimization)·위험노출제한(Limitation) 원칙 등 방사능 방호에 관한 일반 원칙을 규정하고 있다. 이런 원칙들은 ICRP, 국제원자력기구 등의 국제기구와 유럽연합 지침(Directive 96/29/Euratom)에 의해 수립되고 확인되었으며, 프랑스 원자력 안전청(The Nuclear Safety Authority, Autorité De Sûreté Nucléaire)의[207] 규제기준이 되고 있다.

프랑스의 환경법(Environmental Code)은 원자력 안전과 관련된 많은 개념들을 정의하고 있다. 특히 L 591-1은 원자력 안보를 '원자력 안전, 방사능 보호 및 방호, 악의적 침해행위에의 대항 및 사고 상황에서 시민보호 활동(nuclear safety, radiation protection, the prevention and fight against malicious acts, and also civil security actions in the event of an accident)'을 포함하는 것으로 정의하고 있다.

또한, 프랑스 환경법은 원자력 안전, 방사능 보호 및 원자력 투명성 등에 대한 개념도 정의하고 있다. 이에 따르면 원자력 안전이란 '사고의 발생을 방지하거나 그 영향을 최소화하기 위해 제정된 원자력 시설의 설계·시

205) 위의 논문.

206) ASN, Annual Report 2012, 94.

207) 이하, 'NSA 또는 원자력 안전청'이라 한다.

공·운영·정지·폐쇄는 물론 방사능 물질의 이송과 관련된 일련의 기술적 규정 및 조직적 수단' 을[208] 의미하며, 방사능 보호란 '환경 오염상황을 포함하여, 전리 방사능의 인체에 대한 직·간접적 악영향을 방지 또는 완화하기 위한 일련의 규정·절차·방어·감독' 을[209] 의미한다. 그리고 원자력 투명성이란 '대중의 원자력 안전에 대한 정보에 대한 신뢰성과 접근성을 보장하기 위해 제정된 일련의 규정' 이라고[210] 정의되고 있다.[211]

프랑스 환경법에는 원자력 안전에 대한 국가의 책무가 명시되어 있는데, 원자력 활동과 관련된 위험에 대해 대중에게 공지할 책임을 예로 들 수 있다.

그 외에도 전리 방사선에 노출되는 근로자의 보호에 관한 특별한 기준을 정하고 있는 노동법(Labour Code), 방사능 물질과 방사성 폐기물의 지속가능한 처리에 대한 절차법(Programme Act), 그리고 원자력 발전시설에 대한 악의적 도발에 대한 방어수단 또는 국방적 차원의 원자력 활동과 시설에 대해 규제하는 국가방위법(Defence Code)도 원자력 안전에 대하여 적용되는 법률들이다.

#### 나) 2006년 원자력 안전법 – 원자력 안전에 대한 기본원칙

2006년 원자력 안전법 제1조(일반규정)은 원자력 안보에 대한 개념을 정의하면서 그 하부개념인 원자력 안전·방사능 보호·투명성에 대해서도 규정하고 있다. 그리고 이와 관련된 제도를 수립하고 시행할 책임 및 원자

208) 영어 원문은 'the set of technical provisions and organisational measures - related to the design, construction, operation, shut-down and decommissioning of basic nuclear installations (BNIS), as well as the transport of radioactive substances - which are adopted with a view to preventing accidents or limiting their effects.' 이다.

209) 영어 원문은 'the set of rules, procedures and prevention and surveillance means aimed at preventing or mitigating the direct or indirect harmful effects of ionising radiation on individuals, including in situations of environmental contamination' 이다.

210) 영어 원문은 'the set of provisions adopted to ensure the public' s right to reliable and accessible information on nuclear security as defined in Article L.591-1 '이다.

211) 이상의 정의들은 2006년 원자력 안전법 제1조(일반규정)에서 동일하게 인용되면서 재확인되고 있다.

력 활동과 관련된 위험에 대한 정보를 대중에게 제공할 책임이 국가에 있음을 확인하고 있다.[212)]

원자력 안전법 제2조는 전리 방사선에 노출될 위험이 있는 활동의 경우 공중보건법 및 환경법에서 정하고 있는 원칙을 준수하도록 하고 있다.[213)] 뿐만 아니라, 사전배려의 원칙(Precautionary Principle)·오염자 배상의 원칙(Polluter Pays Principle) 등 국제환경법의 원칙에 따른 원자력 활동 기준을 제시하고 있다.

공중보건법과 환경법에서 정하고 있는 정당성(Justification)·최적화(Optimization)·위험노출제한(Limitation)의 원칙을 포함하여 프랑스가 인정하고 있는 원자력 안전과 방사능 보호에 관한 국제·국내의 원칙들을 정리해보면 다음과 같다.

공중보건법 L. 1333-1에 규정된[214)] 정당성의 원칙이란 국제원자력기구의 원칙에서 본 바와 같이 이익형량의 원칙이다. 정당성의 원칙에 따르면 전리 방사선에 노출될 내재적 위험에 비해 보건·사회·경제·과학적 이익이 커서 원자력 관련 활동이 정당화될 수 있는 정도에 이르러야 한다는 것이다.

최적화원칙 또한 공중보건법 L. 1333-1에[215)] 근거하고 있으며, 이 원칙은 사람이 방사능에 노출되는 것은 현재의 기술·경제성·사회적 요인 등을 고려한 합리적으로 최소한으로 유지되어야 한다는 것을 의미한다.

최적화원칙에 따라 방사능물질의 허용량에 대한 규제, 작업장에서의 방

---

212) Article 1 II. – The State defines the regulations on nuclear security and implements controls to apply these regulations. It ensures the public is informed of the risks related to nuclear activities and their impact on personal health and security as well as on the environment.

213) Article 2 I. – The exercise of activities comprising a risk of personal exposure to ionising radiations must comply with the principles set forth in Article L. 1333-1 of the Public Health Code and in II of Article L. 110-1 of the Environmental Code.

214) A nuclear activity or an intervention can only be undertaken or carried out if its health, social, economic or scientific benefits so justify, given the risks inherent in the human exposure to ionising radiation that it is likely to entail.

사능 누출에 대한 감독, 의학적 목적의 방사능에 대한 사전적 규제가 이루어지게 된다.

공중보건법 L. 1333-1에[216] 근거한 위험노출제한의 원칙은 방사선 노출에 대해 한계가 규정되어야 한다는 것을 의미하며,[217] 원자력 활동의 결과로 인해 발생하는 일반 공중과 근로자의 방사능 노출에 대해 엄격히 규제가 이루어질 것을 요구하고 있다.

이외에도 국제원자력기구 제1원칙인 면허권자의 원칙적 책임원칙(Principle of the Prime Responsibility of Licensees),[218] 국제원자력기구 제1원칙의 일부이며 국제환경법의 기본원칙이기도 한 오염자책임의 원칙(Polluter-Pays Principle),[219] 국제환경법의 기본원칙이기는 하지만 아직 법적구속력은 인정되지 않고 있는 사전배려의 원칙(Precautionary Principle),[220] 공중참여의 원칙(Public Participation Principle) 등이 원자력 안전에 관한 원칙으로 제시되고 있다.

공중참여의 원칙과 오염자책임의 원칙 또한, 원자력 안전법 제2조 제2항 본문에 명시되어 있다.[221] 그리고 제2항 제1호는 공중참여의 원칙을 실현하기 위해, 모든 개인에게 시설물로부터 배출되는 오염물질, 원자력 활동과 관련된 위험 및 원자력 활동으로 인해 환경·개인의 건강에 미치게 되는 영향 관련 정보를 제공받을 권리가 부여되어 있음을 분명히 하고 있

215) Human exposure to ionising radiation as a result of a nuclear activity or medical procedure must be kept as low as reasonably achievable, given current technology, economic and social factors and, where applicable, the intended medical purpose.

216) Exposure of an individual to ionising radiation as a result of a nuclear activity may not increase the sum of the doses received beyond the limits set by regulations, except when the individual is exposed for medical or biomedical research purposes.

217) 의학적 목적에 의한 노출은 예외로 인정되어 있다.

218) Article 28 II. – The licensee of a basic nuclear installation is responsible for the safety of his installation.

219) Phillippe Sands, Principles of International Environmental Law (2nd, 2003) 279.

220) 류권홍, 국제환경법상의 사전배려의 원칙, 원광법학 (제23권 제3호, 2007년 12월) 121-136면

221) Article 2 II. – Pursuant to the participatory principle and the polluter-pays principle, persons engaging in nuclear activities must in particular comply with the following rules:

다.[222] 공중참여의 전제는 정보에 대한 접근권에 있기 때문에 원자력 활동에 관한 각종 정보가 제공될 것을 법률을 통해 제도화하고 있는 것이다.

다만, 원자력 안전법 제2조 제3항은 국방과 관련된 원자력 활동과 시설물들에 대해서는 제1조의 원자력 안보에 대한 개념과 제2조의 원자력 활동에 적용되는 원칙을 제외하고 원자력 안전법의 다른 조항들은 적용되지 않는다는 점을 분명히 하고 있다.[223] 즉, 국방에 관한 원자력 활동은 원자력 안전법에 의해 설립되는 원자력 안전청(Nuclear Safety Authority)의 관할 대상이 아닌 것이다.

### 다) 원자력 안전청(NSA)

원자력 안전청은 원자력 안전에 대한 기본원칙을 재확인하는 의미와 더불어 원자력 안전법의 가장 중요한 내용이다.

원자력 안전청은 국가를 대신하여 원자력 안전·방사능 방호·원자력 활동 관련 정보의 제공 등의 역무를 수행하는 독립행정기관(An Independent Administrative Authority)으로 국가기관의 일부이지만, 독립적으로 운영되는 기구이다.[224]

원자력 안전법은 원자력 안전과 방사능 방호에 관한 원자력 안전청의 지위를 개선하고 권한과 책임을 분명히 하고 있으며, 원자력 활동의 촉진·개발·수행과 관련된 정당성은 물론 독립성을 확대하고 있다.[225] 또한 원자력 안전청은 원자력 안전법에 의해 법령 위반에 대한 처벌권 및 긴급 조치에 관한 권한이 강화되었다.[226] 이를 통해 프랑스의 원자력 안전청은 다른

---

222) Article 2 II. 1° Any person is entitled, under the conditions defined by this Act and its implementing decrees, to be informed of the risks related to nuclear activities and their impact on personal health and security as well as on the environment; and of discharges of effluents from installations;

223) Article 2 III. Nuclear activities and installations concerning defence are not subject to this Act, except for Article 1 and this article. 이하 생략

224) Article 4 The Nuclear Safety Authority, an independent administrative authority, participates in the surveillance of nuclear safety and radiation protection and in informing the public in these fields.

선진국들의 원자력 규제기구와 대등한 지위를 향유할 수 있게 되었다.[227]

효율성·공정성·합법성·신뢰성 있는 원자력 감독기능의 수행을 목적으로 하는 원자력 안전청은 원자력 안전법에 의해 강화된 법적 지위와 더불어 국민들에 의해 인식되고 있는 감독기능과 융합하게 됨은 물론 원자력 활동에서의 선량한 관행에 대한 국제적인 모범사례가 될 것이다.[228]

원자력 안전청은 원자력 안전과 방사능 방호분야에서 능력이 인정되는 자로 프랑스 대통령이 임명하는 위원장을 포함한 3인, 하원의장과 상원의장이 임명하는 각 1인을 포함한 총 5인의 위원으로 구성된다.[229]

원자력 안전청은 매년 활동보고서(An Annual Activity Report)를 작성하여 국회[230]·정부·대통령에게 제출해야 한다.[231] 또한 상·하원의 위원회·국회의 과하기술평가위원회가 요구하는 경우 원자력 안전위원회 위원장은 원자력 안전청의 활동에 대해 보고해야 한다.[232]

원자력 안전청은 원자력 안전법 제28조에 정한 기본적인 원자력 설비·해당 설비들에 적합하게 특별히 설계된 가압장치의 제조 및 이용·공중보

225) ASN, About ASN 〈http://www.french-nuclear-safety.fr/index.php/English-version/About-ASN〉 at December 23, 2013.

226) Ibid.

227) Ibid.

228) Ibid.

229) Article 10 The Nuclear Safety Authority is made up of a college of five members appointed by decree on account of their competence in the field of nuclear safety and radiation protection. Three of the members, including the chairman, are appointed by the President of the Republic. The two other members are appointed respectively by the President of the National Assembly and the President of the Senate.

230) 국회의 과학기술평가국(the Parliamentary Office for Science and Technology Assessment)에 제출된다

231) Article 7 The Nuclear Safety Authority draws up an annual activity report which it transmits to: Parliament, which brings it before the Parliamentary Office for Science and Technology Assessment; the Government; and the President of the Republic.

On request by the competent committees of the National Assembly and of the Senate or of the Parliamentary Office for Science and Technology Assessment, the chairman of the Nuclear Safety Authority reports to them on the activities of the Authority.

232) Ibid.

건법 L. 1333-1에 따른 활동·공중보건법 L. 1333-10에 언급된 개인에게 적용되는 원자력 안전 및 방사능 방호와 관련된 일반적 원칙과 특별한 기준의 준수여부에 대한 감독권한을 가지고 있다.233)

다만, 원자력 안전청에게 에너지 정책에 대한 권한은 부여되어 있지 않고 있다는 점은 주의해야 할 사항이다.234)

### 라) 투명성의 확보와 대중의 정보접근권 보장

원자력 안전법은 제4조 제3항에서 대중에 대한 정보의 제공과 관한 규정을 두고 있다.235)

무엇보다 프랑스는 원자력 안전 및 방사능 방호에 대한 절차 및 감시 결과를 대중에게 알리 책임이 국가에 있음을 원자력 안전법 제18조를 통해 분명히 하고 있다.236) 또한 정부는 원자력 사건 또는 사고가 발생한 경우에 영토 내외에서 수행되고 있는 핵활동의 결과에 관한 정보를 일반대중에게

---

233) Article 4 2° The Nuclear Safety Authority monitors compliance with the general rules and special prescriptions as regards nuclear safety and radiation protection to which are subject: the basic nuclear installations defined in Article 28; the manufacture and use of pressurised equipment specially designed for these installations; the transport of radioactive substances; and the activities mentioned in Article L. 1333-1 of the Public Health Code and the persons mentioned in Article L. 1333-10 of said Code.

The authority organises a permanent watch in the radiation protection sphere in the national territory.

It appoints among its agents the nuclear safety inspectors mentioned in Title IV of this Act, the radiation protection inspectors mentioned in 1° of Article L. 1333-17 of the Public Health Code, and the agents tasked with monitoring compliance with the provisions on the pressurised equipment mentioned in this 2°. It issues the required approvals to the bodies participating in the controls and in the watch over nuclear safety or radiation protection;

234) Francis SORIN, Presentation of the French Transparency and Nuclear Safety Law (TSN) (Ecole Polytechnique, Paris, FRANCE ; July 3rd, 2009).

235) Article 4 3° The Nuclear Safety Authority participates in informing the public in its spheres of competence;

236) Article 18 The State is responsible for informing the public about the procedures and results of the surveillance of nuclear safety and radiation protection. It supplies the public with information

제공해야 한다.[237]

그리고 기본 원자력 설비에 대한 면허권자로 하여금 매년 공개 보고서(Public Report)를 작성하도록 하고 있는데, 보고서에는 원자력 안전 및 방사능 방호와 관련된 사항·원자력 안전 및 방사능 방호와 관련되며 즉시 보고의무가 있는 사건 및 사고·설비로부터 외부에 배출된 방사성 및 비방사성 물질의 특성 및 측정 결과·방사성 폐기물의 특성 및 양 등이 기술되어야 한다.[238]

원자력 안전법 제28조에 규정된 기본 원자력 설비가 존재하는 지역에는 법인격 없는 사단(Association)으로서의 법적지위를 가지는[239] 지역정보위원회(Local Information Committees)가 구성되어야 한다.[240]

지역정보위원회는 원자력 안전과 방사능 방호 및 원자력 활동으로 인해 사람 및 환경에 미치는 영향에 대해 대중에게 정보를 제공하는 책무를

---

on the consequences, on the national territory, of nuclear activities exercised outside of it, especially in the event of an incident or an accident.

237) Ibid.

238) Article 21 Licensees of basic nuclear installations shall draw up each year a report setting forth the:
- Provisions adopted as regards nuclear safety and radiation protection;
- Incidents and accidents as regards nuclear safety and radiation protection, which are subject to the declaratory obligation pursuant to Article 54, that have occurred within the boundary of the installation, as well as the measures taken to limit their development and consequences on personal health and the environment;
- Nature and results of the measurements of radioactive and non-radioactive releases from the installation into the environment;
- Nature and quantity of radioactive wastes stored at the installation site, as well as the measures taken to limit their volume and effects on health and the environment, especially on the ground and water. 이하 생략.

239) Article 22 IV. - The local information committee may have legal personality with the status of an association.

240) Article 22 I. – At all sites comprising one or several basic nuclear installations, as defined in Article 28, a local information committee is set up, tasked with a general follow-up, information and concertation mission in the field of nuclear safety, radiation protection and the impact of nuclear activities on persons and the environment as far as the site installations are concerned. The local information committee widely disseminates the results of its work in a form accessible to the greatest number. 이하 생략.

수행한다.[241]

지역정보위원회는 전문가적 자문서비스와 역학조사, 원자력 설비로부터의 방출과 관련된 환경 측정 또는 분석을 수행할 수 있다.[242]

그리고 원자력 안전법은 원자력 안전의 투명성 확보와 정보제공을 위해 '원자력 안보의 투명성과 정보공개를 위한 고등위원회(High Committee for Transparency and Information on Nuclear Security)'를 설립하도록 하고 있다.

원자력 안보의 투명성과 정보공개를 위한 고등위원회는 하원의회와 상원의회에서 선출한 각 2명의 대표·지방정보위원회의 대표·환경보호기구의 대표·원자력활동 담당자의 대표·원자력 시설 노동조합 대표·과학, 기술, 경제, 사회 분야 또는 정보 및 소통과 관련된 능력이 있는 자[243]·원자력 안전청의 대표를 포함한 위원들로 구성된다.[244]

원자력 안보의 투명성과 정보공개를 위한 고등위원회는 원자력 활동 및 그 활동으로 인해 개인의 건강, 환경 및 원자력 안전에 미치는 위험에 대한 정보를 제공하고 논의하는 기구이다.[245]

---

241) Article 22 I. – At all sites comprising one or several basic nuclear installations, as defined in Article 28, a local information committee is set up, tasked with a general follow-up, information and concertation mission in the field of nuclear safety, radiation protection and the impact of nuclear activities on persons and the environment as far as the site installations are concerned. The local information committee widely disseminates the results of its work in a form accessible to the greatest number. 이하 생략.

242) Article 22 V. - In pursuit of its missions, the local information committee can have consultancy services performed, including epidemiological studies, and have any measurement or analysis of the environment made with respect to the emissions or releases from the site.

243) 그 중 3인은 국회 과학기술평가국에 의해 지명된 자, 과학 아카데미에 의해 지명된 자, 인문과학 아카데미에 의해 지명된 자로 구성된다.

244) Article 23 A High Committee for Transparency and Information on Nuclear Security is created. It is composed of members appointed for six years by decree, of which there are four for parliamentarians and five for each of the other categories, split as follows: 이하 생략.

245) Article 24 The High Committee for Transparency and Information on Nuclear Security is an information, and debate body on the risks related to nuclear activities and the impact of these activities on personal health, on the environment and on nuclear security. 이하 생략.

### 라. 우리나라 원자력법의 개선 방향

후쿠시마 원전사고의 원인이 단순한 자연재해인가 아니면 인류에 의한 재앙인가에 대한 논의는 끝없는 논쟁이 될 수 있지만, 일본 의회의 후쿠시마 원전사고 독립조사위원회의 조사보고서(The official report of The Fukushima Nuclear Accident Independent Investigation Commission) 요약보고서에 따르면 후쿠시마 사고는 기본적으로 일본 정부, 원전 규제기관, 및 동경전력 사이의 갈등에 의해 발생한 인간에 의해 만들어진 재앙이라는 결론을 제시하고 있다.[246)]

또한, 이런 인간에 의한 재앙이 재발되는 것을 방지하기 위해서는 규제기관의 독립이 가장 시급히 요구되고 있음을 지적하고 있다.[247)]

즉, 후쿠시마 같은 원전사고의 재발 방지를 위한 근본 대책은 규제기관의 독립과 실질적인 권한·책임의 부여에 있다는 것이다. 이를 위해서는 규제기관이 정부의 원전관련 부처는 물론 원전 운영자로부터 실질적으로 독립되어야 한다.[248)] 이런 규제기관 독립의 원칙은 이미 원자력 안전에 관한 조약(Convention on Nuclear Safety) 제8조 제2항에[249)] 반영되어 있다.

그리고 운영자(Operator)가 원전 안전에 관한 기본적 권한과 책임을 부담해야 한다는 원칙도 원자력 안전에 관한 조약 제9조에[250)] 이미 반영되어 있

---

246) The National Diet of Japan Fukushima Nuclear Accident Independent Investigation Commission, The official report of The Fukushima Nuclear Accident Independent Investigation Commission (2012) 16.

247) Ibid. 20.

248) Stephen G. Burns, 'The Fukushima Daichi Accident : The International Community Responds', Washington University Global Studies Law Review (2012) 757.

249) Convention on Nuclear Safety
Article 8. REGULATORY BODY
2. Each Contracting Party shall take the appropriate steps to ensure an effective separation between the functions of the regulatory body and those of any other body or organization concerned with the promotion or utilization of nuclear energy.

250) Ibid.
Article 9. RESPONSIBILITY OF THE LICENCE HOLDER
Each Contracting Party shall ensure that prime responsibility for the safety of a nuclear installation rests with the holder of the relevant licence and shall take the appropriate steps to ensure that each such licence holder meets its responsibility.

다. 규제기관은 운영자가 국제기준과 국내기준에 따라 적절히 운영하고 있는지를 감시해야 하는 책임주체이다.

이런 규제기관의 독립성 및 기능에 대해서는 미국에서 발생한 쓰리마일 원전사고에 대한 사후 보고에서 이미 지적된 사항들이다. 다만, 역사적이고 현실적인 교훈들을 잘 따르지 않아서 후쿠시마 원전사고에 이르게 된 것이다.

하지만 2013년 3월 23일자로 시행되고 있는 우리나라의 원자력안전법과 원자력안전위원회의 설치 및 운영에 관한 법률은 원자력안전위원회의 설치와 원자력안전종합계획의 설치라는 형식적이고 가치가 반영되지 않은 수단만을 강조하고 있을 뿐, 원자력 안전에 관한 원칙을 정립하거나 국제기준을 준수한다는 명시적인 내용이 없다. 물론, 원자력안전법이라는 법률의 명칭이 무색하게 무엇이 원자력안전인지에 대한 정의규정도 없다. 원자력안정에 대한 명확한 개념 설정 및 원칙과 기준을 명확히 하는 것이 우리나라의 원자력안전에서 제도적으로 가장 시급한 개선사항이라 할 것이다.

그리고 정보의 공개 및 참여와 관련하여, 우리나라의 원자력안전법은 정보의 공개에 관한 규정을 두고 있지 않고 있으며, 원자력안전위원회의 설치 및 운영에 관한 법률에 따른 연차보고서도 공표가 적절하지 아니한 상당한 이유가 있는 경우 원자력안전위원회의 의결로 공표하지 않을 수 있도록 하고 있다.[251]

후쿠시마 원전사고 이후, 원전에 대한 신뢰의 회복을 위해서는 관련 정보의 공개와 주민의 참여 보장이 반드시 필요함에도 불구하고, 이를 제한할 수 있도록 하고 있음은 물론 주된 공개의 대상이 원전 지역주민으로 제

---

253) 원자력안전위원회의 설치 및 운영에 관한 법률 제16조(연차보고서) ① 위원회는 매 회계연도 종료일 이후 3개월 이내에 해당 회계연도의 위원회 업무수행에 관한 보고서를 국회에 제출하여야 한다.
② 위원회는 제1항의 보고서를 공표한다. 다만, 공표하는 것이 적절하지 아니한 상당한 이유가 있는 경우에는 위원회의 의결로 공표하지 아니할 수 있다.

한되고 있다는 문제점을 지적하고 싶다. 우리나라와 같이 국토면적이 좁은 국가에서는 모든 국민이 사고의 피해자가 될 수 있기 때문에 원하는 모든 국민들의 정보접근권과 참여가 보장되어야 한다.

또한, 규제기관의 독립성과 권한·책임의 보장, 원자력 안전에 대한 원칙과 기준의 확립, 규제기관의 투명성 확보, 원전에 대한 정보의 공개 및 참여를 적극적으로 인정하고 실현되도록 다시 한 번 재검토해야 할 시점이다.

## 6. 셰일가스 개발과 환경

### 가. 전통가스와 셰일가스

최근 미국을 중심으로 하는 비전통자원의 개발은 세계 에너지 시장의 새로운 흐름을 형성하고 있으며, 셰일가스(Shale Gas)를[252] 중심으로 '셰일가스 혁명' 이라는 표현까지 나타나고 있다.

전통자원과 비전통자원을 구분하는 기준은 경제학, 지구물리학, 석유물리학 등 학문적 분야마다 달리하고 있으나, 탄화수소(Hydrocarbon)자원이[253] 존재하는 저류지(Reservoir)와 탄화수소의 존재형태에 따라 이를 구분할 수 있다. 저류지 암석의 다공성이 높고 투과율이 높을 때 전통적 저류지로, 반대로 다공성이 낮고 투과율이 높을 때는 비전통 저류지로 구분된다.[254] 그리고 여기에 존재하는 탄화수소가 기존의 석유나 가스의 형태를 띠고 있으

252) 비전통자원은 비전통석유와 비전통가스로 나눌 수 있으며, 비전통가스는 다시 셰일가스, 치밀가스(Tight Gas), 석탄층가스(Coal Bed Methane)로 구분된다. Susan L. Sakmar, The Global Shale Gas Initiative, 33 Houston Journal of International Law (2011) 375, 376.

253) 석유와 가스는 모두 탄화수소이며, CnH2n+2의 화학구조를 가지고 있다. 여기서 탄소(C)가 1 또는 2이면 천연가스, 3 또는 4이면 액화가스, 58이면 가솔린으로 구분된다. 류권홍, 『국제 석유.가스 개발과 거래계약』, 한국학술정보, 2011, 15-16쪽.

254) 류지철, 『비전통자원의 기술진보와 E&P 사업전망』, 에너지 경제연구원, 2012, 7쪽.

면 전통탄화수소 그렇지 않으면 비전통탄화수소로 구분하고 있다.[255]

2000년대 후반 급격한 유가 상승으로 인해 비전통자원 개발의 사업성이 확보된 것은 물론, 수평굴착(Horizontal Drilling)과 수압파쇄(Hydraulic Fracturing)라는 기술의 발달로 인해 비전통자원의 개발이 촉진되어 왔다.

유전에 대한 통상의 관념은 유전의 자체 압력에 의해 분출해 오르는 분출유정(Gusher Well)에 관한 것이다. 하지만, 석유·가스가 비전통자원의 형태로 암석층에 존재하는 경우, 암석층 내에서 석유·가스의 이동이 어렵기 때문에 기존의 분출유정에 적용되던 생산방식을 이용할 수 없다. 따라서 전통적인 분출유정과는 다른 암석층에 갇혀 있는 석유·가스의 개발방식이 새롭게 개발되어야 했던 것이다.

그 대표적인 기술이 수압파쇄이며, 수압파쇄는 비전통 치밀 혈암(셰일, Shale)층에서의[256] 개발을 높이기 위한 기술로 주로 고압의 물을 이용한 개발방식이다.

이러한 새로운 개념의 수압파쇄에 의한 석유·가스의 개발은 기존 석유·가스 관련 법률·제도 및 계약에 변화를 가져오게 되었으며, 또한 수압파쇄 과정에서 사용되는 화학물질, 사용된 물의 처리 등에 관한 환경문제가 주된 쟁점으로 부각되고 있다.

### 나. 수압파쇄의 역사와 내용

#### 1) 수압파쇄의 역사

1860년대로부터 1940년대 후반까지의 석유·가스 개발은 폭파방식(Explosive Fracturing)이었다. 폭발성이 있는 니트로글리세린을 이용하여 생산을 증가시키던 방식이다.[257] 1930년대 이후에 비폭발성 물질을 사용하자는 아

255) 류지철, 위의 책.

256) 이하에서는 '셰일층' 이라 한다.

257) Norman J. Hyne, petroleum Geology, Exploration, Drilling & Production (3rd, 2012) 440.

이디어가 나타나기 시작했는데 비폭발성 물질의 하나가 물이었다.

수압파쇄방식은 1903년 시험된 이후, 1948년 처음으로 상업적으로 사용되었다. 수압파쇄는 상당한 양의 물을 약간의 모래와 화학물질과 함께 높은 압력으로 셰일층에 주입하는 방식을 말한다. 이로 인해 셰일층에 균열이 발생하고 이 틈 사이로 기존의 셰일층에 갇혀 있던 석유·가스가 유정으로 이동하게 되는 것이다.[258]

이런 수압파쇄의 유용성이 확인되고 적용되기 시작한 것은 인위적인 파쇄를 통해 치밀(Tight) 셰일층의 석유·가스 개발에 대한 경제성이 확보될 수 있다는 사실이 확인된 이후부터이다.[259] 이로부터 기존의 자연적 균열(Naturally-Occurring Fracture)에[260] 의존하던 방식이 인위적 파쇄로 전환되었다.

수압파쇄방식의 등장 이후 이전의 폭파방식은 사라지게 되었으며, 2010년 미국의 60%가 넘는 유정에서 이 방식이 사용되고 있다. 2010년 7월 미국석유협회(American Petroleum Institute)에 따르면, 600조 입방피트 이상의 천연가스와 60억 배럴 이상의 원유가 수압파쇄 방식의 적용으로 인해 추가 개발된 것으로 보고되었다.[261]

이런 수압파쇄 방식은 비전통자원의 개발을 위해 사용되기도 하지만, 전통자원의 개발·지하 암석층에 쓰레기 폐기·이산화탄소 지중저장·지열 에너지 생산 등에서도 활용되고 있다.

### 2) 수압파쇄의 방법

하나의 수압파쇄 유정을 굴착하기 위해 필요한 기간은 단지 몇 개월에 불과한 반면, 생산 기간은 20-40년에 이른다.[262] 수평굴착의 하나를 완성하

258) Daniel Yergin, The Quest (2011).

259) 암석층에 갇혀 있는 석유 · 가스는 투과성(Permeability)과 압력이 낮아서 이동가능성이 확보되지 않아 경제성을 확보할 수 없는데 이를 해결하기 위한 방법으로 파쇄방법들이 개발된 것이다.

260) 자연적 균열에 의한 개발의 대표적인 사례는 Austin Chalk 셰일가스 개발이다.

261) API, Hydraulic Fracturing: Unlocking America's Natural Gas Resources (July 19, 2010) 6.

262) Ibid, 5.

기 위해 필요한 기간은 굴착 현장의 준비를 위해 4-8주, 굴착 작업에 4-5주 그리고 전체적인 파쇄작업 운영을 위해 필요한 2-5주 등이다.[263)]

그림15 | 전형적인 유정 디자인과 시멘팅(Cementing)

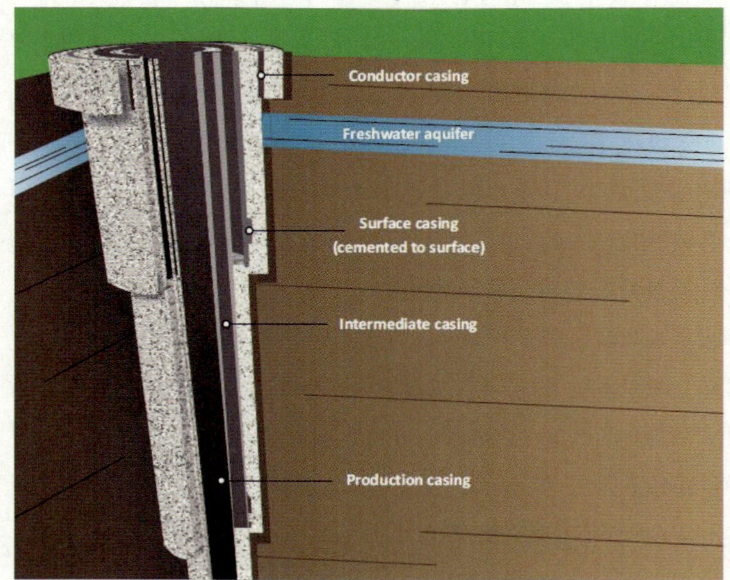


IEA, Golden Rules for a Golden Age of Gas, 24

첫 번째 단계는 굴착인데, 굴착을 위해 필요한 장비들의 보관을 위해 필요한 면적(유정부지)은 유정 당 약 100㎡이며, 새로운 유정의 굴착을 위해 필요한 장비들의 운송을 위해서는 100-200회의 트럭에 의한 운송이 요구된다.[264)]

유정의 굴착 단계에서 지표지질학뿐만 아니라, 인구밀집지역과의 거리·기존 사회기반시설들과의 거리·지역의 생태적 구조·물의 확보 가능성 및 그 처분 방법·기후 또는 야생동물로 인해 발생하는 계절적 작업 중단 등의 문제까지 고려되어야 한다. 이런 복잡한 문제들을 해소하기 위한 방

---

263) Ibid.

264) IEA, Golden Rules for a Golden Age of Gas (2012) 22. 이와 별도로 유정의 굴착과 완성과정에 추가적인 트럭들의 이동이 발생한다.

법으로 미국에서는 가능한 하나의 유정부지 또는 작업지에서 다수의 유정을 굴착하도록 하고 있다.

굴착기가 암석을 굴착하는 동안, 시추이수(試錐利水)(Drilling Fluid)를 주입하게 된다. 시추이수는 통상 진흙(Mud)으로 알려져 있는데, 물이 주된 성분인 물 시추이수·기름이 중심이 되는 기름시추이수·물과 기름이 혼합된 유화 시추이수·합성물질과 물을 이용한 합성 시추이수 등으로 구분된다. 물이 중심인 물 시추이수에는 물 이외에 벤토나이드·소금·밀도를 높이기 위한 고형물질 및 다양한 화학물질 등이 추가된다.

굴착단계에서 사용되는 철제파이프(Casing)과 시멘트는 지하에서 올라오는 고압의 석유·가스가 지표 근처의 암석층이나 지하수에 영향을 미치지 못하게 하는 방어 장치의 역할을 한다.

두 번째 단계는 유정 완성이다. 굴착이 이루어지면, 암석층과 유정 사이의 교류가 이루어지기 위한 천공(Perforation) 작업이 이루어진다. 천공이 이루어지면 암반층의 높은 압력 아래에 있던 석유·가스가 낮은 압력의 유정으로 자연스럽게 이동하기 때문이다. 하지만 셰일 또는 치밀 석유·가스의 경우 암반의 낮은 투과성으로 인해 이런 흐름이 상대적으로 아주 약하다. 석유·가스의 흐름은 생산량과 수익을 결정하는 중요한 요소이기 때문에 셰일이나 치밀가스의 생산을 위해서는 투과성을 높이는 다른 기술과 물질이 필요하게 되는 것이다.

기존에는 화학물질에 의해 투과성을 높였으나, 비전통자원에서는 수평굴착이 활용되고 있다. 수평굴착은 그림 16과 같으며, 1940년대에 개발된 기술로 지하에 매장된 석유·가스와 접촉하는 면을 넓게 하여 생산성을 획기적으로 높였다. 2005년 이래로 미국에서의 셰일가스 생산이 증가하게 된 가장 중요한 원인이기도 하다.

이렇게 굴착이 완성되면 고압의 파쇄이수(Fracturing Fluid)가 주입되며, 그 대부분은 물이다. 하지만 이렇게 형성된 틈들이 다시 닫힐 수 있기 때문에

그림16 | 셰일가스 생산 기술과 환경위험

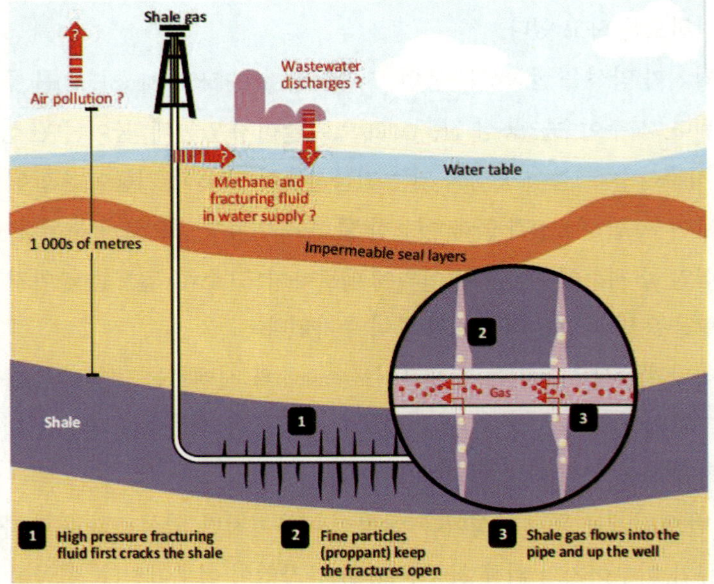


IEA, Golden Rules for a Golden Age of Gas, 25

이를 지속적으로 유지하기 위한 물질들이 주입되어야 한다. 이를 프로판트(Proppants)라 하며, 모래·세라믹 구슬·침전된 보크사이트 등이 프로판트로 사용된다. 파쇄이수에서 화학물질의 비율은 0.5%-0.01% 정도이다.[265] 파쇄의 마지막 단계로 과다한 프로판트를 제거하거나 프로판트를 암반층 깊은 곳으로 밀어 넣는 작업을 진행하게 된다.

## 다. 수압파쇄와 환경문제

### 1) 수압파쇄로 인한 환경문제 발생 여부에 대한 논쟁

수평굴착은 오히려 굴착에 필요한 지상시설과 대지의 면적을 감소시키고 있기 때문에 환경적 다툼의 대상이 되지 않는다. 하지만 수압파쇄는 국제에너지기구(IEA)를 비롯한 국제기구는 물론이고 미국, 호주, 호주의 셰일

265) World Energy Council, Survey of Energy Resources: Focus on Shale Gas (2010) 16.

가스 관련 규제에 대해서는 다음 논문을 참조하면 된다.[266] 유럽, 남아프리카 공화국 등 비전통자원을 개발하려는 거의 대부분의 국가들에서 환경과 관련된 문제로 갈등을 겪고 있다.

미국은 셰일가스의 개발로 인해 경제가 회복되고 많은 일자리가 창출되고 있으며, 자원에 대한 소유권이 토지 소유권자에게 귀속되는 법제도를 가지고 있기 때문에 이를 개발하여 부를 취득하려는 욕구가 크고, 넓은 국토에서 사람이 살지 않거나 인구밀도가 낮은 지역에서의 자원개발이 가능한 물리적 환경을 가진 드문 국가이기 때문에 환경문제를 제기하는 반대 여론에도 불구하고 활발한 개발이 이루어지고 있다.

석유·가스 개발업계를 중심으로 수압파쇄로 인한 환경침해가 거의 없거나 미약하다는 주장이 있으나, 아래에서 보는 것처럼 다양한 형태의 환경문제가 제기되고 있는 것도 사실이다.

2014년 7월 오클라호마 주에서 발생한 7차례의 지진과 관련된 보더라도,[267] 수압파쇄와 지반침하 또는 지진발생을 포함한 환경문제가 여전히 민감한 사회적 쟁점이라는 것을 알 수 있다.

### 2) 환경문제의 구제적 내용

#### 가) 대기오염

수압파쇄에 의한 셰일 석유·가스의 개발은 황산화물질·산화질소·미세먼지·오존 전구물질(Ozone Precursor)·이산화탄소 등을 배출한다.[268]

실재로 2004년 4월 미국 매사추세츠주의 베벌리 힐스 고등학교에 있는 유정으로부터 배출되는 유해 가스(Fumes)들로 인해 다른 주변지역에서 발

---

266) Richard Brockett, "The Regulation of Unconventional Gas in Queensland and New South Wales – Divergent Paths, Same Destination?", Oil, Gas & Energy Law Intelligence (June 2014).

267) Anu Passary, "Seven earthquakes hit Oklahoma over weekend. Blame fracking?", Tech Times, July 16, 2014, at 〈http://www.techtimes.com/articles/10377/20140716/seven-earthquakes-hit-oklahoma-over-weekend-blame-fracking.htm〉 on June 10, 2014.

268) 이 중 이산화탄소는 아래의 지구온난화 가스부분에서 정리한다.

생하는 암발생률보다 20배 이상 높다는 주장이 제기되어 사회적으로 상당히 심각한 논란이 있었다.[269)]

특히 수압파쇄와 관련된 환경문제는 수질오염과 관련되어 논의되어 왔으나, 최근 미국을 중심으로 대기오염에 대한 관심이 높아지고 있다. 몇몇 환경단체들은 대기질의 문제가 수질과 동등한 정도로 심각한 문제라고 주장하고 있다.

콜로라도와 뉴멕시코주에서 수집된 9 가지 샘플에 기초한 연구은 결정적이지는 못하더라도 가스정(井)과 생산시설에서 나오는 오염물질이 주변에 거주하는 사람 또는 주변의 작업장에서 일하는 사람들에게 미치는 영향을 강조하고 있다.[270)]

디젤트럭과 발전기를 사용하고, 대기 중에 탄화수소와 유해화학 물질을 방출할 수 있는 최근의 굴착방식이 건강에 미치는 우려가 높아지고 있으며, 이에 대한 논의가 다양한 방면으로 진행되고 있다.[271)]

미국의 환경보호청(Environmental Protection Agency)에 따르면 2009년 110만개의 유정에서 석유와 가스가 생산되고 있으며, 최근에 굴착된 새로운 유정의 대부분은 수압파쇄 방식을 통해 천연가스를 생산하고 있다.[272)] 이렇게 생산된 천연가스는 수집과 승압처리 과정을 거치는데, 이 시설에서는 상업·산업·가정용 소비자들에게 전달되는 수송망에 적합한 기준에 맞추기 위해 불순물들을 제거하는 절차를 거치게 된다. 유정의 완성과정에서는 많은 파쇄이수, 물 그리고 매장지 가스 등이 빠른 속도로 지표 위로 방출된다.[273)] 이런 물질들은 특히 휘발성 유기화합물(volatile organic compound)

---

269) Martin Kasindorf, Lawyers: Beverly Hills High School' s Hazard (USA Today, April 29, 2003).

270) Steve Orr, NEW YORK: Hydrofracking's impact on air quality concerns some (democratandchronicle.com, July 18, 2011).

271) Ibid.

272) EPA, Proposed Amendments to Air Regulations for the Oil and Natural Gas Industry (July 28, 2011) 2.

273) Ibid.

은 물론 벤젠, 에틸벤젠 및 노말헥산(n-hexane)을 포함하고 있다. 즉 수압파쇄는 대기오염을 초래할 가능성이 높다는 것이다.

나) 온실가스 배출

비전통자원의 개발 즉, 셰일이나 치밀 석유·가스의 개발에서 배출되는 온실가스의 양은 전통자원의 개발에서 발생하는 온실가스보다 훨씬 많다.

그 원인은 비전통석유·가스를 개발하는데 필요한 유정이 전통자원의 개발보다 훨씬 많을 수밖에 없는데 각 유정의 운영에 소요되는 에너지가 주로 이산화탄소를 대량으로 배출하는 디젤발전기를 사용하고 있다는 점, 유정의 완성과정에서 많은 가스의 배출 또는 소각이 이루어진다는 점 등이 주요한 원인이다. 소각의 경우 전통적 가스 생산방식보다 약 3.5%, 배출의 경우 12% 정도 배출량이 증가한다.

천연가스의 생산·수송·사용 및 전통자원의 생산보다 비전통자원의 생산과정에서 더 많이 배출되는 지구온난화가스의 문제는 국제적으로 또는 국내적으로 큰 논쟁거리가 되었다.

먼저 메탄은 이산화탄소보다도 강력한 온실가스이다. 다만 이산화탄소의 대기 준 존속기간은 150년이 넘는데 반해, 메탄은 약 15년으로 상대적으로 짧다.

가스 생산과정에서 메탄의 배출은 크게 4가지로 구분된다. 첫째, 의도적 배출이다. 안전이나 경제적 이유로 의도적으로 천연가스를 배출하는 것을 의미한다. 두 번째는 일시적 배출인데, 파이프라인·밸브·봉인 등에서 발생하는 일부 누출을 의미한다. 일시적 배출은 그것이 우연한 사고에 의한 것이거나 안전 등 일정한 목적으로 위해 설계에 의도적으로 이루어지는 배출을 포함한다. 셋째는 장비의 파열에 의한 배출을 의미하며, 마지막으로 불완전연소에 의한 배출이 있다.

디젤엔진의 운전과정에서 발생되는 이산화탄소 및 수압파쇄 방법을 이용한 생산과정에서 발생하는 메탄가스는 다른 환경적 문제를 제외하고 그 자체만으로도 비전통자원의 개발을 반대하는 중요한 원인이 되고 있다.[274)]

다) 수자원과 관련된 문제(수량감소, 환류수의 처리, 수질오염)

수압파쇄와 관련하여 석유·가스 개발업계는 심각한 문제가 없다고 주장하고 있으나, 가장 심각하게 논의되고 있는 환경적 문제가 물에 관한 문제이다.[275)] 그리고 수많은 물과 관련된 환경문제 사례들이 제시되고 있다. 셰일가스와 환경문제의 관련성을 제기하고 있는 대표적인 기구가 프로퍼블리카(ProPublica)이다.[276)]

수압파쇄로 인해 수량감소가 발생하는 이유는 수압파쇄를 위해 상당한 양의 물이 필요하기 때문이다.

표22 | 석유·가스 생산에 사용되는 물의 양

| | 물의 소비량 | |
|---|---|---|
| | 생산 | 정제 |
| 천연가스 | | |
| 전통가스 | 0.001 - 0.01 | |
| 파쇄를 통한 전통가스 개발 | 0.005 - 0.05 | |
| 치밀가스 | 0.1 - 1 | |
| 셰일가스 | 2 - 100 | |
| 석유 | | |
| 전통석유 | 0.01 - 50 | 5 - 15 |
| 파쇄를 통한 전통석유 개발 | 0.05 - 50 | 5 - 15 |
| 경 치밀석유(Light Tight Oil) | 5 - 100 | 5 - 15 |

EIA, Golden Rules for a Golden Age of Gas, 31 단위: 1TJ 당 ㎥

274) Constance K. Lundberg & Anthony L. Rampton, 'Shale We Dance? Oil Shale Development in North America: Capoeria or Funeral Dance' Special Institute of RMMLF (2006) 15.

275) Amy Mall, Incidents Where Hydraulic Fracturing is a Suspected Cause of Drinking Water Contamination, Switchboard: Nat'l Res. Def. Council Staff Blog (Oct. 4, 2010), at 〈http://switchboard.nrdc.org/blogs/amall/incidents_where_hydraulic_frac.html〉 on June 10, 2014.

276) Buried Secrets: Gas Drilling's Environmental Threat, ProPublica, at 〈http://www.propublica.org/series/buried-secrets-gas-drillings-environmental-threat〉 on June 10, 2014.

수압파쇄 방식을 사용하는 유정 하나에 사용되는 물의 양이 약 100만에서 500만 갤런(약 20,000㎥)에 이르며, 미국 서부 텍사스의 Eagle Ford에서 셰일가스의 생산에 사용되는 물의 양은 2010년 중반 이후 18,500만㎥에서 13,600㎥로 감소했다. 이렇게 물의 소비량이 줄게 된 가장 큰 원인은 재활용(Recycling)에 있다. 국제에너지기구(EIA)에 따른 석유·가스의 생산단위당 물 소비량에 대한 비교는 위의 표와 같다.

수압파쇄에 필요한 물들은 대부분 지표수, 지하수 또는 인근지역에서 트럭을 통해 수송되어 온다. 수압파쇄를 위해 약 15,000㎥의 물이 필요하다면, 대당 약 30㎥의 적재량을 가진 500대 정도의 트럭에 의한 수송이 발생하게 된다.

특히 수자원이 부족한 지역에서의 수압파쇄는 광범위하고 심각한 환경문제가 발생할 수 있다는 것이다. 지하수면이 낮아지면, 생물다양성이 파괴되며 해당 지역의 생태계까지 파괴될 수 있다. 동시에 해당지역에서의 농업에 심각한 타격이 발생하게 된다.

중국의 타림분지(Tarim Basin)는 막대한 셰일가스층이 존재하지만 물이 부족한 지역이기 때문에 이를 개발하기 어려운 반면, 시츄안분지(Sichuan Basin)는 상대적으로 물이 풍부하기 때문에 그 개발 가능성이 크다.

물 자체의 부족문제 외의 다른 문제들로는 사용된 물의 재처리 문제, 석유·가스의 생산과정에서 같이 따라 나오는 염수(Produced Water)의 문제, 식수의 오염문제 등을 들 수 있다. 즉, 수질과 관련된 문제이다.

수질오염의 문제는 수압파쇄 과정에서 발생 가능한 중요한 문제이기 때문에 깊은 고려가 요구된다. 물에 대한 오염은 지표면에서의 사고로 인한 시추이수, 파쇄이수 등 유체나 고체물질의 유출, 불완전한 시멘트 접착 면을 통해 파쇄이수 또는 염수 등의 지하 대수층으로 유출, 생산 지역과 대수층 사이의 암반을 통해 발생하는 탄화수소 또는 화학물질의 유출, 불충분하게 처리된 폐수의 지하 또는 심층 지하에 폐기 등이 주된 원인이다.

물론 이런 수질오염이 비전통자원의 개발에서만 발생하는 것은 아니다. 기존의 전통적인 방식에 의한 석유·가스의 개발에서도 발생한다. 다만 그 차이점은 비전통적 개발방식과 전통적 개발방식의 차이로 인해 오염의 발생가능성이 높아지고 또한 효과도 더 넓고 크게 발생한다는 점에 있다.

수질오염과 관련하여 반드시 논의되어야 할 문제점이 수압파쇄 과정에서 사용되는 화학물질에 관한 것이다. 화학물질이 혼합된 액체를 고압으로 지하에 주입하는 데, 그 이유는 지하 암석층에 틈을 만들어 석유·가스의 이동을 가능하게 하며, 석유·가스의 흐름을 원활하게 만들기 위해서이다.[277)]

화학물질의 양은 전체의 0.5% 이하이기 때문에 그 양이 미미할 수 있으나,[278)] 어떤 화학물질이 사용되고 있는지 정확하게 공개되지 않고 있는 점, 화학물질들이 어떤 작용을 통해 환경에 유해한 영향을 미칠지 정확하지 않다는 점 등으로 인해 많은 우려의 대상이 되고 있다. 대표적인 화학물질로는 점성을 높이기 위한 구아검(Guar Gum), 결합을 강화하는 지르코늄(Zirconium) 또는 붕소(Boron), 윤활유 등이 있다.

마지막으로 문제되는 것이 환류수의 처리(Flowback Water)이다.

일단 수압파쇄를 위해 투입된 물의 1/4에서 1/3 정도가 다시 육상으로 되돌아오는 데, 이 물들은 상당히 짠 성분을 가지고 있기 때문에 이를 그대로 재사용하는 것이 원칙적으로 불가능하다.

따라서 이를 처리하는 것이 필요한데, 그 목적은 수자원의 고갈을 방지하고 일정한 처리를 거쳐 회수된 물을 재사용하도록 하는 데 있다. 처리의 방법으로는 재활용(Recycle), 처리 후 배출, 지하 암반층에의 주입(Injection)을 들 수 있다.

277) EPA, Study on Potential Impacts of Hydraulic Fracturing on Drinking Water Resources (December 2012) 15.

278) Christopher S. Kulander, "State Regulatory Issues Related to Drilling for Shale Gas and Hydraulic Fracturing", Rocky Mountain Mineral Law Foundation Journal (Chapter 5, Special, September 2012) 284.

### 라) 소음

수압파쇄작업은 상당한 소음을 발생시킨다. 셰일가스의 개발 초기 2주에서 1달에 이르는 기간 동안의 굴착이나 파쇄과정에서 상당한 소음이 발생한다. 이런 소음 감소는 대부분 법률에 의해 통제되고 있으며 다양한 방식으로 측정되고 통제된다. 가장 단순한 방법은 굴착이나 파쇄과정에서의 소음 발생량을 직접적으로 통제하는 것이다. 전형적인 기준은 유정부지의 끝으로부터 200-400피트 떨어진 지역에서 측정된 소음이 70-90 데시벨을 초과하지 못하도록 하는 것이다.[279] 소음을 방지하기 위한 방법은 아주 크고 무거운 침구 같은 '소음 담요(Sound Blanket)' 을 장비들 위에 덮는 것이다.

다른 규제 방법은 주변의 소음을 기준으로 이보다 몇 데시벨 이상을 초과할 수 없도록 하는 방법이다. 텍사스주의 규제방법을 예로 들 수 있으며, 낮에는 주변소음보다 5 데시벨 야간에는 3 데시벨을 초과할 수 없다. 이런 경우 유정부지는 가능한 도로 주변에 자리 잡게 된다. 왜냐하면, 도로에 접한 경우 운송비가 절감되며 도로의 소음이 높아서 소음규제에 대한 대응에서 유리하기 때문이다.[280]

### 마) 지반침하(지진)

수압파쇄는 지하공간에서 강력한 에너지를 이용해 암반을 파쇄하기 때문에 그 에너지가 지반의 약한 부분을 통과하면서 지반침하 현상을 발생시키게 될 수도 있다. 2011년 4월 1일 영국의 블랙풀(BlackPool) 지역에서 굴착회사인 쿠아드릴라 자원개발(Cuadrilla Resources)의 수압파쇄작업 직후 발생한 규모 2.3의 지진은 그 대표적인 사례이다.[281] 그리고 같은 해 5월 27일

279) Thomas E. Kurth & Michael J. Mazzone & Mary S. Mendoza & Christopher S. Kulander, "American Law and Jurisprudence on Fracing", Rocky Mountain Mineral Law Foundation Journal (Vol. 47 No. 2, 2010) 284.

280) Ibid.

281) The Royal Society & Royal Academy of Engineering, Shale gas extraction in the UK: a review of hydraulic fracturing (June 2012) 15.

동일한 유정에서 규모 1.5의 지진이 발생하였고, 이로 인해 수압파쇄 작업이 중지되었다. 한편, 쿠아드릴라는 지진 발생의 원인에 대한 조사보고서를 제출할 것을 약속했으며, 영국의 에너지·환경부 또한 이에 대한 보고서를 작성하여 공개하기로 하였다.[282)]

수압파쇄로 인한 지반침하나 인간 활동에 의한 지진의 발생은 미국에서 이미 널리 알려진 현상으로 2009년 6월 2일 2.8 규모의 지진이 텍사스주의 클레번 지역에서 보고되었다.[283)]

대부분의 지진은 소규모이기 때문에 크게 문제가 되지 않지만, 쿠아드릴라의 사례는 상당히 큰 규모의 지진으로 많은 우려를 낳았다. 그리고 어떤 결과를 초래할지도 정확히 파악되고 있지 않다. 다만 지속적이고 주의깊은 관찰을 통해 단층 등의 지질구조를 파악하고 파쇄작업 과정에서 발생할 수 있는 위험을 최소화해야 한다.

## 라. 수압파쇄에 대한 미국 연방정부와 주정부의 규제

### 1) 연방정부의 규제

#### 가) 연방정부와 주정부의 석유·가스 개발 규제에 대한 관할권 논쟁

연방정부가 수압파쇄에 대해 규제를 하는 것은 상대적으로 새로운 현상이다. 자원의 개발은 원칙적으로 주정부의 관할 사항이기 때문이다. 자원개발에 대한 규제는 위에서 본 것처럼 각 주들의 석유·가스 보전과 관련된 위원회들에 의해 이루어졌으며, 수압파쇄 자체만을 대상으로 하는 규제는 찾아보기 힘든 정도였다.[284)]

282) Ibid.

283) Thomas E. Kurth & Michael J. Mazzone & Mary S. Mendoza & Christopher S. Kulander, above n 280, 291.

284) Rebecca W. Watson & Nora R. Pincus, "Hydraulic Fracturing and Water Supply Protection – Federal Regulatory Developments", Rocky Mountain Mineral Law Foundation Digital Library, (Chapter 5, September, 2012) 3.

주(州) 정주들의 이런 규제는 자원의 보존을 목적으로 하며 동시에 자원의 소유권이 토지 소유권자에게 귀속되는 미국의 법제도 아래에서 사적(私的) 토지소유자들 상호간의 권리를 보호하고자 함에 있었다. 주 정부들의 자원개발에 대한 규제는 주 정부에 존재하는 연방정부의 토지들에도 적용되었는데, 이는 미국 수정헌법 제10조에서 확인되고[285] 주 정부에 고유한 경찰권에 근거하고 있다.

원래부터 미국 연방정부가 석유·가스 개발에 대한 규제권한을 행사할 의도가 없었던 것은 아니었으며, 연방정부 차원의 규제 시도가 있었으나 업계의 반대와 1930년대 대공황 당시 루즈벨트 대통령에 의해 제정된 국가산업부흥법(the National Industrial Recovery Act)의 패키지 안에 석유·가스 산업 규제에 대한 석유 규정(Petroleum Code)들이 포함되어 있었으나 연방대법원의 1935년 에이엘에이(A.L.A. Schechter Poultry Corp. v United States) 판결로[286] 국가산업부흥법의 위헌이 선고되면서 연방정부의 석유·가스 산업에 대한 규제 시도가 실패하게 되었던 것이다.[287] 이런 여파로, 1930년대에서 1940대 사이에 연방정부의 석유·가스 산업에 대한 권한은 약화된 반면, 주 정부들의 권한이 실질적이고 현실화되었다.

현재까지도 이런 기본적인 규제 권한의 분배는 유지되어 오고 있었으나, 1960년대에서 1970년대 사이에 불었던 환경규제의 강화와 더불어 연방정부가 제정한 수질오염방지법(Clean Water Act)과 안전한 음용수법(Safe Drinking Water Act)으로 인해 석유·가스 개발 및 수압파쇄로 인한 수자원 관리에 대한 규제권한을 회복하게 되었다.[288]

---

285) Tenth Amendment to the United States Constitution. "The powers not delegated to the United States by the Constitution, nor prohibited by it to the States, are reserved to the States respectively, or to the people".

286) A.L.A. Schechter Poultry Corporation v U.S., 295 U.S. 495, 55 S.Ct. 837, U.S. 1935.

287) Bruce M. Kramer, "Federal Legislative and Administrative Regulation of Hydraulic Fracturing Operations", Texas Tech Law Review (Summer,2012) 838.

288) Rebecca W. Watson & Nora R. Pincus, above n 285.

따라서 수질오염방지법과 안전한 음용수법을 관할하는 부처인 미국 환경보호청은 최근 석유·가스의 개발 및 수압파쇄와 관련된 환경 차원의 규제에 적극적인 모습을 보이고 있다.

### 나) 연방정부 차원에서의 수자원보호

수질오염방지법에 따라 환경보호청은 수질기준 집행에 대한 권한을 주 정부들에게 위탁하고 있으며, 환경보호청의 핵심 권한은 음용 지하수의 보호를 위해 지하에 어떤 물질을 주입하는 것에 대한 규제권이다.[289)]

환경보호청은 안전한 음용수의 기준에서 음용수에 포함될 수 있는 오염물질의 최대 수준을 정하고 있으며, 이 기준은 지표수와 지하수 모두에 적용된다. 이 음용수 기준에 부합하는지 여부에 대한 감독과 보고도 요구되고 있으며, 구체적인 집행은 주 정부에 위임하고 있다.[290)]

지하수 보호에 대해서는 어떤 지하 대수층이 어떤 지역의 주민들의 음용수원인지에 대한 확인과, 지하에 주입하는 행위에 대한 통제 프로그램(Underground Injection Control Program)을 통해 지하수에 대한 관리를 시행하고 있다.[291)]

하지만, 환경보호청은 1997년 전까지 수질오염방지법에 의한 지하수 관리권한을 좁게 해석하면서 수압파쇄에 대한 규제권 행사를 거부하였으나, 1997년 8월 제10 연방항소법원의 환경지원재단(Legal Environmental Assistance Foundation, Inc. v U.S. E.P.A.) 판결[292)] 이후 태도를 전환하게 된다. 왜냐하면, 환경지원재단 판결에서 연방법원이 수압파쇄는 수질오염방지법에서 정한 지하 주입(Underground Injection)의 하나이며, 따라서 환경보호청은 이를 규

289) Susan L. Sakmar, above n 253, 408.
290) Rebecca W. Watson & Nora R. Pincus, above n 285, 4.
291) EPA, Underground Injection Control Program, at ⟨http://water.epa.gov/type/groundwater/uic/index.cfm⟩ on June 12, 2014.
292) Legal Environmental Assistance Foundation, Inc. v U.S. E.P.A., 118 F.3d 1467, C.A.11, 1997.

제해야 한다고 판시하였기 때문이다.[293]

환경지원재단 판결 이후에 환경보호청이 수압파쇄의 환경영향에 대한 연구를 시행했으나, 그 결과 수압파쇄로 이해 수자원에 미치는 영향은 미미하다는 것이었다.[294] 연구의 방법과 샘플 선택에서 많은 문제점이 있다는 지적에도 불구하고, 2005년 이 연구보고서와 업계의 로비로 인해 수압파쇄를 지하 주입의 범주에서 명시적으로 제외하는 내용의 에너지정책법(Energy Policy Act)의 개정이 이루어지게 된다.[295] 그 결과 연방정부의 수압파쇄에 대한 권한은 사라지고 지방정부의 권한으로 귀속되었다.

안전한 음용수법은 지표수에 관한 규제권한을 환경보호청에 배타적으로 부여하고 있는데, 수압파쇄 후 회수된 물에 대한 규제가 중요한 쟁점이다. 과거에는 환경보호청이 석유·가스의 탐사 및 개발에 대해 안전한 음용수법을 적용하지 않았으나, 최근에는 태도를 변경하여 석유·가스 개발 및 수압파쇄에 이 법을 적극적으로 적용하고 있다.[296]

안전한 음용수법은 특히, 오염 물질의 폐기에 대한 허가(Permits for discharge of pollutants)를 얻도록 하고 있으며,[297] 미국 내의 물에 오염물질을 폐기하기 위해서는 환경보호청 또는 주의 관할관청으로부터 허가를 취득해야 한다.[298]

---

293) Ibid, 1478. "In sum, we conclude that hydraulic fracturing activities constitute "underground injection" under Part C of the SDWA".

294) EPA, Evaluation of Impacts to Underground Sources of Drinking Water by Hydraulic Fracturing of Coalbed Methane Reservoirs Study, 2004.

295) Energy Policy Act § 300h. Regulations for State programs

(2) Regulations of the Administrator under this section for State underground injection control programs may not prescribe requirements which interfere with or impede–

(A) the underground injection of brine or other fluids which are brought to the surface in connection with oil or natural gas production or natural gas storage operations, or

(B) any underground injection for the secondary or tertiary recovery of oil or natural gas,

unless such requirements are essential to assure that underground sources of drinking water will not be endangered by such injection.

296)Rebecca W. Watson & Nora R. Pincus, above n 43, 8.

297) 33 U.S.C.A. § 1342. National pollutant discharge elimination system.

298) Ibid.

수질오염방지법에서와 같이 환경보호청은 원칙적인 폐기 허가 권한은 주정부에 위임하고 있으나, 각 주의 오염물 폐기 제한 시스템(National Pollutant Discharge Elimination System)에 대한 승인을 보유하고 있다. 현재까지 뉴멕시코, 매사추세츠, 인디애나, 워싱턴디씨, 뉴햄프셔 주를 제외한 대부분의 주들이 환경보호청의 승인을 받았다.[299]

수압파쇄 과정에서 주입된 물의 상당부분이 석유·가스와 함께 되돌아오는데, 이 되돌아 온 물을 환류수(Flowback Water)라 한다. 환류수는 투입된 물의 10%에서 100%에 이를 정도로 다양한 비율을 보이고 있다.[300] 한편, 지하 매장층에 존재하다가 석유·가스의 생산과 더불어 지상으로 유출되는 물을 생산수(Produced Water)라 하는데, 환류수는 생산수의 일종으로 보아 동일한 규제를 하고 있다. 즉, 안전한 음용수법에 따라 오염 물질의 폐기에 대한 허가를 얻어야 한다.[301]

수압파쇄 과정에서 발생하는 환류수는 물 뿐만 아니라, 수압파쇄에 사용되는 화학물질과 소금, 방사능물질은 물론 용해된 고형물질들 포함한 부가적인 물질들이 포함되어 있다. 이런 환류수의 처리는 지하에 주입하거나 지표에서의 처리 및 폐기라는 두 가지 방법으로 처리되고 있으며, 전자는 수질오염방지법의 적용대상이며 후자는 안전한 음용수법의 적용대상이다.

2003년 연방 제9 순회항소법원의 북부 평원 자원위원회(Northern Plains Resource Council v Fidelity Exploration and Development Co.) 판결에서 석탄층가스(Coal Bed Methane)의 생산과정에서 발생하는 생산수는 안전한 음용수법의 '오염물질(Pollutant)' 에 해당한다고 판시하고 있다.[302]

---

299) EPA, Specific State Program Status, at ⟨http://water.epa.gov/polwaste/npdes/basics/State-Program-Status.cfm⟩ on June 15, 2014.

300) Bill Chameides, Natural Gas, Hydrofracking and Safety: The Three Faces of Fracking Water, September 20th, 2011, at ⟨http://blogs.nicholas.duke.edu/thegreengrok/frackingwater/⟩ on June 15, 2014.

301) EPA, Hydraulic Fracturing Background Information, at ⟨http://water.epa.gov/type/groundwater/uic/class2/hydraulicfracturing/wells_hydrowhat.cfm⟩ on June 15, 2014.

302) Northern Plains Resource Council v Fidelity Exploration and Development Co., 325 F.3d 1155, C.A.9 (Mont.),2003, 1161.
"Second, CBM water is also a "pollutant" by virtue of being "produced water" derived from gas extraction".

### 다) 최근 연방정부의 수압파쇄 규제 동향

최근에는 미국 내의 셰일가스 개발이 폭발적으로 확대되고, 이에 따른 환경 및 수자원에 대한 우려가 높아지면서 전혀 다른 양상이 나타나고 있다. 즉, 2009년 수압파쇄 책임과 화학물질에 관한 법률(Fracturing Responsibility and Awareness of Chemicals Act)안이 제출되었으며, 이에 따르면 수압파쇄를 수질오염방지법의 관할 대상에 포함시키도록 하고 있다. 이 법안은 또한, 수압파쇄에 사용되는 화학물질의 구성물에 대한 정보를 공개하도록 하고 있다. 다만, 현재까지 이 법안은 하원에 상정되지 못하고 있고, 회기의 종료에 따라 법안의 제출이 반복적으로 이루어져 왔다. 다만, 이 법안들이 현실적으로 미국 의회를 통과할 수 있을지에 대해서는 의문이 있다.

한편, 연방정부의 셰일가스 규제에 대해 반대하는 입장에서 2012년 3월과, 2013년 6월 26일 공화당 연방 하원의원과 상원의원들이 수압파쇄는 주정부에 의한 규제가 합리적이라는 법(Fracturing Regulations are Effective in State Hands Act)안을 제출하기도 했다.[303] 이 법안들에 따르면, 연방정부 토지에서의 수압파쇄 활동에 대한 규제도 주정부의 독점적 관할권에 속하도록 해야 한다는 것이다.

이 법안의 목적은 오바마 대통령의 2012년 상하원 합동 연설에서 언급되고 2012년 5월 미국 내무부가 작성된 수압파쇄에 대한 규제안(Oil and Gas; Well Stimulation, Including Hydarulic Fracturing, on Federal and Indian Lands)을[304] 무력화하는 것이었다. 미국 전역에 걸쳐 연방정부는 광대한 연방정부 소유의 토지를 소유하고 있으며, 해당 연방정부 토지의 관리를 담당하는 내무

---

303) US Congress, Bills, "A bill to clarify that a State has the sole authority to regulate hydraulic fracturing on Federal land within the boundaries of the State", at 〈https://www.govtrack.us/congress/bills/112/s2248〉 and "To clarify that a State has the sole authority to regulate hydraulic fracturing on Federal land within the boundaries of the State", at 〈https://www.govtrack.us/congress/bills/113/hr2513〉 on June 15, 2014.

304) Land Management Bureau, "Oil and Gas; Well Stimulation, Including Hydarulic Fracturing, on Federal and Indian Lands", Proposed Rule (March 2012).

부는 연방정부 토지에서 시행되는 수압파쇄에 대한 규제권한을 보유하고 있으며, 이 권한에 근거하여 수압파쇄에 대한 기준을 작성했던 것이다. 특히 광업 리스법(Mineral Lease Act)법이 내무부 산하의 토지운영국(Bureau of Land Management)에 연방정부 토지에서의 광업권 리스에 대한 권한을 부여하고 있다.[305]

그리고 미국 하원은 2009년 수압파쇄 책임과 화학물질에 관한 법률안의 제출과 더불어 환경보호청에 수압파쇄와 음용수의 관련성에 대한 연구를 진행하도록 요구했고, 2012년 환경보호청, 내무부와 에너지부는 수압파쇄와 관련된 안전 및 보다 성숙된 방법으로 셰일가스를 개발하기 위한 연구를 수행하기 위한 양해각서를 체결한다.[306] 이에 따라 환경보호청은[307] 수압파쇄에 관한 연구를 진행해오고 있다.[308] 특히 디젤 연료를 이용한 수압파쇄에 대한 기준안을 발행하기도 했다.[309]

환경보호청이 제시하고 있는 연구의 목적은 수압파쇄와 음용수원 사이의 관계를 밝히는 것, 더 구체적으로는 수압파쇄가 음용수원에 미칠 수 있는 잠재적 영향을 평가하는 것이고, 해당 영향의 심각성과 빈도와 관련된 주요 요인들을 분석하는 것이라고 밝히고 있다.[310]

한편, 환경보호청은 2012년 4월 천연가스 생산과 관련된 공기 오염 저감을 위한 새로운 기준을 발표했다.[311] 이 기준은 청정공기법(Clean Air Act)

---

305) 30 U,S,C § 226. Lease of oil and gas lands

306) EPA, DoE, DoI, Multi-Agency Collaboration on Unconventional Oil and Gas Research (2012).

307) 미국 국립과학원도 관련 연구를 시행했으며, 다음과 같은 보고서도 제출하였다. Nathaniel R. Warnera, Robert B. Jacksona,b, Thomas H. Darraha, Stephen G. Osbornc, Adrian Downb, Kaiguang Zhaob, Alissa Whitea & Avner Vengosh, Geochemical evidence for possible natural migration of Marcellus Formation brine to shallow aquifers in Pennsylvania (2011).

308) EPA, EPA's Study of Hydraulic Fracturing for Oil and Gas and Its Potential Impact on Drinking Water Resources, at ⟨http://www2.epa.gov/hfstudy⟩ on June 15, 2014.

309) EPA, Permitting Guidance for Oil and Gas Hydraulic Fracturing Activities Using Diesel Fuels – Draft: Underground Injection Control Program Guidance #84 (2012).

310) EPA, Plan to Study the Potential Impacts of Hydraulic Fracturing on Drinking Water Resources (2011) iii.

에 의해 요구되고 있으며, 압축기, 오일 저장탱크, 기타 석유·가스 분야의 장비들로부터 발생하는 오염물질을 대상으로 하고 있다.[312] 이를 특히 유해 대기오염물질 배출 기준(National Emissions Standards for Hazardous Air Pollutants)이라 하고 있다. 이를 통해 스모그와 건강에 악영향을 미치는 유정으로부터 발생하는 유해 대기오염물질의 약 95%를 감축하고자하는 목표를 제시하고 있다.[313]

미국의 에너지 정책을 담당하는 에너지부도 2011년 오바마 대통령의 에너지 미래 안보에 대한 청사진(Blueprint for a Secure Energy Future)을 발표하면서, 에너지 자문위원회 사무국(Secretary of Energy Advisory Board)을 설치하였고 에너지 자문위원회 사무국으로 하여금 수압파쇄에 의한 천연가스 생산활동에서의 안전과 환경개선을 위한 의견서를 제출하도록 하였다. 그 결과물이 90일 보고서(90 Day Report)들인데, 2011년 8월 18일 20가지의 권고사항을 내용으로 하는 제1차 보고서가 제출되었으며, 같은 해 11월 18일 최종 보고서가 제출되었다.[314] 90일 보고서는 연방, 주정부 또는 각 주체들의 협력에 의해 이루어져야 할 사항들을 분류하여 권고하고 있다.

이 외에도 농무부(Department of Agriculture),[315] 국방부(Department of Defense),[316] 증권거래위원회(Security and Exchange Commission),[317] 보건사회복

311) EPA, Oil and Natural Gas Sector: New Source Performance Standards and National Emission Standards for Hazardous Air Pollutants Reviews (2012).

312) Ibid, 14-15.

313) EPA, EPA Issues Updated, Achievable Air Pollution Standards for Oil and Natural Gas / Half of fractured wells already deploy technologies in line with final standards, which slash harmful emissions while reducing cost of compliance, (Apri 18, 2012) at 〈http://yosemite.epa.gov/opa/admpress.nsf/bd4379a92ceceeac8525735900400c27/c742df7944b37c50852579e400594f8f!OpenDocument〉 on June 20, 2014.

314) Secretary of Energy Advisory Board, "Improving the Safety & Environmental Performance of Hydraulic Fracturing" at 〈http://www.shalegas.energy.gov/〉 on June 20, 2014.

315) 주로 산림지역에서의 수압파쇄에 대한 논의를 진행하고 있다.

316) 위에서 본 것처럼, 육군 공병단이 주된 역할을 하고 있다.

317) 수압파쇄에 사용되는 화학물질을 공개하도록 요구하고 있다.

지부(Department of Health and Human Services),[318] 연방 작업안전보건 행정국(Occupational Safety and Health Administration)[319] 등도 수압파쇄에 대한 연구와 제도개선을 위해 노력하고 있다.[320]

### 2) 대표적인 주정부의 수압파쇄에 대한 규제

#### 가) 뉴욕 주

뉴욕 주에서는 규모가 큰 마셀러스(Marcellus) 셰일 가스전의 개발과 관련하여 수압파쇄에 대한 많은 법과 규제들이 제안되었다.

수평굴착이나 수압파쇄가 뉴욕에서는 이미 수십 년 간 일반적인 기술로 통용되고 있었지만, 최근까지는 일반적인 굴착행위에 대한 규제만 있었을 뿐 수압파쇄를 대상으로 하는 특별한 규제를 두고 있지는 않았던 것이다.

일반적 굴착행위에 대한 규제는 환경보전법(Environmental Conservation Law) 제23조이며,[321] 뉴욕 주에서 석유·가스의 개발, 운영, 광구통합에 대한 규제의 근거가 되고 있다. 환경보전법의 규정들은 도로와 부동산세와 관련된 지방정부의 관할권을 제외하고, 석유·가스의 규제와 관련한 다른 모든 법률에 우선한다.[322] 하지만, 그럼에도 불구하고 물사용 규제, 수송 및 화학물질의 저장 등에 대한 규제와 같은 굴착과 광업운영에 관한 다른 규제들이 여전히 적용된다.

뉴욕 주에서 이루어지는 모든 굴착은 환경 재검토 절차(Environmental Review Process)를 거쳐야 하며, 환경보호부의 허가 없이 석유·가스 개발을 위한 굴착은 금지된다.[323] 1992년 뉴욕환경부는 2008년 석유·가스개발 프로

318) 수압파쇄가 보건에 미치는 영향에 대한 연구를 진행하고 있다.

319) 수압파쇄가 근로자에게 미치는 영향에 대한 연구를 진행하고 있다.

320) Rebecca W. Watson & Nora R. Pincus, above n 43.

321) NY Code - Environmental Conservation, Article 23: Mineral Resources.

322) Ibid, Section 23-0303(2).

323) New York Codes, Rules and Regulations, Title 6 Department of Environmental Conservation, s 552.1 Application and fee.

젝트의 승인과 환경적 검토를 위해 석유·가스 및 용해 채광규제에 대한 환경영향선언 프로그램(Generic Environmental Impact Statement on the Oil, Gas and Solution Mining Regulatory Program)을 채택했으며,[324] 이 프로그램은 수압파쇄에 대해 명시적으로 언급하고 있으나 특별히 추가적인 규제를 두지 않았다. 하지만, 환경보호부는 향후 환경영향 선언의 보완적 형태(Supplemental Generic Environmental Impact Statement)로 재검토될 것이라고 약속했으며, 현재 최종안이 발표되어 있는 상태이다.[325]

보완된 환경영향 선언은 대용량 수압파쇄(High-volume hydraulic fracturing)에 대한 추가적인 기준이 제시하고 있다.[326] 특히, 수압파쇄의 심도, 수압파쇄 서비스를 수행하는 회사, 파쇄에 사용되는 유체의 예상량, 그 중 물의 비용, 프로판트의 형태 및 다른 추가 물질, 수원지 등에 대한 정보를 제공해야 한다. 또한, 환류수의 처리에 대한 정보도 제공할 것이 요구되고 있다.[327]

2010년 8월, 뉴욕 주 상원은 2011년 5월 15일까지 마셀러스에서의 굴착허가 발급을 금지하는 법안을 통과시켰으나, 2010년 12월 주지사에 의해 거부권이 행사되어 폐기되었다.[328] 이 외에도 수압파쇄의 규제를 목적으

(a) It shall be unlawful for any owner or operator to commence operations to drill, deepen, plug back or convert a well for exploration, production, input, storage or disposal until he has filed an application with the department and has received a permit as specified below. This application shall not be required for deepening or plug back operations to be conducted exclusively within the producing horizon of a pool.

324) Department of Environmental Conservation, Generic Environmental Impact Statement on the Oil, Gas and Solution Mining Regulatory Program (GEIS), at 〈http://www.dec.ny.gov/energy/45912.html〉 on June 20, 2014.

325) Ibid, Revised Draft SGEIS on the Oil, Gas and Solution Mining Regulatory Program (September 2011), at 〈http://www.dec.ny.gov/energy/75370.html〉 on June 20, 2014.

326) Ibid, 6.10 Noise, 6-289. "High-volume hydraulic fracturing is also of a larger scale than the water-gel fracs addressed in 1992. These were described as requiring 20,000 to 80,000 gallons of water pumped into the well at pressures of 2,000 to 3,500 pounds per square inch (psi). High-volume hydraulic fracturing of a typical horizontal well could require, on average, 3.6 million gallons of water and a maximum pumping pressure that may be as high as 10,000 to 11,000 psi".

327) Ibid, 5.3 Hydraulic Fracturing, 5.4 Fracturing Fluid, 5-39, 5-40.

328) Legiscan, NY S08129 | 2009-2010 | General Assembly.

로 하는 다수의 법안들이 상원과 하원에 제출되었으며, 대부분 수압파쇄의 위험성에 대한 대응 방안들을 담고 있었다.[329]

나) 텍사스 주

석유·가스의 개발에 대해 우호적인 제도를 유지하고 있는 텍사스는 원칙적으로 수압파쇄에 대한 공식적인 규제가 없다.[330] 석유·가스에 대한 일반적인 규제가 수압파쇄에 대해서도 적용될 뿐이다. 기본적인 석유·가스 개발에 관한 규제권자는 텍사스 철도 위원회(Railroad Commission of Texas)이며,[331] 이에 따르면, 텍사스 내의 모든 유정, 텍사스 내에서 파이프라인을 소유하거나 운영하는 모든 인(人), 텍사스 내에서 석유·가스 유정을 굴착 또는 운영과 관련된 또는 이를 소유하는 인(人)에 대한 관할권을 가지고 있다.

석유·가스를 개발하기 위해서는 텍사스 철도 위원회의 굴착허가를 얻어야 하는데, 수압파쇄와 관련하여 중요한 내용은 수자원 보호와,[332] 굴착포장·시멘팅·굴착·완성에 대한 요구 사항이[333] 주된 문제이다.

석유·가스 개발을 위한 취수 허가에 관한 권한은 원칙적으로 지역 지하수보전 관할청(Groundwater Conservation District)에 속한다. 하지만, 텍사스 철도 위원회의 승인을 얻어 이루어지는 석유·가스 개발을 위한 굴착 또는 생산 활동을 위해서만 이루어지는 물의 공급에 대해서는 예외로 하고 있다.

다만, 최근에는 수자원 허가 취득과 관련해서 일반적인 굴착, 생산 활동과 수압파쇄를 구분하여 보려는 경향이 발생하고 있음을 주의할 필요가 있다. 즉, 전자의 경우에는 취수 허가의 면제사유로 인정하지만, 후자의 경우

329) Thomas E. Kurth & Michael J. Mazzone & Mary S. Mendoza & Christopher S. Kulander, above n 280, 314.

330) Ibid, 327.

331) Texas Natural Resources Code §81.051. Jurisdiction Of Commission.

332) Texas Administrative Code §3.8 Water Protection.

333) Ibid, §3.13 Casing, Cementing, Drilling, Well Control, and Completion Requirements.

334) Christopher S. Kulander, "State Regulatory Issues Related to Drilling for Shale Gas and Hydraulic Fracturing", Rocky Mountain Mineral Law Foundation Digital Library, Chapter 5 (September, 2012) 17.

는 취수 허가가 요구되는 것으로 해석하려는 경향이 발생하고 있다는 것이다.[334] 지역 지하수보전 관할청의 시각에서 볼 때, 통상의 굴착과 다른 것으로 보이며, 따라서 수자원 보호에 관한 새로운 제한을 따라야 한다는 것이다.[335] 이로 인해, 텍사스 물법 제36.117조의 해석에서 수압파쇄와 2차/3차 석유회수증진(Oil Recovery Operations)을 위한 수자원 취득은 굴착 장치를 위한 물 공급의 개념에 포함되지 않는 것으로 보고 있다.[336]

수압파쇄에 대한 제한은 텍사스 주 정부뿐만 아니라, 지방정부 차원에서도 다양하게 나타나고 있는데, 북부 텍사스 바넷 셰일 유역의 그랜드 프레리(Grand Prairie) 시정부는 2011년 최초로 시의 수자원을 수압파쇄에 사용하지 못하도록 하는 결정을 했다.[337]

따라서 수압파쇄에 필요한 수자원의 취득은 석유·가스 개발에 우호적인 텍사스 주라 할지라도 상당히 복잡하고 많은 비용이 드는 절차가 될 것이다.

### 마. 천연가스 시대의 도래

셰일가스가 새로운 에너지 시대를 열고 있다. 특히 일본의 후쿠시마 원자력 발전소 사고 이후에 원자력에 대한 위험성이 고조되면서 원자력 발전에 대한 대안으로 그리고 이산화탄소의 배출을 최소화하는 발전원으로 천연가스의 중요성이 한층 부각되고 있다.

셰일가스의 개발은 수압파쇄와 수평굴착에 의해 경제성을 가지게 되었는데, 그 중 수압파쇄는 위에서 본 것처럼 상당히 다양한 환경문제를 유발한다. 따라서 국제기구와 개별 국가들은 환경문제 해소를 위한 제도적 장치를 수립하고 있으며, 개별 운영자들 또한 환경문제에 대한 관심을 높이고 있다.

---

335) Ibid.

336) Ibid.

337) Mike Lee, Parched Texans Impose Water-Use Limits for Fracking Gas Wells, Bloomberg News (October, 6, 2011).

우리나라도 셰일가스의 개발에 적극 참여하는 정책을 수립하고 있으며, 이 과정에서 환경문제를 소홀히 다룬다면 생각하지 못했던 심각한 저항 또는 위험에 처할 수 있다. 수압파쇄 및 수압파쇄와 관련된 환경문제 그리고 수압파쇄에 대한 규제에 대비하여 새로운 에너지 시대를 현명하게 맞이해야 한다.

## 7. 전력산업의 발전 방향 | 호주의 전력산업을 중심으로

### 가. 전력산업 구조개편

대표적인 대규모 네트워크 산업으로 막대한 투자가 필요한 전력산업은 1980년대까지만 해도 생산·송전·배전·판매를 통해 수직계열화된 공기업 독점체제가 일반적이었고, 우리나라도 예외가 아니었다.

그러나 1990년대, 발전기술의 발달 특히 소규모 가스터빈의 효율향상과 더불어 민간의 참여 요구가 확대되고, 정보통신기술의 발달로 실시간 전력거래 및 통제시스템이 발달됨에 따라 전력부문에서의 경쟁도입이 현실적으로 가능하게 되면서 영국을 시작으로 전력시장의 구조개편이 시작되었다. 영국의 전력법(Electricity Act 1989)이 전력시장 민영화 및 구조개편의 근간이었다.[338)]

우리나라는 1999년 제15대 정기국회에 「전력산업구조개편에관한법률제정안」과 「전기사업법개정안」이 제출되어, 격론 끝에 2000년 12월 8일 본회를 통과하게 된다.

우리나라 전력시장 구조개편 논의의 시작은 한전 재무구조 악화를 해소하기 위해 민간자본을 활용하는 것이 국민의 부담을 줄이는 방책이라는

338) 〈http://www.legislation.gov.uk/ukpga/1989/29/contents〉.

점, 공기업 독점체제의 비효율이 누적되어 왔다는 점, 전력 다수비형 산업구조의 고착현상으로 인해 전력 수요에 따라 공급시설을 확충하게 되면서 불합리한 소비행태를 낳게 되었고 이런 불합리한 소비구조를 개선하기 위해서는 전력의 공급과 수급에 많은 시장참여자들의 상호작용이 필요하다는 점 등을 들고 있다.[339] 또는 증가하는 전력수요에 따른 투자재원의 확보를 위한 방안으로 구조개편 및 민영화가 필요하다는 주장도 있었다.[340] 당시의 공기업체제로는 더 이상 전력산업을 효과적으로 감당해나가기 어렵다는 점을 지적하면서, 구체적으로 한국전력의 재무구조 악화, 전력산업의 양적 성장과 함께 독점체제가 갖는 규모의 이점이 사라지면서 비효율성 누적, 전력 다소비형 산업구조의 고착 등을 이유로 들었다.[341]

특히 전력산업구조개편을 추진한 영국은 1990년 경쟁 도입이후 1997년까지 약 18.4%의 전력 요금이 인하되었고, 호주의 경우 1993년 이후 주택용 9.2%, 대규모 산업용과 영업용이 39%의 전력요금이 인하되는 등의 효과가 나타났으며, 우리나라의 경우에도 전력산업의 경쟁도입으로 인해 합리적인 고용구조 및 가격구조가 정착됨으로써 향후 10년간 약 11.28%의 요금이 인하될 것으로 전망하였다.[342]

하지만 전력산업구조개편에관한법률에 따라 2001년 발전부문만 한전에서 분리해 6개 발전자회사로 나뉘게 된 후, 배전 및 판매 분할은 중단돼 어정쩡한 상태로 10년 이상 지속되고 있는 상황이다. 이로 인해 우리나라의 전력시장이 경쟁시장인지 아닌지에 여부, 구조개편을 지속적으로 추진해야 하는지 여부가 현재 진행형인 쟁점들로 남아 있고, 2011년 9.15 정전과 전기요금의 지속적 상승에 따른 전력의 공공성 및 가격인상의 적정성 등에 대한 논의가 더불어 전개되고 있다.[343] 물론 전력산업 구조개편 결과

339) 심학봉, 한국의 전력산업 구조개편과 법률 해설, 2001년, 20-21면.

340) 염명천, 에너지 시장, 산업 & 정책, 2005년, 416면.

341) 심학봉, 위 주석 340, 51면.

342) 위의 책.

343) 정형석, 전력수급 '불안' 효율성도 '글쎄', 전기신문, 2013년 8월 20일, 〈http://www.electimes.com/home/news/main/viewmain.jsp?news_uid=106148〉.

전기요금의 인하가 있었는지, 한국전력의 부채는 어떤 원인에 의해 발생된 것인지 등에 대한 검증 또한 필요하다.

## 나. 호주의 전력시장 현황

### 1) 호주의 전력시장

호주의 전력시장은 퀸즐랜드, 뉴사우스웨일즈, 연방자치주(Australian Capital Territory), 빅토리아, 남호주, 태즈메이니아를 연결하는 국가전력시장(National Electricity Market)과 서호주와 북부 자치주(Northern Territory)가 분리되어 있다.[344] 호주에 이중적 전력시장이 형성된 이유는 정치적, 역사적인 측면과 서호주 및 북부 자치주와의 충분한 전력망 연결이 이루어지지 못하고 있으며, 국가전기시장의 지역과 서호주가 너무 멀리 떨어져 있기 때문에 전력망을 연결하는 것이 비효율적이기 때문이다.[345] 다만, 서호주는 주 내에서 전력도매시장이 독자적으로 운용되고 있다.

국가전력시장 내에서 전력을 공급받는 인구는 1,900만 명이며, 매년 200 TWh의 전기를 공급하고 있다. 그리고 200개의 등록된 전력생산자와, 13개의 대형 송전망을 통해 최종소비자에게 전력이 공급되고 있다.[346]

---

344) AEMO, Introduction to the National Electricity Market fact sheet, 〈http://www.aemo.com.au/About-the-Industry/Energy-Markets/National-Electricity-Market〉. 퀸즐랜드의 포트 더글라스(Port Douglas)에서 태즈메이니아의 바스 해협(Bass Strait)까지 약 4,500㎞에 이르는 세계 최장의 단일 시장지역이며, 송전망은 약 40,000㎞에 이른다. 서호주와 북부 자치주 또한 별개의 독립된 전력시장을 형성하고 있다. 호주의 국토면적은 약 760만 ㎢로 세계에서 6번째이며, 남한 면적의 약 77배에 이른다.

345) Energy Futures Australia, Current Electricity Industry Structure, 〈http://www.efa.com.au/Page.aspx?intPageID=6〉.

346) AER, State of the energy market 2013 - Chapter 1 National electricity market (A3) (2013), 20.

그림17 | 호주의 국가전력시장

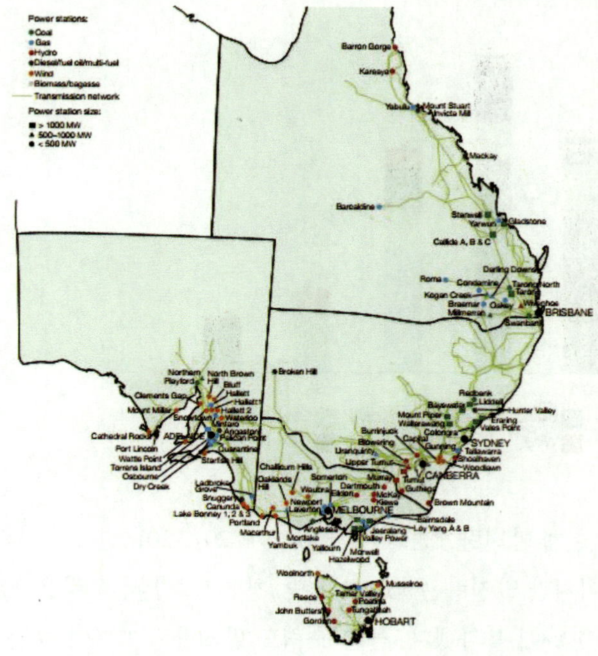


## 2) 호주의 전력산업 수급

### 가) 전력공급

호주의 주요 발전연료는 석탄을 비롯한 화석연료이다. 중유발전을 통한 전력생산은 2010년에 약 1.3%로 미미한 반면,[347] 석탄과 천연가스의 비중이 80%를 넘고 있다.[348] 호주는 폴란드와 함께 화석연료에 대한 비중이 가장 높은 나라 중 하나이다. 그림18은 호주의 국가전력시장에 속한 주(州)의 발전용량을 발전원별로 구분해서 보여주고 있다.

퀸즐랜드와 뉴사우스웨이즈에서는 블랙 콜, 빅토리아에서는 브라운 콜, 남호주에서는 천연가스, 그리고 태즈메이니아에서는 수력이 중요한 발전

347) EIA, Country Analysis Brief, Australia (June 21, 2013) 〈http://www.eia.gov/countries/cab.cfm?fips=AS〉.

348) 다만, AEMO에 따르면, 2013년을 기준으로 블랙 콜 50%, 브라운 콜 24%, 천연가스 12%, 기타 14%로 구성되어 있다.

그림18 | 호주의 주별, 발전원별 발전 용량

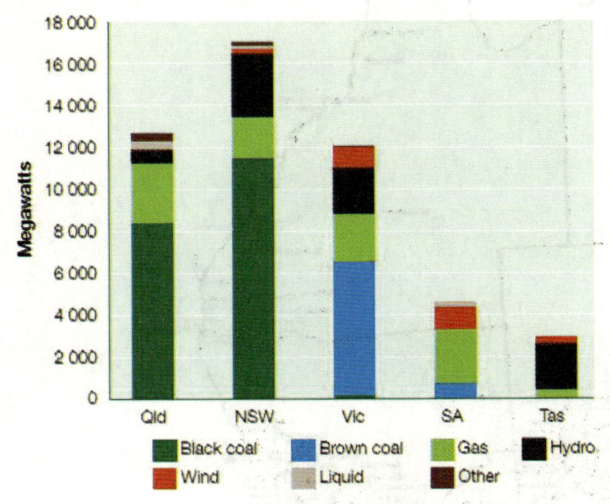


원이다.

발전용량과 실재 발전량에는 차이가 있는데, 2012-2013년도 석탄의 발전용량은 55%이지만 발전량은 75%인 반면, 천연가스 발전용량은 20%이지만 발전량은 12%에 불과했다. 물론 수력도 발전용량 17%에 발전량은 9% 밖에 되지 않았다.

전력회사는 각 주마다 다르게 구성되어 있는데, 빅토리아와 남호주는[349] 민간회사가 29%와 38%의 발전용량을 보유한 가장 큰 사업자로 민간주도의 형태를 유지하는 반면, 퀸즐랜드, 뉴사우스웨일즈, 태즈메이니아에서는 대규모의 국영전력회사와 소규모의 민간전력회사로 이루어진 공공주도의 형태를 유지하고 있다. 퀸즐랜드에서는 Stanwell과 CS Energy라는 공기업이 전체 발전용량의 90%를 점유하고 있으며, 뉴사우스웨일즈에서는 공기업인 Macquarie Generation과 Delta Electricity 약 40%의 발전용량을 점유하고 있고, 태즈메이니아에서는 공기업 Hydro Tasmania가 거의 모든 발전용량을 점유하고 있다. 아래 그림19는 호주 발전사업자의 현황을 보여주고 있다.

349) AGL이라는 1837년에 설립된 'The Australian Gas Light Company' 의 약자이다.

그림19 | 호주의 주(州)별 발전회사

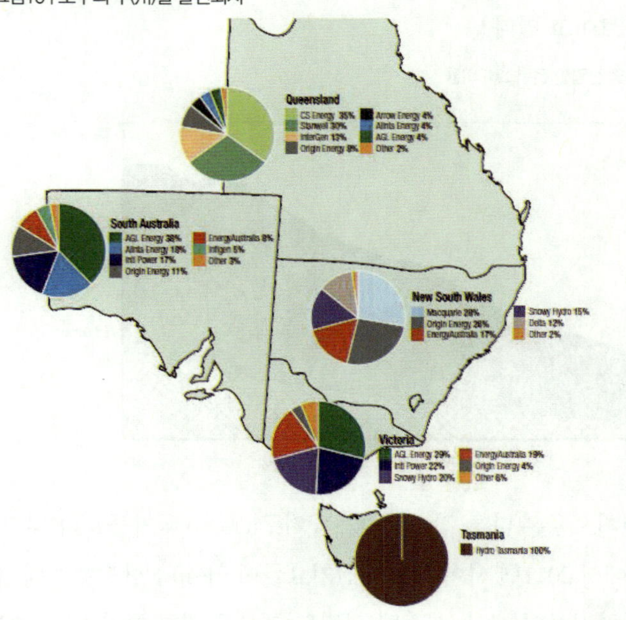


나) 전력수요

호주에서 가장 큰 전력 소비부문은 산업분야이다. 2010년을 기준으로 전체 전력의 약 37%를 소비하고 있다.[350] 그리고 가정용과 서비스분야에서의 소비가 각 30%를 수송부분이 약 2%의 소비비중을 보이고 있다. 전제적인 전력소비의 증가가 있었으나, 각 분야별 전력소비 비율 지난 10년간 안정적으로 유지되어 왔다.

2000년부터 2010년까지 약 14%의 전력생산량이 증가했으나, 2007년 이후로는 안정적인 형태를 보이고 있다. 그 이유는 전력가격의 상승, 경기침체 및 효율성 증가를 들고 있다.

아래 그림20은 호주의 총 전력생산량과 산업별 전력소비 비율을 보여주고 있다.

호주의 1인당 전력 소비(Electricity consumption per capita)는 약 11.3 MWh로 국제에너지기구 구성원 국가들 평균인 9.5 MWh보다 높으며, 7번째로 높

350) IEA, Energy Policies of IEA Countries – Australia 2012 Review (2012) 91.

은 소비량을 보이고 있다.

그림20 | 호주의 산업별 전력소비 비율

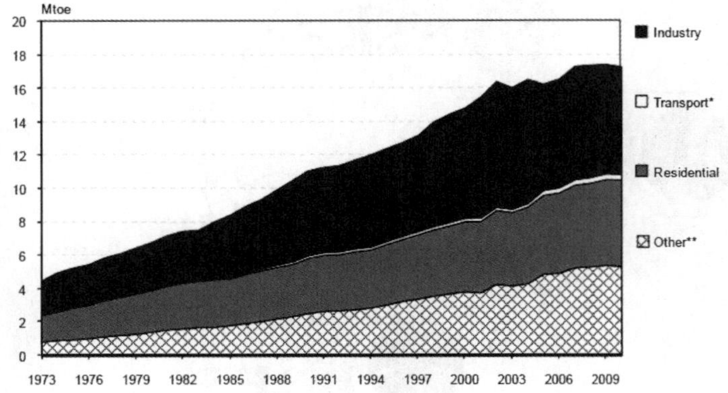


호주의 전기요금은 다른 경제협력개발기구(OECD) 국가들보다 낮다. 하지만 2008년에서 2011년 사이에 소매전기요금이 약 40% 상승했는데, 요금의 인상은 전력시설의 개선, 시스템 신뢰도 향상을 위한 투자 및 신재생에너지를 지원하기 위해 필요한 재원을 확충하기 위한 것이었다.

### 다) 호주 전력시장에서의 새로운 경향 – 전력생산과 판매의 수직계열화

호주 특히, 빅토리아와 남호주가 전력시장의 민영화와 경쟁도입을 통해 민간전력회사들이 시장의 주된 참여자가 되었지만, 최근 전력생산회사와 전력판매회사의 수직계열화 현상이 나타나고 있다. 이런 현상은 발전회사(Generator)와 판매회사(Retailer)를 합한 '발전판매회사(Gentailer)' 라는 표현으로 대변되고 있다.[351)]

이런 수직계열화의 경향은 전력시장에서의 가격변동 위험을 최소화하기 위한 수단으로 사용되고 있다. 예를 들어, 전력 도매가격이 높게 형성되는 경우 발전회사에게는 유리하지만 최종소비자에게 인상분을 전가시키지 못하는 고정가격에 공급해야 하는 판매회사에게는 불리한 반면, 전력

351) Ibid. 이런 현상은 뉴질랜드에서도 나타나고 있다. Wikipedia, New Zealand electricity market 〈http://en.wikipedia.org/wiki/New_Zealand_electricity_market〉.

도매가격이 낮게 형성되는 경우 발전부분에서 발생하는 손실을 반대로 판매부분의 고정가격을 통해 회수할 수 있게 되기 때문이다.

### 3) 호주 전력 산업의 규제 및 운영기관

#### 가) 규제기관

1991년 7월, 특별 연방 수상회의에서 국가 전력망운영위원회(National Grid Management Council)의 창설에 합의하였는데, 그 목적은 동부와 남부 호주 전력산업에서 최고의 효율성·경제성·친환경성을 추진하고 협력하기 위한 것이었다.[352] 국가 전력망운영위원회의 책임은 국가전력시장의 창설이었으며, 1998년 국가전력시장이 가동되었다.

국가전력시장의 가동 초기까지는 호주 공정거래위원회(Australian Competition & Consumer Commission, ACCC)가 경쟁 및 공정거래의 촉진, 인수합병 승인, 송배전 개방접속 보장, 송전사업자의 수입규제 및 규칙변경 승인 등을 담당하는 한편, 특수규제기관인 국가 전력 통신협의회(National Electrical Communications Association, NECA)가 전력시장규칙(NEC)과 관련한 규칙이행의 감시, 규칙의 평가 및 개발, 분쟁조정, 신뢰도 기준의 설정 및 감시등을 수행하였다.[353] 또한, 각 주마다 별도의 독립규제기관이 설립되어 전기사업자의 면허를 발행하고, 소비자에 대한 요금규제(배전 및 판매요금) 및 배전규제를 담당하였다.

하지만 2001년 주정부협의회(Council of Australian Governments, COAG)에 의해 설립된 에너지 각료위원회(Ministerial Council on Energy, MCE)가 2004년 6월 30일 주정부협의회에 의해 합의된 호주 에너지시장협약(Australian Energy Market Agreement, AEMA)에 따른 국가 에너지정책의 실행을 담당하게 되었다. 2011년, 에너지 각료위원회는 에너지.자원 상설위원회(Standing Council

---

352) Council of Australian Governments, Special Premiers' Conference Communiqué, Sydney, 30 July 1991, 〈http://archive.coag.gov.au/coag_meeting_outcomes/1991-07-30/index.cfm〉.

353) 전기위원회, 해외전력산업동향-호주, 2010년, 1063면.

그림21 | 호주의 전력시장 기관들

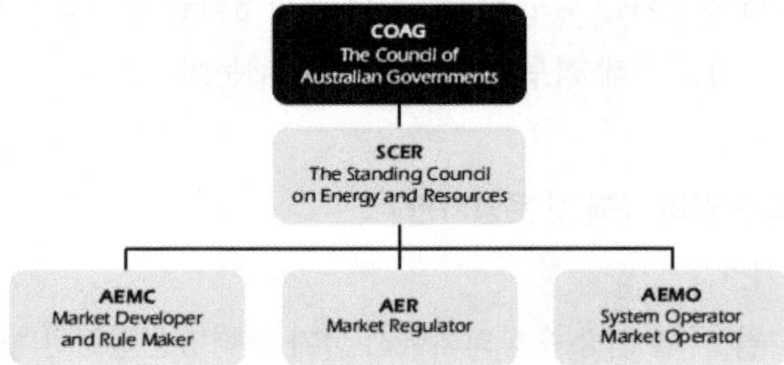


on Energy and Resources, SCER)로 확대 개편되었다.[354] 호주 전력시장에서의 기관들은 다음 그림21과 같다.

에너지·자원에 관한 국가적 중요 사항들 중 우선과제의 추진, 기존 광물 및 석유자원 각료위원회(Ministerial Council on Mineral and Petroleum Resources) 및 에너지 각료위원회의 역할이었던 핵심 개혁의 실천이 에너지·자원 상설위원회의 주된 책임이다.[355] 에너지·자원 상설위원회는 에너지 시장에 관한 입법을 통해 전력 송전과 배전시설에 대한 국가적 규제를 지속적이며 주도적으로 개선해왔다.

호주 에너지규제기구(Australian Energy Regulator, AER)가 2005년에 설립되었는데, 그 핵심 기능은 에너지 시장과 에너지 망에 대한 규제이다.[356] 또한, 망접속 가격의 가격 결정, 전력 및 가스의 도매시장에 대한 감시, 소매시장에 대한 규제,[357] 에너지 시장에 대한 정보제공, 에너지와 관련된 공정거래법 위반 사항에서 공정거래위원회에 대한 지원도 에너지규제기구의 역할이다. 즉, 에너지시장에서의 공정거래에 관한 규제기구이다.

호주 에너지시장위원회(Australian Energy Market Commission, AEMC) 또한 2005년에 설립되었는데, 그 중요한 기능은 에너지 시장규칙을 제정하는 것이다.[358] 그리고 에너지.자원 상설위원회에 대한 자문기능도 수행하고 있다.[359]

354) SCER, About Us, 〈http://www.scer.gov.au/about-us/〉.
355) Ibid.
356) AER, About Us, 〈https://www.aer.gov.au/about-us〉.
357) 2012년부터 포함된 권한이다.

### 나) 시장 및 계통운영기관

2009년, 호주 에너지시장운영기구(Australian Energy Market Operator, AEMO)가 기존의 6개 기구를[360] 통합하는 방식으로 주정부협의회에 의해 설립되었는데, 좀 더 통합적이고, 안정적이며, 비용 효과적인 에너지 공급을 지원하는 기능을 수행하는 것을 그 목적으로 한다.[361] 에너지시장운영자 우리나라의 전력거래소와 유사하지만, 가스시장의 운영까지 포함하고 있다는 점에서 차이가 있다.

에너지시장운영기구는 기존의 기관들이 수행하던 기능을 모두 수행하고, 국가전력시장의 시장 및 계통운영관리, 동·서부 호주 가스 소·도매 시장 관리 및 빅토리아에서 가스 주배관망의 운영을 담당한다.

발전사업자, 소매사업자 및 송·배전망 사업자가 주요 회원사이며, 약 800만 명의 고객들을 관리하고 연간 100억 호주 달러 규모의 공정하고 투명한 전력거래를 책임지고 있다.[362] 또한 연차보고서, 전력시장보고서, 가스시장보고서 등을 정기적으로 발간하고 있다.

### 4) 호주 전력산업에서의 경쟁 도입

1990년대 중반까지, 호주의 에너지 정책은 각 주의 책임 아래에서 독립적으로 운영되었다. 특히 빅토리아, 남호주, 태즈메이니아에서는 전력의 생산, 송전, 배전, 판매까지 모두 수직계열화된 독점기업에 의해 이루어지고 있었다. 뉴사우스웨일즈나 퀸즐랜드는 생산과 송전에서는 하나의 독점기업에 의해, 반면 배전과 판매는 지역적 독점이 허용된 다수의 사업자에 의해 이루어지는 형태를 갖추고 있었다.

358) AEMC, Who We Are, 〈http://www.aemc.gov.au/About-Us/About-the-AEMC〉.

359) Ibid.

360) National Electricity Market Management Company (NEMMCO), Victorian Energy Networks Corporation (VENCorp), Electricity Supply Industry Planning Council (ESIPC), Retail Energy Market Company (REMCO), Gas Market Company (GMC) and Gas Retail Market Operator (GRMO).

361) AEMO, About AMEO, 〈http://www.aemo.com.au/About-AEMO〉.

362) 전기위원회, 위 주석 254), 1065면.

하지만 1990년대 초반부터 국가 전체적인 통합이 국가적으로 유리하다는 인식이 형성되어 1995년 4월 주정부들이 경쟁시장의 형성을 시도하게 되었다. 2001년 6월 주정부협의회가 공개적이며 경쟁적인 국가에너지시장의 효율적인 운영이 경제적이고 친환경적인 운영에 기여할 수 있고, 가정, 소규모 사업자 및 산업에 더 많은 혜택을 부여하게 될 것이라는 인식을 공유하게 된다.[363] 그리고 이런 노력들의 결과로 체결된 것이 2004년 호주에너지시장협약이다.

에너지시장협약은 전력 및 가스시장에서의 가격, 품질, 신뢰성과 관련된 장기적 관점에서의 소비자 이익증진을 최우선 목적으로 하고,[364] 시장의 개선을 위해 에너지 시장 거버넌스의 질, 적시성 등의 강화 및 투자환경 개선, 비용과 규제의 완화를 위한 에너지 시장에서의 규제 합리화 및 개선, 송전망의 계획과 건설 촉진, 에너지 소비자의 참여 확대, 천연가스 보급 증진, 에너지 분야에서의 온실가스 문제에 대한 대응방안 도출 등을 위한 기본틀을 형성하기 위해 체결되었다.[365]

한편, 구조개편과 함께 민영화를 추진한 빅토리아와 남호주의 경우에는 주정부의 재무상태가 좋지 않았기 때문에 에너지 자산 매각을 통한 재무 정상화의 목적을 가지기도 했다. 남호주 정부는 주정부 소유의 전력 판매 및 배전회사, 그리고 3개의 발전회사와 관련 가스 거래사업 부분을 민간에 매각하여 거의 54억 호주 달러에 이르는 매각대금을 취득하게 되었고 그 대부분이 남호주 정부의 부채를 변제하기 위해 사용되었다.[366]

국영기업의 민영화는 새로운 개념이 아니라, 유럽·미국·아시아 등지에서 정부의 부채문제를 해결하기 위한 수단으로 지난 수십 년간 이루어져 왔다. 이런 민영화와 남호주의 민영화의 차이점은 남호주의 경우 국영기

363) Australian Energy Market Agreement, Recital A.

364) Ibid, Section 2.1.

365) Ibid, Section 2.2.

366) Anna Bonollo & Grant Anderson, 'The South Australian model of electricity privatisation', International Energy Law & Taxation Review (2001) 107.

업의 일괄매각보다는 장기 임대(Long Term Lease)의 방식으로 추진되었다는 것이다.[367] 이런 결과에 이르게 된 원인은 민영화 추진 당시 남호주의 정치적 상황에서 찾을 수 있다. 즉, 남호주 정부는 일괄 매각 방식의 민영화를 추진하였고, 하원(the Legislative Assembly)은 주지사와 동일한 정당 소속 의원이 다수였기 때문에 법안 통과가 가능했지만, 상원(the Legislative Council)은 그렇지 못했던 것이다. 상원에서의 법안 통과를 위해서 최소 2명 이상의 다른 당 소속 의원을 설득하기 위해서는 일괄매각보다는 임대형식의 타협안이 필요했기 때문에 장기임대 방식의 민영화법안을 제출할 수밖에 없었다.[368] 따라서 일괄매각 이외의 장기 임대 방식에 의한 구조개편을 추진하는 경우 남호주의 사례가 활용될 수 있을 것이다.

호주의 전력산업구조개편은 100년 호주 전력산업 역사에서 가장 중요한 개혁조치로 평가되고 있으며, 주된 내용은 경쟁도입, 전력시장의 시장분리(Unbundling), 전력시장의 개편, 망이용비용의 분화, 몇몇 주에서의 전력산업 민영화, 전력산업에 대한 규제의 규범화 등이었다.

경쟁도입이란, 기본적으로 호주의 기존 전력산업의 근본적인 변화를 가져오는 것으로, 자연독점성이 강한 송전과 배전을 제외한 생산과 판매의 분야를 경쟁에 노출시키는 것을 의미한다.

경쟁도입에 따라, 각 주마다 다수의 경쟁적 전력생산회사가 설립되고, 송전망은 하나의 독점회사에 의해 운영되며, 배전에서의 지역독점이 기존에 존재했던 주를 비롯한 몇몇 주에서 이루어졌으며 일부 주에서는 기존의 배전회사의 수가 감소되었다. 전력소매는 각 주에서 2단계 구조로 이루어졌다. 1단계 소매회사는 지역독점의 배전회사의 계열사로 존재하되, 회계는 배전회사와 구분되도록 하고 있다.[369] 2단계 소매회사는 배전회사와 계열사 등의 관련성이 없는 독자적인 전력판매회사를 의미한다.

367) Ibid.

368) Ibid.

369) 이를 'Ring Fence'라 한다.

한편, 전력시장의 개편을 통해 도매, 부가서비스(Ancillary Service),[370] 소매의 3가지 시장으로 세분화되었다.

호주 전력산업의 구조개편은 미국과 유사한 연방과 주정부의 양방향에서 추진되었으나, 각 주의 입장 차이로 인하여 구조개혁이 일관적으로 추진되지 않았다. 그 결과 빅토리아와 남호주는 전력산업의 구조개편 및 민영화를 적극적으로 추진하였고, 빅토리아는 1993년 수직분할, 1994년 수평분할, 1995년 민영화 및 1996년 소매경쟁이 시작되었다. 반면, 뉴사우스웨일즈에서는 1995년 구조개편을 시작하여 1996년 구조분할 및 소매경쟁을 도입에는 성공하였지만 민영화는 추진하지 않게 되어 국가전력시장의 설비 소유구조에서 공공부문과 민간부문이 혼합된 양상을 보이게 된 것이다.

2000년대 중반, 기존 민간사업자들이 새로운 민간사업자들에게 전력사업을 매각하는 것이 붐을 이루는 시기가 있었다. 이때의 새로운 매수자들은 한 분야의 전력사업보다는 2 이상의 다수 전력사업에 참여하는 경향을 보였다. 이런 현상을 재결합(Rebundling)이라 한다. 예를 들어, 전력생산과 전력판매가 하나의 기업에 의해 수행되는 것이다. 다만, 이런 경우에도 두 개의 회사는 분리되어 운영되어야 한다.

2007년, 퀸즐랜드 주정부는 전력판매 사업을 매각했고, 뉴사우스웨일즈 주정부는 전력판매 사업과 일부 발전사업자들이 생산한 전력을 거래할 수 있는 권리를 매각했는데, 기존의 민간 전력사업자들에 의해 모든 자산들이 매수되었다.

---

370) 호주 에너지시장운영기구에 의해 사용되는 서비스로, 전력시스템의 안전, 신뢰를 확보하기 위한 서비스를 의미한다. 주파수, 전압, 전력부하, 발전 재가동 절차와 관련된 시스템의 중요 기술적 성질들을 유지하는 기능을 수행한다. AEMO의 'Guide to Ancillary Services in the National Electricity Market 2010' 은 'Frequency Control Ancillary Services (FCAS); Network Control Ancillary Services (NCAS); or System Restart Ancillary Services (SRAS)' 3가지의 서비스 카테고리를 구분하고 있다.

## 다. 호주의 전력산업 법제

### 1) 호주 국가에너지시장 영역에서의 에너지 법제

호주 에너지시장협약 제6조 제2항은[371] 호주에너지시장 입법에 대한 내용을 규정하고 있는데, 이에 따르면 에너지시장협약의 당사자인 각 주들은 에너지시장을 위한 국가적 입법 틀을 개발하고 실행할 것을 합의하고 있다.[372] 그리고 에너지 관련 법령의 제정에 대한 주도적 역할은 남호주가 수행하도록 하고, 다른 주들을 이를 따르도록 하고 있다.[373] [374]

국가에너지시장에서 중요한 에너지 관련 법률은 첫째, 1996년 국가에너지(남호주)법(National Electricity (South Australia) Act 1996)이며, 호주 에너지시장협약에 따른 대표적 전력입법이다.[375] 이 법률에 의해 국가전력시장 및 전력망에 관한 의무들이 각 주에 부과되었다. 하위법령으로 국가 전력규칙(National Electricity Rules)과 국가 전력(남호주) 규제(National Electricity (South Aus-

---

371) Australian Energy Market Agreement, above n 44, Section 6. Australian Energy Market Legislation

6.1 The obligations of each of the Parties under this clause 6 are to be read subject to any qualifications relevant to the participation of jurisdictions under this agreement.

6.2 Each of the Parties agrees to develop and implement a national legislative framework for the energy market, comprising the Australian Energy Market Legislation, with uniform application and effect within each Party' s jurisdiction. To this end, the Parties agree to the following: 이하 생략.

372) Ibid, Section 6.2.

373) Ibid.

374) AER, Energy legislation, 〈https://www.aer.gov.au/australian-energy-industry/energy-legislation〉.438) Australian Energy Market Agreement, above n 41, Part 1. 1.6 (g) "Electricity Legislation" means existing legislation giving effect to the National Electricity Market, including the National Electricity (South Australia) Act 1996, the National Electricity (South Australia) Regulations, the legislation of the other jurisdictions participating in the NEM that applies any part of the National Electricity (South Australia) Act 1996 and regulations in force under that Act, the National Electricity Law ("NEL") and the National Electricity Code;

375) Australian Energy Market Agreement, above n 41, Part 1. 1.6 (g) "Electricity Legislation" means existing legislation giving effect to the National Electricity Market, including the National Electricity (South Australia) Act 1996, the National Electricity (South Australia) Regulations, the legislation of the other jurisdictions participating in the NEM that applies any part of the National Electricity (South Australia) Act 1996 and regulations in force under that Act, the National Electricity Law ("NEL") and the National Electricity Code;

tralia) Regulations)가 있다.

가스에 대해서도 호주 에너지시장협약이 정한 대표적인 가스입법이 2008년 남호주 천연가스법(National Gas (South Australia) Act 2008)이며,[376] 이 법에 따라 가스 배관망, 도매시장 및 가스시장의 고시에 대한 의무가 설정되었다. 가스에 대해서도 국가 가스규칙(National Gas Rules)과 국가 가스(남후주) 규제(National Gas (South Australia) Regulations)가 하위법령으로 적용된다.

에너지의 소매에 대해서는 2011년 남호주의 국가 에너지 소매에 관한 법(National Energy Retail Law (South Australia) Act 2011)이 기본법이며, 이 법을 통해 소매 소비자에 대한 에너지의 공급과 판매를 규제하고 있다. 하위법령으로 국가 에너지 소매규칙과 국가 에너지 소매 규제가 제정되어 있다.

그리고 위에서 본 바와 같이, 에너지시장의 규제기구인 에너지시장위원회가 2004년 국가 에너지시장위원회 설립에 관한 법률에 의해 창설되었다.

### 2) 호주의 전력산업 관련 법령

호주의 전력산업에 관한 기본법인 1996년 국가 전력(남호주)법(National Electricity (South Australia) Act 1996)의[377] 중요한 내용을 살펴보면 다음과 같다.

국가 전력법의 취지는 장기적 관점에서 전력 소비자의 이익을 위해 전력 서비스의 효율적 운영 및 사용과 전력분야에 대한 효율적 투자를 촉진하는 데 있다.[378] 전력 소비자의 이익은 가격, 품질, 안전성, 신뢰성 및 공급

---

376) Australian Energy Market Agreement, above n 41, Part 1. 1.6 (h) "Gas Legislation" means existing legislation giving effect to the Natural Gas Pipelines Access Agreement including the Gas Pipelines Access (South Australia) Act 1997, the Gas Pipelines Access (South Australia) Regulations, the Gas Pipelines Access (Western Australia) Act 1998, the Gas Pipelines Access (Western Australia) Regulations, the legislation of any other jurisdiction that applies any part of the Gas Pipelines Access (South Australia) Act 1997 and regulations in force under that Act, the Gas Pipelines Access Law and the National Gas Code;

377) 이하, '국가전력법' 이라 한다.

378) National Electricity (South Australia) Act 1996, Schedule Section 7 National electricity objective
The objective of this Law is to promote efficient investment in, and efficient operation and use of, electricity services for the long term interests of consumers of electricity with respect to—

의 안정성과, 국가 전력시스템의 신뢰성, 안전성 및 안보와 관련되는 것으로 정의하고 있다. 호주의 국가 전력법은 장기적 관점에서의 전력 소비자의 이익을 전력산업에 대한 효율적 투자를 촉진하기 위한 법이라는 점을 명시함으로써 전력시장 경쟁체제 도입의 궁극적 목적이 소비자의 이익증진에 있다는 점을 명시하고 있는 것이다.

국가 전력법은 수익과 가격결정에 대한 원칙을 정하고 있는데[379] 이에 따르면, 규제대상인 망 서비스 제공자가 직접 네트워크 서비스를 제공함으로써 발생하는  최소한 비용과 규제의 준수에 따르는 비용을 회수할 수 있는 정도의 합리적 기회(a reasonable opportunity)가 제공되어야 한다. 물론 무엇인 '합리적인 기회' 인지 '직접 네트워크 서비스의 제공' 이 무엇인지 '규제관련 비용' 은 어느 범위까지 인정할 것인지 등에 대한 논의는 새로운 해석과 분쟁의 대상이다.

또한, 비용의 회수와 별도로 망 서비스의[380] 제공에 필요한 투자가 적기에 적절이 이루어져야 한다. 이를 위해 투자를 유도하기 위한 적절한 인센티브를 제공하도록 하고 있다.[381]

이외에도 과거의 전력망에 대한 규제로 인한 부분, 규제 및 상업적 위험을 부담할 수 있을 정도의 수익, 투자에 따르는 잠재적인 경제적 비용과 위험에 대한 고려 및 전력망의 사용에 따르는 경제적 비용과 위험에 대한 고려 등이 가격결정에서 참조되어야 한다.[382]

호주 에너지시장위원회가 제정하는 국가 전력규칙(National Electricity Rules)은 각 주에서 법으로서의 효력을 가지도록 하여 규제의 일관성을 꾀하고 있다.[383] 제7장은 전력시장에 관한 규칙의 제정 절차 등에 대해 자세

(a) price, quality, safety, reliability and security of supply of electricity; and

(b) the reliability, safety and security of the national electricity system.

379) Ibid, Section 7A(2).

380) 배전, 송전망에 대한 투자, 네트워크 서비스의 제공 등을 포괄하는 개념이다.

381) National Electricity (South Australia) Act 1996, Section 7A(3).

382) Ibid, Section 7A(4)-(7).

383) Ibid, Section 9.

한 내용을 정하고 있다.[384)]

전력시장의 구조개편의 핵심적 쟁점 중의 하나가 망접속권의 보장이다. 국가전력법은 망접속권에 대한 분쟁의 해결이 중요한 문제임을 인식하고 별도의 장에서 이를 규제하고 있다.[385)]

국가전력망은 국가의 안보와 관련되는 중요한 기간시설이기 때문에 그 안전성과 안보 문제에 대해 별도로 제8장에서 다루고 있다.[386)]

물론, 전력에 관한 기본법인 국가전력법은 위에서 본 전력에 관한 규제기관 및 계통운영기관들의 운영과 역할을 정하고 있다. 예를 들어, 국가전력법 제4장은 호주에너지시장위원회의 기능과 권한에 대해,[387)] 제5장은 에너지시장운영기구의 역할에 대한[388)] 규정을 두고 있다.

### 라. 전력시장의 변화 방향

국제에너지기구의 2012년 호주의 에너지 정책에 대한 검토보고서(Energy Policies of IEA Countries – Australia)에 따르면, 호주는 경제협력개발기구 국가들 중 가장 발전된 전력시장을 실현하고 있고 전력의 주(州)들 사이의 전력거래에서 거의 모든 장애가 존재하지 않는 것으로 분석되고 있다.[389)] 또한, 전력시장과 관련된 규제기구와 감독기구들이 적절히 설치.운영되고 있는 것으로 평가되고 있다.

그리고 호주 특히 빅토리아의 전력산업 구조개편은 2000년 초반 이루어진 우리나라 전력산업 구조개편의 모델이었다.

하지만 호주의 전력산업 구조개편이 표면적으로는 독점 공기업의 비효

384) Ibid, Part 7—The making of the National Electricity Rules.

385) Ibid, Part 10—Access Disputes.

386) Ibid, Part 8—Safety and security of the National Electricity System.

387) Ibid, Part 4—Functions and powers of the Australian Energy Market Commission.

388) Ibid, Part 5—Role of AEMO under National Electricity Law.

389) IEA, Energy Policies of IEA Countries – Australia (2012) 105.

율성에 원인을 두고 있지만 실질적으로는 주정부의 재정난을 타개하기 위한 수단으로서의 측면이 더 강했다는 점을 간과하지 않아야 한다.

호주에서 전력산업의 민영화와 구조개편은 재정난이 심각했던 남호주와 빅토리아를 중심으로 이루어졌으며, 나머지 국가전력시장의 구성원인 퀸즐랜드 등은 여전히 국영기업 위주의 독과점 형태를 유지하고 있다는 사실에 주의해야 한다.

즉, 호주의 전력시장 구조개편은 각 주들 사이에 독자적으로 운영되던 전력망을 통합해서 효율적이고 안정적으로 전력을 공급하겠다는 취지가 더 강했던 것으로 해석된다.

호주의 전력시장에 대한 솔직하고 세밀한 분석을 통해 우리나라에 전파된 오해를 해소할 필요가 있으며, 이를 통해 우리나라 전력산업 구조개편의 방향을 설정함에 있어서 객관적이고 현실적인 시사점을 찾을 수 있도록 해야 한다.

## 8. CSS 관련 법적 쟁점

### 가. CCS[390]와 기후변화

산업혁명 이후, 급격한 인류 활동의 증가로 인해 온실가스 배출량이 급격히 증가하였고, 이렇게 배출된 온실가스가 기후변화의 가장 중요한 원인으로 알려져 있다. 그 중 가장 큰 비중을 차지하는 것이 이산화탄소이며, 전체 이산화탄소 배출량의 2/3이 화석연료를 사용하는 에너지 부분에서 발생되고 있기 때문에 에너지 부분에서 발생하는 이산화탄소의 배출량을 어떻게 감축할 것인가의 문제가 국제사회의 쟁점이 되었다.

---

390) 다른 표현으로 'Carbon Capture and Seqestration' 또는 'Carbon Capture and Disposal'도 사용되고 있으며, 이하 'CCS'라 한다.

2010년 에너지 부분의 이산화탄소 연간 배출량은 30억 톤을 넘었고, 2012년 약 31억 5천만 톤으로 추정되고 있다.[391] 아래 그림 22에서 보는 것처럼 에너지원별 이산화탄소 배출량에서 2010년 기준, 약 13억 3천 톤의 이산화탄소가 석탄으로부터 발생하고 있다.

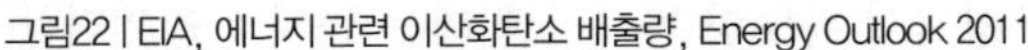
그림22 | EIA, 에너지 관련 이산화탄소 배출량, Energy Outlook 2011

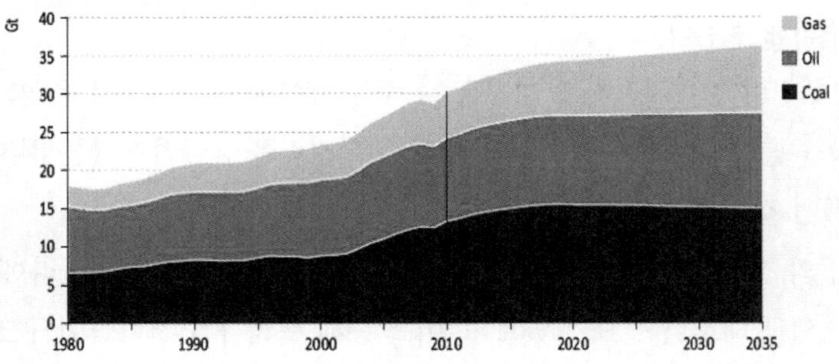


이런 기후변화에 대한 대처 즉, 온실가스 배출 감소를 위한 국제적 노력이 다양한 방식으로 진행되고 있는데, 조세 또는 배출권거래제도의 도입을 통해 이산화탄소의 배출을 직접 규제하려는 유럽과 배출권거래제도를 시작했으면서도 국제적인 흐름에 동참하지 않는 미국으로 크게 구분될 수 있다.

최근 국제에너지기구는 물론 미국을 중심으로 하는 많은 국가들에서 이산화탄소 포집저장을 온실가스 배출 문제를 해결할 수 있는 중요한 수단으로 인식하고 이에 대한 정책적, 제도적 뒷받침을 위해 노력하고 있다.[392]

CCS는 새로운 개념이지만, 이산화탄소를 지하에 주입하고 이를 저장하는 개념은 이미 오래된 기술이고 미국을 중심으로 널리 사용되어 왔다. 이산화탄소의 주입은 석유·가스 개발 업계에서, 이산화탄소를 소비하는 다양한 소비자들에게 파이프라인 또는 철도를 통해 수송되어 왔으며, 많은 이산화탄소 처리 시설들이 사용되고 있다.

391) IEA, World Energy Outlook 2013 (2013) 79.

392) IEA, Carbon Capture and Storage - Legal and Regulatory Review (2011) 6.

## 나. CCS의 개념과 CCS 관련 법적 쟁점

### 1) CCS의 이해

#### 가) CCS의 개념

CCS란 산업 또는 에너지 관련 배출원으로부터 이산화탄소를 포집하여, 지하에 저장함으로써 장기간 대기로부터 격리시키는 것을 의미한다.[393] CCS는 대기권에 축적되는 이산화탄소를 감축시킴으로써 기후변화 완화수단의 하나로 이해되고 있다.[394]

CCS의 절차는 3단계로 구성된다.[395] 첫 번째, 포집단계로 발전소, 산업용 공정 또는 많은 이산화탄소를 포함하고 있는 천연가스 유정으로부터 이산화탄소를 우선 포집하는 단계이다. 물론 포집단계의 수송의 효율을 높이기 위해 이산화탄소를 액화상태로 압축하는 단계를 포함한다. 두 번째는 이렇게 포집된 이산화탄소를 저장할 곳까지 이동시키는 단계이다. 수송은 파이프라인 또는 선박을 통해 이루어진다. 마지막으로 지하 깊은 염수층(Saline Formation), 개발완료된 석유·가스전, 채굴 불가능한 석탄층 또는 석유회수증진이 필요한 광구에 포집된 이산화탄소를 주입한다. CSS를 그림으로 표현하면 다음 그림과 같다.[396]

이외에도 숲, 토양, 해양 기타의 이산화탄소 흡수원(Sink)도 저장시설로 이용될 수 있으나, 이산화탄소를 직접 주입하는 방법이 아니라 광합성 작용 또는 비료화(Carbon Dioxide Fertilizer) 절차가 필요하다.

---

393) IPCC, Carbon Dioxide Capture and Storage (2005) 3.

394) 화석연료로 인한 이산화탄소 배출량의 감소를 위한 방안으로, 에너지 효율의 증대(Energy Efficiency), 에너지 소비 감축(Energy Conservation), 신재생에너지나 원자력 등으로의 연료전환(Energy Conversion) 및 탄소포집저장(Carbon Capture and Sequestration) 등의 정책이 추진되고 있으나, 신재생 자체의 내생적 한계와 후쿠시마 원전사고 이후 원자력에 대한 안전문제로 인해 화석연료 중 상대적으로 적은 이산화탄소를 배출하는 천연가스가 각광받는 상황이 되었다. 물론 이런 변화의 저변에는 미국을 중심으로 하는 셰일가스의 획기적 개발이 자리 잡고 있기도 하다.

395) IEA, 'CO2 Capture & Storage', Energy Technology Essentials (December, 2006) 1.

396) IEA, Technology Roadmap – Carbon Capture and Storage (2009) 8.

그림23 | CCS의 개념도

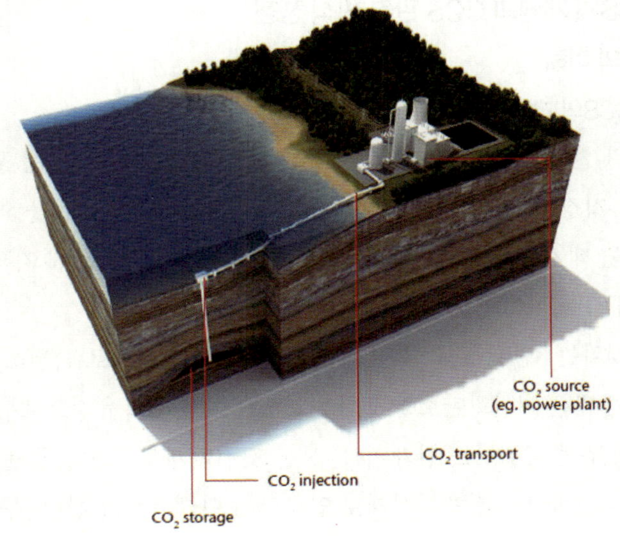


CCS는 기후변화 완화에 커다란 기여를 할 것으로 예상되고 있으며, 2006년 국제에너지기구의 보고서에 따르면, 2050까지 CCS는 에너지 효율 향상에 의한 이산화탄소 저감을 뒤이은 두 번째로 중요한 이산화탄소 완화에 기여할 것으로 예측되고 있다.

그림24 | 2050년까지 각 수단별 이산화탄소 감축

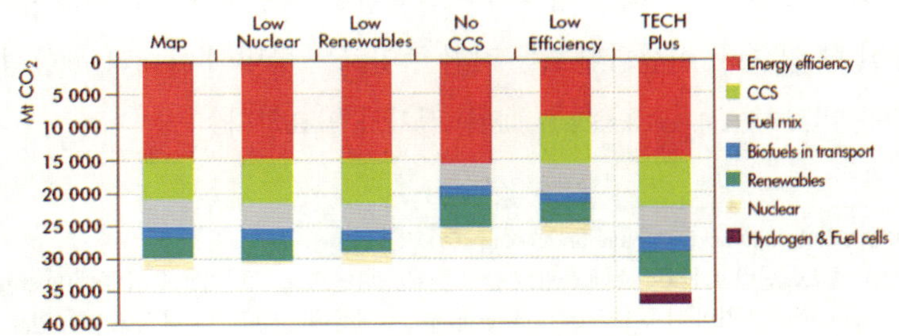


하지만 이렇게 주목받고 있는 CCS는 새로운 개념이 아니라 이미 미국에서 널리 사용되던 석유회수증진을 통해 활용되고 있던 방법이다.

석유·가스의 생산에서 지하의 압력으로 인해 자연적으로 분출되는 1차 생산(Primary Production) 단계는 평균 30-35%의 회수율을 보이기 때문에, 나머지 잔존 석유의 생산량을 늘리기 위해 석유회수증진기술이 사용되고 있다. 석유회수증진은 2차 회수증진(Secondary Recovery)과 3차 회수증진(Tertiary Recovery)으로 나뉘는데, 2차 회수증진에서는 주로 물을 주입하여 지하의 압력을 상승시키고 이를 통해 석유 생산량을 증가시킨다. 이를 수공법(Water-flood)라 한다.[397] 수공법과 함께 잔존 석유의 5-50%까지 추가 회수할 수 있게 되었다.[398]

2차 회수증진을 통해서도 회수하지 못한 석유를 생산하기 위한 방법이 3차 회수증진이다. 3차 회수증진은 이산화탄소 주입, 화학물질 주입(Chemical Flood), 열 회수증진(Thermal Recovery) 등이 활용되고 있으며,[399] 그 중 이산화탄소 주입을 통한 석유회수증진이 CCS이라는 새로운 이산화탄소 완화 방법으로 활용되게 된 것이다.

이산화탄소는 기존에도 요소(Urea), 메탄올, 폴리우레탄(Polyurethane) 등의 제조에서 산업용으로 다양하게 사용되고 있었으며,[400] 통상적인 온도와 기압에서는 가스 상태로 존재하지만, 충분한 압력이 주어지면 고농도 가스(Dense Phase Gas) 또는 초임계유체(Supercritical Fluid) 상태가 된다. 이 상태에서 이산화탄소는 기체와 액체의 두 가지 성질을 가지게 되며, 기체상태의 이산화탄소보다 농도가 약 100배가 높고 따라서 파이프라인을 통한 수송의 경제성을 확보할 수 있게 된다.[401]

이런 고농도 이산화탄소는 지하에 공간에 잔존하고 있는 석유와 섞여 석유의 이동을 제한하고 있는 암석들로부터 분리가 가능하게 하는 성질을

397) Norman J. Hyne, Norman J. Hyne, Nontechnical Guide to Petroleum Geology, Exploration, Drilling & Production, 3rd Ed., (Mar 31, 2012) 459-460.

398) Ibid.

399) Ibid, 462-467.

400) IPCC, above n 393, 332.

401) Philip M. Marston & Patricia A. Moore, "From EOR to CCS: The Evolving Legal and Regulatory Framework for Carbon Capture and Storage", Energy Law Journal (2008) 427.

가지고 있다.[402] 암석에서 분리된 석유와 이산화탄소는 파이프라인을 따라 지상으로 이동되며, 지상의 처리시설에서 분리절차를 거친 후 분리된 이산화탄소는 다시 압축되어 석유회수증진을 위해 지하에 주입된다.[403] 석유회수증진에서 사용된 이산화탄소의 약 50%에서 67%가 석유와 함께 다시 지상으로 올라오는 것으로 보고되고 있다.

미국은 40년이 넘는 이산화탄소를 이용한 석유회수증진 기술의 역사를 가지고 있다. 최초의 이산화탄소를 이용한 석유회수증진 특허가 1952년 대서양 정유회사(Atlantic Refining Company)의 기술자들에게 부여되었고, 1964년 미드 스트라운(Mead Strawn Field) 광구에서 처음 적용되었으며, 1972년 서부 텍사스 스커리 카운티의 켈리 신더 광구(Unit of the Kelly-Snyder Field)에서 최초로 상업적인 이산화탄소 주입이 이루어졌다.

그 이후 약 40년 동안 6억 톤이 넘는 이산화탄소가 석유회수증진을 위해 지하에 주입되었다.[404]

따라서 미국의 석유산업은 이산화탄소에 의한 석유회수증진이라는 이름 아래에서, 기후변화에 대응하기 위해 이산화탄소의 문제를 해소한다는 의식은 없었지만 이미 40년 동안 CCS를 수행해오고 있었던 것이다.[405]

하지만, 석유회수증진을 통한 발달된 이산화탄소 저장기술이 석유회수증진이라는 목적을 넘어 순수하게 이산화탄소의 저장을 위한 CCS로 현실화되고 널리 적용되기 위해서는 기술의 숙성, 비용, 개발도상국들로 관련 기술의 이전, 개발도상국들의 관련 기술 적용능력, 규제의 개선, 환경문제 및 대중의 이해 등의 제도, 문화적인 문제들이 먼저 해결되어야 한다.

즉, 기체 또는 액체 상태로 지하에 이산화탄소를 저장하는 CCS과 관련된 기술은 이미 충분히 성숙되고 지속적인 개발이 이루어졌으므로, CCS의

402) James P. Meyer, Summary of Carbon Dioxide Enhanced Oil Recovery (CO2EOR) Injection Well Technology (2007) 7.

403) Ibid.

404) Ibid, iv.

405) Philip M. Marston & Patricia A. Moore, above n 401, 425.

성공적 실현에서 가장 심각한 장애는 대중의 인식이라는 주장이 있으며,[406] CCS에 대한 대중의 인식이 성숙되지 못함으로 인해 각국의 정부가 CCS의 현실화를 위한 제도적 뒷받침을 적절히 하지 못하고 있기 때문에, 현 단계에서 CCS와 관련된 유일한 장애물은 정부의 정책이라고 지적되고 있다.[407]

CCS에 따른 또 다른 쟁점은 현재의 기술로서는 생산이 불가능한 잔존 석유·가스의 비율(Original Oil in Place)에 관한 문제이다. 원래 부존된 석유 또는 가스의 1/3 또는 그 이상이 생산되지 못하고 그대로 잔존하게 되는데, 향후 기술의 발달과 경제성이 충족되는 경우 생산 가능하게 될 수 있다는 점으로부터 문제가 발생한다.[408] 상당량의 석유·가스가 잔존하고 향후 추가생산이 가능함에도 불구하고 이산화탄소의 저장 때문에 생산이 불가능하게 되기 때문에 잔존 석유·가스의 개발 가치와 CCS를 통한 이산화탄소 감축의 사회·경제적 가치에 대한 비교 평가가 필요하게 된다. 이 쟁점은 토지소유권자와 해당 토지에서 천연자원의 개발권을 취득한 자 사이에 지하공극 소유권과 관련된 분쟁이 발생하게 되는 근본적인 원인이기도 하다.

CCS와 관련하여 제기되는 환경문제는 지하에 주입된 이산화탄소가 지속적으로 지하에 존재할 것인지 또는 이산화탄소가 환경문제를 불러일으키지 않고 그대로 물러 있을 것인지 여부에 대한 것이다.[409] 즉, 지하에 저장된 이산화탄소가 원래 저장된 곳으로부터 수직 이동하거나, 또는 예측 불가능한 형태로의 이동이 가능하다는 우려이다.[410]

---

406) Owen L. Anderson, 'Geologic CO2 Sequestration: Who Owns the Pore Space?', 9 Wyoming Law Review (2009) 98.

407) Ibid.

408) Bureau of Land Management, Minerals Management Service, Interior, "Enhanced Oil and Natural Gas Production Through Carbon Dioxide Injection", Federal Register Volume 71, Issue 45 (March 8, 2006) 11557-11558.

409) Stephanie M. Haggerty, 'Legal Requirements for Widespread Implementation for CO2 Sequestration in Depleted Oil Reservoirs', 197 Pace Environmental Law Review (2003) 216.

410) Will Reisinger Nolan Moser, Trent A. Dougherty, James D. Madeiros, 'Reconciling King Coal and Climate Change: A Regulatory Framework for Carbon Capture and Storage', 11 Vermont Journal of Environmental Law (2009) 19.

따라서 CCS과 관련하여 가장 중요한 쟁점은 환경문제를 둘러싼 대중의 인식 전환과 이를 뒷받침하기 위한 정부 정책의 변화로 정리될 수 있다.

#### 나) CCS의 주요 요소와 쟁점

##### (1) 포집

CCS의 첫 번째 단계는 포집단계로 석탄발전소 등에서 이산화탄소를 수집하는 단계를 의미한다. 이산화탄소의 포집은 석탄의 연소 전, 연소 중, 연소 후 모두 가능하다.

이미 오랫동안 석유·가스의 생산단계 또는 여러 산업과정에서 이산화탄소가 채집되어 왔지만, CCS와 관련된 주된 초점은 석탄발전 과정에서 이산화탄소를 포집하는 것으로 모아지고 있다. 왜냐하면, 석탄발전이 기후변화의 원인으로 지적되고 있는 이산화탄소의 주된 배출원으로 지목되기 때문이다.

2010년 석탄발전으로 발생되는 이산화탄소의 발생 비율이 전체 화석연료 발생량의 43%에 이르며, 중국과 인도 등 개발도상국에서 석유·가스에 대해 상대적으로 저렴한 석탄발전에 지속적으로 의존하는 한 석탄발전으로 인한 이산화탄소의 배출량은 지속적으로 증가할 것으로 예상되고 있다.[411)]

이런 예측은 미국은 물론 중국과 인도 등에서 석탄 사용을 지속적으로 증가하면서 이산화탄소의 배출을 획기적으로 줄이는 방법은 CCS 밖에 없다는 주장의 설득력 있는 근거가 되고 있다. 또한 CCS는 석탄 화력에서 이산화탄소의 배출을 획기적으로 줄이거나 화석연료에 의하지 않는 신재생 등을 통한 발전으로 전화하는 중간 단계의 기술(Bridge Technology)로 이해되고 있다.

다만, CCS이 현실적으로 적용되려면 이산화탄소의 포집에 상당한 비용이 들어가기 때문에 기술이 충분히 성숙되기 전까지는 다양한 지원 또는

---

411) IEA, CO2 Emissions from Fuel Combustion (2012) 8.

보조가 요구된다. CCS에 대한 지원 또는 보조가 필요하다는 점은 이미 많은 국가들이 인식하고 있으며 제도화하기 위한 노력도 진행되고 있다. 이런 비용의 문제와 발전 생산 효율의 저감 등이 발전회사들로 하여금 CCS에 대한 투자에 유인을 느끼지 못하게 되는 원인이다.[412]

(2) 처리

포집 이후에 포집된 이산화탄소는 수송과 지하저장에 적합한 상태로 처리되어야 한다. 석탄발전소에서 포집된 이산화탄소들의 성분은 포집기술, 원료인 석탄의 종류 등에 따라 다양한 형태를 보인다. -56.5°C 이하의 기존에서 일정한 압력조건이 맞으면 이산화탄소는 고체가 되며, -56.6°C에서 30°C 사이에서는 압력 조건에 따라 액체 또는 기체 상태로 존재하게 된다.

최근 석탄가스화 복합발전(Integrated Gasfication Combined Cycle)의[413] 보급이 활성화되고 있는데, 석탄가스화 복합발전시설에서 발생되는 이산화탄소는 일반 석탄화력발전에서 발생되는 이산화탄소보다 훨씬 순도가 높은 것으로 밝혀졌다.[414]

이산화탄소의 처리과정에서 가장 민감한 법적 쟁점은 어떤 유해물질이 이산화탄소와 함께 잔존할 것이며, 이로 인해 법적인 분쟁과 책임 문제가 발생할 것인가에 있다. 이것은 잔존 유해물질에 대한 규제를 어떻게 할 것인가의 문제로 정리될 수 있다.

그리고 이런 위험성의 문제로 인해 이산화탄소를 저장할 지하지질의 구조 및 성분과 이산화탄소와 함께 잔존하는 물질의 성격에 따라 어떤 곳은 이산화탄소 저장이 가능하고, 어떤 곳은 불가능하게 판정될 수 있다.

---

412) IEA, above n 392, 11.

413) 석탄 등 탄화수소류의 연료로부터 합성가스(Syngas)를 분리하여 이 가스를 발전연료로 사용하는 발전기술을 의미한다. 우리나라도 IGCC 실증사업이 추진되고 있다.

414) John A. Apps, A Review of Hazardous Chemical Species Associated with CO2 Capture from Coal-Fired Power Plants and their Potential Fate during CO2 Geologic Storage (March 2006) 36-40.

석탄발전 과정에서 포집된 이산화탄소의 성분은 수송 적합성의 문제와 지하 장소의 적합성 문제까지 관련될 수밖에 없다. 따라서 이를 규제하기 위한 제도적 기준은 물론, 이산화탄소 및 기타 잔존물의 품질에 관한 계약 기준들에 대한 논의를 통해 표준이 마련되어야 한다.

(3) 압축 및 수송

처리의 다음 단계는 포집한 이산화탄소를 주입하려는 장소까지 수송하는 것이다. 수송수단으로는 수송용 트럭이나 선박 등이 있을 수 있으나, 고압 파이프라인이 주류를 이룰 것이다. 이산화탄소는 수송을 위해 적합한 상태로 압축 또는 상태가 변환되어야 하는데 예를 들어, 선박을 통한 수송에서는 액화 이산화탄소로 변환되어야 한다. 이 단계에서 상당히 많은 전력 또는 천연가스가 압축 또는 변환에 필요한 에너지로 소비될 수밖에 없다.

이산화탄소의 수송에 필요한 파이프라인의 규모나 구체적 시설기준에 대한 규제가 현재까지는 불명확한 단계이며, 파이프라인 시설 기준, 파이프라인에의 접근(사용), 대중의 인식 문제 등 쟁점의 다양성과 미국의 경우 주마다 그 규제를 달리할 수 있기 때문에 문제의 복잡성이 더욱 심각해질 수 있다.

(4) 주입 및 저장

이산화탄소의 주입을 위해 필요한 것이 저장소인데, 미국 에너지부는 2012년 캐나다와 미국을 포함하는 북미에서 CCS의 실현이 가능한 지역에 대한 제4차 지질조사 지도까지 발표하고 있다.[415]

저장이 가능한 지하로는 생산이 종료된 석유·가스전, 염수층(Saline Formation) 또는 석탄층(Coal Seams) 등을 들 수 있다.[416] 현재까지 가장 대규모의

415) DOE, Carbon Utilization and Storage Atlas (4th Edition, 2012).

416) IEA, Carbon Capture and Storage in the CDM (2007) 10.

이산화탄소 저장 프로젝트는 북해 슬레이프터(Sleipner) 광구로 1996년부터 매년 약 1백만 톤의 이산화탄소를 저장해오고 있다.[417]

아래에서 다시 정리되겠지만, 저장시설과 관련하여 가장 심각한 법적 쟁점은 지하 공극(Pore Space)의 소유권이 대지소유권자에게 귀속되는지 아니면 기존 석유·가스의 개발권자에게 귀속되는지에 대한 것이다.[418]

## 2) CCS 관련 법적 쟁점

CCS의 확대에 따라 많은 법률적 쟁점들이 발생하게 되는데, 이산화탄소 포집·처리·수송·저장 과정에서 발생하는 환경, 보건, 안전에 관한 문제는 물론 이산화탄소의 항구적 저장과 관련하여 어떻게 법적으로 저장권을 확보하고 보장할 것인가의 문제 등을 예로 들 수 있다. 또한, CCS의 실험과 검증을 위해 유연성과 적시성을 가진 제도를 구축하는 것도 시급한 법제도적 과제로 제시되고 있다.

이런 쟁점들을 다루고 실증연구가 진행되기 위해서는 기존의 환경.자원개발과 관련된 법제도들의 개정이 필요하다.

최근에는 CCS와 관련하여 국제적인 제도변화가 이루어지고 있는데, 2006년 런던 프로토콜(London Protocol)의[419] 개정에서 이산화탄소 해저 저장을 허용하는 개정이 이루어졌으며,[420] 2009년에는 이산화탄소의 해양 수송

417) Global CCS Institute, Sleipner CO2 Injection at 〈http://www.globalccsinstitute.com/project/sleipner%C2%A0co2-injection〉.

418) 특히 미국은 석유·가스의 소유권이 대지소유권자에게 귀속되는 법제도를 가지고 있기 때문에 더욱 복잡한 양상으로 논의가 전개되고 있다.

419) 1972년 폐기물 기타 물질의 투기에 의한 해양오염 방지에 관한 런던협약(Convention on the Prevention of Marine Pollution by Dumping of Wastes and Other Matter 1972)이 체결되었고, 1996년 런던협약의 개선을 위해 런던 프로토콜이 합의되었으며 종국적으로는 런던 프로토콜이 런던 협약을 대체하게 된다. IMO, Convention on the Prevention of Marine Pollution by Dumping of Wastes and Other Matter,
at 〈http://www.imo.org/OurWork/Environment/LCLP/Pages/default.aspx〉.

420) IMO, Notification of amendments to Annex 1 to the London Protocol 1996 (27 November 2006).

문제를 해결하기 위한 개정이 뒤따랐다.[421] [422] 2007년 동북 대서양 해양환경 보호에 관한 오스파 협약(Convention for the Protection of the Marine Environment of the North-East Atlantic)의 개정에서도 이산화탄소 저장에 관한 내용이 추가되었다.[423] 2006년에는 기후변화에 관한 정부간 협의체(Intergovernmental Panel on Climate Change, IPCC) 또한 국가 온실가스 배출량 산정 지침(Guidelines for National Greenhouse Gas Inventories)을 작성하였는데 여기에 이산화탄소의 수송, 주입 및 지하저장에 관한 내용이 새로 추가되었다.[424]

이런 제도의 변화에서 쟁점이 되는 CCS와 관련 법적 쟁점들로 이산화탄소의 거래에서 이산화탄소가 거래의 대상이 되는지 여부 및 안전을 보장하기 위한 품질기준의 문제, 파이프라인 수송 단계에서 파이프라인 자체의 설치 및 안전기준, 파이프라인의 사용권 취득·파이프라인의 운영과 관련된 문제, 이산화탄소의 주입 단계에서 지하수의 안전과 관련된 규제와 기준에 대한 문제, 저장을 위한 지하 공간 취득[425] 및 공간 통합(Unitization)과 관련된 기준의 문제와 저장된 지하의 장기간 관리 및 책임의 문제들이 제기된다. 아래에서 이런 법제도적 쟁점들을 다루고 있는 대표적인 국가들의 현황을 살펴본다.

### 다. CCS 규제 관련 주요 국가들의 입법 동향

#### 1) 캐나다 앨버타 주의 CCS 관련 입법

캐나다 앨버타 주는 2008년 CCS를 2050년까지 목표로 하고 있는 약 60-70%의 이산화탄소 배출 감소 목표 달성에서 가장 중요한 기술로 바라보고

421) IMO, Resolution on the Amendment to Article 6 of the London Protocol (2009).

422) IEA, Carbon Capture and Storage and the London Protocol (2011) 10-13.

423) 부속서 II 제3조 제2항 f목에 CCS의해 포집된 이산화탄소를 해양투기 금지의 제외 대상으로 명시하고 있다.

424) IPCC, 2006 IPCC Guidelines for National Greenhouse Gas Inventories (2006) at 〈http://www.ipcc-nggip.iges.or.jp/public/2006gl/vol2.html〉.

425) 지하공극의 소유권 귀속의 문제를 포함한다.

있다. 앨버타 주는 2050년까지 배출전망치(Business As Usual) 대비 50% 또는 2005년 배출 대비 14%를 감축하려는 목표를 제시하였다.[426] 그리고 주 정부의 목표 달성을 위해 CCS에 대한 제정지원, 법제도 정비 및 연구개발을 위한 전략을 수립하고 또한 시행해오고 있다.[427]

앨버타 주는 특히 2010년 11월 1일 CCS 수정법(Carbon Capture and Storage Statutes Amendment Act)을 개정하면서 CCS의 시행에 따르는 장벽들을 제거하였다.[428] 2010년 12월 2일부터 발효된 이 법률은 앨버타에서 이산화탄소의 주입 및 저장과 관련된 규제를 수립할 수 있게 하고 있으며, 주입 및 저장과 관련된 권리의 처분이 가능하도록 하고 있다.[429]

CCS 수정법은 지하공극의 소유권을 둘러싼 불확실성 문제를 해소하고 있으며, CCS에 따른 장기간 책임에 관한 문제를 다루고 있다는 점에서 획기적인 진전을 이루고 있는 것으로 평가되고 있다.[430]

CCS 수정법에 따르면 앨버타 주에서의 이산화탄소 저장 목적의 지하공극은 앨버타 주정부만이 유일한 소유권자이다.[431] 이런 주정부 소유권의 원칙은 캐나다 연방정부 소유의 지하자원을 제외한 일체의 지하자원 개발권자들에게 소급하여 적용된다.[432] 소급효에 따른 국유화 논쟁을 해결하

---

426) Government of Alberta, Alberta' s 2008 Climate Change Strategy (2008) 5.

427) Ibid, 17-18.

428) Canadian Energy Law, Alberta Carbon Capture and Storage Bill enters into force (December 10, 2010) at 〈http://www.canadianenergylaw.com/2010/12/articles/climate-change/alberta-carbon-capture-and-storage-bill-enters-into-force/〉.

429) Global CCS Institute, Alberta (Canada) CCS Statutes Amendment Act, 2010 (November 24, 2010) at 〈http://www.globalccsinstitute.com/insights/authors/larryhegan/2010/11/24/alberta-canada-ccs-statutes-amendment-act-2010〉.

430) Ibid.

431) Mines and Mineral Acts, Section 15.1(1) ...

(b) the pore space below the surface of all land in Alberta is vested in and is the property of the Crown in right of Alberta and remains the property of the Crown in right of Alberta whether or not

(i) this Act, or an agreement issued under this Act, grants rights in respect of the subsurface reservoir or in respect of minerals occupying the subsurface reservoir, or

(ii) minerals or water is produced, recovered or extracted from the subsurface reservoir, ...

432) Mines and Minerals Act, Section 15.1(2) Subsection (1) does not operate to affect the title to land that, on the date on which this section comes into force, belongs to the Crown in right of Canada.

기 위해 지하공극의 주정부 귀속 입법은 국유화 조치가 아니고 이에 따른 손해배상 청구가 불가능하다 규정을 명시적으로 두고 있다.[433]

다만, 지하공극의 소유권이 주정부에 귀속되더라도 석유·가스의 개발과 관련된 모든 기존 재산권에 어떤 변화가 발생하지는 않으며, CCS 수정법은 CCS에 필요한 지하공극에 대한 소유권만 주정부에 귀속시킬 뿐이라는 점을 밝히고 있다.[434]

이산화탄소 저장에 필요한 지하공극의 평가와 관련하여 에너지부 장관으로 하여금 이산화탄소를 저장할 수 있는지에 대한 적절성 평가에 대한 허가(Evaluation Permit)권과[435] 허가 구역 내에서 포집된 이산화탄소의 저장에 대한 평가와 주입을 시행할 수 있는 탄소저장권(Carbon Sequestration Lease)을[436] 협약을 통해 부여할 수 있도록 하고 있다. 평가에 대한 허가와 탄소저장권은 주정부의 승인 없이 양도할 수 없으며,[437] 이는 석유·가스개발과 관련된 권리에 대한 양도가능성과는 정반대의 제도이다.

이산화탄소 지하저장에 대한 권리를 취득한 자는 CCS를 위한 지하굴착 전에 석유·가스보전법(Oil and Gas Conservation Act)에 따른 에너지 자원 보전 위원회(Energy Resources Conservation Board)의 허가와 승인을 취득해야 한다.[438]

---

433) Mines and Minerals Act, Section 15.1(4) It is deemed for all purposes, including for the purposes of the Expropriation Act, that no expropriation occurs as a result of the enactment of this section.
(5) No person has a right of action and no person shall commence or maintain proceedings
(a) to claim damages or compensation of any kind, including, without limitation, damages or compensation for injurious affection, from the Crown, or
(b) to obtain a declaration that the damages or compensation referred to in clause (a) is payable by the Crown,
as a result of the enactment of this section.

434) CCS Global Institute, above n 49.

435) Carbon Sequestration Tenure Regulation, Section 3(1) A person may apply to the Minister for an agreement under section 115 of the Act.

436) Mines and Minerals Act, Section 15.1(3) and 115(1).

437) Mines and Minerals Act, 118(1) A lessee may not transfer an agreement under this Part without the consent in writing of the Minister.
(2) The Minister may in the Minister's discretion refuse to consent to a transfer of an agreement under this Part.

438) Mines and Minerals Act, Section 116(2).

이산화탄소의 지하저장을 시행하는 동안, 허가권자는 모든 유정과 시설들에 대한 감독을 시행해야 하며, 지하저장을 종료하는 경우 승인된 저장종료 계획(Approved Closure Plan)에 의해 요구되는 모든 사항을 준수해야 한다.[439] 이런 종료 절차를 모두 마친 허가권자는 종료 인증(Closure certificate)을 요구할 수 있다. 에너지부장관은 종료 인증 신청에 대해, 허가권자가 감독.종료.폐기.회생 등의 의무사항을 준수했고, 관련 환경적 기준을 준수했으며, 포집된 이산화탄소가 장래에 누출에 대한 심각한 위험이 없는 안정적이고 예측가능한 방법으로 저장된 경우 종료 인증을 발급할 수 있다.[440]

에너지부 장관이 종료 인증을 발급하면, 저장된 이산화탄소에 대한 소유권이 주정부에 귀속되면서 허가권자의 일체의 책임을 부담하게 되며, 허가권자의 불법행위 책임을 조건부로 면책할 수 있다.[441]

### 2) EU의 CCS 관련 입법

석탄과 가스를 포함한 화석연료는 EU 에너지 믹스(Mix)의 50% 이상을 차지하고 있다. 아래 그림에서 보는 것처럼, 2011년 석유 35%, 가스 24%, 석탄을 포함한 고체 연료가 17%로 화석연료의 비중이 전체의 약 76%를 차지하고 있으나, EU는 2030년에는 그 비중이 약 67%로 감소시키는 것을 목표로 하고 있다.[442]

다른 나라들과 같이 EU도 몇 년 내에 발전연료로서의 석탄을 대체할 수 있는 방법이 없기 때문에 여전히 석탄을 사용할 수밖에 없으며, 최근 미국의 셰일가스 개발로 인해 국제 석탄 가격이 하락하면서 EU의 석탄사용이 더 늘고 있다는 사실을 더욱 이를 뒷받침하고 있다.

2005년 EU는 기후변화에 대응하는 비용을 재검토하면서, CCS에 대해

439) Mines and Minerals Act, Section 116(3).

440) Mines and Minerals Act, Section 120.

441) Mines and Minerals Act, Section 121.

442) EU, Energy Challenges and Policy (2013) 16.

특별한 주의를 기울일 것이라는 정책적인 결정을 한다.[443)]

그림25 | EU의 에너지 믹스

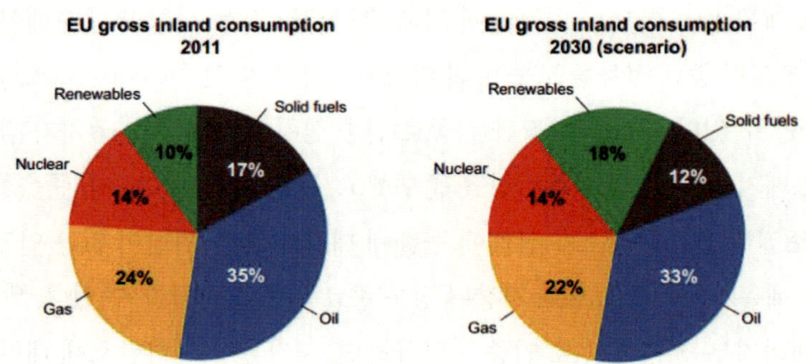


EU는 2005년 10월 시작된 제2차 유럽 기후변화 프로그램(Second European Climate Change Programme(ECCP II)) 산하의 CCS 워킹그룹이 설립되었다. 워킹그룹은 EU에 CCS 와 관련된 규제를 설정하라는 권고를 하게 된다.[444)] 권고 내용은 지하저장의 허가, 이산화탄소 유출에 대한 책임. EU 법 체제 아래에서 CCS의 역할 규정, EU 배출권거래에서 CCS 프로젝트의 인정 등에 대한 것이다.[445)]

워킹그룹은 또 2007년 화석연료를 사용한 지속가능한 전력 생산에 관한 보고서(Sustainable Power Generation from Fossil Fuels: Aiming for Near-Zero Emission from Coal After 2020)를 통해 대규모의 CCS 실증 시설들이 필요하다는 점을 강조했다.[446)]

또한, CCS 관련 규제의 일관성을 강조하면서, CCS의 환경적으로 건전

443) Communication from the Commission to the Council and the European Parliament, The European Economic and Social Committee and the Committee of the Regions, Winning the Battle Against Global Climate Change (Feb. 9, 2005) 4.

444) The Second European Climate Change Programme, Final Report of Working Group 3: Carbon Capture and Geological Storage (CCS), 1 (2006) 1.

445) Ibid.

446) Communication from the Commission to the Council and the European Parliament, Sustainable Power Generation from Fossil Fuels: Aiming for Near-Zero Emission from Coal After 2020, (Jan. 10, 2007) 7.

성, 안전성, 신뢰성을 담보해고, 현재 CCS 활동을 제한하고 있는 법적 장애들을 제거하며, 이산화탄소 감축에 비례하는 대한 적절한 인센티브를 제공해야 한다는 점을 강조했다.[447]

EU의 CCS 관련 기본법은 2009년 이산화탄소의 지하저장에 관한 지침(Directive on the Geological Storage of Carbon Dioxide)이다.[448]

이산화탄소 지침의 목적은 기후변화에 대항하기 위한 이산화탄소의 지하저장의 환경적 안전에 대한 법적 기초를 확립하는 것이며, 환경적으로 안전한 지하저장은 이산화탄소의 지하저장에 따른 환경 및 인류의 건강에 미치는 부정적 영향과 위험을 방지하거나 또는 최소화하는 방법으로 이산화탄소의 항구적 저장을 목적으로 한다고 있다.[449]

이산화탄소 지침은 8개의 장과 기술적 내용에 관한 2 부속서로 구성되었는데, 부속서 제1은 지하저장 시설의 선정기준 및 평가에 대해, 제2는 이에 대한 감시기준과 기준의 개선에 대한 내용을 규정하고 있다.

이산화탄소 지침 제1장에서는 지침의 적용범위에 대한 규정과 정의(Definition) 규정을 두고 있다. 이산화탄소 지침은 EU 구성원 각 국의 육상, 배타적 경제수역 및 대륙붕에 미치며, 10만 톤 이하의 이산화탄소 저장시설에 대해서는 적용되지 않는다.[450]

제2장은 이산화탄소 지하저장시설의 선정과 지하 탐사에 관한 정하고 있다.[451] 이산화탄소 지하저장시설의 선정은 구성원 국가들의 권한이며, 지하저장시설을 선정하기 위한 탐사 또한 구성원 국가들의 승인을 통해서만 이루어지도록 하고 있다.

제3장은 이산화탄소의 저장 허가에 관한 규정,[452] 제4장은 지하저장에

447) Ibid, 8.

448) 이하, "이산화탄소 지침"이라 한다.

449) Directive 2009/31/EC of the European Parliament and of the Council of 23 April 2009 on the Geological Storage of Carbon Dioxide, Article 1. Subject Matter and Purpose.

450) Ibid, Article 2 Scope and Prohibition.

451) Ibid, Chapter 2 Selection of Storage Sites and Exploration Permits.

452) Ibid, Chapter 3 Storage Permits.

적합한 이산화탄소의 기준·절차, 감시·감독, 지하저장시설의 폐쇄 등에 관한 규정을 두고 있다.[453] 캐나다 앨버타 주의 경우와 같이 지하저장의 종료와 제18조에 정하는 기준에 부합하는 경우, 지하저장시설에 대한 책임이 국가(권한 있는 기관)에 이전된다. 그 기준은 저장된 이산화탄소의 완전하고 항구적인 봉쇄에 대한 입증, 최소 20년 이상의 경과, 제20조에서 정한 재정적 부담의 완수, 저장시설의 밀봉 및 주입시설의 제거 등이다.[454]

제5장은 수송 파이프라인과 지하저장시설에 대한 접근권을 규정하고 있는데, 각 구성원 국가들은 잠재적 제3자의 접근권을 보장하도록 하고 있다.[455]

제6장은 담당자의 지정, 국경을 넘는 이산화탄소 수송에 관한 협력, 분쟁해결, 정보의 공개 등에 대한 일반조항을,[456] 제7장은 지침의 개정에 대해 정하고 있다.[457]

### 3) 호주의 CCS 관련 입법

2002년 호주 수상 산하의 과학.기술.혁신 위원회(Science, Engineering and Innovation Council)는 "교토를 넘어 - 혁신과 적응(Beyond Kyoto - Innovation and Adaptation)"이라는 보고서를 통해 호주는 석탄에 기초한 전력 생산의 배출권 "0"에 이르기 위해서 국가적 차원의 연구, 개발, 실증 및 시행 프로그램을 수립해야 한다고 권고했다.[458]

이에 따라 호주 과학·산업연구원(Common-wealth Scientific and Industrial Research Organization)과 호주 지구과학원(Geoscience Australia)이 이산화탄소 기술개발을 위한 협동연구센터(Cooperative Research Centre for Greenhouse Gas Technologies)와 함께 이산화탄소의 지하저장에 대한 타당성 검토를 시작했다.

453) Ibid, Chapter 4 Operation, Closure and Post-Closure Obligations.
454) Ibid, Article 18 Transfer of responsibility.
455) Ibid, Chapter 5. Third Party Access
456) Ibid, Chapter 6 General Provisions
457) Ibid, Chapter 7 Amendments
458) Iain MacGill and Hugh Outhred, Beyond Kyoto – Innovation and Adaptation (2003) 8.

타당성 검토 보고서는 염 대수층(Saline Aquifers), 폐유가스전, 채굴 불가능한 석탄층, 석유회수증진을 위해 기존 유가스전에의 주입, 메탄생산량 증가를 위해 석탄층가스층에 주입, 현무암·오일셰일 등의 지질구조층에 주입 등이 이산화탄소의 장기저장이 가능한 것으로 정리하고 있다.[459)]

2003년 호주 정부는 이산화탄소 지하저장 지도자 포럼에 대한 재정지원을 하면서 CCS의 저비용-효과적인 방안을 도출하는 것을 연구하도록 하였다. 특히, 기술적 역량 증진의 핵심 애로사항과 이산화탄소 분리, 포집, 수송, 저장기술에 관한 다자간 협력이 가능한 분야를 찾아내는 것을 주된 목적으로 하였다.[460)]

호주는 2003년 CCS와 관련된 규제에 대한 가이드라인을 작성하기 위한 지하저장 규제 워킹그룹(Geosequestration Regulatory Working Group)을 구성하여 가이드라인을 작성하도록 하였고, 환경단체·산업계·연구기관들의 자문을 통해 2005년 CCS 규제의 원칙(CCS Regulatory Guiding Principles)이 수립되었다.[461)] 원칙과 관련된 6가지 핵심 쟁점은 저장시설의 평가 및 승인 절차, 저장시설의 사용 및 재산권 문제, 수송, 감독과 검증, 의무과 저장 종료 책임 문제, 재정적 문제 등이다.[462)]

CCS의 가치와 중요성을 높게 평가하고 있는 호주 정부는 CCS의 중요 장애물인 기술·경제성·규제·사회적 인식 등의 문제를 고려한 합리적인 제도를 수립하려고 노력해오고 있으며, 규제에서 고려해야 할 중요 사항으로 지속적이고, 투명하며 유연한 CCS 규제, CCS 프로젝트에 대한 투자의 잠재적 가능성 유도, 이산화탄소 저장의 안전성과 효과적 저장에 대한 대중

---

459) The Parliament of the Commonwealth of Australia, House of Representatives Standing Committee on Science and Innovation, Between a Rock and a Hard Place: The Science of Geosequestration (2007) 31-32.

460) Michael I. Jeffery, Q.C., "Carbon Capture and Storage : Wishful Thinking or a Meaningful Part of the Climate Change Solution", Pace Environmental Law Review (2010) 425.

461) Ibid, 427.

462) IBid.

의 신뢰, 저장된 이산화탄소의 관리·환경영향·보건·안전 등의 문제가 적절히 다루어질 것이라는 대중적 신뢰, 연구개발 증진 및 기술이전, CCS 기술 및 적용 및 규제의 일관성 등이 강조되었다.[463)]

이외에도 호주는 CCS와 관련된 정책을 꾸준히 개발, 개선해오고 있으며, 서호주의 고곤(Gorgon)과 빅토리아의 오트웨이 분지(Otway Basin)의 CCS 실증 프로젝트가 수행되고 있다.

그리고 2008년 이전까지는 연방정부 차원의 CCS 관련 법률은 없었고,[464)] 퀸즐랜드의 석유·가스(보호 및 안전)법(Petroleum and Gas (Protection and Safety) Act 2004), 남호주의 석유법(Petroleum Act 2000) 등 개별 주의 법률들이 있을 뿐이었다.

2008년 호주 연방정부는 해양석유수정(온실가스 저장)법(Offshore Petroleum Amendment (Greenhouse Gas Storage) Act of 2008)을 제정하였는데, 그 주된 내용이 CCS에 관한 것이다.[465)]

석유개발과 이산화탄소 저장이 아주 유사하다는 시각과 기존의 석유개발권자의 권리와의 상충문제를 고려한 해양석유수정(온실가스 저장)법은 구역별 허가(Acreage Release)제도, CCS 탐사허가, CCS 보유권, CCS 주입허가 등 석유개발에서의 권리와 유사한 제도를 두고 있다.

CCS 관련된 허가를 분류하면 온실가스 평가허가(Greenhouse Gas Assessment Permit (Petroleum Exploration Permit)), 온실가스 보유 허가(Greenhouse Gas Holding Lease (Petroleum Retention Lease)), 온실가스 주입 허가(Greenhouse Gas In-

---

463) Martin Squire, Mgr. of CCS Section Res. Div., Presentation at the Carbon Sequestration Leadership Forum Workshop, Developing Australia's Legislation and Regulatory Guidelines for CCS (May 10, 2007) 5.

464) 모든 규제가 없다는 의미는 아니며, 환경보호와 종 다양성 보존법(Environment Protection and Biodiversity Conservation Act 1999), 환경보호(해양 투기)법(Environment Protection (Sea Dumping) Act 1981), 해양석유법(Offshore Petroleum Act 2006) 등에 의해 환경규제는 이루어지고 있었다.

465) 호주는 온실가스(Green House Gas)라는 표현을 사용하고 있으나, 이하에서 이산화탄소와 혼용하여 사용한다.

jection Licence (Petroleum Production Licence)), 온실가스 탐색 승인(Greenhouse Gas Search Authority(Special Prospecting Authority)), 온실가스 특별 승인(접근승인)(Greenhouse Gas Special Authority (Access Authority)) 및 CCS 활동과 관련한 인프라 사용허가(Infrastructure Licence) 등으로 정리되어 있다.[466]

구역별 허가란 CCS 탐사를 위한 유망 지역의 리스트가 해당 주 또는 연방직할지 정부와 협의를 거쳐 CCS에 참여하고자 하는 자들의 참여를 위해 공개되며, 다음 단계로 호주 지질연구소(Geoscience Australia)가 지질정보, 해당 지역에 존재하는 석유 유정의 위치와 형태, 3D 탄성파 자료, 국방 또는 항해와 관련된 지역인지 여부, 석유개발권이 중첩해서 존재하는지 여부 등에 대한 자료를 준비하게 된다.

CCS의 기간과 관련해서 온실가스 평가허가,[467] 온실가스 보유 허가,[468] 온실가스 주입 허가와[469] 관련된 규정들이 각 허가에 필요한 기간들을 정하고 있다.

온실가스 특별승인이란 기존의 석유생산 및 개발에 대한 심각한 침해의 우려로 인해 온실가스 주입허가가 주어지지 않은 경우, 해당 석유생산이 종료된 후에 이산화탄소를 주입하기 위해 주무장관의 허가에 따라 일정 기간 동안 유보되는 특별한 승인을 의미한다.

그리고 온실가스 주입허가는 특정 지역에 온실가스를 주입할 수 있는 권리, 항구적으로 온실가스를 저장하고 있을 권리, 허가구역 내에서 잠재적인 온실가스 저장구역을 탐사할 권리, 허가구역 내에서 잠재적인 온실가스 주입구역을 탐사할 권리, 허가구역 내에서 평가를 위해 온실가스를 주입하고 저장할 권리, 온실가스 주입 과정에서 우연히 발견된 석유에 대한 평가를 위

466) Parliament of Australia(Senate), Revised Explanatory Memorandum, Offshore Petroleum Amendment (Greenhouse Gas Storage) Act Bill 2008 (2008) 1-2.

467) Offshore Petroleum Amendment (Greenhouse Gas Storage) Act of 2008 Section 249AC-249AS.

468) Offshore Petroleum Amendment (Greenhouse Gas Storage) Act of 2008 sections 249BB-249BS.

469) Offshore Petroleum Amendment (Greenhouse Gas Storage) Act of 2008 section 249CH and 249CQ.

해 석유를 회수할 수 있는 권리 등을 포함하는 포괄적인 허가이다.

CCS 저장시설 폐쇄는 자발적 또는 강제적 시설폐쇄 승인(Site Closing Certificate)신청과 더불어 시작되며,[470] 주입된 온실가스 유출 방지 및 다른 지하자원에 대해 미치는 영향에 대한 검토 후 관련 승인이 이루어진다.

주입된 이산화탄소의 유출이 발생하는 경우를 심각한 상태(Serious Situation)로 규정하여 이에 대한 책임 규정을 두고 있다.[471] 다만, 주의해야 할 것은 호주의 경우, 시설폐쇄 승인을 받게 되면 관련자들이 책임을 면하게 되는지 여부에 대해 침묵하고 있다는 점이다. 결국, 입법적인 해결이 없기 때문에 호주의 보통법(Common Law)에 따라 판단될 수밖에 없으며, 따라서 CCS와 관련된 자들은 이로 인해 피해를 입게 되는 피해자들에게 보통법에 따른 책임을 피할 수 없다. 캐나다와 유럽 등의 제도와는 다른 중요한 차이점이라 할 수 있다.

### 라. 지하공극 소유권의 귀속

#### 1) 미국에서의 자원소유권과 지하공극의 소유권 귀속

호주, 캐나다 등과 함께 영국의 식민지였기 때문에 영국 보통법을 계수하였지만, 자원소유권 문제에 대해서 미국은 다른 식민지 국가들과는 차별화된 길을 걷는다.

1859년 드레이크에 의해 시추방식에 의한 석유를 처음 개발할 당시의 자원소유권에 관한 법 이론은 토지의 소유권은 지구 중심으로부터 우주에까지 미친다(Ad Coelum Doctrine)는 로마법의 '천상에서 연옥까지의 원칙' 이었다.[472] 천상에서 연옥까지의 원칙을 대표하는 1898년 미국의 판례에서, 브레워 대법관은 '보통법의 일반 원칙에 따르면 토지의 소유권자는 그 지하의 모든 것들은 소유하며, 이 보통법 원칙은 미국 연방 및 각 주(州)의 일

470) Offshore Petroleum Amendment (Greenhouse Gas Storage) Act of 2008 Section 249CZE.

471) Offshore Petroleum Amendment (Greenhouse Gas Storage) Act of 2008 Section 249CZ.

472) 류권홍, "자원 소유권의 귀속", 원광법학 제25권 제2호 (2009년 6월) 44면.

반적 법 원리이고, 특별한 제정법이나 계약이 존재하지 않는 한, 자원 개발권의 범위에 관한 문제는 결국 누가 토지의 소유권자인가의 문제이다.' 라고 판시하고 있다.[473]

이런 천상에서 연옥까지의 원칙은 경성자원에는 적합한 법 이론이었으나, 석유나 가스처럼 휘발성과 이동성이 있는 연성자원에는 적합하지 못했다. 즉, 생산된 석유나 가스가 누구의 토지 아래에서 생산된 것인지를 확정하기 어렵고, 이로 인해 인접한 토지의 소유권자들이 자신의 권리를 침해했다는 이유로 소송을 제기했던 것이다.[474]

법원은 개발권자들의 소송에 대한 두려움을 해소하고, 미국의 경제발전이라는 국가적 과제를 해결하기 위해서 석유, 가스의 소유권귀속에 관한 새로운 법리를 전개하게 되는데 이것이 바로 선점의 원칙이다. 야생동물이나 이주성 동물과 관련된 영국의 보통법 원리를 적용하여, 석유나 가스도 먼저 점유를 취득한 자에게 소유권이 귀속된다는 것이다.[475]

선점의 원칙은 편의의 원칙 또는 무책임의 원칙으로 불리는데, 치밀한 법리적 전개에 의한 것이 아니라 사회적 필요성을 법원이 수용했다는 의미에서 편의의 원칙이라 하며, 선점의 원칙으로 인해 개발권자들이 개발권을 취득한 대지 내에서 생산한 석유나 가스가 비록 인접 대지 아래에서 이동되어 생산된 것이라 할지라도 이에 대한 배상책임을 부담하지 않기 때문에 무책임의 원칙이라 한다.[476]

지하공극의 소유권귀속의 문제는 대지소유권과 자원소유권이 분리되었을 때 제기되는 쟁점이며, 현재 텍사스를 포함한 미국의 주(州)들은 지하공극의 소유권에 대한 명시적 규정을 두고 있지 않다.

미국의 주(州)간 석유 및 가스 소위원회 산하 이산화탄소 포집과 지하저

473) 위의 논문.

474) 위의 논문, 45면.

475) 위의 논문.

476) 2차 또는 3차 석유회수증가를 위해 주입된 물질들로 인해 이동된 석유, 가스의 생산과 관련된 무책임의 원칙을 소극적 선점의 원칙(Negative Rule of Capture)라고도 한다.

장 대책위원회(The Interstate Oil and Gas Compact Commission Task Force on Carbon Capture and Geologic Storage)는 2007년 보고서에서 텍사스 주의 법률에서 가장 중요한 쟁점은 지하공극의 소유권에 관한 문제이며, 이와 관련된 법률과 규제가 명확해야 한다고 강조하고 있다.[477)]

따라서 별도의 법률이 제정되기 전까지는 지하공극의 소유권 귀속과 관련된 법원의 판결이 중요한 기준이 될 것이며, 입법과정에서도 판결이 존중될 수밖에 없다. 아래에서 이와 관련된 미국에서의 중요한 판결들을 살펴본다.

### 2) 지하공극 소유권 관련 사례

#### 가) 자원개발권의 법적 성질과 권한 범위

텍사스 주(州)법은 자원개발권은 대지소유권 위에 존재하는 일종의 지역권(Dominant)로 간주되고 있다. 즉 개발권자는 개발권자에게 귀속되는 자원의 탐사 및 개발을 위해 지표, 공역(空域), 지하의 영역을 합리적인 범위 내에서 사용할 수 있다.[478)] 게티 오일 사례(Getty Oil Company v Johns)에서 게티 오일은 공역에 대한 배타적 권리를 주장하였으나, 텍사스 주 대법원은 대지소유권자의 지표, 공역, 지하에 대한 권리를 확인하면서 개발권자의 과실에 의한 또는 불필요한 대지소유권의 침해에 대한 책임의 원칙을 분명히 하였다.

이런 개발권자의 대지소유권자의 권리 존중과 관련한 원칙을 '타협의 원칙(Accommodation Doctrine)' 이라 한다. 1967년 험블 오일 사례(Humble Oil & Refining Co. v. Williams)에서도 확인된 원칙으로[479)] 개발권자는 지역권을 취득하며 이에 따라 요역지를 사용할 권리가 있으나, 이 권한은 개발권 협정

477) The Interstate Oil and Gas Compact Commission Task Force on Carbon Capture and Geologic Storage, Storage of Carbon Dioxide in Geologic Structures A Legal and Regulatory Guide for States and Provinces (2007) 17.

478) Getty Oil Company v Johns, 470 S.W.2d 618, 621.

479) Humble Oil & Refining Co. v. Williams, 420 S.W.2d 133, 134.

의 조건과 해당 자원을 효과적으로 수행하기에 합리적으로 필요한 범위 내에서 행사되어야 한다고 표현하고 있다.

타협의 원칙은 개발권자가 가지는 개발 대상인 자원의 범위에 따라 개발권자의 권리가 확대되는 측면을 가진다. 만약 개발권 약정에 따른 개발의 대상물이 '일체의 가치 있는 물체(All Valuable Substances)' 라고 표현되어 있다면, 가치가 인정되는 자원의 개발에 필요한 범위 내에서 개발권자는 광범위한 권한을 가지게 되며, 대지소유권자는 이를 수용할 수밖에 없게 되기 때문이다. 따라서 가치가 인정되는 자원의 개발이 이루어지는 한, 해당 지하공극에 이산화탄소를 주입하기 위해서는 대지소유권자보다 개발권자의 허락을 얻어야 하는 상황이 더 많을 수밖에 없다. 하지만 여기서의 허락은 지하공극의 소유권자로서의 허락이 아니라, 해당 공극의 사용권자로서의 허락이다.

왜냐하면, 게티 오일 사례에서 텍사스 대법원은 지하공극의 소유권이 대지소유권자에게 귀속된다는 것을 전제로, 개발권자가 석유·가스의 개발에 필요한 범위 내에서 대지소유권자의 지하공극에 대한 권리를 사용할 지역권이 있음을 밝히고 있기 때문이다.[480] 이에 따라 개발권자는 소유권자가 아닌 사용권자로서 지하공극에 이산화탄소를 주입하는 석유회수증진 기법을 사용할 수 있는 것이다.

#### 나) 지하공극의 소유권을 둘러싼 판결

위에서 본 게티 오일 사례 등은 지하공급의 소유권을 둘러싼 일반적인 해석과 관련된 판결이지만, 지하공극의 소유권이 누구에게 귀속되는지 여부를 직접적으로 다룬 판결들이 있다. 지하공극이 개발권자에게 귀속된다는 판결과 대지소유권자에게 귀속된다는 판결이 모두 존재하기 때문에 양자를 모두 검토할 필요가 있다.

---

480) Ibid, 101.

(1) 지하공극이 개발권자에게 귀속된다는 판결

맵코 사례(Mapco, Inc. v. Carter)에서 텍사스 항소법원은 지하공간은 자원의 소유권자에게 귀속되며, 지하공간의 사용에 따른 배상권한 또한 해당 자원의 소유권자에게 귀속된다고 판시했다.[481] 자원 소유권자인 개발권자는 천연가스의 저장을 목적으로 소금염(Slt Dome)에 굴(Cavern)을 팠다. 텍사스 주에서는 광물의 하나로 분류된 소금으로 구성되었기 때문에 광물의 소유권자인 개발권자에게 해당 굴에 대한 배타적인 권리가 귀속된다는 것이다.

다만, 맵코 사례는 광물(Mineral)과 관련된 지하공간의 형성에서만 한정적으로 적용될 뿐, 비광물에 대한 지질적 지하공극에는 적용되지 않는다.[482] 즉, 맵코 사례에서 법원은 광물의 개발과 관련하여 지하시설인 굴이 형성된 경우, 해당 굴의 소유권은 광물의 개발권자에게 귀속된다고 판시하고 있다. 이 사건에서의 지하 저장공간은 자연적으로 형성된 지하공극이 아니라 인공적인 채굴에 의해 형성된 굴이며, 저장공간의 물질도 굴의 형성을 위해 채취된 광물과 동일한 광물로 이루어졌기 때문에 개발권자가 해당 광물을 추가 채굴할 수도 있다는 점 등이 일반적인 지하공극의 차이점이다.

물론 이 판결은 텍사스 주 대법원에 의해 파기되었지만, 저장공간의 소유권 문제는 대법원에서 쟁점으로 다루어지지 않았다.[483]

(2) 지하공극이 대지소유권자에게 귀속된다는 판결

1969년 연방 청구재판소(Court of Claims)의 에메니 사례(Emeny v. U. S.)에서, 법원은 개발권의 대상인 석유·가스를 제외한 지표면 기타 토지의

481) Mapco, Inc. v. Carter, 808 S.W.2d 262, 274.

482) The Interstate Oil and Gas Compact Commission Task Force on Carbon Capture and Geologic Storage, above n 33, 17.

483) Mapco, Inc. v. Carter, 817 S.W.2d 686, 688. 대법원에서는 주로 법인격부인에 관한 쟁점이 다루어졌다.

모든 부분들은 여전히 토지소유권자의 재산권이며, 이런 원칙은 지하의 지질구조에도 적용된다고 판시하였다.[484] 또한, 여기서 지하의 지질구조는 다른 곳에서 생산된 외부가스 또는 이질적인 가스의 지하 저장에 적합한 구조를 포함한다고 명시하고 있다.[485]

이 사건에서 법원은 개발권자의 권한은 해당 지역에 있는 석유와 가스의 개발을 목적으로 하는 채굴 및 운영, 파이프파인의 설치 등에 한정되고 해당 목적을 실현하기 위한 것에 국한되며, 해당 개발권역 내에서 생산된 가스의 지하저장은 가능하지만 개발권 협정권역 외부에서 생산된 가스를 저장할 수 있는 권한까지 부여된 것은 아니라고 해석하고 있다.[486]

1974년 험블 오일 사례(Humble Oil & Refining Co. v. West) 사례에서도 텍사스 주 대법원은 에메니 사례를 인용하면서, 이전된 권리는 이전 대상 지역에서 생산되고 저장된 석유·가스·기타 광물에 대한 로열티에 한하고 있으므로 대지소유권자는 지표면 및 지하의 석유·가스뿐만 아니라 지하 저장공간을 포함한 지하의 기반에 대한 권리를 소유한다고 판시하고 있다.[487] 이 사건에서는 지하공극의 소유권에 대한 다툼은 진행되지 않았고, 오히려 로열티를 지급받을 수 있는 기간이 지나기 전에 해당 지하공극을 다른 목적으로 사용하게 허용할 수 있느냐의 문제가 쟁점이 되었다.

지하에 이산화탄소를 저장하는 것은 지하에 물을 저장하는 것과 유사한 논리가 적용될 수 있다. 1972년 텍사스 주 대법원의 선 오일(Sun Oil Co. v. Whitaker) 사례에서 개발권자는 석유·가스의 개발에 합리적으로 필요한 범위 내에서 지하수를 사용할 수 있는 권리가 있으며, 이렇게 개발권자에게 부여된 범위 외의 지하수는 대지소유권자에게 그 권리가 남아 있는 것이라고 확인하였다.[488]

---

484) Emeny v. U. S., 412 F.2d 1319, 1323.

485) Ibid.

486) Ibid.

487) Humble Oil & Refining Co. v. West, 508 S.W.2d 812, 815.

488) Sun Oil Co. v. Whitaker, 483 S.W.2d 808, 811.

1999년 텍사스 주 항소법원의 마카르 개발회사(Makar Production Company v. Anderson)사례에서 법원은, 지하공극의 소유권에 관한 문제를 직접 다루었다. 대지소유권자의 상속인들은 개발권자의 상속인들로 하여금 개발권역 이외의 지역에서 생산된 염수(Saltwater)를 개발권역에 가져오고, 이를 지하에 주입하는 행위를 하지 못하게 하는 내용의 가처분을 신청했고, 이에 대해 하급심 법원은 개발권자와 대지소유권자의 개발권협정에 따르면 개발권자 또는 그 상속인들에게 상업적 폐기물처리 부지의 대상으로 명시적 권리를 부여하지 않았다는 이유로 가처분신청을 인용했다.[489] 또한, 개발권자는 2차 또는 3차적 생산증대를 위해 지하에 합리적인 범위 내에서 물을 주입할 수 있지만, 개발권자의 상속인들이 하려는 행위는 상업적 목적의 염수저장이며, 이런 행위는 합리적으로 필요한 석유회수증진 방법에 해당하지 않는다는 점도 확인하고 있다.[490]

또한, 2003년 에프피엘 농업(FPL Farming, Ltd. v. Texas Natural Resource Conservation Commission) 사례에서 텍사스 주 오스틴 항소법원은 대지소유권자에게 지하공극의 소유권이 귀속됨을 묵시적으로 수용하는 내용의 판결을 하고 있다.[491] 이 사건에서 유해하지 않은 폐기물 처리 구역으로 제안된 지역의 인근 대지소유권자는 해당 폐기물 처리시설에 대한 허가권자인 행정관청이 권한을 넘는 허가를 부여했다는 주장을 했다. 그 근거로 10년 이내에 지하에 매설된 폐기물들이 인근 대지소유권자의 지하영역으로 이전해올 것이라는 증거를 제시했다. 행정관청은 주어진 권한범위 내에서 처분을 하였기 때문에 인근 대지소유권자인 원고의 주장이 받아들여지지 않았지만, 만약 매설된 폐기물들이 인근 대지소유권자인 원고의 지하영역으로 이동하여 손해를 발생시킨다면, 원고의 손해배상청구가 가능함을 밝히고

---

489) Makar Production Company v. Anderson, No. 07-99-0050-CV, 2.

490) Ibid.

491) FPL Farming, Ltd. v. Texas Natural Resource Conservation Commission, S.W.3d, 2003 WL 247183, 5.

있다.[492]

이상의 판결에서 보는 것처럼 멥코 사례에도 불구하고, 텍사스 주(州) 법원은 지하공극이 대지소유권자에게 귀속된다는 원칙을 지키고 있다. 따라서 석유회수증진과 관련이 없는 이산화탄소의 지하저장에 대한 권한도 대지소유권자에게 귀속된다.

하지만, 대지소유권자가 지하공극을 소유한다 할지라도 대지소유권자는 합리적인 범위 내에서 석유·가스 개발권자의 개발에 필요한 지하공극의 사용권은 보장해줘야 한다. 이런 개발권자의 권리를 정당한 이유 없이 침해하는 경우 대지소유권자는 침해방지 또는 손해배상책임을 져야 한다.

이런 대지소유권자와 개발권자의 권리가 상존하고 있음을 확인하면서 이산화탄소를 저장하기 위해 필요한 지하공극의 사용권 취득과 관련하여 가장 현실적으로 접근한 사례가 1980년의 볼(Ball v. Dillard) 판결이다.[493] 이 판결에서 텍사스 주 대법원은 대지소유권와 개발권자의 권리는 상호적이면서도 서로 다른 것(Reciprocal and Distinct)이라고 판시하면서, 일방 당사자는 다른 당사자의 권리를 침해할 수 없다는 기존의 그레그 판결을[494] 인용하고 있다.[495]

(3) 지하공극 사용권의 취득 방안

볼 판결에 따르면, 이산화탄소를 지하공극에 저장하려는 자는 대지소유권자 뿐만 아니라, 석유·가스의 개발권자의 동의 또는 승낙을 얻는 것이 법적 분쟁을 가장 합리적으로 해소하는 방법이 된다.

왜냐하면, 대지소유권자가 지하공극의 소유권자로 할지라도 개발권자의 합리적인 석유·가스 개발권을 침해할 수 없으며, 지하공극을 포함한 매

492) Ibid, 5.
493) Ball v. Dillard, 602 S.W.2d 521.
494) Gregg v. Caldwell-Guadalupe Pick-Up Stations, 286 S.W. 1083.
495) Ball v. Dillard, above n 53, 523.

장지가 자연적으로 생성된 석유·가스를 포함하고 있고 생산의 상업성이 인정되는 경우 개발권자의 생산에 대한 권리가 보장되기 때문이다.

이를 다시 정리하면, 석유·가스의 개발권이 부여되지 않은 대지의 경우에는 대지소유권자가 지하공극의 소유권을 가지기 때문에 이산화탄소의 지하주입을 위해서는 대지소유권자의 승낙이 필요하고, 석유·가스의 개발권이 부여되어 있으며 현재 생산이 이루어지고 있는 경우에는 석유회수증진 등을 목적으로 하는 이산화탄소 주입은 개발권자의 권한에 속하므로 개발권자의 승낙을 얻어야 한다. 즉, 대지소유권자와 개발권자가 동시에 존재하는 경우에는 원칙적으로 모두의 승낙을 얻는 것이 가장 안전한 방법이라는 것이다.

한편, 이산화탄소 포집저장이 기후변화에 대처하기 위한 높은 공익적 성격을 가지고 있기 때문에 강력한 제도적 뒷받침이 필요하며, 이산화탄소의 저장에 필요한 정부의 승인을 취득하는 과정에서 대지소유권자 또는 개발권자의 반대로 인해 저장승인이 거부될 가능성을 낮추도록 하는 제도적 지원이 필요하다.

공익적 차원을 강조하면서 이산화탄소 저장에 필요한 지하공극에 대한 수용권(Eminent Domain)을 인정하면, 대지소유권자 또는 개발권자의 권리주장 문제를 해소할 수 있다는 주장까지 나오고 있다. 다만, 대지소유권자와 개발권자 중 누구에게 수용에 따르는 보상이 주어져야 하는지에 대한 문제는 논란의 대상이다. 이 문제의 해결 또한, 지하공극의 소유권이 누구에게 귀속되느냐에 대한 쟁점과 직결되어 있다.

#### 3) 텍사스 이외의 주(州) 법원의 지하공극 소유권 관련 판례

1979년 오클라호마 제10 순회항소법원의 엘리스 판결(Ellis v. Arkansas Louisiana Gas Co.)에서 항소법원은 개발권자인 피고가 지하에 천연가스를 저장하여 대지소유권자의 지하공극 소유권을 침해하고 있으므로 손해배상과 이를 금지하는 가처분 청구사건에서, 일반적으로 가스 저장을 목적으로 하는 지하공극의 소유권은 대지소유권자에게 귀속된다는 논리에 근거한 하급심 판결을 승인한다.[496] 한편 이 판결의 하급심은 영국과 캐나다에서는 채광의 상업적 생산이 종료된 후 잔존하는 광물의 소유권이 개발권자에게 귀속되는 반면, 미국에서는 대지소유권자에게 귀속된다는 점을 밝히고 있다.[497]

이 사건 항소심에서 지하공극이 대지소유권자에게 귀속된다는 점에 대해서는 다툼이 없었으며, 개발권자의 시효에 의한 지역권 취득으로 인해 개발권자의 권리가 대지소유권자에 우선하는지 여부가 쟁점이었다.

1981년 루이지애나 주의 연방지방법원은 미합중국 사례(U.S. v. 43.42 Acres of Land)에서 광물의 채굴 이후에는 지하공간의 소유권이 대지소유권자에게 귀속되며, 개발권자는 지하공간과 관련하여 배상청구권이 없다고 판시한다.[498] 따라서 수용권의 실현을 통해 지하공간에 이산화탄소를 주입하는 경우 지하공간에 대한 가치평가에서 개발권자의 권리는 고려될 필요가 없다는 것이다.[499]

1996년 미시건 항소법원도 유사한 판결을 한다. 미시건 항소법원은 교통부 사례(Department of Transp. v. Goike)에서 텍사스 주의 에메니 판결과 오클라호마의 엘리스 판결을 인용하면서 광물의 채굴이 종료된 지하공간의 소유권은 대지소유자에게 귀속된다고 판시한다.[500] 이런 판결의 원인으로 개발권자는 광물에 대한 소유권을 가질 뿐이지, 광물을 둘러싸고 있는 다른 재산에 대한 소유권은 없다는 이유를 들고 있다.[501] 다만, 지하공극에 석유·가스가 잔류해 있는 경우 개발권자의 권리는 대지소유권자에 우선한

496) Ellis v. Arkansas Louisiana Gas Co., 609 F.2d 436, 439.
497) Ellis v. Arkansas Louisiana Gas Co., 450 F.Supp. 412, 421.
498) U.S. v. 43.42 Acres of Land, 520 F.Supp. 1042, 1045.
499) Ibid, 1044.
500) Department of Transp. v. Goike, 560 N.W.2d 365, 366.
501) Ibid, 365-366.

다는 점도 분명히 하고 있다.

1952년 켄터키 주 항소법원의 중앙 켄터키 천연가스 사례(Central Ky. Natural Gas Co. v. Smallwood)에서 법원은 오클라호마의 엘리스 사례에서처럼 영국의 경우 생산종료 후에도 지하공간에 대한 배타적 권리가 개발권자에게 잔존 광물의 소유권이 귀속되는 반면, 미국은 대지소유권자에게 귀속된다고 인용하면서도, 개발권자에게 지하공간의 사용에 대한 사용료가 지불되어야 한다고 판시한다.[502] 항소법원의 판결은 대법원에서 파기되었지만, 지하공극의 소유권에 관한 부분은 다투어지지 않았기 때문에 켄터키 주에서는 다른 주와 달리 영국의 법리가 적용되는 것으로 해석될 수 있다.

#### 4) 우리나라에서의 지하공극 소유권

탄소지하저장과 관련하여 지하공극의 소유권 문제는 미국의 특수한 상황의 논리일 수 있다. 하지만, 우리나라에서도 기술의 발달과 적절한 저장소가 발견되는 경우 해당 지하공극의 소유권 귀속의 문제는 가장 기본적인 법리적 쟁점이 될 것이다.

우리나라에서 이산화탄소를 육상에 저장하는 경우 발생할 수 있는 문제점은 우선, 저장 공간인 지하공극이 누구의 소유에 속하느냐의 문제이다. 우리 민법 제 21조는 '토지의 소유권은 정당한 이익이 있는 범위 내에서 토지의 상하에 미친다.' 고 정하고 있으므로 결국 이산화탄소의 저장을 위한 지하공극의 활용이 토지 소유권자의 정당한 이익 범위에 속하느냐의 해석문제로 귀결된다.

지하수나 온천수에 대한 우리 민법의 태도는 기본적으로 토지의 구성부분을 이룬다는 것이다.[503] 하지만, 지하수나 온천수의 경우와 이산화탄소의 저장은 행위의 방법이 서로 다르다. 즉, 지하수나 온천수는 지하에 존재하는 물(物)을 개발하는 반면, 이산화탄소 저장은 지하 공간에 이산화탄

502) Central Ky. Natural Gas Co. v. Smallwood, 252 S.W.2d 866, 868.

503) 김준호, 민법강의(전정판), 법문사, 2007년, 558면.

소를 주입하는 것이므로 서로 반대되는 행위이다.

따라서 이산화탄소의 지하저장은 지하 동굴의 소유권이 누구에게 귀속되느냐의 문제와 유사한 성격의 문제이다. 그런데 우리 민법은 지하에 형성되어 있는 동굴은 구 수직선 내에 속하는 부분은 토지소유권의 범위에 속하는 것으로 해석하고 있다.

그렇다면 원칙적으로 이산화탄소의 저장장소인 지하공극은 토지의 소유권자에게 귀속되는 것으로 해석된다.

우리나라의 기업이 미국에서 탄소지하저장과 관련된 사업을 시행하려 한다면 위에서 살펴 본 것과 같은 법리를 사전에 검토해서 위험을 최소화하려는 노력이 우선되어야 한다.

한편, 미국과는 달리, 육상에서 석유·가스의 개발이 이루어지지 않고 있는 우리나라는 육상에서 기존의 석유·가스 개발권자와의 권리 중첩으로 인한 분쟁이 발생할 여지가 없다.

육상은 개별 토지 소유권자의 권리가 인정되지만, 해저 및 하층토에 대한 소유, 관리권이 국가에 귀속되어 있다. 영해는 국가의 배타적 주권 범위에 해당하기 때문에 국유이며, 배타적경제수역 또는 대륙붕은 그 개발 및 이용에 대한 주권적 권리로 국가에 귀속되어 있다.[504)]

따라서 해저의 지하공극에 대한 소유권 문제가 법적인 쟁점으로 논의될 필요는 없다.

---

504) 배타적 경제수역법 제3조(배타적 경제수역에서의 권리) 대한민국은 배타적 경제수역에서 다음 각 호의 권리를 가진다.

1. 해저의 상부 수역, 해저 및 그 하층토(下層土)에 있는 생물이나 무생물 등 천연자원의 탐사.개발.보존 및 관리를 목적으로 하는 주권적 권리와 해수(海水), 해류 및 해풍(海風)을 이용한 에너지 생산 등 경제적 개발 및 탐사를 위한 그 밖의 활동에 관한 주권적 권리
2. 다음 각 목의 사항에 관하여 협약에 규정된 관할권
   가. 인공섬.시설 및 구조물의 설치.사용
   나. 해양과학 조사
   다. 해양환경의 보호 및 보전
3. 협약에 규정된 그 밖의 권리

다만, 지하에 저장된 이산화탄소가 어떤 이유에서든 이웃하는 토지 또는 이웃하는 국가의 영역으로 이동하는 경우, 이에 대한 책임의 문제가 발생할 수 있다. 미국에서는 영역침범(Trespass)에 해당한다는 주장과 소극적 선점의 원칙에 따라 영역침범에 해당하지 않는다는 주장이 대립하고 있다.

미국에서는 지하공극과 관련된 다양한 법과 법원의 판결들이 각 주마다 다르게 전개될 수 있으나, 개발권자와 대지소유권자는 상호 다른 사람의 권리를 해하지 않아야 하다는 점과, 이산화탄소의 지하저장을 공공선적 차원에서 접근하면서 탄소지하저장에 필요한 지하공극에 대한 수용방식의 소유권 취득을 허용해야 한다는 논의까지 전개되고 있다는 점을 종합하면 탄소포집저장을 우호적으로 보는 제도와 판결들이 나타날 것이며, 반면 소유권자의 토지에 대한 권리의 보장이 상대적으로 약화될 것이다.

한편, CCS와 관련하여 지하공극의 소유권 및 영역침범 이외에도, 이산화탄소 저장과 관련하여 다루어져야 하는 쟁점들로 이산화탄소의 거래에서 이산화탄소가 거래의 대상이 되는지 여부 및 안전을 보장하기 위한 품질기준의 문제, 파이프라인 수송 단계에서 파이프라인 자체의 설치 및 안전기준, 파이프라인의 사용권 취득.파이프라인의 운영과 관련된 문제, 이산화탄소의 주입 단계에서 지하수의 안전과 관련된 규제와 기준에 대한 문제, 공간 통합(Unitization)과 관련된 기준의 문제와 저장된 지하의 장기간 관리 및 책임의 문제들이 쟁점으로 제기되고 있다.[505)]

우리나라도 지하공극의 소유권 문제와 함께 이런 쟁점들에 대한 제도적 연구가 필요하다.

### 마. 기후변화의 새로운 대안 CCS

기술적인 문제, 저장장소의 문제 등으로 우리나라에서 CCS가 이른 시

---

505) 류권홍, 'CCS 관련 법적, 제도적 쟁점', 천연가스산업연구(제3권 제1호, 2014년), 240면.

일 내에 현실적으로 이루어질 것을 기대하기는 어렵다. 하지만, 기술의 발달과 동해가스전의 생산 중단 후 이를 적극적으로 활용하는 방법으로 CCS는 상당히 중요한 의미가 있다.

또한, 이산화탄소 저감이라는 기후변화 완화정책의 방법으로 CCS는 세계적으로 중요한 의미를 가지고 있으며 우리나라에게도 포기할 수 없는 중요한 산업분야이다.

CCS 관련 제도와 법적 쟁점들에 대한 이해와 각 국의 사례들을 종합적으로 검토해서 우리 상황에 적합한 법제도를 구축하기 위해서는 관련 연구개발이 촉진되어야 하며, 연관 산업이 활성화되기 위한 제도적 뒷받침이 이루어져야 한다.

CCS관련 제도의 구축에서 고려해야 할 중요한 사항은, 공공의 안전보장, 환경보호, 수자원보호, 저장된 이산화탄소와 관련된 장기적 책임 주체와 재정적 부담 주체, 규제의 견고성·과학성 및 이산화탄소 저감을 위한 정책적 고려, 규제의 투명성 및 공개성과 명확성, 개별 저장단위마다 특화된 위험관리, 이산화탄소 저장과 지하자원개발의 조화, CCS에 대한 국제적 협력, 기존 석유·가스 산업의 경험과 노하우 활용 등이다.

## 9. 에너지와 복지 | 호주의 에너지 곤란해소를 위한 지원 법제

### 가. 호주 에너지 곤란[505] 제도 개선의 배경

호주의 에너지 곤란문제 해결을 위한 제도의 목적은 재정적 곤란에 처한 소비자를 지원하고 재정적 부담을 완화함으로써 현재의 상태를 벗어날

506) 'Hardship'을 '곤란'으로 번역한다. 우리나라와 달리 호주는 소득계층을 기준으로 하는 계층별 지원정책이 아니라, 현재 에너지 요금을 지불할 수 있는지 여부를 개별적으로 판단하여 지원하는 제도를 기본 틀로 하고 있기 때문에, 빈곤층이라는 표현은 적절하지 않다.

수 있게 하면서 동시에 지속적으로 에너지를 공급받을 수 있게 하는 것이다. 또한, 소비자들의 에너지 곤란문제는 다양한 형태를 띠고 있기 때문에 개별 소비자의 현황에 가장 적합한 계획을 수립해야 할 필요가 있다는 점이 중요하다.

에너지 지원 프로그램과 관련된 중요한 쟁점들은 다음과 같다. 어떻게 소비자가 곤란에 처해 있다는 것을 확인할 것인가? 소비자가 에너지 지원 프로그램을 활용할 수 있게 하는 방법은 무엇인가? 지원의 수준은 어떻게 결정할 것인가? 소비자에 대한 에너지 지원 프로그램의 구체적 내용은 무엇인가? 에너지 지원 프로그램을 어떻게 지속적으로 개선할 것인가?

여기에 에너지와 기후변화의 문제가 대두되고 있으며, 가뭄·폭염·산불 등을 비롯한 기후변화로 인한 현상이 호주에서도 빈발하고 있다. 즉, 기후변화는 호주의 가계·농업·목축업·정부를 비롯한 모든 분야에 큰 위협이 되고 있는 것이다.

이에 대응하기 위해, 호주 정부는 청정에너지미래(Clean Energy Future)의 구축을 위한 포괄적인 계획을 수립하였으며, 2011년 10월 12일 청정에너지법안을 포함한 18개의 법안들이 호주의 하원을 통과한 후, 같은 해 11월 8월 상원을 통과하면서 배출권거래제를 포함한 청정에너지체제가 시행되었다.

청정에너지미래를 위한 제도에는 배출권거래제·재생에너지에 대한 혁신과 투자의 증대·에너지 효율의 촉진·토지분야에서의 오염방지 등을 포함되어 있다.[507] 물론 배출권거래제를 포함한 청정에너지제제는 그 실행에 많은 어려움이 있을 수밖에 없으며 동시에 상당한 비용부담이 발생하게 된다.

특히 소비자에게 미칠 수 있는 부작용을 해소하기 위해 호주 정부는 일자리와 경쟁력 확보와 관련된 여러 가지 수단을 강구하고 있으며, 이런 정

507) Australia Government, Securing a Clean Energy Future, http://www.environment.gov.au/cleanenergyfuture/index.html.

책들의 실현을 통해 이산화탄소의 배출을 감소시키면서 동시에 더 많은 일자리를 창출하겠다는 야심찬 목표 또한 제시하고 있다.

에너지 복지의 문제와 청정에너지체제를 융합한 호주의 정책은 2015년부터 배출권거래제를 시행하는 우리나라에게 배출권거래제의 시행 방법, 에너지 복지의 실현 등에 관해 다양한 시사점을 제시하고 있다.[508)]

### 나. 에너지 소매에 관한 법률(Energy Retail Law)과 에너지 곤란 지원정책(Customer Hardship Policy)

#### 1) 에너지 소매에 관한 법률

호주의 각 주(州)들은 에너지 소매에 관한 법률을 제정하고 있는데, 대표적으로 남호주(South Australia) 주가 에너지 소매에 관한 법률을 가장 먼저 시행하고 있다.[509)] 이 법은 에너지 소매 공급에 대한 규제의 틀을 형성하고, 에너지 공급자와 소비자의 관계를 규정하는 등을 제정 목적으로 하고 있다.[510)]

에너지 소매에 관한 법률에 따라 호주 공정거래위원회(Australian Competition and Consumer Commission) 산하의 독립 행정기구로 설치된 호주 에너지 규제기구(Australian Energy Regulator)가 에너지 공급자들의 에너지 곤란 지원 정책에 관한 승인 등의 기능을 수행하고 있다.[511)]

---

508) 호주의 청정에너지법은 2014년 선거에서 노동당이 패배하고 보수당이 집권함에 따라 전혀 새로운 상황이 전개되었다. 즉, 청정에너지법의 폐지법(Clean Energy Legislation (Carbon Tax Repeal) Act 2014)이 통과되어 현재는 이와 관련된 제도가 모두 폐지된 상태이다. 따라서 호주는 현재 배출권거래제의 법제가 도입되었다가 법률에 의해 폐지된 국가이다.

509) National Energy Retail Law (South Australia) Act 2011.

510) 남호주 주뿐 아니라, 빅토리아·뉴사우스웨일즈 주 등도 동일한 취지의 법을 제정하거나 법안을 제출해 놓고 있다. 에너지 규제기구가 남호주 주의 에너지 소매에 관한 법을 기반으로 소매사업자들의 곤란에 처한 에너지 소비자 지원 정책의 승인기준(Guidance on AER Approval of Customer Hardship Policies)을 정하고 있기 때문에 남호주 주의 법과 승인기준을 중심으로 설명한다.

511) 그 외에도 호주 에너지 규제기구의 역할은 에너지 네트워크 시설의 사용료의 결정, 전기·가스의 도매시장 감독, 에너지 시장에 대한 정보 발행, 공정거래법(Competition and Consumer Act)의 에너지와 관련된 공정거래위원의 역할 지원 등을 들 수 있다.

2012년 7월부터 호주 연방 특별행정구역(Australian Central Territory)와 타스마니아 주의[512] 에너지 소매시장에 대한 규제 권한을 시행하고 하고 있으며, 다른 주들도 법률을 제정하면서 에너지 소매에서의 규제 권한을 부여할 것이다.[513]

에너지 소매에 관한 법률에 따르면 소매사업자들은 곤란에 처한 에너지 소비자에 관한 정책(Customer Hardship Policy)을 개발하여 승인을 받고 이를 시행하도록 되어 있다.[514] 곤란에 처한 에너지 소비자에 관한 정책을 두게 하는 목적은 재정적 어려움으로 인해 에너지 사용료를 지급하기 어려운 소비자를 확인하고, 이들을 지속적으로 지원하는 데 있다.[515] 에너지 소매에 관한 법률의 적용대상은 주거용 소비자(Residential Consumer)에 한정하고 있으며, 주거용 소비자란 원칙적으로 개인 또는 가정용 목적으로 에너지를 구매하는 소비자를 의미한다.[516]

소매사업자들이 작성하는 에너지 곤란 지원정책의 최소기준은 간단하고, 소비자들이 쉽게 접근할 수 있는 '소비자 친화적(Consumer Friendly)' 인 문서로 작성되어야 한다는 것이다. 위 문서는 또한 해당 제도의 취지와 목적·관련 프로그램과 지원에의 접근 방법·곤란에 처한 에너지 소비자 지원 정책에 따른 소비자와 소매사업자의 권리와 의무·소비자의 개인정보보호 및 곤란 지원 정책에 관한 전체 정보에의 접근 방법 및 관계자와의 연락방법 등을 포함하고 있어야 한다.

### 2) 소매사업자의 곤란에 처한 에너지 소비자 지원정책의 최소기준

남호주 주의 에너지 소매에 관한 법률에 따르면, 소매사업자의 곤란에

512) 가스시장은 제외하고 전기시장에 대한 규제권한만 부여 받았다.

513) 다만, 서호주 주와 연방정부 직할의 노던 주는 해당 권한을 이전할지 여부에 대한 정책적 결정을 하지 않고 있다.

514) 서호주 에너지 소매에 관한 법률 Section 43(2).

515) Ibid, Section 43(1).

516) Ibid, Section 2. Interpretation.

처한 에너지 소비자 지원정책에 포함되어야 하는 기준을 정하고 있다.[517] 이를 정리하면 다음과 같다.

- 곤란에 처한 에너지 소비자를 확정하기 위한 절차 규정
- 곤란에 처한 에너지 소비자가 확인되었을 경우, 소매사업자의 초기 대응 절차에 관한 규정
- 곤란에 처한 에너지 소비자의 유연한 에너지 요금 지급방법(Flexible Payment Options)에 관한 규정
- 곤란에 처한 에너지 소비자에게 적절한 정부의 할인 프로그램의 확인, 적절한 재정 자문서비스, 곤란에 처한 에너지 소비자에게 해당 프로그램이나 서비스에 대한 정보의 제공
- 소매사업자가 제공할 수 있는 곤란에 처한 에너지 지원 프로그램의 개략적 내용
- 곤란에 처한 에너지 소비자와의 에너지 공급계약이 곤란에 처한 에너지 지원정책에 적합한지 여부에 대한 검토 절차
- 에너지 규제기구에 의해 요구되는 수정사항
- 관련 법령(Law and Rules)에 의해 요구되는 기타 사항

에너지 규제기구가 곤란에 처한 에너지 소비자 지원정책을 승인할 때, 곤란에 처한 에너지 소비자 지원정책을 두는 취지에 부합한다는 확신이 있어야 한다.[518]

### 3) 곤란에 처한 에너지 소비자 지원정책에 대한 승인에서 고려할 원칙

에너지 소매에 관한 법률은 에너지 규제기구가 소매사업자의 곤란에 처한 에너지 소비자 지원정책을 승인할 때 고려해야 할 원칙들을 다음과 같이 정하고 있다.

- 에너지의 공급은 주거용 소비자들에게 필수적인 서비스임
- 소매사업자들은 에너지 요금을 납부할 수 없다는 이유만으로 에너

517) Ibid, Section 44.
518) Ibid, Section 45.

지 공급이 중단되지 않게 되는 것이 목표인, 곤란에 처한 에너지 소비자 지원 프로그램 또는 전략을 수립해야 함

— 에너지 요금을 납부하지 못해 그 공급을 중단하는 것은 최종적인 수단이 되어야 함

— 곤란에 처한 에너지 소비자 지원정책의 형평성·투명성·지속성이 보장되어야 함

에너지 규제기구의 곤란에 처한 에너지 소비자 지원정책에 대한 승인 기준은 이상의 원칙을 현실적으로 구현하기 위해 승인과정에서 고려해야 하는 사항을 다음과 같이 정하고 있다.

— 소매사업자의 곤란에 처한 에너지 소비자 지원정책이 에너지 공급의 중단은 최후수단이어야 한다는 일반원칙을 얼마나 효과적 실현하고 있는지

— 에너지 공급이 필수적 서비스이며, 이런 필수적 서비스가 가계의 구성원들에게 얼마나 심각한 영향을 미칠 것인가에 대한 이해의 반영 정도

— 소매사업자의 곤란에 처한 에너지 소비자 지원 프로그램 또는 전략이 에너지 소비자의 에너지 요금 납부를 지속적으로 지원하고 있으며, 공급중단을 회피하기 위해 노력하고 있다는 점을 소비자들에게 얼마나 잘 전달하고 있는지 여부

— 곤란에 처한 에너지 소비자 지원정책의 내용이 쉬운 문장으로 소비자가 이해하기 쉽게 작성되었는지 여부

— 곤란에 처한 에너지 소비자 지원정책과 관련된 핵심 정보를 담은 자료가 간단하고, 접근가능하며, 소비자 친화적으로 제공되고 있는지 여부

— 소비자가 소매사업자에 의해 제공되는 서비스나 지원에 관한 프로그램을 어떻게 활용할 수 있는지에 대한 설명이 곤란에 처한 에너지 소비자 지원정책에 포함되어 있는지 여부

— 어느 정도 소비자가 곤란에 처한 에너지 소비자 지원 프로그램에 참

여할 것인가에 대한 소매사업자의 기대와 프로그램에 지속적으로 참여하기 위해 소비자에게 요구되는 의무사항에[519] 대한 소매사업자의 기대 사항에 대한 설명

— 곤란에 처한 에너지 소비자 지원 프로그램에 대한 접근 또는 참여에 대한 불만이 있는 경우, 소비자에게 내부적 불만처리 절차와 외부적 분쟁해결 절차를 설명하고 있는지 여부

— 곤란에 처한 에너지 소비자 지원 프로그램이 성공적으로 실현된 후, 어떻게 그리고 언제 다시 정상적인 요금 청구 및 납부 절차로 전환되는지에 대한 설명

— 소매사업자가 곤란에 처한 에너지 소비자 지원정책을 발전시키고 공개하는지(또는 그 의도) 여부(방법)

— 소매사업자가 소비자들에게 곤란에 처한 에너지 소비자 지원정책을 고지하는 방법

— 특정 소비자가 곤란에 처한 에너지 소비자 지원 프로그램의 대상자임이 확인되었을 때, 곤란에 처한 에너지 소비자 지원정책에[520] 대해 어떻게 실질적이고 조속하게 고지하는지 여부

— 소매사업자가 곤란에 처한 에너지 소비자 지원정책에 관한 서면을 소비자에게 요구 즉시 그리고 무상으로 제공하는지 여부

에너지 규제기구는 곤란에 처한 에너지 소비자 지원정책을 승인할 때 해당 소매사업자의 비즈니스 모델과 소비자 상황을 고려하여 승인해야 한다.

519) 어떤 경우 곤란에 처한 에너지 소비자 지원 프로그램에서 제외될 것인지와 프로그램에 다시 참여할 수 있는 기준을 포함한다.

520) 해당 프로그램에의 참여에 따른 소비자와 소매사업자의 권리와 의무가 무엇인지를 포함해야 한다.

## 다. 에너지 지원 정책[521)]

### 1) 뉴사우스웨일즈 주의 에너지 지원 정책(Energy Assistance Policy)

#### 가) 에너지 곤란(Energy Hardship)의 개념

뉴사우스웨일즈 주는 에너지 곤란정책에 관한 가이드라인을 정하고 있는데, 가이드라인에서 가장 어렵고 중요한 개념이 에너지 곤란이다.

에너지 곤란이란 무엇인가에 대해서는 금액을 기준으로 정의하기 어렵다. 그리고 단순히 에너지 요금의 납부기일을 실수로 넘긴 경우는 에너지 곤란에 해당할 수 없다. 다만 에너지 곤란이란 에너지 소비자가 에너지 요금을 납부하기 어려운 상황에 처해 있는 것이라고 개괄적으로 정의할 수 있다.

에너지 곤란을 더 구체적으로 예시하면, 만약 어떤 에너지 소비자가 상황의 급격한 변화로 인해 하나 또는 둘 이상의 에너지 요금을 납부하기 어렵거나, 지속적으로 에너지 요금을 납부하기 어렵거나, 식료품·의료 기타의 필수적인 소비지출을 줄여야만 에너지 요금을 납부할 수 있는 경우, 그리고 공급중단의 위기에 처해 있거나 공급중단의 경험이 있는 경우 등을 들 수 있다.[522)]

또한, 에너지 곤란은 특정한 시점에서 에너지 요금을 납부하지 못하는 경우를 의미하는 것이 아니라, 에너지 요금을 납부하기에 일상적(Regular)이고 심각한(Severe) 어려움을 겪고 있는 상황을 의미한다.

#### 나) 에너지 곤란의 판단 기준

에너지 곤란에 해당하는지 여부에 대한 판단기준으로 제시되고 있는 검토 사항들은 다음과 같다.

— 소비자가 에너지 공급중단을 경험했는가?

— 소비자가 에너지 공급중단에 처할 것이라는 통지를 받았는가?

---

521) 뉴사우스웨일즈 주와 빅토리아 주의 지원정책을 살펴본다.

522) NSW Government, Energy Assistance Guide (November, 2011) 4.

— 소비자가 에너지 요금의 납부에 어려움이 있다는 사실을 알리기 위해 소매사업자를 접촉한 사실이 있는가?

— 에너지 요금을 납부하기 어려운 상황에 처한 것이 처음인 소비자라면, 소비자가 소매사업자에게 요금 납부기간을 연장해줄 것을 요청한 사실이 있는가?

— 소비자가 종종 에너지 요금을 납부하기 어려운가? 만약 그렇다면, 소비자가 에너지 소매공급자에게 해당 요금을 할부방식에 의해 납부할 것을 고려해 보았는가?

— 만약 소비자가 이미 할부방식에 의해 납입하고 있다면, 할부방식의 납부를 지속적으로 유지할 수 있는가? 즉, 할부방식의 납부가 현실성 있는 대안인가?

— 만약 소비자가 재정적 지원을 포함한 정부의 지원제도의 이용이 가능하다면, 이런 지원에 대한 신청을 한 사실이 있는가?

— 소비자가 에너지 요금이 비정상적으로 과다하다고 생각하는가? 그렇다면 왜 그렇게 생각하는가?

— 소비자가 에너지 소비를 줄이도록 하는 노력을 하고 있는가?

— 에너지 이외의 다른 분야에서 재정적 어려움을 겪고 있는가?

— 소비자가 소매사업자들이 소비자들을 불공정하게 대하고 있다고 느낀다면, 소매사업자에게 이런 문제를 제기한 사실이 있는가?

#### 다) 에너지 곤란의 상황에 따른 대책

(1) 에너지 공급의 중단

에너지의 필수적 성격과 공급중단이 국민들의 생활에 미치는 심각한 영향 때문에 공급중단 전에 충분한 절차가 이행될 것을 요구하고 있다. 즉, 소매사업자가 소비자의 에너지 요금 미납을 원인으로 에너지의 공급을 중단하기 위해서는 법령이 요구하는 두 가지 절차를 이행해야 한다.

첫째, 소매사업자는 최소 1주 이상의 간격을 두고 연(年) 2회 이상의 서면 통지를 해야 하며, 서면에는 소비자에 대한 공급을 중단하겠다는 경고·

소비자가 재정적 어려움에 처해 있다면 소비자가 선택할 수 있는 다른 요금납부 방법을 포함하고 있어야 한다.[523)]

둘째, 소매사업자는 에너지 공급을 중단하겠다거나 어떤 지원을 하겠다는 통지의 전 또는 후로 전화 또는 대면방식으로 소비자를 접촉하려는 '합리적인 시도(Reasonable Attempts)'를 해야 한다. 만약 업무시간(Business Hours) 중에 소비자를 접촉하기 어려우면 업무 외의 시간이라도 접촉해야 한다.

소매사업자는 소비자가 접촉에 응하지 않거나, 소매사업자와 요금납부 계획에 합의했지만 이를 지키지 않는 경우, 납부보증금을 납부하지 않는 경우 등 사유에 해당하면 에너지의 공급을 중단할 수 있다.

그럼에도 불구하고 소매사업자가 에너지 공급을 중단하지 못하는 사유들이 있는데, 구체적으로 다음과 같다.

- 금요일·토요일·일요일·법정공휴일 또는 법정공휴일 전일, 또는 어느 날이라도 오후 3시 이후
- 정부가 제공하는 에너지 요금지원(EAPA, Energy Accounts Payment Assistance) 프로그램과 관련하여 복지기구(Community Welfare Organization)의 방문을 예약했다고 소비자가 소매사업자에게 통지하는 경우
- 공급중단일자 전에 에너지 및 물 옴부즈맨(Energy & Water Ombudsman NSW)에[524)] 민원을 제기한 경우[525)]
- 소비자가 전기의 공급이 필수적인 생명 유지 장치(Life Support Machine)를 사용하고 있으며, 소매사업자가 이를 알고 있는 경우
- 소매사업자가 공급중단의 통지와 관련하여 소비자에게 이를 통지하기 위한 '합리적인 시도'를 하지 않은 경우
- 연(年) 2회 이상의 대체 요금납부 프로그램에 대한 통지가 없었던 경우

---

523) Electricity Supply (General) Regulation 2001.
http://www.austlii.edu.au/au/legis/nsw/consol_reg/esr2001388/.

524) http://www.ewon.com.au/.

525) 옴부즈맨에 민원이 제기되면 전기는 접수일로부터 3일, 가스는 옴부즈맨의 결정이 있는 날까지 공급을 중단할 수 없으며, 또한 옴부즈맨이 공급중단일자 전에 공급중단 금지 명령을 내리는 경우에도 공급을 중단할 수 없다.

— 소매사업자가 소비자에게 정부의 지원제도를 활용할 수 있음을 알려주지 않은 경우

에너지의 공급중단이 현실적으로 이루어진 경우, 공급재개를 위해서는 소매사업자를 만나서 공급재개의 조건에 대해 협상해야 한다. 요금지급방법 등에 대한 합의가 이루어지면, 에너지의 재공급이 이루어질 수 있다.

(2) 에너지 공급중단의 위기에 처해있으며 에너지 요금의 납부에 심각한 어려움이 있는 경우

재정적인 문제로 인해 에너지 공급중단의 위기에 처한 소비자는 소매사업자가 허용하는 완화된 요금납부방법 또는 정부가 제공하는 에너지 지원제도를 활용하거나, 현재의 재정적 상태에 대한 전문가의 진단을 수 있는 절차가 제공된다.

(가) 완화된 요급납부방법(Easier Payment Options)

소매사업자는 재정적 어려움에 처한 소비자에게 다양함 요금납부방법을 제공하도록 되어 있는데, 납부기간의 연장(Extension of Time)·지연배상금의 면제(Late Payment Fee Waivers)·장기 요금납부 계획(Long-Term Payment Plans) 등이 그 예이다.

소비자가 당장 요금을 납부하기 어렵기 때문에 그 납부기간의 연장을 원하는 경우, 소매사업자를 만나 적절한 방법을 논의해야 한다. 납부기간의 연장은 소비자와 소매사업자의 협의에 의해 결정되며, 만약 일시적으로 소비자에 대한 지원이 필요하다면 정부가 제공하는 에너지 지원제도가 활용될 수 있는지 여부가 검토되어야 한다.

지연배상금의 면제는 면제기는 전기와 가스에 대해 각기 다른 기준이 적용되고 있다.

표준 공급계약(Standard Contracts)에[526] 의한 전기 공급에서 지연배상금이 면제되어야 하는 경우는 다음과 같다.

— 저소득 가계지원(Low Income Household Rebate)의 수혜자인 소비자
— 소매사업자가 납부기간의 연장을 허락한 경우
— 소비자가 옴부즈맨 또는 다른 외부 분쟁해결기구에 요금과 관련한 이의를 제기하였고 해당 분쟁이 종결되지 않고 있는 경우
— 소비자가 복지기구에 지원을 요청하고 그 사실이 소매사업자에게 통지된 경우
— 소비자가 에너지 요금지원 할인권(EAPA Voucher)과 더불어 요금의 전부 또는 일부를 납부한 경우
— 옴부즈맨에 의해 지연배상금 납부 면제가 결정된 경우

가스는 다음과 같은 사항에 해당하면 지연배상금이 면제된다.

— 소비자가 에너지 요금지원 할인권(EAPA Voucher)과 더불어 요금의 전부 또는 일부를 납부한 경우
— 소비자가 요금에 대한 불만을 원인으로 납부기간 전에 소매사업자를 만났고, 아직 해당 불만처리절차가 종결되지 않은 경우
— 소비자와 소매사업자간에 합의한 요급납부계획이 진행 중인 경우
— 곤란에 처한 소비자인 경우

소매사업자는 재정적 어려움에 처해 있는 소비자를 위해 장기 요금납부 계획을 소비자 헌장(Consumer Hardship Charter)에 포함하도록 되어 있다. 장기 요금납부란 3개월마다 총액을 납부(Large Lump Sum Payment)하지 않고 규칙적으로 소액 할부금을 납부하는 방식(Regular Small Installments)을 의미한다.

재정적인 어려움에 처해 있는 소비자는 장기 요금납부 계획의 대상자가 될 수 있으며, 구체적인 내용은 소비자와 소매사업자의 합의에 의해 결정된다.

소비자의 재정적 상황이 아주 심각한 경우, 소매사업자의 소비자 상담

526) 정부가 결정하는 공급조건과 독립된 가격 및 규제기구에 의해 결정되는 가격을 따르는 표준 공급자에 의해 에너지 공급계약을 의미한다. 한편, 시장계약(Market Contracts)방식에 의한 소비자에 대해서는 지연배상금의 면제여부는 소매사업자의 재량판단사항이다.

직원은 이 문제를 전문적으로 담당하는 특별 부서에 의뢰하여 문제를 해결하도록 하고 있다.

(나) 주정부의 재정적 지원

① 저소득 가계에 대한 지원(Low Income Household Rebate)

저소득 가계에 대한 지원은 연금수급권 카드(Pensioner Concession Card), 연방정부의 전역군인청(Commonwealth Department of Veterans' Affairs)이 발급한 골드 카드(Gold Card)[527], 연방정부의 저소득계층 지원에 따른 건강관리카드(Health Care Card) 소지자들은 소매사업자에게 지원을 신청하여 전기와 가스요금에 대한 지원을 받을 수 있다.

지원금의 규모는 연간 $215이며,[528] 해당 지원금은 매 3개월마다 청구되는 소비자의 전기요금에서 지원금만큼 차감된다.

② 생명 유지 장치 사용자에 대한 지원

가정 투석기(Dialysis) 등 에너지소비량이 많은 필수 생명 유지 장치를 사용하고 있는 가정에 대한 지원을 의미하며, 장치의 형태에 따라 지원내용이 다르다. 또한 해당 장치에 대한 지원을 받기 위해서는 사전승인이 필요하다.

지원대상인 생명 유지 장치는 다음 표23과 같다. 생명 유지 장치에 대한 지원을 받으려면, 신청서에 의사 또는 전문가의 서명을 받아 소매사업자에게 제출해야 한다. 지원금은 생명 유지 장치의 전력소비량에 기초하여 결정된다. 그리고 소비자는 24개월마다 신청서를 새로 제출해야 한다.

527) 전쟁미망인, 가동능력상실, 공무상 장애를 당한 군인들에 대한 지원이 중앙정부차원에서 이루어지고 있다. http://www.dva.gov.au/benefitsAndServices/health_cards/pages/gold.aspx.

528) $200이었으나, 아래에서 보는 바와 같이, 청정에너지체계 도입에 따라 2012년 7월 1일부터 인상되었다.

표23 | 지원 대상 생명 유지 장치

| 장치 | 구체적 사례 | 1일 평균 사용비용 |
|---|---|---|
| 양압호흡장치(Positive Airway Pressure) | 지속적양압호흡기 | $0.16($0.32 : 24시간 사용) |
| 외부약품주입장치(External Feeding Pump) | 캥거루 약품주입장치 | $0.20 |
| 개인용적외선조사기(Phototherapy Equipment) | 청색광선치료기 | $1.66 |
| 가정용 투석기(Home Dialysis) | 혈액투석기(Haemodialysis) | $0.69 |
| 인공호흡기(Ventilators) | LTV 시리즈, Breas | $1.66 |
| 산소발생기(Oxygen Concentrators) | Devilbiss | $0.83($1.40 : 24시간 사용) |
| 종합 정맥영양수액 펌프 (Total Parenteral Nutrition) | Volumatic, Flowguard Pump | $0.38 |
| 외부심장보조장치 | 좌심실보조장치(Left Ventricular Assist Device ) | $0.05 |

③ 의료목적 에너지 지원(Medical Energy Rebate)

의료목적 에너지 지원은 스스로 체온을 유지할 수 없는 환자(An Ability to Self-Regulated Body Temperature)들에[529] 대한 지원을 의미한다.

파킨슨병, 다발성 경직 및 척추손상 환자들에서 잘 나타나는 증상으로, 춥거나 더운 날씨에 난방 또는 냉방을 통해 적절한 온도를 유지하는 것이 이들에게 가장 효과적인 체온유지 방법이다. 그리고 냉·난방에 필요한 에너지 요금을 지원하기 위한 정책이 바로 의료목적 에너지 지원이다.

사회보장 구좌보유자 또는 사회보장 구좌보유자와 동거하는 자로써 스스로 체온을 유지할 수 없어야 하며,[530] 또한 연금수급권 카드(Pensioner Concession Card), 연방정부의 전역군인청(Commonwealth Department of Veterans' Affairs)가 발급한 골드 카드(Gold Card), 연방정부의 저소득계층 지원에 따른 건강관리카드(Health Care Card) 중 하나를 보유해야 한다.

지원금의 규모는 연간 $215이며,[531] 해당 지원금은 매 3개월마다 소비자의 전기요금에서 해당하는 지원금이 차감되는 방식으로 지급된다. 지원 신청자는 의사의 서명을 받은 신청서를 소매사업자에게 제출해야 한다.

529) 특히 춥거나 더운 날씨에 자신의 체온은 유지하기 어려운 환자들이다.

530) 의사의 확인을 필요로 한다.

531) $200이었으나, 2012년 7월 1일부터 인상되었다.

④ 긴급지원(Emergency Assistance)

뉴사우스웨일즈 주에서 시행되는 긴급지원제도이며, 위기 또는 응급상황에 처했기 때문에 에너지 요금을 납부하기 어려운 경우 이를 지원하는 제도이다.

다만, 긴급지원은 소득지원 또는 지속적인 지원을 목적으로 하는 제도가 아니라 응급상황에서 필수 에너지 서비스의 공급을 위한 제도이다. 이 제도는 에너지 요금지원 시스템을 통해 이루어진다.

긴급지원은 할인권(EAPA Voucher)의 형태로 발행되는데, 전기 또는 가스의 공급중단 수수료, 지연배상금, 재공급 수수료, 담보금 등의 지급에 사용될 수 있다. 다만 액화석유가스(LPG)를 위해서는 사용할 수 없다.

소비자가 할인권을 소지하고 요금납부를 위해 우체국에 가거나 소매사업자에게 직접 요금을 납부할 때 제시하면 해당 금액을 공제받을 수 있다.

⑤ 재정자문(Financial Counselling)

소비자가 재정상황, 소득 및 지출에 대한 검토 또는 부채관리 등에 관한 상담이 필요한 경우 무상으로 이를 지원해주는 제도이다.

뉴사우스웨일즈 주의 재정자문가협회(Financial Counsellors' Association)가 무상의 자문서비스를 제공하고 있으며, 재정적 어려움을 겪고 있는 모든 소비자는 재정자문을 신청할 수 있다.

(3) 공급중단이 될 가능성은 낮지만, 지원이 요구되는 경우

공급이 중단될 상황은 아니지만 재정적 어려움으로 지원이 필요한 경우, 소매사업자의 완화된 요금납부방법, 정부의 재정적 지원을 받을 수 있다. 다른 한편으로는 에너지 효율을 높이거나 에너지 소비를 줄일 수 있는 방법에 대한 자문을 받을 수 있다.

### 2) 빅토리아 주의 에너지 지원 제도

#### 가) 에너지 지원정책의 원칙

에너지 지원정책은 일정한 원칙 아래에서 시행되어야 한다는 인식하에, 다양한 기관들에 의해 다양한 원칙들이 주장되고 있으나 대표적으로 사회과학연구소(Institute of Social Research)가 제안한 원칙들은 다음과 같다.[532)]

— 형평성(Equity)과 투명성(Transparency) : 소비자의 재정적 곤란에 대한 지원 정책은 직접성·충분성·적절한 대상 선정·투명성과 형평성이 보장되어야 한다.

— 경제적 효율성(Economic Efficiency) : 생산물과 서비스의 가격은 원가가 반영되어야 한다는 원칙을 의미한다. 원가가 반영된 가격은 소비자의 효율적 에너지 사용을 촉진할 것이고, 가격의 왜곡을 방지할 수 있으며, 소비자가 경쟁시장을 통한 혜택을 누리게 할 수 있기 때문이다.

— 행정적 간결성(Administrative Simplicity) : 에너지 곤란에 관한 정책은 행정비용과 규제의 복잡성이 최소화되도록 수립되어야 한다.

— 규제의 지속성(Regulatory Certainty)[533)] : 에너지 곤란에 처한 소비자에 대한 지원의 지속가능성을 확보하기 위해서, 소매사업자, 주정부 및 지방정부는 현실이 반영되는 유연한 지원정책을 수립하기 위해 지속적이고 장기적인 시각으로 에너지 곤란문제에 접근해야 한다.

#### 나) 에너지 곤란의 원인과 개념

에너지 곤란의 원인에 대한 명확한 분석은 다음과 같은 몇 가지 중요한 의미를 가진다.

— 일시적 곤란(Temporary Hardship)과 만성적 곤란(Chronic Hardship) : 일시적 곤란의 경우는 요금납부 기간의 연장에 중점을 둔 지원정책이 필요한 반면, 반성적 곤란의 경우는 소득지원과 에너지 소비에 대한 관리에 지원정책의 중점을 두어야 한다는 점에서 중요한 차이가 있다.

532) Department of Primary Industry of Victoria, Hardship Main Report (September, 2005) 4.
533) '확실성' 보다는 '지속성' 이 내용에 충실한 해석이다.

- 지불의사가 없는 경우(Won' t Pays)와[534] 지불능력이 없는 경우(Can' t Pays)[535] : 소매사업자로 하여금 지원정책의 대상인지 아니면 신용관리의 대상인지 여부를 판단하는 기준이 된다.
- 전반적인 재정적 어려움(Broader Financial Problems)과 에너지 분야에 한정된 곤란(Energy Factor)[536] : 에너지의 비효율적 소비로 인한 경우에는 에너지 소비의 효율성을 높이기 위한 지원정책만으로도 충분한 효과가 있다.

에너지 소비자의 곤란의 가장 중요한 점은 요금의 납부기일에 청구서에 따른 요금을 납부할 능력이 없다는 것이다. 대부분의 경우 실직 또는 비정상적으로 높은 요금 등으로 인해 기존의 생활패턴 붕괴 등이 그 원인이다. 한편 만성적인 재정적 곤란으로 인해 에너지 요금을 납부하지 못하는 경우도 적지 않다. 그리고 구체적으로 소비자가 에너지 곤란에 처해 있는지에 대한 판단은 위의 뉴사우스웨일즈 주가 제시하는 판단기준과 크게 다르지 않기 때문에 구체적인 설명을 생략한다.

#### 다) 저소득층에 대한 주 정부의 직접 지원제도(Concession)[537]

빅토리아 주는 저소득계층에 대해 다양한 에너지 요금 지원제도를 시행하고 있다. 그 구체적 내용을 살펴보면 다음과 같다. 전반적으로는 뉴사우스웨일즈 주와 비슷하지만 세부적으로 다른 점이 있으므로 별도로 정리한다.

##### (1) 연간 전기요금 할인제도(Annual Electricity Concession)

연금수급자 할인카드(Pensioner Concession Card), 건강관리카드(Health Care Card) 또는 전역군인카드(DVA Card, Department of Veterans' Affairs

534) 재정적 문제는 없으나 에너지 요금의 납부를 의도적으로 거부하는 경우를 의미한다.
535) 에너지 요금을 납부할 재정적 능력이 없는 경우를 의미한다.
536) 가계의 에너지 비효율적 소비로 인해 요금이 과다하게 발생하는 경우를 예로 들 수 있다.
537) Department of Human Services of Victoria, Concessions – Energy, http://www.dhs.vic.gov.au/for-individuals/financial-support/concessions/energy.

Card)를 소지한 경우,[538] 에너지 요금의 생계비에 미치는 영향을 완화해주기 위해 가계 전기요금의 17.5%에 해당하는 할인혜택을 부여되고 있다. 기존에는 겨울에만 제공되던 할인혜택이 2011년부터 연간 전기요금할인으로 확대되었으며, 2012년 7월부터는 청정에너지체계의 도입에 따라 지원의 내용이 또 다시 변하게 되어 있다.[539]

(2) 난방용 에너지 할인제도(Winter Energy Concession)

할인카드 소지들에게[540] 매년 5월 1일부터 9월 31일까지의 겨울 동안의 가스사용요금을 지원해주는 제도이며, 할인카드 소지자들은 가스요금의 17.5%를 할인받는다. 겨울 에너지 할인제도에서도 2012년 7월 이후 청정에너지체계가 도입되어 이에 따른 변화가 이루어졌다.

(3) 에너지 서비스요금 할인제도(Service to Property Charge Concession)

에너지 시장에 경쟁체제가 도입된 빅토리아 주에서는 에너지의 사용요금과 에너지의 공급에 필요한 서비스 요금이 별도로 부과되고 있는데, 할인카드를 소지한 가계가 에너지 소비량이 적은 경우, 에너지 공급 서비스 요금을 할인해주는 것을 에너지 서비스요금 할인제도라 한다.

에너지 서비스 요금할인을 받기 위해서는 에너지 사용요금(Cost of Electricity Used)이 에너지 서비스요금(Supply or Service Charge)보다 낮아야 한다. 만약 에너지 사용요금이 서비스요금보다 낮다면, 에너지 서비스요금은 에너지 사용요금과 동일하게 감액되어 부과된다.

(4) 비주류 에너지 할인제도(Non-Mains Energy Concession)

할인카드 소지자들이 난방이나 조리용으로 액화석유가스(LPG)

538) 이하, 이하 '할인카드 소지자' 라 한다.

539) 자세한 내용은 아래에서 별도로 살펴본다.

540) 연간 전기요금 할인 대상자들과 동일하다.

를 사용하고(또는) 전기사용량이 개별적으로 계량되며 해당 요금을 이동식 주택 파크(Caravan Park) 또는 숙박시설(Accommodation Proprietor) 제공자에게 납부하는 경우 그 요금을 할인해 주는 제도이다.[541] 디젤, 휘발유, 난방유 등을 가계의 주된 에너지원으로 사용한 비주류 에너지 소비자도 동일한 혜택을 받는다.

연간 환불형식(Rebate)으로 지원되는 비주류 에너지 할인금액은 연간 에너지 구매금액에 따라 결정되며, 환급금은 매년 물가상승률에 비례하여 증가한다.

2012년 기준, 할인 환급되는 금액은 다음과 같다.

— 연간 $100에서 $242.99의 에너지를 소비한 경우 $43
— 연간 $243에서 $729.99의 에너지를 소비한 경우 $128
— 연간 $730에서 $1,214.99의 에너지를 소비한 경우 $213
— 연간 $1,215의 에너지를 소비한 경우 $304

(5) 의료용 전기요금 할인제도(Medical Cooling Concession)

할인카드 소지자들이 다발성 경화증(Multiple Sclerosis), 파킨슨병, 섬유근육통(Fibromyalgia), 운동신경질환(Motor Neuron Disease) 등의 의학적 상태에 처해 있는 경우, 11월 1일부터 4월 30일까지 6개월 동안 17.5%의 전기요금을 할인받는다.

의료용 전기요금 할인혜택은 위에서 본 연간 전기요금 할인에 추가되어 제공된다.

뉴사우스웨일즈 주에서의 경우와 달리 스스로 체온을 유지할 수 없는 환자에 대해 당연히 지원되지는 않으며, 할인 정보 센터에 연락하여 대상자가 되는지 여부에 대해 확인해야 한다.

---

541) 2012년 7월 1일부터 2013년 1월 31일까지 신청을 받았다.

(6) 오프피크 할인제도(Off-Peak Concession)

할인카드 소지자가 오프피크 시간에[542] 사용한 전기요금의 13%를 할인해주는 제도이다. 다만, 전기 온수(Electric Hot Water)나 바닥 난방(Slab Heating)에 사용되어야 하며 별도로 사용량이 측정되어야 한다. 오프피트 할인제도는 특별한 기간의 제한이 없이 연간 혜택이 제공된다.

(7) 생명유지 할인제도(Life Support Concession)

할인카드 소지자들의 가족 구성원이 생명유지 장치를 사용하는 경우 전기요금 그리고(또는) 수도요금을 분기별로 할인해주는 제도이다. 할인혜택이 주어지는 기준은 연간 1,880kw에 해당하는 전기요금이며, 분기별로는 470kw이다. 물론 생명유지 할인제도는 특정기간이 아니라 연간 제공되는 혜택이다.

생명유지 장치로 인정되기 위해서는 연간 최소 1,880kw 이상의 전기를 사용해야 하며, 이미 승인된 장치들로는 간할적복막투석기(intermittent Peritoneal Dialysis Machines), 산소발생기(Oxygen Concentrators), 혈액투석기(Haemodialysis Machines)[543] 등이 있다. 다만, 양압호흡장치(Positive Airway Pressure)에 대해서는 뉴사우스웨일즈 주에서의 사례와 다르게 원칙적으로 할인혜택의 대상 장치가 아닌 것으로 분류되어 있다.

생명유지 장치 중 유일하게 혈액투석기의 사용과 관련하여 연간 168kl의 사용요금에 해당하는 수도요금에 대한 할인혜택이 주어진다.

(8) 전기이전비용 면제(Electricity Transfer Fee Waiver)

할인카드 소지자가 이사 등의 이유로 소매사업자에게 제공해야 하는 전기이전비용을 면제해주는 제도이다. 전기이전비용 전액이 면제된다.

---

542) 일반적으로 오후 11시부터 오전 7기까지의 시간을 오프피크로 정의하고 있다.
543) 혈액투석기에 대해서는 전기요금과 수도요금 모두의 할인 혜택이 제공된다.

### 라. 청정에너지미래체제 도입에 따른 에너지 복지 체계의 변화

#### 1) 청정에너지미래체제의 도입

가) 청정에너지미래 패키지(Clean Energy Future Package)의 개괄적 내용

2011년 도입한 호주의 청정에너지미래 패키지는 탄소의 가격산정 메커니즘, 온실가스 배출 감소 방안, 산업과 가계부문에 대한 지원 방법, 신재생 및 친환경 기술에 대한 투자 등을 주된 내용으로 하고 있다.

청정에너지미래체제의 목표는 2000년의 이산화탄소 배출량보다 5%, 15%, 또는 25%를 감축한다는 목표를 제시하고 있다. 5% 감축은 최소한의 무조건적 감축목표인 반면, 15% 또는 25%는 다른 국가들의 상황에 따라 변화되는 유동적인 목표이다.[544)]

호주 의회는 2011년 11월 8일, 청정에너지미래 패키지 법안을[545)] 통과시켰는데 중요한 4가지 요소는 위에서 본 것처럼 탄소가격의 도입·신재생에너지에 대한 혁신 및 투자 촉진·에너지효율의 증대·탄소농업정책(Carbon Farming Initiative)을 통한 토지분야에서의 탄소배출 감소 등이다.

이에 따라 2012년 7월 1일부터 탄소배출권거래가 이루어지는데, 500개의 대상회사(Liable Entities)는 연간 25,000톤의 이산화탄소 상당량의 온실가스를 배출하는 회사, 천연가스 공급자 등으로 구성되어 있다.

청정에너지미래 체계는 배출권거래제의 시행에 따라 발생할 수 있는 영향을 최소화하기 위해 산업계에 대한 지원·가계에 대한 지원은 물론, 에너지 안보의 확립을 위한 에너지 안보기금(Energy Security Fund)의 설치를 포함하고 있다. 또한, 배출권거래에 따른 경쟁력 저하와 일자리 감소의 문제를 해결하기 위해, $86억 규모의 일자리 및 경쟁력 확보 프로그램(Jobs and Competitiveness Program)을 마련하고 있다.

---

544) Australia Government, 'Submission under the Durban Agreements', Additional information relating to the quantified economy wide emission reduction targets contained in document FCCC/SB/2011/INF.1/Rev.1 (May 2012) 2.

545) 청정에너지법을 포함한 18개의 법으로 구성되어 있다.

그림26 | 호주의 가계지원제도 개관

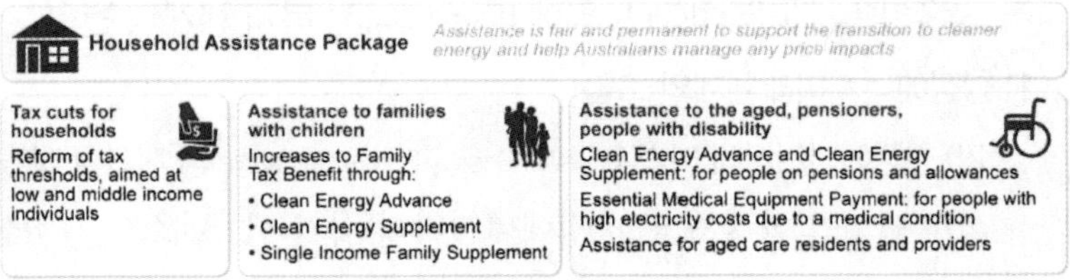

**Household Assistance Package**

*Assistance is fair and permanent to support the transition to cleaner energy and help Australians manage any price impacts*

**Tax cuts for households**
Reform of tax thresholds, aimed at low and middle income individuals

**Assistance to families with children**
Increases to Family Tax Benefit through:
- Clean Energy Advance
- Clean Energy Supplement
- Single Income Family Supplement

**Assistance to the aged, pensioners, people with disability**
Clean Energy Advance and Clean Energy Supplement: for people on pensions and allowances
Essential Medical Equipment Payment: for people with high electricity costs due to a medical condition
Assistance for aged care residents and providers

호주 정부는 가계가 청정에너지미래를 위해 중요한 역할을 한다는 신뢰 아래, 탄소배출권거래의 도입에 따른 가계의 적응을 돕고, 탄소배출권거래에 위해 발생하는 수익의 1/2 이상을 조세감면·가계지원·연금과 사회보장 등을 통해 가계에 우선 지원할 것이라고 밝히고 있다. 이를 통해 기업들이 배출권거래제의 도입에 따른 비용 증가분을 소비자에게 전가하더라도 수백만의 가계들은 이보다 더 큰 혜택을 받게 된다.

이런 가계지원의 목표는 첫째 배출권거래제도의 도입으로 인해 발생하는 변화에 적응하기 어려운 정도의 낮은 소득수준에 있는 저소득층과 중간계층을 대상으로, 배출권거래의 영향을 가계들 스스로 통제 가능하게 해주는 것이다. 두 번째 목표는 가계들이 에너지와 관련 비용을 절감할 수 있는 방법에 적응할 수 있도록 유인한다는 것이다. 이런 다양한 정책들과 함께, 가계들은 비용을 절감할 수 있고 동시에 호주의 청정에너지체계의 구축에 기여할 수 있게 된다.

### 나) 가계지원(Household Assistance)에서의 핵심 논점

#### (1) 지원의 적정성(Adequacy)

호주 정부는 저소득 계층의 가계가 청정에너지미래 체계의 시행으로 인해 추가 부담하게 되는 비용에 대한 지원을 약속하고 있다. 또한 저소득 가계에 대해 기대되는 비용 상승분을 넘는 초과보상(Over-Compensation) 제도까지 두고 있다. 하지만 어떻게 가계들에게 적정한 지원을 할 것인가의 문제는 아직 명확히 해결되지 않은 문제이다.

(2) 지원의 공정성(Fairness)

지원이 저소득층에게 이루어져야 한다는 점에는 다툼이 없으나, 연금수급자·실직자·한 부모 가정·학생들에 대한 지원은 어떻게 할 것인가에 대한 논의가 있다.

예를 들어, 호주 정부가 추정한 소득이 없는 노령자 1인에 대한 배출권 거래제에 따른 연간 추가 생계비 증가분은 $204이지만 정부로부터 $134의 완충비용(as a Buffer)을 포함한 $388을 지원받게 된다. 하지만, 실직 성인에 대한 추가 생계비 지출액은 연간 $117인 반면, 정부로부터 $101의 완충비용을 포함해서 $218을 받게 된다. 또한 두 자녀를 둔 실직 한 부모의 연간 추가 생계비 증가분과 두 자녀를 둔 부부의 연간 추가 생계비 증가분은 각 $322와 $331로 비슷함에도 불구하고 정부가 지원하는 비용은 한 부모 가정에 대해서는 $482인 반면, 부부 가정에 대해서는 $577로 상당한 차이를 보이고 있다.

이렇듯 지원대상자의 상황에 따라 지원 금액의 차이를 보이는 것에 대해 공정성의 문제가 제기되고 있다.

(3) 지원의 접근성, 적시성, 지속가능성(Accessibility, Timeliness and Sustainability)

가계들에 대한 사회보장과 과세정보가 이미 존재하기 때문에 가계들이 별도로 지원신청을 해야 할 필요는 없으며, 사회보장과 과세관련 구좌로 자동 지급되는 시스템을 갖추고 있다.

사회보장 수급권자들에 대한 제1차 지급은 2012년 7월 시작되는 가격 상승분은 5월부터 지급되도록 하고 있으며, 물가상승분이 자동적으로 반영되도록 설계되어 있다.

또한 세금감면은 배출권 거래제가 시행되는 2012년부터 2013년 사이에 1차, 2015년부터 2016년 사이에 2차의 감면이 이루어진다.

별도의 신청절차를 요구하지 않고 있으며, 배출권 거래제의 시행으로 인한 효과가 발생하기 전에 선제적으로 지원을 시행하고, 지원금액도 물가 상승률을 반영하여 자동 인상되도록 하고 있는 등 지원대상자들을 최대한 배려하기 위한 제도적 장치를 갖추고 있다.

#### 다) 가계지원제도의 내용

##### (1) 개괄적 방안 : 가계직접지원(Benefits)과 조세지원(Tax Cuts for Households)

호주 정부는 소득 및 중간소득 가계를 대상으로 공정하고 항구적인 지원을 약속하고 있다. 배출권거래로 인해 가계에 추가로 부담되는 비용은 주당 $9.90이며 비율로는 약 0.7%로 예상되고 있다.[546] 반면, 가계들에 지원되는 추가지원 또는 조세감면은 주당 약 $10.10에 이른다.

가계에 대한 직접지원을 살펴보면, 별도의 소득이 없는 노령연금수급자 1인이 추가로 부담하게 되는 연간 생계비는 2012-2013 회계연도 기준 $204이지만, 노령연금에서 $338의 지원금을 추가로 수령하게 되기 때문에 오히려 더 많은 혜택을 누리게 된다.

한편, 각자 $50,000의 소득이 있으며 두 명의 취학 아동를 둔 가계의 2012-2013 회계연도 기준 추가 생계비 부담은 $653으로 추정되고 있으며, 개인소득세(Personal Income Tax)의 감축과 가계조세혜택(Family Tax Benefit)의 증가와 같은 정부지원의 증가로 인해 최종적으로 가계는 $679에 이르는 조세혜택을 보게 된다.

배출권거래제의 도입에서 나오는 수익을 가계지원을 위해 사용하는 것은 탄소배출을 줄이기 위한 동기를 상쇄시킬 것이라는 우려가 있으나, 가계들은 상대적으로 낮은 탄소를 배출하는 상품을 저렴한 가격에 구매하고 일상생활에서 에너지의 효율성을 개선하기 위한 노력을 함으로써 전체적인 생계비를 감축할 수 있게 될 것이다.

---

546) 가구별, 전기요금 $3.30, 가스요금 $1.5의 인상 등을 포함한 수치이다.

아래 표는 소득층의 구분과 각 소득층에 따른 지원 비율을 보여주고 있다.

표24 | 현재의 호주 조세제도에 따른 기준임

| 과세소득 | 독신 | 무자녀 부부 | 자녀가 있는 부부 | 한 부모 가정 | 비율 | 지원 받는 비율 | 추가비용의 100%를 초과하여 지원받는 비율 |
|---|---|---|---|---|---|---|---|
| 저소득(이하) | $30,000 | $45,000 | $60,000 | $60,000 | 34 | 100 | 100 |
| 중간소득 | $30,000–$80,000 | $45,000–$120,000 | $60,000–$150,000 | $60,000–$150,000 | 40 | 97 | 66 |
| 고소득(이상) | $80,000 | $120,000 | $150,000 | $150,000 | 26 | 74 | 18 |

가계에 대한 지원은 연금, 복지수당(Allowance), 가계조세혜택 등을 통해 가계에 자동적으로 지급된다. 지원의 내용을 정리하면 다음과 같다.

— 연금수급자 또는 자가퇴직연금 수령자들의 경우, 독신에게는 연 $338을 두 명 이상의 구성원이 있는 가계에는 연 $510을 각 지급

— 가계조세혜택 A의[547] 혜택 수혜 가계에는 아동 1인당 연 $110의 추가 지급

— 아동이 있으면서 부부 중 1인만이 소득이 있는 경우, 가계조세혜택 B에 따른[548] 연 $65 지원

— 독신들에게는 연 $218, 한 부모에게는 연 $234, 부부에게는 연 $390의 복지수당

— 모든 연간 소득이 $80,000 이하인 납세자들에게는 연간 최소 $300의 세금 감면

(2) 가계지원을 위한 조세제도 개편

청정에너지체계의 도입에 따라 가계지원이 이루어지기 위한 조세제도의 구조적 개편이 요구되고 있으며, 조세제도 검토 보고서(Australia' s Future Tax System Review)에 따라 과세면제기준이 2012년 $6,000에서 $18,200

547) 연금이나 청년층에 대한 지원 등을 수령 대상이 아닌 20에 이하의 부양아동 또는 중·고등학교 과정에 있는 학생을 두고 있으며, 최소 35%의 시간을 그 양육에 소비하는 저소득층 가정에 대해 피부양자 1인당 지원되는 제도를 의미한다.

548) 16세 이하의 부양아동 또는 전업의 중·고등학교 학생으로 18세가 되는 해의 마지막 날까지 한 부모 또는 부부 중 1인만의 소득으로 가계를 유지하면서 최소 35% 이상의 시간을 해당 피부양자를 위해 소비하는 경우 지원되는 제도를 의미한다.

으로 3배 이상 상향조정되었다.

변화된 조세제도에 따르면, 연 $20,000의 개인 소득자는 약 $600의 조세를 감면받게 되며 사실상 소득세를 내지 않게 된다. 연 소득이 약 $25,000인 근로자의 경우 약 $500의 조세감면을 받게 되며, 중간소득층에 해당하는 대부분의 국민들은 최소 $300의 감면혜택을 받게 된다. 결국 호주에서는 배출권 거래제의 도입으로 인해 가계들은 추가적인 세금을 부담하지 않게 된다.

2012년 7월 1일부터 시작되는 1차 조세감면을 통해 납세자의 60%가 최소 $300의 조세혜택을 누리게 된다. 또한, 호주 정부는 배출권거래제의 도입으로 인해 발생할 수 있는 추가 부담이 발생하기 전에 선제적으로 조세감축을 시행할 것임을 분명히 하고 있다.

2차 조세감축은 2015년부터 시작되는데, 2015년은 2012년부터 시행된 고정가격기준 거래로부터[549] 시장가격이 반영되는 배출권거래제로 전환되는 시기이다. 이때부터 과세면제기준이 $19,400으로 올라가도록 되어 있으며, 연소득 $80,000까지의 납세자들에게 $385에 이르는 조세감세 혜택이 부여된다.

이런 조세제도의 개편은 일자리 참여에 대한 유인책이 됨은 물론, 개인소득세 시스템을 단순화하여 100만 명 이상의 국민들이 번거로운 소득공제신청을 하지 않아도 되는 편의 증대효과도 달성하게 된다. 배출권거래제도의 도입 이후에 호주의 변화되는 과세에 관해서는 아래의 표와 같이 정리된다.

표25 | 세율과 과세표준 및 유효 면세기준

| 세율과 과세표준 | 현재 | | 2012-2013 | | 2015-2016 | |
|---|---|---|---|---|---|---|
| | 과세표준 | 세율 | 과세표준 | 세율 | 과세표준 | 세율 |
| 1단계 | 6,001 | 15% | 18,201 | 19% | 19,401 | 19% |
| 2단계 | 37,001 | 30% | 37,001 | 32.5% | 37,001 | 33% |
| 3단계 | 80,001 | 37% | 80,001 | 37% | 80,001 | 37% |
| 4단계 | 180,001 | 45% | 180,001 | 45% | 180,001 | 45% |
| 유효 면세소득기준 | 16,000 | | 20,542 | | 20,979 | |

549) 이산화탄소 톤당 $23에서 시작하며 매년 2.5%씩 가격이 상승하는 것으로 설계되어 있다.

(3) 피부양아동이 있는 가계에 대한 지원 : 가계조세혜택(Family Tax Benefit)의 확대

피부양아동이 있는 가계에 대해 2단계의 지원이 이루어진다.

배출권거래제도가 도입되어 시행되는 2012년 7월 1일부터 2013년 6월 30일까지의 기간에 발생할 수 있는 배출권거래제로 인한 가계에 미치는 부정적 효과를 선제적 해소하기 위해 배출권거래제도가 도입되기 전인 2012년 5월부터 6월 사이 선급금(Clean Energy Advances)이 지급된다.

과세가 면제되는 일시금의 형태로 가계조세혜택의 수혜자들에게 연간 1.7%에 해당하는 인상분이 추가되어 지급되도록 설계되어 있다. 예를 들어, 13세에서 15세 사이의 어린이를 부양하는 가계에게 2012년 6월 $109.50에 해당하는 청정에너지 선급금이 지급된다.

해당 가계들은 또한, 2013년 7월 1일부터 2주마다 각 가구당 가계조세혜택의 1.7%에 해당하며, 물가인상분에 연동된 지원금을 수령하게 된다. 개별 가구들은 2주마다 수령하는 방식과 분기별로 수령하는 방식 중 그 방식을 선택할 수 있다.

여기에 단독 소득 가계(Single Income Family)에[550] 대한 지원을 새로 도입하였는데, 부부수입가계에 비해 조세혜택을 통한 지원이 없거나 아주 미약한 단독수입 가계는 $300에 이르는 지원을 받을 수 있게 되었다.

(4) 연금수급자(Pensioners), 복지수당 수령자(Allowees), 노령 건강보험 대상자(Seniors Health Card Holders)에 대한 지원

연금수급자 또는 복지수당 수령자, 노령 건강보험 수급자들에 대한 지원의 기준은 위의 피부양 아동이 있는 가계에 대한 지원과 동일하다.

2012년 5월부터 6월 사이에 선급되는 지원금은 연금이나 복지수당의 1.7% 인상분을 반영하여 지급하며, 독신에게는 $250, 부부에게는 각 개인

550) 부양 아동과 연 소득이 $68,000에서 $150,000 사이의 가계로 부부 중 한 명만의 소득으로 가계를 의미한다.

당 $190 정도의 금액에 이른다.

물론, 연급수급자 또는 복지수당 수령자들에 대한 지원도 2013년 이후에는 물가 상승률이 반영되어 지급 금액이 변동되도록 하고 있다.

(5) 저소득자에 대한 지원

납세액이 $300 이하이며, 39주 이상 정부로부터 연금 또는 기타의 복지수당을 수령하지 못한 경우 저소득자의 범위에 해당하게 된다.

이런 저소득 가계에 속하는 가계의 구성원들에게 2011년에서 2012년의 회계연도에 $300의 지원금이 지급된다.

저소득자에 대한 지원의 경우, 다른 가계지원과 다르게 증빙서류를 갖추어 지원금 신청을 하도록 되어 있다.

(6) 필수 의료기기 지원(Essential Medical Equipment Payment)

호주 정부는 연간 $140의 필수 의료기기 지원제도를 두고 있는데, 이를 통해 환자의 상태·장애정도·할인카드(Concession Card)의 종류에 따라 청정에너지체계의 도입으로 인해 추가부담하게 되는 전기요금을 지원한다. 약 110,000명이 이 혜택을 누리게 된다.

특별한 장비나, 온/냉방이 필요한 경우, 배출권거래제도의 도입으로 인해 추가되는 비용을 지원해주는 제도이다.

**2) 청정에너지미래체제의 도입이 가계에 미치는 영향**

탄소배출권거래제의 도입의 영향을 다른 물가상승 요인들보다 크지 않을 것이며, 2012년에서 2013년까지 소비자물가기준(Consumer Price index)으로 약 0.7%의 가격이 상승할 것이라고 예측되고 있다.[551)]

---

551) Australia Government, What a Carbon Price Means for You (2011) 8.

그림27 | 호주 배출권거래제 도입에 따른 물가상승률의 예측과 비교

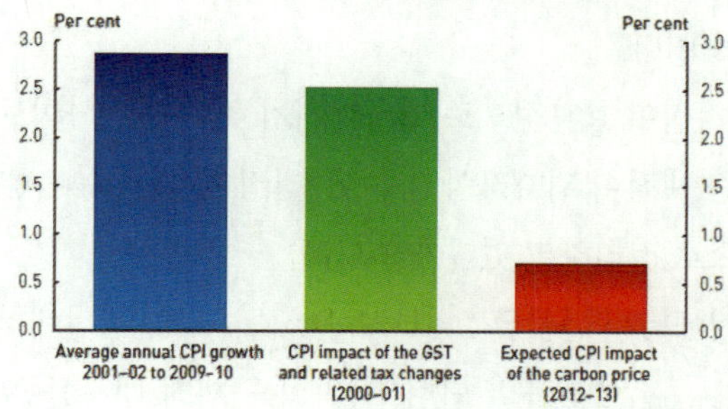


이 정도의 물가상승은 그림 27에서 보는 것처럼 부가가치세와 관련 세율의 인상률 2.5% 또는 2001-2002년에서 2009-2010년 사이의 연평균 물가 상승률 2.9%보다 낮다.[552] 특히 식료품 가격에 미치는 영향은 거의 없어서 배출권거래제 도입가 식료품의 가격인상에 미치는 영향은 가계당 $1[553] 이상이 되지 않을 것으로 예측되고 있다.

### 마. 연방정부의 청정에너지(가계지원)법(Clean Energy(Household Assistance Amendment) Act 2011)에 따른 관련 법령의 개정

#### 1) 청정에너지(가계지원)법

위에서 본 호주의 청정에너지미래체계는 청정에너지법 패키지의 형태로 제도화되었으며, 그 중 청정에너지체제의 도입으로 인해 가계에 미치는 부정적 효과를 해소하기 위한 법이 청정에너지(가계지원)법, 청정에너지(조세개정)법, 청정에너지(소득세율개정)법[554] 등이다.

가계지원의 근간이 되는 청정에너지(가계지원)법은 저소득·중간소득 가계에 대한 정부의 지원을 약속하며, 가계들이 저탄소 경제에 적응하는 것

552) Ibid.

553) 호주달러기준, 이하 같다.

554) 법안의 명칭은 'Clean Energy (Household Assistance Amendments) Bill 2011, Clean Energy (Tax Laws Amendments) Bill 2011, the Clean Energy (Income Tax Rates Amendments) Bill 2011' 이다.

을 돕고, 탄소배출권거래의 시행으로 가계에 미치는 부정적 효과를 제거하는 것을 목적으로 하는 법이다.

특히 가계들에 대한 지원이 효과적으로 이루어지기 위해서는 사회보장제도 및 조세제도에 대한 개정이 뒤따라야 하는데, 청정에너지(가계지원)법은 그 내용들을 구체적으로 정리하고 있다.[555]

가계지원은 크게 청정에너지 선급급(Clean Energy Advances)과 청정에너지 보조금(Clean Energy Supplement)으로 구분되며, 지원의 구체적 내용들은 위에서 살펴본 바와 같다. 이를 다시 정리하면, 청정에너지 선급금은 청정에너지체계의 시행보다 앞선 2012년 5월 14일부터 6월 30일까지 먼저 지급되며, 선지급금의 내용은 0.7%의 기대소비자 물가상승률에 해당하는 부분과 1%의 추가분이 포함된다. 청정에너지 보조금은 청정에너지 선급금의 적용기간이 지난 2013년 5월 20일 이후부터 일반적으로 시행되며, 분기별로 기존의 사회보장 혜택에 물가인상분이 반영된 추가 금액이 지급되는 지원금이다.

### 2) 사회보장법(Social Security Act 1991)의 개정 내용

사회보장법 제2장(Chapter 2)의 제2.18절(Part)이 추가되면서 청정에너지 선급금과 청정에너지 보조금에 대한 근거를 명시하고 있다.

먼저 2.18절의 제1부(Division 1)에 청정에너지 선급금을 규정하면서, 청정에너지 선급금을 수령할 수 있는 자격(Qualifying for Clean Energy Advances), 청정에너지 선급금의 금액(Amount of a Clean Energy Advance), 추가지원에 대한 사항(Top-up Payments of a Clean Energy Advance) 등을 규정하고 있다.

청정에너지 선급금을 수령할 수 있는 적격자는 사회보장수급권자[556] 또

550) 이런 지원들은 가계에 대한 재정적 영향에 대한 분석과 규제영향평가에 따라 이루어지고 있다. 재정적 영향평가는 Clean Energy Bill 2011의 'Explanatory Memorandum' 에서, 규제영향평가는 호주 중앙정부의 재정 및 규제 개혁부(Department of Finance and Deregulation)의 모범업무처리 규제부서(Best Practice Regulation Office)에서 작성된 'Australia' s plan for a clean energy future '에서 각 확인할 수 있다. 물가상승과 관련된 내용을 위에서 간단히 살펴봤다.

는 25세 이상의 전업 학생(Austudy)·25세 이하의 청년층에 대한 지원(Youth Allowance)[557]·피부양아동이 없는 21세 이하의 장애인에 대한 연금·특별한 혜택이 부여되는 시민들로,[558] 호주에 거주하며, 청정에너지 선급금제도가 시행될 당시를 기준으로 사회보장 또는 다양한 혜택의 지급률이 0%를 넘어야 하고,[559] 호주 시민권 또는 영주권자이어야 한다.[560]

청정에너지 보조금과 관련하여 사회보장법 제23B조가 추가되면서, 지급되는 보조금의 비율이 규정되어 있다. 이에 따르면 1.7%의 최고기준 비율을 전제로 개인별로 달리 결정된다. 구체적인 금액의 결정방법에 대해서는 사회보장법 제1061UB조 이하에 따르도록 하고 있다. 다만, 청정에너

---

556) Social Security Act, Section 914(4).
(a) age pension(고령연금);
(b) benefit PP (partnered)(배우자 있는 가계에 대한 양육비지원, Parenting Payment));
(c) bereavement allowance(배우자 사별 위로금);
(d) carer payment(간병인 지원);
(e) disability support pension (other than for a person who is under 21 with no dependent children)(장애인 지원연금);
(f) newstart allowance(구직자 지원);
(g) pension PP (single)(배우자 없는 가계에 대한 양육비지원);
(h) partner allowance(배우자 지원 : 다른 배우자가 소득 지원금을 받고 있고, 해당 배우자가 구직을 원하지만 제한된 경력으로 인해 구직에 어려움이 있는 경우에 대한 지원);
(i) seniors supplement(노령자 지원 : 노령자 건강관리카드 소지자에 대한 에너지, 통신, 차량 등록비 등의 지원) ;
(j) sickness allowance(질병 지원);
(k) special benefit, whose rate is worked out as if the person were qualified for newstart allowance(재정적 곤란 지원);
(l) widow allowance(1955년 7월 이전 출생하고 독신이 된 미망인에 대한 지원);
(m) widow B pension(양육비지원의 대상이 아니며, 재정적 어려움에 처한 미망인에 대한 지원);
(n) wife pension(고령연금 또는 장애지원연금 수혜자의 여성 배우자에 대한 지원).

557) 학생 또는 직장을 구하기 위해 훈련과정 등을 이행하고 있는 16세에서 25세 사이의 청소년, 또는 청년들에 대해 연령구간별로 다양한 혜택이 주어지고 있다.

558) Social Security Act, Section 914A.

559) 다만 청정에너지 선급금제도가 시행된 이후 지급률이 0% 이상이 되면, 그 비율에 비례해서 청정에너지 선급금이 지급된다.

560) Social Security Act, Section 914(1), (2).

지 보조금제도는 항구적으로 지급되며, 보조금의 실질가치를 유지할 수 있도록 매 6개월마다 소비자물가지수(Consumer Price Index)에 연동되도록 하고 있다.[561] 다른 사회보장제도는 2주 간격으로 수령하는데 반해, 청정에너지 보조금은 분기별 수급이 가능하도록 하고 있다.[562]

호주 정부는 청정에너지 체제의 도입과 더불어 저소득 가계와 평균 전기요금 이상을 납부하고 있는 가계에 대한 지원이 필요하다는 점을 강조하고 있으며, 저소득 가계에 대해 2012년 7월 1일부터 매년 $300의 지원을 약속하고 있고,[563] 이에 따라 사회보장법 제916C, D, E조에 지원대상이 되는 저소득층의 소득 기준 등을 정하고 있다.[564]

사회보장법 제917C조는 필수의료기기에 대한 지원 대상,[565] 제917G조는 지원 금액을 각 규정하고 있다.[566]

### 3) 신조세체계(가계지원)법(A New Tax System(Family Assistance) Act 1999)의 개정 내용

청정에너지(가계지원)법에 따른 신조세체계(가계지원)법의 개정은 기본적으로 위에서 본 사회보장법에 대한 개정의 내용과 아주 비슷하다. 가계에 대한 지원은 주로 가계조세혜택 A와 B 부분과 관련되어 있으며, 1.7%의 1회 총액 선급금과 1.7%에서 시작하면서 소비자물가지수에 연동되는 지속적인 청정에너지 보조금으로 구성된다.

이에 따라 신조세체계(가계지원)법에 제8절이 추가되었다. 가계에 대한

561) Social Security Act, Section 1191 - 1194. 다만, 청정에너지 보조금에 관한 규정은 2013년 5월 20일 이후부터 유효하다.

562) Social Security Act, Part 3—Quarterly clean energy supplement.

563) J Macklin(Minister for Families, Housing, Community Services and Indigenous Affairs), 'Second reading speech: Clean Energy(Household Assistance Amendments) Bill 2011'.

564) Social Security Act, Section 916C The income requirement, 916D The excluded payment requirement, 916E The tax requirement.

565) Ibid, Section 917C The medical needs requirement.

566) Ibid, Section 917G Amount of payment.

청정에너지 선급금과 관련하여, 제1부(Division 1)는 청정에너지 지원을 받을 수 있는 자격에 대한 내용을 정하고 있는데,[567] 제103조 제1항은 2012년 5월 14일부터 2012년 6월 30일까지, 제2항은 2012년 7월 1일부터 2013년 6월 30일까지로 기간을 구분하여 그 자격을 정하고 있다. 제2부에는 구체적인 금액과 개인별 수급액에 대해서 규정되어 있다.[568]

기존의 가계조세혜택 A와 B에 더하여 청정에너지 보조금이 지속적으로 지급되도록 하고 있는데, 이와 관련하여 신조세체계(가계지원)법에 제2AA부(Part A)[569]와 제2B부(Part B)[570]가 각 추가되었다. 기본적으로 기존에 받아오던 가계조세혜택 A와 B에 추가하여 지속적으로 에너지 관련 보조금을 받게 된다는 내용은 위에서 본 다른 제도들과 유사하다. 가계조세혜택 A에 대한 지원에 대해서는 제38AA조에서 보조금 지원 비율을 정하고 있으며, 가계조세혜택 B에 대해서는 제31B조에서 보조금 지원 비율을 정하고 있다.

기본적으로 청정에너지 보조금은 피부양아동에 대한 가계조세혜택 대비 연 1.7%의 비율의 금액이 추가된다.

가계와는 별도로 승인된 양육기관(Approved Care Organization)에 대한 지원이 이루어지고 있는데, 이와 관련하여 신조세체계(가계지원)법 제58(2)조를 신설하면서 0에서 24세까지 1인당 연 $1372.40가 승인된 양육기관의 가계조세혜택 A에 해당하는 지원금이며, 여기에 별도의 청정에너지 보조금이 지급되도록 하고 있다.[571]

신조세체계(가계지원)법은 제6절에 단독 소득 가계에 대한 지원대상의

567) A New Tax System(Family Assistance) Act, Section 103.

568) Ibid, Section 105 Amount of advance where entitlement under section 103, Section 106 Clean energy daily rate, Section 107 Amount of advance where entitlement under section 104.

569) 가계조세혜택 A에 대한 청정에너지 보조금을 규정하고 있다.

570) 가계조세혜택 B에 대한 청정에너지 보조금을 규정하고 있다.

571) Social Security Act, Subsection 58(2) Annual rate of family tax benefit to approved care organization

자격에 관해서,[572] 제4B절에서는 그 지원 기준을 정하고 있다.[573]

### 4) 전역군인지원법(Veterans' Entitlement Act 1986)의 개정 내용

청정에너지(가계지원)법은 청정에너지체제의 도입에 따른 전역군인에 대한 지원을 위해 신조세체계(가계지원)법의 내용과 유사한 형태의 전역군인지원법의 개정을 규정하고 있다.

청정에너지 선급금 수령 자격, 수령액, 비율 등에 대해서는 추가된 별도의 절(Part IIIE)의 제1부(Division 1—Clean energy advances)에 명시되어 있으며, 전체적인 내용은 신조세체계(가계지원)법의 내용과 유사하다.[574]

제대군인에게 지급하는 청정에너지 보조금의 비율에 대해서는 별도의 규정을 두고 있으며,[575] 그 개념도 별도로 명시하고 있다.[576]

### 5) 상이군인 재활 및 보상법(Military Rehabilitation and Compensation Act 2004)의 개정 내용

상이군인 재활 및 보상법은 심각한 상해 또는 질병으로 고통 받고 있는 현재 또는 전역군인을 지원하기 위한 법이다.

호주의 직업군인(Permanent Defence Force), 예비군(Reserve Force), 사관후보생(Cadet)과 조교 및 국방부장관이 서면으로 호주 국방군의 일원이라고 확인한 사람들이 그 적용대상이다. 물론, 적용대상자들이 근무관련성이 인정되는 심각한 부상이나 사망의 경우, 일정한 피부양자들이 혜택을 받을 수 있다.

---

572) A New Tax System(Family Assistance) Act, Division 6—Eligibility for single income family supplement.

573) Ibid, Division 4B—Rate of single income family supplement.

574) Veterans' Entitlement Act, Section 61A Persons receiving clean energy underlying payments. 지급비율과 금액에 대해서는 Section 61C, 61D, 61E 등에 규정되어 있다.

575) Ibid, Subsection 5GB Clean energy supplement rate definitions.

576) Ibid, Subsection 5Q(1).

상이군인 재활 및 보상법 제5A절이 추가되면서 청정에너지 선급금과 청정에너지 보조금에 관한 규정을 추가하고 있다. 이 절에서는 각 청정에너지 지원을 받을 수 있는 자격, 지원금 결정 기준 등에 관한 내용이 포함되어 있다.577)

상이군인 재활 및 보상법에서의 청정에너지 지원도 위에서 본 것처럼 청정에너지 선급금과 보조금으로 이원화되어 있다.

### 6) 농민 가계지원법(Farm Household Support Act 1992)의 개정 내용

농민 가계지원법은 농민 가계에 대한 지원(Farm Household Support), 재난 등 특수 상황에서의 지원(Exceptional Circumstances Relief Payment), 농가 소득지원(Farm Help Income Support) 등으로 구성되어 있으며, 여기에 청정에너지 체제의 도입으로 인한 지원을 추가하고 있다.

농민 가계지원법의 새로운 제1C절은 청정에너지 선급금을 수령할 수 있는 자격을, 제4A절은 청정에너지 선급금의 금액과 기준을 규정하고 있다.

577) Military Rehabilitation and Compensation Act, Division 1—Eligibility for clean energy advances, Division 2—Amount of a clean energy advance. 청정에너지 보조금에 대해서는 Part 2—Clean energy supplements에서 별도로 규정하고 있다.

# III. 기후변화와 자원개발, 수자원

1. 해외 자원개발의 새로운 경향
2. 자원개발과 환경규제
3. 기후변화와 수권법 체계
4. 물과 에너지 넥서스
5. 스마트워터그리드 도입을 위한 법제

## 1. 해외 자원개발의 새로운 경향

### 가. 해외자원개발의 필요

인류의 생존과 경제 개발을 위해 필요 불가결한 재화인 화석연료 특히 석유와 가스의 개발과 이에 대한 의존은 기후변화와 지속가능한 개발이라는 국제적 제약에도 불구하고 향후 최소 200년 이상 지속될 수밖에 없을 것이다.

우리나라는 에너지원의[1] 97%를 수입에 의존하고 있으며, 아래 표에서 보는 것처럼 2010년 에너지원의 구성비를 보면 석탄·석유·LNG가 약 85%에 이르고 있다. 이런 추세는 2011년 3월 일본 후쿠시마 원자력 발전소 사고로 인해 원자력에 대한 위험성이 고조되는 추세와 신재생에너지의 한계에 대한 인식으로 인해 더욱 고착화될 것으로 예측된다.

표1 | 우리나라 1차 에너지원 구성비, 국가에너지통계종합정보시스템

| 연도 | 총에너지 | 석탄 | 석유 | LNG | 수력 | 원자력 | 신재생 |
|---|---|---|---|---|---|---|---|
| 2001 | 100 | 23 | 50.6 | 10.5 | 0.5 | 14.1 | 1.2 |
| 2005 | 100 | 24 | 44.4 | 13.3 | 0.6 | 16.1 | 1.7 |
| 2009 | 100 | 28.2 | 42.1 | 13.9 | 0.5 | 13.1 | 2.3 |
| 2010 | 100 | 28.9 | 39.7 | 16.4 | 0.5 | 12.2 | 2.3 |

석유나 가스는 다른 보통의 재화와는 다른 고도의 정치성, 경제적 민감성, 문화적 관련성 등이 복합된 특수한 재화로 분류된다. 즉, 석유나 가스의 개발은 자원소유국의 정치적 이해관계, 국가적 목적, 경제적 상황, 국제정치적 상황 등과 직결되어 있으며, 동시에 국제시장에서의 유가, 석유 생산국 단체(OPEC)의 행태, 소비국들의 단결력 기타 경제적 상황 등과도 밀접한 관련성을 가지고 있다.

특히 우리나라와 같이 자원빈국에게 적극적인 해외 자원개발이 절대적

1) 에너지와 에너지가 발생하도록 하는 에너지원(Energy Source)을 구분하여 표현해야 하지만, 통상 혼용한다.

으로 요구되며, 해외자원개발을 하려는 개발회사(IOC)들은[2] 국제적 석유 개발의 초창기 모델은 양허계약(Concession)의 형태였으며, 이 모델은 멕시코에서 미국의 스탠더드(Standard) 오일이 취득한 개발권, 중동에서의 개발권 등에 적용되었다. 그 이후 자원 주권개념의 형성과 초기 양허계약의 악용에 대한 반동으로 자원 국유화 또는 자원 보유국의 지분 참여 형식으로의 변화가 이루어졌다. 한편 이런 양허계약과 다른 생산물분배계약(Production Sharing Agreement)이라는 새로운 방식이 널리 사용되게 되었는데, 이는 개발에 관한 일체의 권리를 개발회사에 부여하는 대가로 로열티와 세금 등을 취득하던 양허방식에서, 석유·가스의 소유권이 국가에 귀속됨을 전제로 생산물에서 개발비에 해당하는 부분을 제외한 나머지를 자원보유국과 개발회사가 일정한 비율로 배분하는 방식의 계약 형식으로 변화하게 된 것이다. 한편, 자원보유국의 헌법 또는 법률이 외국인에게 개발권을 부여하는 것이 금지된 경우 사용되는 개발 방식인 서비스제공계약(특히, Risk Service Contract)이 남미 또는 이라크 등에서 사용되고 있다. 이런 기본적인 계약의 형태들은 석유나 가스의 개발이라는 공통된 목적을 위해 이용되지만, 근본적으로 그 성격과 내용을 달리함에도 불구하고 많은 경우 혼합된 형태로 사용되고 있다.

### 나. 국제 석유·가스 개발계약

#### 1) 석유·가스 개발계약의 종류

석유·가스의 개발계약은 양허계약(Concession)·생산물분배협정(Produc-

2) 석유.가스의 개발과 관련된 정치적, 기술적, 재정적 위험을 포함한 수많은 위험들을 감수하지 않을 수 없다.

3) 대부분의 서유럽과 중동에서는 양허계약 방식을, 그리고 아프리카나 아시아 지역에서는 생산물 분배계약 방식을 주로 사용하고 있으며, 중앙 및 남아메리카 지역에서는 서비스제공계약을 택하고 있다. Frank L. Cascio, A Practical Look at the Major differences between Domestic and International Exploration Agreements, 43, Rocky Mountain Mineral Law Institute (1997).

tion Sharing Agreement)·서비스제공계약(Service Contract)로 크게 그 형태를 구분할 수 있다. 여기에 참가협정(Participation Agreement)을 하나의 개발계약으로 추가하는 경우가 있으나, 참가협정은 지분취득을 위한 특별한 조항에 불과할 뿐 석유나 가스의 개발과 관련된 독립된 형태의 계약이 아니기 때문에 별도의 개발계약으로 다루지 않는 것이 일반적 추세이다.

아래에서 구체적으로 각 계약의 특성을 살펴볼 것이지만, 이렇게 구분하는 기준으로는 석유·가스의 소유권이 누구에게 속하는가의 문제와 전체적인 개발에서 주도권이 자원보유국에[4] 부여되어 있는가 아니면 개발회사에게 부여되어 있는가에 있다. 우선 양허계약은 석유·가스에 대한 소유권 및 통제권이 거의 전적으로 개발회사에 부여되는 구조인 반면, 생산물분배협정과 서비스제공계약에서는 석유·가스의 소유권은 여전히 자원보유국에 속하고 개발의 주도권도 자원보유국이 행사하려는 경향이 강한 계약 구조이다.

그림1 | 석유·가스 개발 협정의 유형

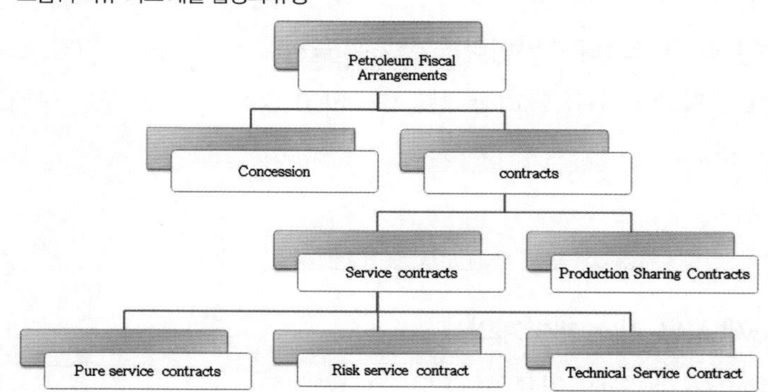


자원보유국들이 어떤 형태의 석유·가스 개발계약 유형을 택하고 있는지는 다음 그림에서 살펴볼 수 있다.

4) 현실에서는 자원보유국 정부보다는 자원보유국의 국영석유회사 또는 국영가스회사가 실질적으로 국가를 대신하고 있는 것이 보다 정확한 현실이다.

그림2 | 석유 · 가스 개발 계약 유형별 자원보유국 정부 참여 지분 및 실질적 로열티 비율의 분석

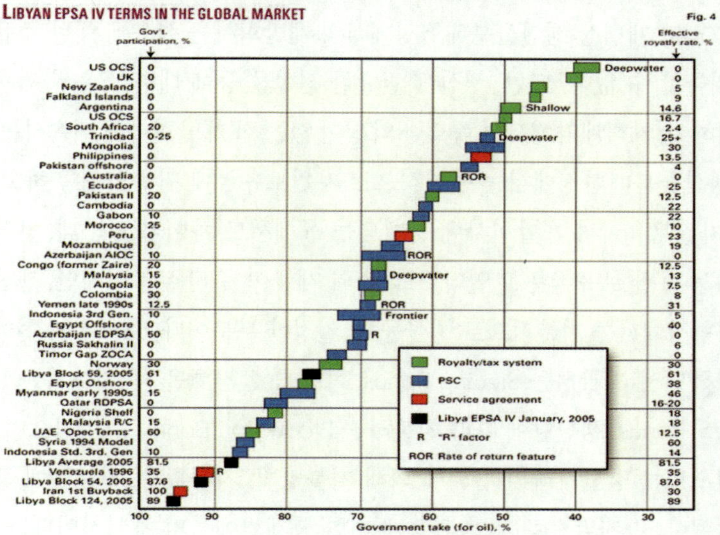

LIBYAN EPSA IV TERMS IN THE GLOBAL MARKET

## 2) 석유·가스 개발계약의 비교

### 가) 양허계약과 생산물분배협정

양허계약과 생산물분배협정이 개발회사에게 개발권역에서의 배타적 탐사·생산에 대한 권한을 부여한다는 점과 개발회사의 몫에 해당하는 생산물에 대한 처분권을 부여받는다는 점에서는 양자의 공통점이 존재한다.

하지만, 양허계약에서는 석유나 가스가 지하에 존재하는 상태 그대로 또는 생산되는 순간 개발회사에게 그 소유권이 귀속되지만 생산물분배협정에서는 지하에 존재하는 석유의 소유권은 국가에 귀속되며 개발회사는 단지 생산된 석유 중 일정한 비율 또는 양에 따른 생산물을 취득할 수 있을 뿐이라는 점에서 근본적 차이기 있다. 2003년 리비아의 표준 생산물분배협정(Model Exploration Production Sharing Agreement 2003 (EPSA IV)) 제2조를 그 예로 들 수 있는데, 생산물분배협정으로 인해 개발구역에 존재하는 그 상태로의 탄화수소에 대한 소유권이 개발회사에 부여되는 것이 아니라는 점이

강조되어 있다.

그리고 개념상 생산물분배협정에서의 개발회사는 석유에 대한 소유권을 취득할 수 없다. 또한, 생산에 필요한 시설물 등에 대한 소유권 귀속과 관련하여, 양허계약에서는 특별한 약정이 없는 한 개발회사에 귀속하는 반면 생산물분배협정에서는 원칙적으로 자원보유국에 귀속되도록 하고 있다. 자원보유국과 개발회사에 분배되는 몫에서도 차이가 있는데, 양허계약에서 자원 보유국은 로열티, 보너스와 세금이 주된 부분이지만, 생산물분배협정에서는 기본적으로 생산물 중 일정한 부분이다. 보너스는 협약에 서명하면서 지급하는 Signing Bonus, 석유를 발견했을 때 지불하는 Discovery Bonus, 생산량에 따라 지불하는 Production Bonus 등이 있으며, 구체적으로는 당사자들의 협의에 의해 지불방법, 지불횟수, 지불금액 등이 결정된다. 마지막으로 개발 과정에 대한 통제권에서의 차이점인데, 양허계약에서는 거의 전적으로 개발회사의 재량에 의해 생산이 통제되는데 반해 생산물분배협정에서는 경우에 따라서는 명목적일뿐이라도 자원보유국이 개발 및 생산에 대한 통제를 하도록 되어 있다.

#### 나) 생산물분배협정과 서비스제공계약

멕시코와 같이 자국의 역사·정치적 현실·자원민족주의 및 이에 따른 헌법 규정에 의해 양허계약이나 생산물분배협정과 같은 형식의 개발협정을 금지하는 경우가 있다. 이런 국가들은[5] 석유·가스 등의 자원에 대한 소유권은 국가에게 귀속시키면서 동시에 그 탐사·생산·정유·수송·판매 등 일련의 행위를 국가 또는 국영석유회사가 수행하도록 법적으로 강제하고 있다.

하지만, 석유나 가스를 개발할 수 있는 자본과 기술이 부족한 국가적 현실이 '필요악' 으로써 외국의 석유 개발회사에 대한 의존을 하지 않을 수 없

5) 현재는 아르헨티나, 볼리비아, 브라질, 이란 및 이라크가 서비스제공계약 방식을 택하고 있다.

는 현실적 어려움이 동시에 존재하게 된다. 따라서 이런 자원보유국들에 의해 새로이 탄생하게 된 개발형식이 바로 서비스제공계약이다.[6)]

이런 서비스제공계약은 일정한 서비스를 제공하고 그 대가로 대금을 지급받는다는 점에서 우리 민법상의 용역계약과 유사하며, 세부적으로는 제공되는 서비스의 성공 여부를 묻지 않고 대가를 지급받는 '순수 서비스제공계약(Pure Service Contract)'과 개발회사가 석유의 개발에 필요한 모든 자본과 기술을 제공하며 동시에 개발 실패로 인한 일체의 위험을 부담해야 하는 '위험 서비스제공계약(Risk Service Contract)'으로 나뉜다.

이런 서비스제공계약과 생산물분배협정은 지하에 매장된 석유·가스의 소유권이 개발회사에 속하지 않는다는 점이 가장 중요한 공통점이다. 자원민족주의의 영향에 의해 석유나 가스는 자원보유국의 절대적 소유이므로 그 개발과 처분이 자원보유국의 결정에 따라야 한다는 점이 확인되면서 서비스제공계약과 생산물분배협정은 그 정치적 목적 실현을 위한 계약적 수단으로 발생되었고 그 목적에 맞게 기능을 수행해 오고 있다.

하지만, 이런 공통점에도 불구하고 서비스제공계약에서는 서비스제공의 대가로 생산된 석유나 가스가 아닌 대금을 지급받는 반면, 생산물분배협정에서는 생산물 자체로 지급받는다는 점에 가장 중요한 차이점이 있다. 동시에 서비스제공계약은 생산물분배협정보다 훨씬 강화된 자원보유국의 통제가 이루어지며, 서비스제공계약에서는 생산에 필요한 시설 및 자산도 그 설치 또는 건축과 동시에 자원보유국에게 귀속되도록 하고 있다. 즉 서비스제공계약은 자원보유국의 입장이 가장 많이 반영된 형태의 개발협정인 것이다.

아래 표는 양허계약과 생산물분배협정 그리고 위험서비스제공계약을

---

6) 여기에서의 서비스는 기술적 서비스 뿐 아니라 금융의 조달을 포함하는 개념이다. 예를 들어, 1997년 체결된 이란의 Bow Valley Energy Service Contract 2.는 제공되는 서비스의 내용을 정하고 있는데, 2.2.에서 개발회사는 모든 자본, 기계, 장비, 기술, 및 숙련된 기능을 제공하도록 하고 있다.

구분하여 정리하고 있다.

표2 | 양허계약과 생산물분배협정 그리고 위험서비스제공계약의 구분

| | 양허계약 | 생산물분배협정 | 위험서비스제공계약 |
|---|---|---|---|
| 주어지는 권리 | 배타적 탐사, 개발 권리 및 생산된 석유 및 가스에 대한 처분권 | 배타적 탐사, 개발권 및 대가로 취득한 생산물에 대한 처분권 | 배타적 운영권 및 성공 여부에 기초한 보수 |
| 자산의 소유권 | 개발회사의 소유임 - 다만 약정에 따라 개발의 종료 시기에 자원보유국에 귀속되는 경우 있음 | 투자비에 대한 비용회수가 이루어진 때 자원보유국에 귀속 | 자산이 설치됨과 동시에 또는 개발의 상업적 타당성이 인정됨과 동시에 자원보유국에 귀속 |
| 운영에 대한 통제 | 개발회사가 관련 규정에 따라 임의적인 통제권을 보유함 | 자원보유국 또는 국영석유회사가 명목적인 통제권을 가지거나, 경우에 따라서 실질적인 통제권을 행사함 | 자원보유국 또는 국영석유회사가 통제권 보유 |
| 자원보유국의 몫 | 보너스, 차임, 세금, 로열티 | 보너스, 생산물의 일부(세금) | 보너스, 모든 생산물(세금) |
| 생산물의 소유권 귀속 | 압력조절장치(Wellhead) 또는 지하에 있는 상태 그대로(in situ, 전통적 양허계약에서) 석유 및 가스의 소유권이 개발회사 속함 - 내수공급의무 존재 | 생산이 이루어진 후 개발회사에게 귀속되는 생산물에 대한 소유권 취득 - 내수 공급의무 | 개발업자는 생산물에 대한 권리가 없음 - 다만 현물로 서비스료를 제공하거나 생산물에 대한 우선매수권을 규정하는 경우는 예외가 있음(Buy-Back Agreement) |

### 다) 생산물분배협정과 Farm-in 계약

Farm-in[7] 계약은 주로 미국에서 사용되어 온 개발계약의 형태인데, 개발권을 가진 Farmer가 Farmee에게 개발구역 내에서의 시추정 굴착 또는 시험 등에 대한 대가로 당해 개발구역에 대한 권리 전부 또는 일부를 양도하는 계약을 의미한다. 그 기원을 국가가 개인에게 세금 등의 징수에 대한 권한을 부여하면서 개인은 그 징수에 대한 대가로 일정한 서비스료 지급하는 로마 제국의 제도에 두고 있다.

Farm-in 계약에 의하면, Farmee가 유정을 시추하는 등 일정한 행위를 하게 되면, 이에 대한 대가로 당해 개발구역에 대한 개발권을 부여 받게 되는

7) Farm-in을 영어 표현 그대로 사용한다. 그 이유는 한국어로 표현하기 곤란한 의미를 가지고 있으며, 석유 업계에서 통상 사용되고 있는 표현이므로 그대로 써주는 것이 더 효과적으로 이해될 수 있기 때문이다. Farm-in과 Farm-out은 개발권을 양도하는 주체의 입장에서는 'out' 이고, 인수하는 주체의 입장에서는 'in' 이기 때문에 별도의 구분 없이 혼용되어 사용되고 있다.

데, 개발이 성공하는 경우 그 이익의 배분은 우선 개발에 소요된 비용을 Farmee가 먼저 회수한 다음[8] Farmer와 Farmee가 사전에 합의된 방식에 따라 생산물을 분배받게 된다.

여기서 밝혀지는 생산물분배협정과 Farm-in 계약의 차이점은 개발구역에 대한 권리의 이전 여부에 있다. 즉 생산물분배협정에서는 개발구역 내에서 개발을 할 수 있는 권리·비용을 회수할 수 있는 권리·이익을 생산물로 취득할 수 있는 권리를 부여할 뿐, 개발구역 자체에 대한 권리를 이전하지 않는다.

하지만 개발에 필요한 시추공 굴착 등의 행위를 제3자가 시행한다는 점, 제3자는 굴착 등에 소요된 비용을 먼저 회수한다는 점 그리고 나머지 생산물이 합의된 방식에 따라 분배된다는 점 등의 더 많은 공통점을 찾을 수 있다.

### 3) 양허계약(Concession)

#### 가) 전통적 양허계약의 중요한 요소들

석유가 개발된 이후부터 1970년대 초까지 일반적인 석유 개발 계약인 양허계약은 다음과 같은 성격을 가지고 있었다. 첫째, 양허권은 광대한 영역에 대한 개발권이었으며 둘째, 상대적으로 아주 긴 양허 기간 동안 셋째, 개발회사에게 개발에 관한 스케줄과 방법을 결정할 수 있는 권한이 있었고 넷째, 자원 소유국은 생산량에 비례해서 지급되는 로열티의 수령을 제외하고, 아주 제한적인 권한만을 행사할 수 있었다.[9]

구체적으로 양허기간의 경우, 이란, 이라크, 쿠웨이트 및 사우디아라비아 4개 나라에서의 양허 계약은 약 60년에서 75년에 이르는 아주 장기의 계약 기간을 정하고 있었다.[10] 페르시아로부터 개발권을 부여 받은 다르시

8) 이를 'Payout'이라 표현하고 있다.

9) Ernest E. Smith, John S. Dzienkowski, Own L. Anderson, Gary B. Conine, John S. Lowe, Bruce M. Kramer(2000), International Petroleum Transaction 412.

10) Ibid, 60.

(D'Arcy)는 66년 동안의 개발권을 취득했고,[11] 쿠웨이트와 아부다비의 경우, 그 계약 기간이 75년이었으며, 99년에 이르는 계약이 쿠웨이트와 체결된 경우도 있었다.[12] 오만(Oman)의 경우, 1937년 개발 계약서 제2조는 '이 계약 기간은 서명일로부터 75년이다'[13]라고 명시하고 있다.[14] 이렇게 장기간의 양허기간을 정하고 있음에도 불구하고 수정하기 위한 개정 절차에 대한 규정이 없었으며, 오만 양허의 경우 오히려 계약의 불변성이 강조되었다.

양허권자들은 개발권이 부여된 지역에서 발견된 석유자원(Petroleum Reserves)에 대한 배타적 소유권과 스스로의 판단에 따라 석유를 처분할 수 있는 권리를 취득했다. 자원 주권 개념의 형성 전에 이루어진 전통적 양허계약에서는 자원의 소유권 자체가 개발권자들에게 이전되었다는 것은 위에서 본 바와 같다. 오만의 1937년 양허계약의 경우, 국왕(Sultan)에게 일정한 로열티를 지급하는 반대급부로 약정기간 동안 양허권이 부여된 구역 내에 존재하는 석유에 대한 탐사, 탐색, 시추정의 굴착 생산, 취득, 정제, 수송, 판매, 수출, 거래 또는 처분에 대한 배타적 권리와 이상의 모든 또는 어떤 목적 수행에 필요한 일체의 행위를 할 수 있도록 하고 있다.

전통적 양허계약에서 투자비용은 전적으로 개발회사에 의해 제공되었으며, 자원보유국의 참여(Participation)에 관한 규정도 없었다. 이런 정부의 참여가 이루어진 것은 1950년대부터 1960년대 이후이며, 본격적인 참여는

---

11) 물론 1901년 체결된 D'Arcy의 계약이 최초의 석유 개발 계약은 아니지만, 이 계약은 전통적인 양허 계약의 전형으로 인정되고 있다.

12) Claude Duval, Honoré Le Leuch, André Pertuzio, Jacqueline Lang Weaver(2009), International Petroleum Exploration and Exploration Agreements 60.

13) Agreement between Petroleum Concessions, LTD and Sultan of Muscat and Oman, Article 2 ; The period of this agreement shall be 75(Gregorian) Calendar years from the date of signature.

14) 이 1937년 계약은 2012년까지 유효했으나, 1967년의 후속 협약에 의해 대체되었다. 이 계약은 오만 전체 석유 생산의 80% 이상을 차지한다. 그 이후에도 계속 계약의 수정이 있었으며, 주된 내용은 조세 제도의 변경과 1975년에 25%의 오만 정부 지분 참여에 대한 합의이다. 이 합의는 후에 60%까지 확대되었다. 2004년 겨울에는 2044년까지 양허기간을 연장하는데 합의가 되었으며, 이 합의에 의한 양허지역은 114,000㎢에 이르며 현재 유효한 면적의 약 90%에 이른다. 이런 계약 변경에 대한 대가는 영허권자의 생산에 대한 대규모 투자였다.

1970년대에 이루어졌다. 개발회사는 양허지역에서의 탐사, 개발활동에서 과도한 특권과 독점적인 운영상의 자유를 누리는 반면, 자원보유국은 운영과 관련된 내부 결정절차에 대한 직접 참여로부터 배제되었다.[15)]

양허권 부여에 대한 대가로 자원보유국이 취득하는 몫은 놀랍고 극단적으로 적었다. 자원보유국 또는 그 통치자가 취득했던 것은 약간의 보너스와 로열티에 불과했다. 다르시와 페르시아 사이에 체결된 양허계약에서는 16%의 로열티를 지급했으나, 다른 양허계약에서는 생산물 자체의 시장가치나 매출액을 기준으로 하지 않고, 톤당 일정한 비율의 양에 대해 산출된 금액을 지급했다.[16)] 아랍 에미리트의 아부다비 양허계약을 예로 들면, 톤당 약 3루피(Rupee)(당시 달러로 약 75센트) 또는 배럴당 약 8센트 정도의 로열티를 지급하도록 되어 있었다. 오만 1937년 양허에 있어서도 초기 5년 동안은 매년 84,000루피 또는 톤당 3루피를 지급하고, 6년차 이후에는 매년 96,000루피 또는 톤당 3루피를 로열티가 지급되었다.

이들 계약에서 주어진 석유 개발권의 대상 범위는 자원 소유국의 영토 중 상당한 부분을 차지했으며, 경우에 따라서는 포기 조항(Relinquishment clause)[17)]도 없이 거의 전 국토에 권한이 미치는 경우도 있었다. 위 오만 계약에서도 다르시와 체결한 1901년 계약은 500,000 평방 마일에 이르는 면적에 대한 개발권이, 1939년 아부다비나 쿠웨이트 계약의 경우 아부다비 육상과 해상 모든 지역에 대한 개발권이 부여되었다.

#### 나) 전통적 양허 계약에 대한 비판과 변화

이상과 같은 내용의 개발권 양허계약이 체결되고, 거대한 양의 석유가 발견된 후, 자원보유국인 주권국가들은 다국적 회사인 개발회사들과 일방적이고 불공평한 계약을 체결했다는 사실을 인식하게 되었다.

---

15) Atef Suleiman(1988), The Oil Experience of the United Arab Emirates and its Legal Framework 2.

16) Ernest E. Smith(1992), From Concession to Service Contract, Tulsa Law Journal 497.

17) 이처럼 광대한 영역에 대한 개발권을 가지고 있는 개발회사에게 주어진 기간 내에 상업성이 인정되는 개발을 하거나 일정한 지역을 자원보유국에 다시 반환하도록 하는 약정을 의미한다.

그 비판의 가운데에 양허계약이 위치했으며, 비판의 대상은 개발회사에 주어진 권한에 비해 자원보유국에 귀속되는 대가가 너무 미미했다는 점, 자원보유국은 개발의 운영과 관련하여 통제나 참여권이 부여되지 않았다는 점, 개발회사가 제공하는 자원 개발과 관련된 인력의 양성이나 정보의 제공이 미흡했다는 점, 양허 대상 구역이 극히 광범위했다는 점, 과도한 장기계약이 체결되었다는 점 등이었다. 그 중 개발회사에 주어진 가장 중요한 특권은 석유, 가스의 개발과 관련된 운영과 통제에서의 절대적 권한이었다.

이런 비판은 개발회사가 주권의 일부를 박탈했다는 주장에까지 이르게 되었으며, 결국 전통적 양허계약은 자원 주권의 원칙과 양립할 수 없는 것으로 간주되게 되었다.

이런 비판에 대한 자원보유국들의 대응은 3가지 방식으로 나타났다. 첫째는 1938년 멕시코와 같이 석유 산업 전체를 국유화하고 이와 관련된 모든 것을 국영회사에 이전시키는 방식이었고, 둘째는 자원보유국이 아무런 조치를 취하지 않고 기존의 계약을 존중하는 방식이며, 마지막으로는 중동의 여러 나라의 예와 같이 계약의 균형을 맞추기 위해 새로운 협상을 추진하는 것이었다. 특히 중동의 경우 1950년대부터 1960대까지는 재정적 조항의 변화를 추구했는데, 주로 이익의 분배.세율의 상승 등에 중점을 두었으며, 1970년대에는 자원보유국의 지분참여 확대로 그 방향이 전개되었다.

#### 다) 새로운 양허계약

전통적 양허계약의 문제점이 지적되고, 이에 대한 개선이 이루어지면서 제2차 세계대전 이후, 특히 1970년대부터 새로운 내용의 양허계약이 등장하게 되었다. 이러한 새로운 형식의 양허계약은 기존 특권부여(Conceded)의 개념에서 허가(License)의 개념으로 전환된 것을 의미한다. 하지만, 개발회사에게 석유·가스에 대한 개발권을 부여하면서 개발과 관련된 상당한 정도의 재량권을 부여한다는 의미에서 본질적 부분에 변화가 있는 것인 아니라는 점도 지적되어야 한다.

새로운 양허계약의 개괄적 내용은 석유의 탐사와 생산에서 자원보유국의 좀 더 활동적인 감독권의 확보, 개선된 재정적 조건들, 개발회사들의 최소탐사의무 확인 등을 들 수 있다. 아래에서, 이상의 내용에 개발계약 체결의 주체,[18] 개발권역 및 이에 관련된 포기조항, 개발기간, 최소탐사의무, 자원보유국이 취득하는 몫, 자원보유국의 통제 및 정보의 제공 등에 대하여 정리한다.

다만, 여기서 두 가지 지적되어야 하는 점은 첫째, 새로운 양허계약이 전통적 양허계약과 다른 점을 가지고 있다 하더라도 본질적으로 동일한 종류의 개발 계약이라는 점과 둘째, 새로운 양허방식은 전통적 양허방식의 문제점과 단점들을 상당부분 제거하여 자원 보유국들의 입장에서 상당히 만족스러운 계약형식으로 받아들여지고 있다는 점이다. 왜냐하면 첫째에 대해서는 아부다비의 예에서 보듯이 자원보유국은 개발회사에게 개발 권역 내에서 석유의 탐사, 생산, 저장, 수송 및 판매에 관한 배타적 권한을 부여하고 있기 때문이며,[19] 둘째에 대해서는 개발권역·개발기간·자원 보유국 권한의 확대 등 세부적 사항에서 자원보유국에 유리한 방향으로의 변화가 이루어졌기 때문이다.

### 라) 새로운 양허계약의 주요 내용

#### (1) 계약주체의 변화(Parties to the Contract)

자원보유국의 측면에서, 전통적 양허계약에서의 계약주체는 국가의 수장이었으나, 새로운 양허계약에서의 계약주체는 에너지 담당 장관

---

18) 전통적 양허방식에 의한 시절에는 국왕 또는 통치자와 개발회사의 비밀스러운 협약에 의해 계약이 체결되었으나, 새로운 양허방식의 등장과 더불어 기존의 협상 방식과 달리 입찰 방식에 의한 개발권 부여가 이루어지게 되었다.

19) The Government grants to the company the exclusive rights to explore, search and drill for, produce, store, transport and sell Petroleum within the Concession Area.

·대리인·국영석유회사(National Oil Company, 이하 'NOC'라 한다.)이다.[20]

한편, 개발권을 취득하는 개발회사의 경우 전통적 양허계약에서는 특별한 요구사항이 없었으나 새로운 양허계약에서는 자원보유국의 법이나 규정에 의해 자원보유국에서 설립된 법인일 것을 요구하는 경우가 많다. 따라서 석유개발회사들은 개발권을 취득하기 위해서 자원보유국에 자회사를 설립하거나, 자원보유국의 국영석유회사와 함께 합작회사를 설립하도록 강제되는 경우가 있다.[21]

#### (2) 개발 권역과 포기 조항(Concession Area and Relinquishment)

전통적 양허방식에서는 거의 국가의 전역에 이르는 지역에 대한 개발권이 부여된 반면, 새로운 양허방식에서는 개발구역이 블록 단위로 구분하여 부여된다. 즉, 대부분의 자원보유국은 개발권과 관련된 협상 또는 입찰 절차에서 개발권이 부여되는 구역을 특정하기 위한 서술과 도면을 첨부한다. 어떤 방식으로 개발권역을 표시할 것인가는 각 국가에 따라 다를 수 있지만,[22] 새로운 양허방식에서는 이렇게 개별적 구역을 확정하고 그에 대한 개발권을 부여한다.

개발권역과 관련하여 전통적 양허방식에는 없었던 조항이 새로운 양허계약에 추가되었는데 이것이 포기조항(Relinquishment)이다.[23]

포기조항은 개발권의 포기를 의미하는데, 자국 내의 자원을 최대한 빠른 시간 내에 개발하려는 자원보유국의 이해와 한정된 인력·기술·재정을

20) 물론 이런 경향은 생산물분배계약 및 서비스계약의 형태에서도 나타나게 된다.

21) Atef Suleiman, n 28, 6. 전형적인 새로운 양허방식을 택하고 있는 아부다비의 경우, 정부가 60%에 이르는 지분 참여에 대한 참여권이 보장되어 있다. 다만 이런 참여는 석유의 개발에서 그 상업성이 인정된 이후에 실행할 수 있다.

22) 위도상의 표시 방법을 택할 것인지, 아니면 지도상에 표시하는 방법을 택할 것인지 또는 양자 모두를 택할 것인지의 판단 문제이다. 많은 경우 양자를 모두 이용하되, 불일치가 발생하는 경우 무엇이 우선하는지에 대한 기준을 사전에 명시하고 있다.

23) 'Surrender'라는 표현을 사용하는 경우도 많다. Licensing Terms Summary for Offshore Oil & Gas Exploration Development & Production, 2007, Section 17 (3) Surrender of acreage : At the end of the first phase of the license the licensee shall surrender 50% of the licensed area.

세계적으로 어떻게 합리적으로 배분하여 투자할 것인가를 고려해야 해야만 하는 개발회사의 이해가 합치되어 나타난 조항이다. 포기조항의 추가로 인해, 개발회사는 주어진 개발기간 내에 상업화 가능한 자원을 개발하거나 또는 당해 개발구역을 자원보유국에 다시 반환해야 하는 선택의 문제에 처하게 된다.

포기의 방식은 강제적인 방법(Mandatory)과 자발적인 방법(Voluntary)이 있으며, 포기되는 개발구역의 획정, 원래의 개발구역을 기준으로 것인지 아니면 잔존 개발구역을 기준으로 할 것인지에 대한 문제 등이 포기약정과 관련된 중요한 쟁점들이다.[24]

(3) 탐사·개발기간(Duration)

새로운 양허방식에서 탐사·개발기간은 기간이 확정되는 경우가 많다. 다만 당사자들의 합의에 의해 기간이 연장될 수 있다는 것을 전제로 한다.

많은 경우 새로운 양허방식에서 개발기간은[25] 20년에서 30년으로 정해지며, 특수한 경우 40년으로 확정된 경우도 있다. 가장 대표적인 아부다비 양허계약은 35년의 개발기간을 정하고 있으며,[26] 터키는 석유법에서 20년을 개발기간으로 정하고 있다.[27] 다만 심해저의 개발과 같이 개발기간을 장기로 부여할 필요가 있는 경우 50년에 이르기도 한다.

(4) 최소탐사의무(Minimum Exploration Commitments)[28]

석유협상가협회(AIPN)의 정의에 따르면 최소탐사의무란 탐사의

24) AIPN(1999), Host Government Contract Handbook 62-101.

25) 이 기간은 탐사기간에 대한 것이 아니라, 생산기간에 대한 것이다.

26) 1981년 아부다비와 독일의 데미넥스(Deminex)에 의해 주도된 합작개발회사와 체결된 양허계약의 개발기간은 35년이며, 또한 1990년에 체결된 개발계약에서도 'The term of this Agreement shall be a period of thirty-five(35) years, from and after the Effective Date.' 이라고 명시하여 35년의 개발기간을 지켜오고 있다.

27) Turkish Petroleum Act Article 65 : The validity of a lease, as of date the lease enters into effect, is 20 years.

각 단계에서 개발회사가 시행해야 하는 작업 프로그램 또는 재정적 투자를 의미한다. 전통적 양허계약에서는 탐사의 실행 여부, 실행 방법, 재정적 투자 방법 등은 모두 개발회사의 판단에 따랐으나, 새로운 양허방식에서는 개발협정에 개발회사가 실행해야 하는 작업의 범위를 구체화하고 있다.

최소탐사의무는 개발회사의 계약상 의무를 정함과 동시에 개발회사의 다음 단계 탐사로 진행하기 위한 조건으로서 기능을 한다. 대부분의 약정은 지질조사·지진파(탄성파) 조사 및(또는) 탐사정의 굴착 등을 의무의 내용으로 담고 있으며, 한편 이상과 같이 구체적 작업의무를 정하는 방식과 달리 최소투자비용을 정하는 방식이 있다. 최소탐사의무 위반에 대한 효과로는 배상액의 예정(Liquidates damages)에 관한 규정을 두는 경우가 많다. 이로 인해 최소탐사의무는 개발계약의 체결 여부에 있어서 개발회사가 검토해야 하는 가장 중요한 요소의 하나가 되었다.

(5) 자원보유국의 몫(Government Take or Financial Benefits)

전통적 개발계약의 내용 중에서 자원보유국들의 가장 큰 불만이었던 부분이 이 부분이었으며, 새로운 개발계약에서는 상당히 자원보유국에 유리한 조항들이 추가되었다. 자원보유국의 몫으로 돌아가는 항목은, 생산량에 기초한 로열티(Royalty)·세금(Tax), 사용료(Rental Royalty)와 다양한 보너스(Bonus)[29] 등이 있다.

(6) 자원보유국의 통제(Control)

전통적 양허계약에서는 개발회사에게 탐사.개발에 관한 재량권이 부여되어 있었고, 자원보유국은 이에 대한 통제를 할 수 없었다. 이로

---

28) 최소작업의무(Minimum Work Program)라고도 하지만, 작업의무와 비용지출의무를 포함하여 최소탐사의무로 정리한다.

29) 보너스는 서명(Signing), 석유의 발견(Discovery of Petroleum), 상업성 선언(Commerciality Declaration), 일정한 생산 단계에 이르렀을 때(Reaching certain level of Production) 등을 지급 시기로 정할 수 있으며, 구체적 합의에 따라 제공 시기와 금액이 정해진다.

인해 개발회사가 생산에 필요한 유정을 하나만 굴착하더라도 아무런 문제가 되지 않았고, 과거에 국영석유회사들의 재정적.기술적 능력의 결핍으로 인해 많은 양허계약들이 개발회사에게 상당한 재량권을 부여할 수밖에 없었으며, 이런 과대한 재량권은 자원보유국의 주권침해하고 있다는 주장이 강하게 제기되었다.[30]

새로운 양허계약에서는 이런 문제를 해소하기 위해, 탐사.개발관련 정책 결정 과정에 참여하고, 관련 계획과 예산을 승인하는 권한을 유보하게 된다. 물론, 위에서 본 것처럼 최소탐사의무도 일종의 재량권 통제의 기능을 한다.

(7) 정보의 제공(Information to the Government)

새로운 양허계약은 전통적 양허계약보다 개발회사의 정보제공 의무를 강화하고 있다. 탐사.개발 등의 과정에서 취득하게 되는 정보는 자원보유국 입장에서 아주 중요한 가치를 가지는데, 이는 자원보유국의 탐사.개발능력 개발, 향후 인근 지역의 개발 가능성 판단 및 탐사 비용의 감소 등의 효과가 있기 때문이다.

#### 마) 생산물분배협정

(1) 생산물분배협정의 특징

생산물분배협정의 주요 특징을 살펴보면 다음과 같다.

첫째, 자원보유국 정부 또는 자원보유국 정부로부터 권한을 위임받은 국영석유회사(National Oil Company)와 생산물분배협정에 의해 개발회사는 약정기간 동안 특정된 구역 내에서 배타적인 개발을 실시할 수 있는 권리를 부여받게 된다.[31]

---

30) Ernest E. Smith, John S. Dzienkowski, Own L. Anderson, Gary B. Conine, John S. Lowe, Bruce M. Kramer, above n 9, 432.

31) 2000년 미얀마와 대우인터네셔널이 체결한 생산물분배협정 제2조 제2항이 그 예이다. 이에

둘째, 개발회사는 자원보유국의 통제 하에서, 스스로 일체의 비용·기술·자원을 조달할 책임을 지며 동시에 이에 따르는 모든 위험도 부담한다.

셋째, 개발에 성공하게 되면, 모든 생산물의 소유권은 자원보유국에 귀속된다. 다만 개발회사는 약정에 따라, 투자비 회수와 이익 분배의 명목으로 생산물 중 일부를 현물로(in kind) 취득할 수 있다.

넷째, 이렇게 취득한 개발회사의 수입에 대하여 생산물분배협정에 달리 정하지 않는 한 자원보유국은 세금을 부과할 수 있다.

다섯째, 석유의 개발을 위해 설치한 장비나 시설은 투자비의 회수의 진행 정도에 따라 자원보유국에 귀속된다. 다만, 개발협정에 따라 장비나 시설이 설치됨과 동시에 자원보유국에 그 소유권이 귀속될 수도 있고, 단계적으로 귀속될 수도 있으며, 개발회사가 투자비용을 완전히 회수했을 때 귀속될 수도 있다.

(2) 대표적인 생산물분배협정 | 인도네시아

식민지의 아픔을 겪었던 인도네시아가 네덜란드로부터 독립했을 때, 국내적으로 민족주의 감정이 팽배해있었다. 이로 인해 외국계 개발회사들이 바로 민족주의 운동의 공격대상이 되었으며, 그들 개발회사와 인도네시아 사이에 체결되었던 양허계약이 개발회사들에게 과도하게 유리한 것으로 받아들여졌다. 인도네시아 정부는 기존에 체결된 양허계약의 효력을 중단시키는 조치를 취했지만, 석유 개발의 중단은 개발회사 뿐 아니라 필요한 재원과 기술이 부족한 인도네시아에게도 부정적인 결과를 가져왔다. 이런 과정에서 인도네시아 정부가 택한 방법이 생산물분배협정이라는 새로운 개발형식의 채택이었다. 이를 통해 인도네시아 정부는 석유의

따르면, 개발회사는 협정서에 따라 탄화수소를 개발할 의무가 있으며, 또한 개발회사는 당해 지역에서의 배타적 개발권한이 있는 자로 지정되고 또한 간주된다. Section 2 Scope 2.2 : Contractor shall be responsible to MOGE for the execution of Petroleum Operation in accordance with the provisions of this Contract, and is hereby appointed and constituted the exclusive company to conduct Petroleum Operation in the Contract Area.

소유권을 개발회사에 이전하지 않고 보유하게 되었으며, 국영석유회사들이 개발에 대한 통제권을 행사하게 되었다.

인도네시아 생산물분배협정은 개발회사가 석유의 탐사·개발과정에서의 위험을 모두 부담한다는 점, 개발회사는 일정한 한도 내에서 투자된 비용을 생산물로 회수할 수 있으며, 투자회수 생산물을 제외한 나머지 생산물을 국영석유회사와 개발회사 사이에 분배된다는 점, 개발과 관련하여 개발회사가 도입하는 모든 장지의 소유권이 인도네시아에 들어오는 순간 국영석유회사에 이전된다는 점들을 그 중요한 특징으로 하고 있었다.

인도네시아의 제1세대 생산물분배협정은 미국계 컨소시엄인 IIAPCO와 체결된 것이다. 이 계약에서는 매년 투자비용으로 회수 가능한 생산물의 한도는 40%까지로 허용되었으며, 국영석유회사와 개발회사 사이의 이익분배 비율은 65:35로 국영석유회사에게 유리하게 되어 있었다. 또한 개발회사는 이익분 석유의 25%를 인도네시아 국영석유회사에게 판매해야 하는 의무를 부담했으며(내수판매의무), 그 가격은 시장가격의 15%로 결정되었다. 나아가 국영석유회사가 개발회사로부터 취득할 수 있는 석유의 비율이 35%에서 46%까지 증가되었다. 다만, 제1세대 생산물분배협정에서는 로열티와 세금이 부과되지 않았다.

제2세대 생산물분배협정은 1976년을 기점으로 시작되었으며, 개발이 어려운 지역에 대한 개발계약에서는 비용회수에 대한 한도를 삭제했고, 한편 1977년 협정의 경우 이익분에 대한 분배비율이 65.0901:34.0909로 국영석유회사에 아주 유리하게 변경되었으며 한편, 개발회사는 이익분에 대한 세금을 납부하게 되었다. 또한, 내수 판매의무분에 대한 가격이 첫 5년 동안은 시장 가격에 따라 결정되도록 현실화하였다. 이런 변화의 원인은 첫째, 1973년 유가의 급격한 상승과 그 지속성에 대한 신뢰에 있었으며, 이로 인해 인도네시아 정부가 그 몫을 증가하게 되었다. 둘째, 제1세대 생산물분배협정에 따르면 개발회사는 미국의 과세규정에 따른 세제혜택을 볼 수 없었는데, 이를 해소하기 위해 생산물분배협정에 과세에 관한 규정을 추가하게 되었다.

1988년에 도입된 제3세대 생산물분배협정은 과거의 것들보다 훨씬 유연했다. 이번에는 제2세대 생산물분배협정을 도래한 원인과 정반대의 현상이 시장에서 나타났기 때문이다. 즉, 유가는 하락하고, 생산비용을 증가하며, 개발에 필요한 자본을 끌어들이기 위한 국가 간의 경쟁이 치열했기 때문에 개발회사에게 유리한 내용의 생산물분배협정이 이루어지게 된 것이다. 가장 중요한 변화는 1차 할당분(First Tranche Petroleum) 제도의 도입이며, 이를 통해 개발회사와 국영석유회사는 총생산물의 20%에 해당하는 생산물을 이익분 분배비율에 따라 우선 취득할 수 있게 되었다. 1차 할당분은 개발회사의 이익이 일정 한도 내에서 보장되는 기능을 수행했다.[32] 더불어 이익 분배비율도 개발회사에 유리하게 수정되었으며,[33] 내수 판매 의무분에 대한 가격도 훨씬 현실화되었다.

1992년, 인도네시아는 천연가스의 성공적 개발을 위해 '새로운 패키지(New Package)' 라는 제도를 도입했다. 그 중요한 내용은 이익분배 비율이 일반적인 가스전의 경우 70:30에서 65:35로 개발회사에 유리하게 결정되었으며, 가스 개발회사는 투자비용의 회수에 제한을 받지 않게 되었다.[34]

#### 바) 서비스제공계약

##### 1) 서비스제공계약의 출현

서비스제공계약은 역사적, 정치적 상황과, 자원 민족주의의 전개에 바탕을 두고 있으며, 많은 나라들이 헌법 또는 하위 법령에 자원이 소

32) 반면, 나머지 80%의 범위 내에서 개발비용을 회수할 수 있게 된다는 점에서 개발비용을 무제한으로 회수할 수 있는 경우 100%가 아닌 80% 범위 내에서만 이를 회수할 수 있다는 부정적인 효과도 있었다.

33) 보통의 경우 80:20으로, 생산량이 적은 한계 유전(marginal field)에서는 75:25로 변경되었다. 한계 유전에 대한 비율은 1994년 65:35로 더 낮아졌다.

34) 이는 인도네시아 정부의 최소 수익마저도 보장되지 않게 되었다는 것을 의미한다.

유권이 국가에 속한다고 명시하면서 동시에 이에 대한 개발 방식은 생산물 분배협정 또는 서비스제공계약으로 제한하는 경우가 발생하게 되었다.

이런 서비스제공계약은 1950년대 남미를 중심으로 발달하였으나 1960년대에는 중동에까지 전파되었다. 서비스제공계약에서는 탐사·생산·수송·정제·판매의 모든 단계에 대한 통제권이 자원보유국 또는 국영석유회사에 귀속된다는 점이 중요한 특징이다. 그럼에도 불구하고 자원보유국들은 투자 자금 및 기술 및 노하우의 부족으로 인해 국외의 개발회사의 도움을 받을 수밖에 없는 상황에 있다. 일종의 필요악 같은 존재인 것이다.

서비스제공방식에서의 개발회사는 '투자자'가 아니라 '서비스 제공자'의 지위를 취득한다는 점이 법적으로는 가장 중요한 특징이다. 서비스 제공자로서의 개발회사는 석유·가스의 개발에 필요한 자금과 기술을 제공하고 이에 대한 대가로 석유나 가스를 현물로 취득하는 것이 아니라 서비스료(Service Fee)를 취득하게 된다.[35]

서비스제공계약은 통상 순수서비스제공계약(Pure Service Contract)과 위험서비스제공계약(Risk Service Contract)으로 구분되어 설명되는데, 순수서비스제공계약에서는 탐사·개발의 성공 여부를 묻지 않고 서비스에 대한 대가를 수령하는 반면, 위험서비스제공계약에서는 사업에 실패하는 경우 개발회사는 아무런 경제적 대가를 취득할 수 없으므로 실패의 위험이 모두 개발회사가 부담한다는 점에서 차이점이 있다. 여기에 최근 중동 국가들 특히 쿠웨이트·카타르·이라크 등에서는 기술서비스제공계약(Technical Service Contract)의 형태를 사용하고 있다. 기술서비스제공계약과 위의 순수서비스제공계약이나 위험서비스제공계약과 달리 개발회사가 투자자로서 개발에 직접 관련되는 것이 아니라 생산중인 광구 또는 장래 개발될 광구의 개발과 관련하여 국영석유회사로부터 요구되는 기술적 사항에 대한 자문이나 지원을 제공하는 것을 주된 내용으로 한다는 점이 특징이다. 아래에서 서

35) 우리 민법상의 도급과 유사한 구조이다.

비스제공계약의 대표라 할 수 있는 위험서비스제공계약에 대해 살펴본다.

(2) 위험서비스제공계약

남아메리카에서 오랜 동안 사용되어 온 형태의 개발 계약이다. 즉, 헌법에 의해 외국인들에 대한 석유·가스의 소유권을 부여하는 것과 석유·가스의 개발권을 직접 부여하는 것이 금지된 상황에서 개발회사가 탐사, 개발 및 생산에 참여할 수 있게 하기 위해 개발된 계약의 형태이다.

1950년대와 1960년대에 남미의 멕시코나 아르헨티나 등에서 사용된 경우를 제외하고는, 사실상 위험서비스제공계약은 주요 개발회사들에 의해 그 사용이 거부되고 있었다. 하지만, 프랑스의 ERAP(Entreprise d'Activités et de Recherches Pétrolières)가[36] 이란 및 이라크에서의 석유개발을 목적으로 위험서비스제공계약의 형태를 사용하게 된다.

통상 위험서비스제공계약의 주체는 해당 광구에 대한 개발권을 가지고 있는 국영석유회사와 개발회사이다. 통상 위험서비스계약의 주된 내용은 개발회사가 개발구역의 전부 또는 일부에 대한 탐사와 평가에 대한 역무를 제공한다는 의무와 석유 또는 가스가 발견되고 상업성(Commerciality)이 인정되는 경우 생산을 시작해야 하고 경우에 따라서 추가적인 유정(Drilling)을 굴착해야 한다는 것 등이다.

석유·가스의 개발과 관련된 서비스의 제공에 대한 대가로 개발회사가 취득하는 것은 서비스의 제공과 관련된 비용에 대한 회수(Reimbursement)와 서비스 제공 자체에 대한 대가인 서비스료(Service Fee) 두 가지로 구분될 수 있다. 비용회수와 관련된 쟁점은 비용의 인정에 관한 객관성을 확보하기 위한 회계처리(Accounting Procedure) 방식과 비용으로 처리되는 비용의 범위 문제에 있다. 예를 들어, 간접비(Overhead Costs)를 어느 정도 비용으로 인정해 줄 것인가를 두고 상당한 이견이 발생할 수 있는데, 최대한 간접비를 인

36) 후에 ELF가 되었다가 Total과 합병하여 현재의 Total이 된 회사이다.

정하지 않으려는 국영석유회사와 이를 인정받으려는 개발회사 사이에 적절한 합의가 필요하게 된다. 따라서 회계처리 방식과 비용으로 인정되는 범위가 위험서비스제공계약의 경제적 타당성을 결정하는 가장 중요한 요소들이라 할 것이다.

개발의 상업성이 인정되지 않는 경우 그 모든 위험은 개발회사가 부담해야 한다는 것이다. 위험서비스제공계약에서 개발회사에게 가장 위험한 상황은 개발에 실패한 경우이다. 개발회사는 일체의 투자비를 회수할 수 없게 되기 때문에 막대한 위험을 감수하게 된다.

한편 서비스료(Service Fee)를 어느 정도 인정받느냐의 문제도 민감한 문제이며, 통상 협상과정에서 광구의 개발 성공가능성·매장량·생산기간 등이 종합적으로 반영되어 결정된다. 서비스료의 결정 방식은 총액을 정하는 방식, 생산 배럴 당 일정한 금액을 지급하는 방식을 기본으로 하여 협상을 통해 정해지고 있다. 다만, 위에서 본 것처럼, 서비스료를 현금으로만 지급받지 않고 생산물의 일부를 취득할 수 있게 하는 특약을 두는 경우가 있으며, 그 대표적인 사례가 이란의 'Buy-Back 협정' 이다.

서비스료와 관련된 또 하나의 쟁점은 개발회사 내부적 회계처리의 문제이다. 서비스료를 현금(in Cash)으로 받을 때는 석유·가스에 관한 일반적 국제 관행상 '매장량(Reserves)' 으로 기재할 수 없는 반면, Buy-Back 협정과 같이 현물(in Kind)로 취득하는 경우는 '경제적 이익(Economic interest)' 로 기재하여 매장량과 유사한 취급을 받게 된다.

### 다. 해외 석유·가스 개발계약의 새로운 경향

#### 1) 개발협정의 혼화

기존에는 양허계약, 생산물분배협정, 서비스제공계약이 뚜렷한 차이를 보이며 구분되어 사용되었는데, 양허계약의 주된 특징이던 세금과 보너스에 관한 규정을 생산물분배협정에서 찾아 볼 수 있게 되었으며, 위험 서비스제공계약에서는 서비스 제공에 대한 대가로 현금을 받았는데 이란의 Buy-Back 협정에서 보는 것처럼 생산물인 원유를 서비스 제공의 대가로 취득할 수 있도록 하는 등 각 협정들이 혼용되는 경향을 보이고 있다.

이란의 Buy-Back 협정은 생산물분배협정과 서비스제공계약이 혼합된 개발계약으로 이해되고 있다. 다만, 본질적으로는 서비스제공계약에 더욱 가깝다.[37] Buy-Back협정이라 불리게 된 이유는 개발회사가 서비스제공에 대한 대가로 생산물인 석유의 일부를 매수할 수 있는 권리를 보유하기 때문이다.

1995년 이란 국영석유회사(National Iranian Oil Company, 이하, 'NIOC' 라 한다.)와 프랑스의 석유회사 Total 사이에 Sirri A·B 지역 개발을 위해 체결된 서비스제공계약에서 Buy-Back 규정이 포함되었으며, 이 후 캐나다의 Bow Valley Energy와 Balal 유전개발에서도 사용되었다.

### 2) 신자원민족주의의 강화

자원보유국은 통상적으로 로열티, 소득세, 사회적·물적 기반시설의 구축·보너스 등의 수익이 주어지는데, 대부분의 계약에서 원래 계약의 형태가 지속되는 경우는 아주 드물다.[38] 다만, 언론에 보도되고 국제적 주목을 받는 경우는 주로 자원보유국이 계약의 변경을 요구하거나 국유화조치를 단행하는 경우이지만, 개발회사들이 시장상황의 변동이나 다른 사업적 고려로 인해 자원보유국에 계약의 변경을 요구하는 경우도 많다.[39]

---

37) 서비스제공계약의 성격이 강하기 때문에 생산물분배협정에서 다루는 것이 적절하지 않아 보일 수 있지만, 개발회사가 생산물의 일정 비율을 취득할 수 있는 권리가 주어진다는 점에서 생산물분배협정과 유사한 점이 있으므로 생산물분배협정적인 내용에 대한 검토가 요구된다.

38) Craig Andrews(April 2009), 'Creeping Nationalization and Contract Renegotiations: Experience of the Past Five Years' (Paper presented at the Rocky Mountain Mineral Law Foundation, Buenos Aires) 1.

39) Ibid.

가장 최근의 국유화 사례는 2012년 4월 17일 아르헨티나 정부의 스페인계 개발회사인 Repsol YPF의 아르헨티나 현지 회사인 YPF SA에 대한 자산과 주식을 취득하기 위해 필요한 모든 법적 조치를 다하겠다는 선언이다. 아르헨티나 대통령 Cristina Fernandez de Kirchner은 의회에 국유화를 위한 법안을 제출하였다. 이 법을 통해 Repsol에 의해 소유된 YPF의 지분 51%는 공공지분(Public Interest)이 되고 국유화의 대상이 되어 YPF 소유구조를 바꾸겠다는 것이다.[40]

이에 대해 스페인의 산업부 장관 Jose Manuel Soria은 아르헨티나의 이런 적대적 태도를 비난하면서 외교, 산업, 에너지 분야에서의 대응조치가 있을 것임을 선언했다.

YPF의 지분 57.43%를 소유하고 있는 Repsol은 YPF의 가치는 180억 달러에 이른다고 주장하면서 이에 기초한 보상을 받도록 할 것이라고 주장했다.

특히 Vaca Muerta 셰일의 개발을 위해 많은 외국계 투자를 유도해야 하는 아르헨티나가 이런 조치를 취한 것은 상당히 이례적이다.

또 다른 최근의 사례는 브라질의 거대 심해저 유전과 관련된 사안이다. 약 400억에서 500억 배럴에 이르는 유전이 심해저에서 발견되자 대규모 유전 개발 국가로서의 지위를 행사하고 더 많은 수익을 취하기 위해서 석유산업에 관한 법률의 개정이 주장되었는데, 브라질 국영석유회사인 페트로브라스(Petrobras)의 사장 세르지오 가브리엘(Sérgio Gabrielli)은 2008년 심해저 개발에 대한 기존의 양허계약(Concession Contract)보다는 생산물분배협정(Production Sharing Agreement) 방식이 채택되어야 한다고 주장했다.[41] 나아가 가브리엘은 개발이 거의 확실한 유전에 대한 현재의 양허계약은 개발회사들에게 '당첨이 확실한 복권' 을 사라고 하는 것과 같다고 주장하기도 했으며, 이러한 주장은 브라질 재무부 장관의 '지금 더 이상의 위험이 없으며,

40) Paula Dittrick(April 2012), Repsol calls Argentina's nationalization of YPF 'unlawful', Oil and Gas Journal, 17.

41) Jonathan Wheatley(June 2008), Petrobras wants Brazil to update producer rules, Financial Times, 22.

우리는 그곳에 석유가 있다는 것을 알고 있으므로, 상황이 변했다' 는 표현으로 인해 더욱 구체적 위험으로 다가오고 있다.[42]

즉, 개발 초기의 위험이 개발의 성공으로 인해 현격히 감소되는 경우 자원보유국들은 기존의 계약에 대한 변화를 요구하는 것이 하나의 경제적 흐름이라는 것이다. 최근의 자원개발 관련 재협상 사례를 정리하면 아래 표와 같다.[43]

표3 | 2002년에서 2012년 사이의 자원개발계약 재협상 사례

| 일시 | 국가 | 회사 | 쟁점 |
|---|---|---|---|
| 2005년 | 베네수엘라 | Repsol/Conoco Philips/ 다른 30개 석유 계약들 | 운영 서비스 계약의 소수지분의 JV로 전환/ 이를 따르지 않은 Eni와 Total의 개발권 국유화/Orinoco 전략적 연합 구성원 회사들에 대한 소득세 34%에서 50%로 증가 |
| 2005년 | 베네수엘라 | Sidor Steel | 베네수엘라의 철강제조업자들에게 공급하는 가격의 인상 |
| 2006년 | 에콰도르 | 석유회사들 | 50%의 부당이득세 도입 |
| 2006년 | 베네수엘라 | 거의 모든 광업운영회사들 | 국영 광업회사의 설립(State Mining Company) – 국영석유회사인 PDVSA와 동일한 역할/ 광업권의 부분적 국유화 |
| 2006년 5월 | 몽고 | 금, 구리 광업회사들 | 금과 구리에 68%의 부당이득세 도입 |
| 2006년 4월 | 볼리비아 | Petrobras/Repsol/Total/BP/기타 | 정부의 51% 지분 취득에 의한 국유화 |
| 2006년 7월 – 9월 | 탄자니아 | AngloGold/Barrick/ Resolute | 로열티 비율의 증가/지역공동체를 위한 사업에 대한 금액 증가 /부당이득세율의 증가 |
| 2006년 8월 | 페루 | 최소 27개 광업회사들 | 가르시아 대통령이 도입하기로 공약했던 부당이득세에 해당하는 금액의 자발적 납부 협상 (1억 7240만 미국 달러 규모) |
| 2006년 12월 | 러시아 | Shell/Mitsui | 국영가스회사 Gazprom이 개발회사들로부터 지분 50% + 1주 취득 |
| 2007년 | 라이베리아 | Mittal | 자회사에 판매되는 철광석의 가격 결정권 변경/항구와 철로에 대한 운영권 정부에 귀속/ 5년간의 면세기간 취소 |
| 2007년 상반기 – 2008 | 잠비아 | Equinox/Vedanda/First Quantum/ Glencore/Metorex | 0.6%에서 3%로 로열티 증가/25%에서 30%로 법인세 증가 |
| 2007년 상반기 – 2008, 09년까지 | 기니 | Azure Resources/Rusal /Rio Tinto | 모든 계약의 재협상 |

42) Ibid.

43) 류권홍, 「석유·가스전 개발에 있어서의 수용 또는 국유화」, 천연가스산업연구, 2012년, 13-14면에서

| 일시 | 국가 | 회사 | 쟁점 |
|---|---|---|---|
| 2007년 2월 | 볼리비아 | Glencore | 정부 지분을 확대하기 위한 3개 광산개발 계약의 재협상 |
| 2007년 10월 | 볼리비아 | 아르헨티나와 브라질 정부 | 아르헨티나와 브라질로 수출하는 가스 가격의 인상 |
| 2007년 11월 | 볼리비아 | 모든 광구 운영회사 | 25%에서 37.5%로 세율 인상, 광물가격의 변동에 따른 로열티 비율의 변동제도 도입 |
| 2007년 후반기 | 볼리비아 | Glencore | 국유화조치에 대한 보상협상 |
| 2007년 후반기 | 아르헨티나 | Xstrata/Rio Tinto/ AngloGoldAshanti | 원광 수출에서의 높은 관세와 금 생산에 대한 로열티 증가 |
| 2007년 후반기 - 2008년 4월 | 에콰도르 | Perenco/Repsol/Andres Pegroleum/ PetroBras/Petro Oriental | 99% 수준의 부당이득세 도입 |
| 2007년 후반기 | 인도네시아 | Freeport/Inco | 금과 은에 대한 1%에서 3.5%로 로열티 증가/ 니켈에 대해서는 고정방식의 로열티에서 유동방식의 로열티 결정으로 변경 |
| 2007년 - 2008년 | 인도네시아 | CNOOC/Fujian/POSCO/K Powe | LNG 공급가격의 인상 |
| 2008년 | 유럽연합 | 선박 소유자/선박제조업자 | 투입비용의 증가로 인한 선박가격의 인상 허용조항 추가/철강공급회사와 사전에 협상을 추진해야 함 |
| 2008년 초반 | 라이베리아 | Firestone | 장기 고무생산계약의 재협상 |
| 2008년 4월 | 에콰도르 | 모든 광업회사들 | 4,100개의 개발권 중 3,100개의 철회/철회된 계약들의 재협상/근본적 국유화 추진 |
| 2008년 후반기 | 브라질 | CVR/Arcelor Mittal | Arcelor Mittal에 판매하는 철광석의 과다공급을 감축하기 위한 생산량 감소 합의, Arcelor Mittal의 철강생산소 |
| 2008년 후반기 | 인도네시아 | 모든 석탄광업자들 | 장기 석탄가격의 재협상/인도네시아에 공급되어야 하는 최소물량의 설정 |
| 2008년 11월 | 베네수엘라 | Crystallex | 2002년 Crystallex가 개발권을 취득한 베네수엘라에서 가장 큰 규모의 Las Chirismas 금광의 국유화 |
| 2009년 1월 | 에콰도르 | Agip/Perenco | 서비스 제공협정(Service Contract)의 도입 |
| 2009년 2월 | 민주 콩고 | Freeport/Metrorex/기타 | 낮은 세율과 우호적 조건으로 재협상 |
| 2009년 5월 | 베네수엘라 | Simco Consortium/Williams Cos Inc./ | 개발회사들이 소유한 지분 PDVSA에 귀속 |
| 2010년 6월 | 베네수엘라 | Helmerich & Payne | 11개 유정의 국유화 |
| 2012년 5월 | 아르헨티나 | Repsol | Repsol의 YPF 지분 국유화 |
| 2012년 7월 | 볼리비아 | South American Silver | Colquiri의 은, 주석, 아연 광산 국유화 |

### 3) 환경규제 및 인권보호

자원개발은 상당한 양의 폐기물을 생산하며 동시에 환경문제를 야기한다. 따라서 자원개발회사로서는 생산되는 폐기물의 양을 최소화하거 환경오염의 발생을 사전에 방지하기 위한 노력을 해야 한다. 폐기물 감축과 오염방지는 이미 널리 이루어지고 있지만 더욱 강화된 기준과 실천이 요구된다.

자원개발 산업에서의 국제적 환경기준이 다양한 방법으로 개발되어 오고 있다. 따라서 이런 자원개발 관련 환경기준들을 관심 있게 연구하여 사전에 충분히 대응하기 위해 노력해야 한다.

환경문제를 사전에 감지하고 관리하며, 문제가 발생했을 때 신속히 조치할 수 있는 내부적 기구와 기준을 정립해야 한다. 환경경영 시스템, 친환경적 계획의 수립, 환경감시 및 보고, 환경법 준수에 관한 교육, 환경에 관한 내부 기준의 수립 등이 구체적 실천방안이다. 환경피해에 대한 민사·형사적 책임 문제에 대한 조속한 조치, 원인자 책임의 원칙에 대한 인식 등은 자원개발회사가 시행해야 하는 중요한 사후적 조치이며 원칙이다.

최근에는 녹색회계(Green Accounting)이라는 새로운 회계기준이 등장하고 있는데, 환경의 외부비용을 내부화 해야 한다는 것을 주된 내용으로 하고 있다. 녹색회계가 국제적인 기준이 되는 경우, 자원개발회사들은 녹색회계의 실현에 있어서 상당히 심각한 어려움에 처하게 될 수 있다.

물론 자원개발과 관련된 이산화탄소의 문제 및 지속가능한 개발 차원에서의 쟁점들은 과학적 확실성이나 그 정도의 문제를 떠나서 자원개발의 모든 과정에서 핵심적 고려사항이 되어야 한다.

자원개발회사는 우선 국제법적으로 또는 개별 자원보유국이 수립한 환경에 관한 기준을 정확히 이해해야 한다. 널리 공개되는 국제환경법과 달리, 개발도상국에서 환경관련 법령을 문서로 취득하는 것이 상당히 어려운 경우가 많다. 또한 법령을 취득했다 하더라도 법령이 문구대로 집행되는지의 문제는 전혀 다른 차원의 쟁점이다. 비록 자원보유국이 실질적 '법치 국가'가 아니라 할지라도 법령의 수집과 그 해석은 환경기준의 준수와 관련된 국제분쟁에서 결정적으로 유리한 증거가 될 것이기 때문에 반드시 사전 그리고 사후적으로 검토되고 준수되도록 해야 한다. 또한 자원개발과 관련된 국제적 기준 또는 개발 국가의 기준이 어떻게 변화하고 있는지를 꾸준히 추적하여 이에 대응해야 함은 물론이다.

환경관련 입법절차에 적극적으로 참여하고, 입법 또는 행정기구와 우호적인 관계를 유지하는 것은 자원개발회사에게 반드시 필요한 활동이다. 로비차원의 부정적 활동을 의미하는 것이 아니라, 자원보유국 정부에게 국제적 동향을 이해하게 해주고, 자국의 사정에 맞는 환경기준을 정립하게 함으로써 자원보유국에 도움이 될 수 있어야 한다. 이런 과정을 통해서 자원개발회사는 사전에 정보를 취득하고 우호적인 관계를 통해 환경문제를 해결하게 될 것이다.

국제사회는 자원개발에서의 환경문제를 지속가능한 개발이라는 차원으로 접근하면서, 국제금융기구 특히 세계은행 산하의 국제금융센터가 주도적으로 작성한 이행기준(Performance Standard)[44] 및 적도원칙(Equator Principles)을[45] 통해 실현해오고 있다. 이런 국제기구들의 환경에 대한 원칙과 기

44) Performance Standard 1 - Assessment and Management of Social and Environmental Risks and Impacts
Performance Standard 2 - Labor and Working Conditions
Performance Standard 3 - Resource Efficiency and Pollution Prevention
Performance Standard 4 - Community Health, Safety and Security
Performance Standard 5 - Land Acquisition and Involuntary Resettlement
Performance Standard 6 - Biodiversity Conservation and Sustainable Management of Living Natural Resources
Performance Standard 7 - Indigenous Peoples
Performance Standard 8 - Cultural Heritage

45) 2013년 6월부터 유효한 적도원칙 III를 정리하면 다음과 같다.
Principle 1: Review and Categorisation
Principle 2: Environmental and Social Assessment
Principle 3: Applicable Environmental and Social Standards
Principle 4: Environmental and Social Management System and Equator Principles Action Plan
Principle 5: Stakeholder Engagement
Principle 6: Grievance Mechanism

준은 동시에 인권문제까지 포괄적으로 다루고 있다.

환경문제에 대한 국제적 공조를 위해 동종의 업체들이 구성한 조직에 적극적으로 참여해야 한다. 또한, 자원개발회사는 자체적인 환경경영 시스템을 구축해야 한다.

환경과 관련된 가장 중요한 이해관계자는 지역주민이다. 그리고 환경문제에 대해 가장 큰 목소리를 내는 조직이 환경단체들이다. 따라서 지역주민들과 환경단체와의 관계를 어떻게 가져가느냐는 자원개발 프로젝트의 성패와 직결되는 문제이다. 자원개발회사로서는 이에 대한 전담부서를 통한 관계 형성 및 유지에 최선을 다해야 한다.

그리고 자원개발회사의 법무관련 조직은 최근의 환경관련 분쟁의 결과가 어떻게 이루어지고 있는지 모니터할 필요가 있다. 판례나 중재결정은 환경법규의 가장 권위 있는 해석기준이기 때문에 이에 대한 연구를 통해 환경분쟁의 발생에 대비해야 한다.

또한, 최근에는 원주민를 포함한 인권문제가 자원개발에서 중요한 쟁점으로 대두되고 있다. 이런 현상을 보여주는 대표적인 사례가 2005년 코피아난 사무총장에 의해 지명된 하바드 대학의 러기(Ruggie) 교수가 작성한 인권에 관한 지도원칙(Guiding Principles on Business and Human Rights: Implementing the United Nations "Protect, Respect and Remedy" Framework)이다. 이 원칙은 2011년 6월 11일 유엔 인권위원회에 의해 만장일치로 승인되었으며, 기업을 포함한 제3자에 의한 인권침해로부터 국민을 보호한 국가의 의무, 기업의 인권을 존중할 책임, 기업의 활동과 관련된 인권 피해자의 효과적인 구제의 필요성을 가장 중요한 3대 원칙임을 강조하고 있다.

Principle 7: Independent Review
Principle 8: Covenants
Principle 9: Independent Monitoring and Reporting
Principle 10: Reporting and Transparency

### 4) 다자기구를 활용한 위험 분산[46)]

저개발국에서의 자원개발은 석유·개발에 있어서 고유한 기술·금융·법률 등의 위험뿐만 아니라 자원보유국 내부의 정치적 불안, 일방적 제도 변경으로 인한 사업적 손실의 위험성이 높을 수밖에 없다.

세계은행 계열의 국제기구들은 프로젝트 사업자 또는 자원보유국의 입장이 아니라, 세계은행 스스로 수립한 빈곤퇴치, 저개발국에 대한 지원, 환경보호 등의 목적을 달성하기 위해 활동하려는 경향을 보이고 있다.

다자개발은행의 참여는 저개발 자원보유국이 다자개발은행과의 관계를 지속적으로 유지해야 하는 동기를 활용하여 이러한 정치적 위험을 저감할 수 있는 효과적인 방안이 될 수 있다.

다자개발은행의 참여로 인한 혜택은 정치적 위험으로 인해 참여를 꺼리던 상업계 은행의 참여가 원활해질 수 있으며, 세계은행의 참여로 대출에 대한 이자율이 낮아지고, 프로젝트에 대한 신뢰성 증가로 인해 대출기간이 장기화될 수 있다.

상업계 은행들은 다자개발은행 참여를 통해 프로젝트에 대한 신뢰성 증가로 인해 투자환경이 개선되기를 바라며, 다자개발은행이 주주 또는 대주로 참여함으로써 자원보유국이 상업계 은행들을 공정하게 대우하리라는 기대감이 높아지게 된다. 즉, 다자개발은행의 존재감과 다자개발은행이 일종의 독이든 약(Poison Pill)의 기능을 함으로써 프로젝트의 성공가능성을 높이고 및 정치적 위험을 감소시킬 수 있다는 것이다.

다자개발은행을 활용한 위험감소의 대표적인 사례가 1996년 차드-카메룬 프로젝트이다. 특히 차드는 지구상에서 가장 위험한 투자 대상국 중의 하나였기 때문이다. 프로젝트 사업자들은 다자개발은행의 참여가 차드 또는 카메룬에 대한 투자에 따르는 정치적 위험을 감소시키는 하나의 중요한 방법이라고 판단하였으며, 엑손모빌의 재무담당자도 개발도상국에서

46) 이성규, 「다자개발은행을 활용한 에너지사업 진출확대 방안연구」, 지식경제부, 에너지경제연구원, 2011년, 144-161면 재정리.

의 대규모 투자와 관련하여 정치적 위험은 프로젝트 계획단계에서 사려 깊게 검토되고 주의 깊이 다루어져야만 하는 현실적인 문제라고 하였다. 그리고 다자개발은행의 참여는 당사자가 많아지기 때문에 복잡한 구조가 형성되지만, 다자개발은행의 존재가 투자 대상 국가의 약속이행을 담보하고 정치적 위험을 완화할 수 있을 것이라는 기대감도 표현하였다.

다자개발은행 중 세계은행이 개발도상국에 대한 폭넓은 대출경험과 경험을 가지고 있으며, 오랫동안 차드 및 카메룬과 관례를 유지해오고 있었기 때문에 가장 합리적인 참가 대상 기구였다.

세계은행은 그 산하에 각자의 기능을 달리하는 5개의 기관을 두고 있는데, 중간 소득 국가의 정부에 대한 지원을 담당하는 국제부흥개발은행·빈곤국들에 대한 대출, 기술지원, 정책자문 등을 제공하는 국제개발협회(International Development Association)·투자보험 등에 관한 다자투자보장기구(Multinational Investment Guarantee Agency)·외국인 투자자와 국가 간의 분쟁의 해결을 담당하는 국제투자분쟁해결센터(International Center for Settlement of Investment Disputes)·개발도상국에서의 사적 영역 프로젝트에 자금을 대출해 주거나 또는 자본적 투자를 시행하는 국제금융센터(International Finance Corporation) 등이 그것이다. 특히 국제금융센터는 공적부분과 사적부문의 공정한 거래가 가능하게 해주는 "정직한 중개인(Honest broker)"의 역할을 하고 있다는 평가를 받고 있다.

당시 세계은행은 세계의 다양한 프로젝트에 참여하고 있었지만, 아프리카와 석유·가스 분야에서의 프로젝트에서는 낮은 수익률을 보이고 있었고 다른 프로젝트들에 비해 더 많은 문제점들을 가지고 있었다. 세계은행은 차드-카메룬 프로젝트에의 참여를 제안 받았을 때, 차드의 석유 매장량의 상업성이 충분하며, 많은 자원보유국들이 개발에 따르는 위험을 감수할 만큼의 충분한 수익을 취득했다는 사실을 차드와 카메룬 정부가 신뢰할 수 있게 할 수 있다는 점, 그리고 프로젝트의 수행으로 인해 극빈국인 차드

그림3 | 차드-카메룬 프로젝트

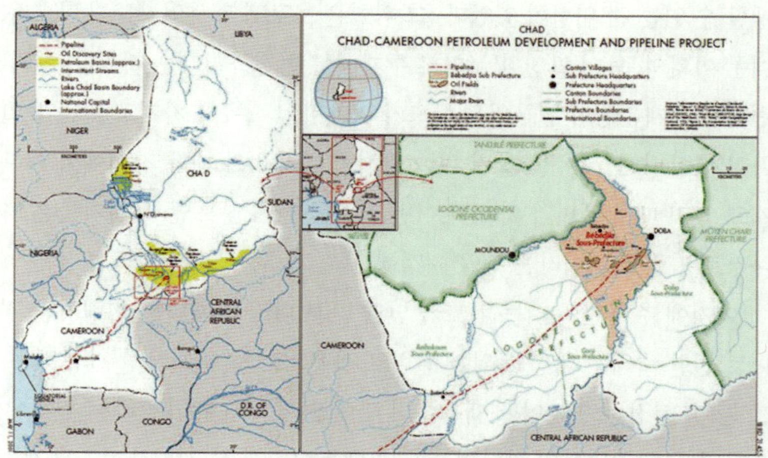


의 경제를 살릴 수 있다는 점 등에 끌리게 되었다. 당시의 세계은행 총재는 차드-카메룬 프로젝트를 통해 차드 대부분 국민들의 심각한 빈곤문제를 완화할 수 있는 유일하고 최적의 기회가 될 것이며, 차드의 경제적 개발은 반드시 자원의 개발을 통해서만 이루어 질 수 있다는 점을 지적했고 동시에 차드-카메룬 프로젝트에는 상당한 위험이 존재한다는 점도 강조했다. 또한 다른 많은 나라들의 예에서 보는 것처럼, 석유에서 발생하는 수익을 빈곤층을 위해 직접 사용되도록 전환하는 것은 쉽지 않은 모험일 것이지만, 세계은행 같은 개발기구들은 이런 위험을 감수해야 한다고 강조했다.

세계은행이 관심을 가지게 된 또 다른 원인은 세계은행이 프로젝트에서 환경보호와 원주민의 보호를 위해 중요한 역할을 할 수 있다는 목적에 있었다. 석유 수송망은 17개의 강과 5개의 환경서식지를 통과하도록 계획되어 있었다. 이들 지역은 희귀식물과 멸종위험 종(種)들의 중요한 서식지였다. 또한 삼림지역은 11,000명이 넘는 피그미라 불리는 부족의 영역이었으며, 사냥꾼이고 채집자들인 이들에게는 식물 채집, 농업, 사냥 등이 생존의 주된 방식이었다.

나아가 세계은행이 차드-카메룬 프로젝트에 참여하지 않는 경우에 발생할 수 있는 큰 위험이 있었다. 그 위험은 프로젝트 사업자들이 차드나 카메룬 이외의 좀 더 안전한 국가로 투자처를 변경하리라는 것이다. 이와 관련하여 세계은행의 연구원은 차드가 미개발된 석유를 가지고 있는 유일한 나라가 아니며, 석유를 찾기 위한 탐사가 아프리카 대륙 전체에서 이루어지고 있기 때문에 만약 차드가 이번 기회를 잡지 않으면, 투자자들은 다른 나라로 가버릴 것이라는 점을 지적했다.

여기에 추가된 우려는 차드가 만약 다른 나라와 개발을 진행하는 경우 이로 인한 수익이 내전을 위한 전비로 사용되는 등의 최악의 결과였다. 예를 들어, 인접국 수단이 세계은행의 관여 없이 석유를 개발하여 전비에 사용하였으며, 리비아의 카다피는 수단 대통령에게 서방의 참여를 배제하고 리비아를 통해 해로로 수출하라고 부추기기도 했다. 이 두 나라는 미국의 제재에도 불구하고 하나의 중요한 수출통로로의 대안이었다. 다만 차드의 북쪽지역은 대다수의 반군이 주둔하는 지역이기 때문에 이에 따르는 위험이 상당히 높았다.

이런 모든 요소들을 고려한 세계은행은 1995년 차드-카메룬 프로젝트에 참여하기로 결정한다. 차드-카메룬 정부관계자들과의 광범위한 논의 절차에서 45명의 환경전문가 및 과학자들로부터 의견을 들었고, 250개의 국제 비정부단체(NGO)와 145 차례의 회의 그리고 900번의 마을 단위 회의가 개최되었다.

세계은행, 관련 정부 및 프로젝트 사업자들은 모든 절차가 투명하고 공개적으로 진행되어야 한다는 점에 동의했고, 이를 위해 환경조사 결과물인 일체의 정보들을 홈페이지에 공개했으며, 영향권 및 그 주변지역의 17개 열람실에 프로젝트 관련 정보가 비치되었고 거의 700부의 환경영향평가(Environmental Assessment) 초안이 복사되어 배부되었다. 그 후 5년의 재검토와 공개토론을 거쳐 프로젝트 사업자들은 약 3,000 페이지에 달하는 최종 환경영향평가 보고서를 발행하게 된다. 여기에는 프로젝트의 거의 모든 단계에 대한 19권의 응급조치 방안이 담겨져 있었다. 중요한 항목을 예로 들면, 폐기물 처리(Waste Management)·석유유출(Oil Spill)·지역개발(Regional Development)·원주민(Indigenous)·인접지역 환경개선(Offsite Environmental Enhancement)·보건(Community Health)·보상(Compensation)·이주대책(Resettlement)·생산종료(Decommissioning)·문화재(Cultural Properties)·환경감시 및 관리(Environmental Monitoring and Management) 등이다.

이런 분석과 조치의 핵심 가치는 환경·원주민·장기적 지속가능성에 주어졌다. 이 가치들을 존중하기 위해 초기 계획은 수많은 수정을 거치게 되었다 예를 들어, 인공위성 및 항공촬영 후, 기존 엠브레(Mbre) 단층지역과 뎅뎅(Deng Deng) 삼림지역을 지나던 수송망 루트가 동·식물 서식지와 주민 거주지를 보호하기 위해 다른 지역으로 이전하게 되었다. 그리고 보상 및 이주계획(Compensation and Resettlement Plan)에 의해 원주민들에게 보다 많은 혜택이 주어지도록 노력했다.

또한 지속가능성을 확보하기 위해 차드와 카메룬 모두에 대한 역량강화 프로그램을 두었다. 이 프로그램은 통해 재정·법률·규제·운영·사회기반시설 등이 개발되어 석유 분야의 개발을 촉진함과 동시에 개발로 인한 부정적 효과를 최소화하는 목적을 가지고 있었다. 결국 지속가능성이 가장 심각한 문제로 제기되었고 이를 해결하기 위한 수단으로 전례가 없던 수익관리계획(Revenue Management Plan)이 제안되었다.

다자개발은행의 참여를 통한 차드-카메룬 프로젝트의 결과를 부정적으로 보는 시각은 자원보유국의 일방적 약속위반 조치를 방지하지 못했다는 점을 강조하고 있으나, 세계은행의 참여와 강력한 재정적, 외교적 조치로 인해 프로젝트가 성공적으로 수행되고 있다는 긍정적 측면을 부정할 수 없다.

다만 수익관리계획을 좀 더 유연하게 적용하였다면 훨씬 긍정적인 결과에 이르게 되었을 것이라는 지적과 함께, 차드-카메룬 프로젝트를 둘러싼 정치적 분쟁은 차드 정부와 세계은행 사이에서만 발생하였고, 프로젝트

사업자들은 이들 분쟁으로부터 격리될 수 있었기 때문에 프로젝트의 성공이라는 차원에서 바라볼 때 상당히 성공적인 차단효과가 있었다는 평가가 가능하다.

### 라. 해외 자원개발의 성공 요건

석유·가스의 개발은 국제정치적·경제적·문화적·법적·기술적·환경적·인권적 위험 및 건설과 운영위험 등이 복합적으로 나타나기 때문에 이를 어떻게 효과적으로 분산하거나 해소시키느냐에 따라 사업의 성공여부가 결정되는 산업이다. 또한 최소 20년 이상의 장기적 시각에서 고도의 기술적, 경제적 판단에 따라 투자가 결정된다.

자원의 대부분을 수입에 의존하는 우리나라로서는 더욱 적극적인 해외 자원개발이 필요하며, 이를 통해 에너지 안보를 튼튼히 하고 동시에 에너지 관련 산업의 발달을 통해 새로운 일자리창출과 기술개발 및 중요한 국가적 수입원이 될 수 있도록 올바른 정책적 방향이 수립되고 추진되어야 한다.

물론 성공적인 에너지 산업의 육성을 위해서는 금융의 활성화가 전제되어야 하고, 이를 위해서는 자원개발 결과에 대한 객관적이고 신뢰할 수 있는 평가가 가능해야 한다. 즉, 에너지 산업이 활성화되기 위해서는 금융기관들의 참여가 필수적이며, 금융기관들이 사업 타당성에 대한 판단능력이 뒷받침되어야 한다는 것이다. 자원개발이 고위험군에 속하는 산업이라는 이유로 참여를 주저하는 것이 우리의 현실인데, 고위험이지만 외국의 많은 금융기관들이 자원산업을 통해 고수익을 창출하고 있기 때문에 우리나라의 금융기관들도 사업성 평가능력을 갖추는 노력과 함께 더 적극적인 참여가 이루어질 수 있도록 의식의 전환이 요구된다.[47]

그리고 정부는 자원개발과 관련된 공개보고서(Public Report) 제도와 자원

---

47) 자본시장연구원, 「국내 자원개발 금융투자 확대방안」, 2012년 12월, 139-193면.

전문가(Expert) 제도를 도입하여, 자원개발의 성공여부에 대한 객관적 정보 제공 및 판단이 가능한 구조를 수립해야 한다. 객관성과 전문성이 담보된 평가보고서의 신뢰성이 높아질수록 국내 금융기관들의 투자가능성도 높아지기 때문이다.

## 2. 자원개발과 환경규제

### 가. 자원개발과 환경문제

자원개발은 그 탐사 또는 생산과정에서 가스의 소각(Flaring)이나 배출(Venting)·디젤엔진이나 가스 터빈의 연소과정에서 나오는 매연·트럭 등 운송수단의 이동 등으로 인한 먼지로 인해 상당한 양의 먼지가 발생하기 때문에 대기오염의 원인이 되고 있다. 또한 석유·가스 개발의 경우 석유·가스에 따라 나오는 염수,[48] 굴착 및 유정의 운영과정에서 발생되는 액체, 하수 등은 지표수 또는 지하수에 영향을 미치게 된다. 식물이나 야생동물 생태계 또한 도로의 건설이나 관련 시설물의 건축으로 인한 지형변경 및 수로변경에 의해 큰 영향을 받게 된다. 파이프라인 또는 유조선 등을 통한 수송과정에서의 석유유출(Oil Spill)은 토양 또는 해양 생태계에 중대한 영향을 미치게 된다.

또한, 자원개발로 인해 동식물의 주거지를 심각하게 훼손되기도 하는데, 이는 야생동물의 사냥과 식물의 채집을 통해 생계를 유지하는 원주민의 삶에 치명적인 타격을 줄 수도 있다.

이로 인해 과거에는 M&A, 재정, 부동산 등의 상업적 측면의 해결과 관련된 논의가 자원개발의 주요 쟁점이었으나 근래에는 환경문제의 해결이

48) 'Produced Water' 를 의미하며, 상당한 양의 염을 포함하기 있기 때문에 '염수' 라 표현한다.

자원개발에서 가장 핵심적인 쟁점으로 등장했다. 그리고 이런 변화는 국제법과 국내법적 차원에서 환경과 관련된 규제의 강화로 이어지고 있다.

## 나. 자원개발과 관련된 중요한 환경적 쟁점들

### 1) 기후변화

기후변화는 인류가 접하고 있는 가장 심각한 환경문제이다. 에너지와 관련한 이산화탄소의 연간 배출량은 2010년 기준 30억 톤을 넘어 섰다.[49] OECD 국가들의 이산화탄소 배출량은 2008년 수준을 넘지 않고 있는데 반해 중국은 2008년의 6억 5천만 톤에서 2010년에는 7억 5천만 톤을 배출하는 세계최대의 이산화탄소 배출국이 되었다.[50] 에너지원별로 볼 때, 이산화탄소를 가장 많이 배출하는 에너지원은 석탄이며 2010년 13억 3천 톤의 이산화탄소가 석탄으로부터 발생하고 있다.[51] 전체 온실가스 배출량 중 에너지로부터 발생하는 이산화탄소의 비중은 2010년 기준으로 약 65%에 이르고 있으며, 2035년에는 약 75%에 이를 것으로 예상되고 있다.[52]

화석연료의 이산화탄소 배출문제로 인해 신재생이나 원자력에 대한 의존이 높아졌으나, 신재생의 내생적 한계와 원자력의 안전문제 등으로 인해 화석연료이지만 상대적으로 친환경적인 천연가스가 중요한 에너지원으로 각광받는 상황이 전개되고 있다.[53]

한편, 이산화탄소-포집-저장(Carbon Capture and Storage)이 상업화 수준에는 이르지 않았지만 기술의 발달과 더불어 실용화된다면 석탄에서 발생하는 이산화탄소 문제가 획기적으로 해결될 수 있기 때문에 석탄의 중요성

49) IEA, World Energy Outlook 2011 (2011) 208.

50) Ibid.

51) Ibid, 99.

52) Ibid.

53) IEA, Are We Entering A Golden Age of Gas (2011) 41-44.

이 다시 강조될 수 있을 것이다.[54)]

기후변화는 강력한 태풍으로 인한 생산시설의 중단 등의 원인이 되어 자원개발 측면에서는 위험 요인이지만, 북극해에서 빙하가 사라지면서 자원개발이 가능하게 됨에 따라 기회가 될 수도 있다. 따라서 개발회사들은 기후변화와 관련된 규제의 연구·기술의 개발을 통해 위험을 최소화하고 기후변화로 인해 나타나는 새로운 사업의 기회를 적극적으로 활용하려 할 것이다.

### 2) 생물다양성(Bio Diversity)의 보호와 보호구역(Protected Areas)

박테리아로부터 인간에까지 이르는 지구 생물의 다양성을 어떻게 보존할 것인가의 문제는 인간 자체의 존립과도 관계되는 인류가 해결해야 할 근본적인 이슈이다. 이렇게 보호되어야 하는 생물은 해양·육상 등 그 서식지나 동·식물 등의 종류를 불문한다. 이런 생물다양성은 유전적 다양성(Genetic Diversity), 종다양성(Species Diversity) 및 생태계의 다양성(Ecosystem Diversity)의 단계적 범주로 구분된다.[55)]

생물다양성의 파괴 원인은 열대지방의 벌목·온대림의 벌목·습지 또는 벌의 파괴 등 다양하다. 하지만 이런 원인들은 모두 인간의 직·간접적인 활동으로 인해 발생되는 결과들이다. 그리고 그 결과는 수질개선·토양재생·수자원 보호·기온 유지 등 다양한 생태계의 기능을 훼손시키게 되었다.

신선한 공기·물·식량·의약품·거주지 등은 생물들이 주는 혜택이며, 공기정화·수질개선·홍수 방지 및 가뭄 완화 등의 기능 또한 생물의 다양성이 인류에게 가져다주는 혜택이다. 따라서 생물다양성의 문제는 지구에 인류가 생존할 수 있느냐의 문제와 직결되어 있다.[56)]

---

54) 기술과 비용의 문제 등에 대한 연구가 지속적으로 진행되고 있다. EIA, Cost and Performance of Carbon Dioxide Capture from Power Generation (2011) 참조.

55) Philippe Sands, Principles of International Environmental Law (2nd, 2003) 499.

56) Jay Wagner, Kit Armstrong, 'Managing Environmental and Social Risks in International Oil and Gas Projects: Perspective on Compliance', Journal of World Energy Law and Business (2010. Vol 3, No. 2) 147.

생물다양성의 파괴문제를 해결하기 위한 국제사회의 노력은 생물다양성에 관한 유엔협약(UN Convention on Biological Diversity)을 포함한 다양한 국제규범 및 개별 국가들의 국내법적 규제를 통해 추진되고 있다.

자원개발과 생물다양성 보호의 문제는 주로 새로이 지정되는 보호구역에서 발생한다. 생물의 다양성을 보호하기 위해 새로운 보호구역이 많이 지정되고 있으며, 이런 보호구역에서의 자원개발활동이 자연스럽게 제한되기 때문이다. 보호구역 내에서의 자원개발이 어느 정도 수준에서 허용될 수 있는지의 문제가 자원개발회사로서는 민감한 쟁점이 아닐 수 없다. 또는 이미 탐사나 개발이 이루어지고 있는 지역을 새로이 보호구역으로 지정하는 경우 기존의 탐사·개발권이 유지되는지, 만약 탐사·개발권을 박탈당하게 된다면 이에 대한 배상이나 보상이 적절히 이루어지는지 여부 또한 중요한 쟁점사항이다.

그리고 보호구역으로 지정되어 있지 않더라도 환경적으로 민감하거나 생태학적으로 멸종위기에 처한 동식물이 서식하고 있는 지역에서 자원을 개발하려 한다면 지역주민, 환경단체 등의 심각한 저항이 발생할 수 있다. 이런 저항은 자원개발회사의 입장에서 아주 심각하게 고려되고 해소 또한 쉽지 않은 위험 중 하나이다.

### 3) 수자원

#### 가) 내수(Internal Water)

물은 인간의 생존뿐만 아니라, 모든 동물과 식물이 생존할 수 있게 해주고 있으며 식량의 생산을 포함한 일체의 경제활동에 필수불가결한 요소이기도 하다. 농업은 물론 전력산업·관광산업을 포함한 거의 모든 산업이 물이 없이는 유지될 수 없다.

물의 양과 질의 문제는 사회·경제적인 면에서 뿐만 아니라, 환경적 차원에서도 절대적 의미를 가진다. 예를 들어, 늪이나 범람원은 쓸모없는 땅으로 간주되어 왔다. 그러다보니 수력발전이나 농업용수의 공급을 위한 생태적 공간들의 파괴를 특별한 거부감 없이 받아들여 온 것이다. 그 결과 인해 지난 세기동안 지구상에서 50%에 이르는 늪 서식지가 파괴된 것으로 보고되고 있다.57) 이런 인류의 행동에 대한 반성은 헝가리와 슬로바키아 사이의 강을 둘러싼 국제적 분쟁이었던 국제사법재판소의 Gabčikovo – Nagymaros 판결에서 확인되고 있다. 이 판례에서 법원은 인류가 경제적 그리고 다른 목적을 위해 환경적 효과에 대한 고려 없이 자연에 지속적으로 간섭하여 왔으며, 과학의 발달 및 이런 지속적 간섭이 가져오는 현재와 미래세대에 대한 위험의 인식 증대로 인해 많은 새로운 규범과 기준들이 도입되고 있음을 확인하고 있다.58)

자원개발 또한 물이 없이는 불가능하다. 광물의 정제나 석유의 생산에 물이 사용되고 있으며, 광물이나 석유·가스의 개발 과정에서 지표 또는 지하수에 대한 오염문제가 발생하기도 한다.

수자원과 관련하여 자원개발회사가 맞이하게 될 위험은 크게 3가지로 구분된다. 첫째는 자원의 생산이나 정제단계에서 소비하게 되는 물로 인해 주변지역에 공급 부족이 발생하게 되는 물리적 위험, 둘째는 물의 소비나 처분과 관련하여 준수하는 규제 위험, 마지막으로 물에 대한 관리를 정상적으로 하지 못해서 기업의 사회적 평판이 낮아지게 되는 평판 위험 등을 들 수 있다.59)

나) 해양

1982년 국제해양법협약 제56조에 따르면 연안국은 해저의 상부수역, 해저 및 그 하층토의 생물이나 무생물등 천연자원의 탐사, 개발, 보존

---

57) Laurence Boisson de Chazournes, Christina Leb, Mara Tignino, 'Environmental protection and access to water: the challenges ahead', The right to water and water rights in a changing world (2010) 10.

58) Case concerning the Gabčíkovo - Nagymaros Project, I.C.J. Reports (1997) 78.

59) Jay Wagner, Kit Armstrong, above n 56. 149.

및 관리를 목적으로 하는 주권적 권리와, 해수·해류 및 해풍을 이용한 에너지생산과 같은 이 수역의 경제적 개발과 탐사를 위한 그 밖의 활동에 관한 주권적 권리를 행사할 수 있다. 또한 제77조에 따르면 연안국은 대륙붕을 탐사하고 그 천연자원을 개발할 수 있는 대륙붕에 대한 주권적 권리를 행사할 수 있도록 되어 있다. 이 때 연안국은 국제해양법 등에 의해 해양구조물의 설치 등에 대한 규제를 받게 된다.

해저에서 석유·가스 개발과 관련하여 환경문제를 고려한 계획 및 운영 등을 통해 주의를 다하더라도, 해양 생태계는 물론 해수에 부정적 영향이 발생하는 것은 피할 수 없는 결과이다. 2010년 멕시코만에서 발생한 BP의 원유 유출사건을[60] 통해서 보는 것처럼 자원개발로 인해 연안생태계, 해수, 바다거북 등 해양생물, 해양식물, 조개류, 산호초 등의 자연환경에 미치는 영향은 아직도 정확히 파악되지 못하고 있는 상황이다.[61]

해양에서의 자원개발은 해양과 해양생태계를 고려한 각 국가들의 규제와 어민, 환경단체 등의 다양한 이해관계자들의 저항을 직면하게 될 것이다. 따라서 해양에서 석유·가스를 개발하고자 하는 자원개발회사들로서는 해양환경의 보호를 중요한 의제로 설정하여 해결책을 마련해야 하며 이에 대한 각국의 규제를 준수해야 한다.

생산종료와 관련된 환경법적인 문제는 1995년 브렌트 스파(Brent Spar) 사건 이후로 부각되었는데, Shell이 운영하던 해상 석유저장구조물인 브렌트 스파의[62] 처리를 둘러싸고 서유럽의 환경단체와 영국 및 독일 정부 그리고 석유회사 사이에 심각한 논쟁이 있었다. 브렌트 스파의 불용처리가 1991년 결정된 후, 3년간의 연구 결과에 따라 영국정부는 해당 구조를 심해저에 폐기(Deep Sea Disposal)하는 방식을 승인하기에 이르렀다. 육상으로

60) 약 490만 배럴의 원유가 유출된 것으로 보고되고 있다.

61) 멕시코만 원유 유출 사고에 대해서는 National Commission on the BP Deepwater Horizon Oil Spill and Offshore Drilling, Deep Water: The Gulf of Oil Disaster and the Future of Offshore Drilling (2011) 참조.

62) 저장 용량은 약 300,000배럴이었다.

이송하는 과정에서 발생할 수 있는 안전의 문제와 4배 가까이 지출되는 비용의 문제 등이 중요한 고려사항이었다.

하지만 1995년 환경단체인 그린피스의 강력한 저항은 유럽 특히 독일의 관심사항이 되었고, Shell은 결국 브렌트 스파를 연해로 이송하여 새로운 결정이 있을 때까지 처분하지 않을 것을 약속하게 된다. 그리고 노르웨이의 연구기관으로 하여금 잔존 석유 및 화학물질에 대한 연구를 진행하도록 하였다. 연구기관은 Shell이 영국정부에 제출한 제안서의 내용에 문제가 없다는 보고서를 제출하였고, 그린피스는 과도한 환경유해 평가에 대해 Shell에게 공식적인 사과를 하게 되었다. Shell은 브렌트 스파의 처리에 대한 웹페이지를 개설하여 의견을 수렴하였고, 450여 건의 제안 중 29건의 의견을 선택한 후 그린피스와 협의하여 21건이 채택되었다. 결국 브렌트 스파는 여객선용 부두로 재활용되었는데, 심해저 폐기 비용이 ￡1,200만인데 반해 부두로의 재활용비용은 약 ￡6,000만에 이르게 되었다.

이런 생산종료에 따르는 비용이 현대 석유·가스 개발 산업에서 중요한 고려사항의 하나가 되고 있으며, 환경문제와 더불어 비용의 부담을 누가 어떻게 해야 하는가의 문제는 해외자원개발을 촉진해야 하는 우리의 입장에서 중요한 쟁점이 아닐 수 없다.

### 다. 자원개발과 관련된 국제환경법의 원칙

#### 1) 국경(관할권)을 넘는 환경침해의 금지

국제환경법은 국제법의 근본 원칙인 주권독립의 원칙과 자원주권주의 그리고 국경 또는 관할권을 넘는 환경침해의 금지라는 상호 모순되는 원칙들에 기초하고 있다.

자원주권주의는 1962년 12월 14일 채택된 유엔결의 제1803호(General Assembly resolution 1803 (XVII) of 14 December 1962, "Permanent sovereignty over natural resources")에 의해 확인되었는데, 이에 따르면 자국의 부와 천연자원을 처분할 수 있는 국가의 권리는 양도 불가능한 권리라는 것이다. 제1조는 국민과 국가의 천연자원에 대한 항구 주권은 자국의 개발과 자국 국민의 복지를 고려하여 행사되어야 하도록 규정하고 있고, 제2조는 자원의 탐사, 개발 및 처분뿐 아니라 이를 위해 필요한 외국 자본의 도입은 자국 국민과 국가가 당해 행위에 대한 권한의 부여, 제한 또는 금지와 관련하여 필요하거나 요구된다고 스스로 고려하여 정한 규정이나 조건에 합치되어야 한다는 내용의 자원주권주의 실형과 관련된 규정을 두고 있다.

한편, 미국과 캐나다 사이의 환경관련 분쟁이었던 1949년 Trail Smelter 사례는 모든 국가들은 자국 내에서 다른 국가 또는 다른 국가의 국민 또는 재산에 피해가 발생할 수 있는 행위를 금하거나 그 허가를 거부해야 한다고 판시하고 있다.[63) 64)]

자원주권주의와 주권독립이 존중되지만 국경을 넘는 환경피해의 금지 원칙이라는 국제환경법의 원칙으로 인해 자원주권의 또는 주권독립의 원칙이 제한을 받게 된 것이다.

스톡홀름 선언 제21원칙도 자원주권주의와 국경을 넘는 침해금지원칙을 규정하고 있다. 이에 따르면 '유엔 헌장과 국제법에 따라 국가는 그들의 환경정책에 따라 자국의 자원을 개발할 주권적 권리를 갖고 자국의 법령과 통제 내에서의 활동이 다른 국가 또는 국가 관할권의 범위를 벗어난 지역에 환경피해를 주지 않도록 할 책임' 이 있다. 또한 기후변화 협약 서문에서도 다시 확인되고 있다.[65)]

---

63) UN, Trail Smelter Case, Reports of International Arbitral Awards (2006, Vol 3.) 1965.

The Tribunal, therefore, finds that the above decisions, taken as a whole, constitute an adequate basis for its conclusions, namely, that, under the principles of international law, as well as of the law of the United States, no State has the right to use or permit the use of its territory in such a manner as to cause injury by fumes in or to the territory of another or the properties or persons therein, when the case is of serious consequence and the injury is established by clear and convincing evidence.

64) 다만, 피해의 정도가 심각해야 하고, 인과관계가 입증되어야 한다는 내용도 명시하고 있다.

### 2) 사전예방의 원칙(Principle of Preventive Action)

사전예방은 국가들은 자국의 국경 내에서 발생할 것이 예상되는 환경 문제를 최소화하거나, 방지하기 위한 노력을 다할 의무가 있다는 원칙을 의미한다.

국경을 넘는 환경침해금지의 원칙과 구분이 어려운 개념이지만, 사전예방의 원칙은 자국 내에서의 환경피해에 대한 예방을 목적으로 하는데 반해 국경을 넘는 환경침해금지의 원칙은 국가 사이의 환경침해를 방지하기 위한 목적의 원칙이라는 점에 차이가 있다. 또한 사전예방의 원칙은 환경 피해의 방지 자체를 목적하는 반면, 국경을 넘는 환경침해금지의 원칙은 주권의 존중원칙에 따라 다른 나라의 주권도 존중되어야 한다는 원리에서 파생된 것이라는 점에서 차이가 있다.[66)]

사전예방의 원칙은 주로 환경문제에 대한 국내법적 규제를 내용으로 하고 있으며, 대표적으로 환경과 관련된 승인이나 허가절차에서 국가의 감독, 환경기준을 제정, 환경에 대한 정보접근권의 보장, 환경영향평가의 시행 및 환경침해에 대한 책임과 배상규정의 제정 등이 사전예방의 원칙과 관련된 중요한 사항들이다.

### 3) 협동의 원칙(Principle of Co-operation)

유엔헌장 제74조의 선한 이웃의 원칙은 환경문제의 해결을 위해 국제사회의 협력에 대한 규범들을 제정하고 이를 준수해야 한다는 협동의 원칙의 근거이다. 다른 사람의 재산을 해하지 않는 범위 내에서 너의 재산을 사

---

65) 1992 Climate Change Convention
Preamble

- Recalling also that States have, in accordance with the Charter of the United Nations and the principles of international law, the sovereign right to exploit their own resources pursuant to their own environmental and developmental policies, and the responsibility to ensure that activities within their jurisdiction or control do not cause damage to the environment of other States or of areas beyond the limits of national jurisdiction

66) Philippe Sands, above n 55, 246.

용하라는 'Sic Utero Tuo et Alienum non Laedas(use your property not so as not to damage another)' 법언(法言) 또한 협동의 원칙의 근거이기도 하다.

특히 국제해양법재판소의 MOX 사례에서 사전예방의 원칙은 핵심적인 고려사항이었으며 사전예방의 원칙이 일반국제법과 국제해양법협약의 해양환경오염의 방지에 관한 근본원칙이라고 판시하고 있다.[67] 또한 사전예방의 원칙에 따라, 영국과 아일랜드는 MOX 플랜트에 대한 정보를 상호 교환하고, 위험에 대한 감시를 실시하며, 해양환경의 오염방지를 위한 적절한 수단을 강구하여 시행할 것을 명하고 있다.

#### 4) 지속가능한 개발의 원칙(Principle of Sustainable Development)

1987년 국제연합에 보고된 Bruntland 보고서에 따르면 지속가능한 개발이란 스스로의 수요를 충족하기 위한 미래세대의 수요 충족 능력을 해하지 않는 범위 내에서 현재 세대의 수요를 충족시키기 위한 개발' 이라고 정의한다.[68] 그 중요한 개념들로 ① 세대 간 형평의 원칙, ② 지속가능한 개발의 원칙, ③ 개발의 형평 원칙(세대 내 형평의 원칙) 및 ④ 통합의 원칙(경제와 환경의 통합적 고려)을 들고 있다.[69]

한편, '생태학적 지속가능한 개발(Ecologically sustainable development)' 이라는 개념이 1980년 이래로 지구 환경 보호의 필수적 개념으로 등장했다.[70] 그 구체적인 사안으로는 '유전자 변형(Genetically Modified Organism)' 을 들 수

---

67) 82. Considering, however, that the duty to cooperate is a fundamental principle in the prevention of pollution of the marine environment under Part XII of the Convention and general international law and that rights arise therefrom which the Tribunal may consider appropriate to preserve under article 290 of the Convention;

68) www.un.org/documents/ga/res/42/ares42-187.htm. Believing that sustainable development, which implies meeting the needs of the present without compromising the ability of future generations to meet their own needs, should become a central guiding principle of the United Nations, Governments and private institutions, organizations and enterprises.

69) Gregry D. Fullem, "The Precautionary Principle: Environmental Protection in the Face of Scientific Uncertainty," Willianette Law Review (Spring 1995), 253.

70) Ibid. 500.

있다. 관련 기술이 새로운 것이며, 검증되어 있지 않다는 점, 유전자 변형은 'Frankenstein'적 측면을 가지고 있다는 점, 즉 과학적 불확실성이 존재한다는 점이 유전자 변형의 위험을 대변해준다.[71)]

지속가능한 개발의 원칙은 많은 조약 및 판례들에서 인용되어 오고 있으며, 일반적으로 받아들여지는 하나의 국제법적 원칙으로 인정되고 있다. 국제사법재판소는 1997년 Gabcikove-Nagymaros 사례에서 개발과 환경을 조화할 필요성이 국제환경법에서 지속가능한 개발이라는 표현으로 나타나고 있다고 판시하였다. 다만, 그 개념이 명확하지 않고 아직 국제관습법적 지위에 있다고 하기는 성급하다는 점은 지적되어야 할 필요가 있다.

국내법적으로 환경정책기본법 제2조가 지속가능한 개발을 규정하고 있는데, 특히 제2조 제1항이 현재세대와 미래세대가 모두 혜택을 누릴 수 있도록 한다는 표현은 지속가능한 개발에서 세대 간 형평의 원칙을 강조하고 있는 것으로 해석된다.[72)] 또한 제2항에서 지역·계층·집단 간 형평의 원칙을 강조하고 있다.

특히 지속가능한 개발은 자원개발과 관련하여 중요한 의미를 가진다. 예를 들로 자원개발에서 환경보호를 위해 일정한 제한이 필요하다는 개발과 환경의 조화, 개발된 부의 공정한 분배에 관한 세대 내 형평, 미래세대를 위해 자원의 무분별한 개발에 제한을 가해야 한다는 세대 간 형평 등이

71) Mystery Bridgers, "Genetically Modified Organisms and the Precautionary Principles: How the GMO Dispute before the World Trade Organization Could Decide the Fate of International GMO Regulation," Temple Environmental Law and Technology Journal (spring 2004), 171.

72) 제2조(기본이념) ① 환경의 질적인 향상과 그 보전을 통한 쾌적한 환경의 조성 및 이를 통한 인간과 환경 간의 조화와 균형의 유지는 국민의 건강과 문화적인 생활의 향유 및 국토의 보전과 항구적인 국가발전에 반드시 필요한 요소임에 비추어 국가, 지방자치단체, 사업자 및 국민은 환경을 보다 양호한 상태로 유지 · 조성하도록 노력하고, 환경을 이용하는 모든 행위를 할 때에는 환경보전을 우선적으로 고려하며, 지구환경상의 위해(危害)를 예방하기 위하여 공동으로 노력함으로써 현 세대의 국민이 그 혜택을 널리 누릴 수 있게 함과 동시에 미래의 세대에게 그 혜택이 계승될 수 있도록 하여야 한다. 〈개정 2012.2.1.〉 ② 국가와 지방자치단체는 지역 간, 계층 간, 집단 간에 환경 관련 재화와 서비스의 이용에 형평성이 유지되도록 고려한다. 〈신설 2012.2.1〉

실천적이 원칙으로 작용할 것이다.

### 5) 사전배려의 원칙(Precautionary Principle)

사전배려원칙[73]은 과학적 불확실성에도 불구하고 사전에 조치가 이루어져야 한다는 필요성에 근거하여 발전된 국제환경법의 원칙이며, 현재까지 명확하고 일관한 개념 정의가 이루어지고 있지는 않다.[74] 하지만 가장 일반적인 수준에서, '국가의 환경에 부정적 영향을 가져올 수 있는 정책 또는 행위에 대한 결정은 충분한 고려 및 예견 하에 실시해야 하는' 원칙으로 정의되고 있다. 즉, 규제 정책 담당자와 정책 결정자들은 환경적 위해성에 대한 과학적 정보의 확실성 여부를 불문하고, 환경적 유해성의 발생 가능성을 인정하는 전제 하에서 판단해야 한다는 것이다. 또 다른 정의 방법으로, 환경의 부하 부담능력의[75] 한계에 이르지 않도록 하는 것이 사전배려의 원칙이며, 비록 환경 위험이 분명하지는 않는 경우 그 한계에 이르지 않더라도 환경적 배려는 이루어져야 한다는 의미로 주장되기도 한다.[76] 1998년 2월 26일 사전배려의 원칙에 관한 국제적 모임이 Wingspread에서 있었는데,[77] 이 모임은 사전배려의 원칙과 관련하여 이 원칙의 핵심은 과학적 확실성이 존재하지 않더라도 선행적 조치가 필요함을 강조하는 것이며, 따라서 비록 인과관계가 과학적으로 충분히 밝혀지지 않더라도, 어떤 행위가 인간 또는 환경에 해를 오는 경우 사전조치가 이루어져야 할 필요성이 있음을 확인했다.[78]

국제환경법의 배상책임은 근본적으로는 과학적 확실성에 기초한 것이었다. 이런 사고는 '하나의 국가는 다른 나라의 주권을 침해하거나 국제법

---

73) 우리나라에서는 '사전주의 원칙' 이라고 표현되기도 한다.

74) 류권홍, '국제환경법상의 사전배려의 원칙' , 원광법학 제23권 제3호, 2007년 12월, 121면.

75) 'The loading capacity of environment'를 의미한다.

76) Lothar Gundling, "The Status of International Law of the Principle of Precautionary Action, 5 International Justice," Estuarine & Coastal Law (1990), 23-26.

77) 관련 자료는 http://www.sehn.org/wing.html를 보면 된다.

78) Ibid.

을 위반하지 않는 한 자유롭게 주권을 행사할 수 있다' 는 주권개념에 반영된 것이었다. 이 개념은 위에서 본 바와 같이 Stockholm 선언 제21원칙에 분명하게 재확인되었으며, 1974년 Paris 협약은[79] 제4조 제4항에서 이를 구체화하고 있다. 이에 따르면, '체약국들은 당해 물질에 의해 심각하게 위험한 해양오염이 발생된다는 과학적 증거가 있거나, 긴급한 행위가 필요한 경우' 추가적 대책을 시행하도록 되어 있다.[80]

이러한 전통적인 접근방식의 한계를 인식한 것은 1969 Intervention Convention이다.[81] 기름에 의한 해양오염과 관련하여 '중한 피해가 합리적으로 기대되는 경우(which may reasonably be expected to result in major harmful consequences)' 체약국들은 적절한 조치를 취해야 하며,[82] 당해 조치가 적절한지 판단함에 있어서는, 당해 조치가 취지지지 않는 경우 발생하는 즉각적인 피해의 범위를 고려하도록 되어 있다.[83]

이와 관련하여 Rio 선언, 1995 기후변화에 관한 기초 협약 및 1996년 Protocol to the London Convention on the Prevention of Marine Pollution by Dumping Wastes and Other Matter 등을 근거로 하여 사전배려의 원칙은 국내적으로 국제적으로 많은 국제협약 및 사례에서 법적 구속력을 가진 것으로 적용되어 왔으므로, 국제 관습법이라는 강력한 증거가 있다는 주장이 있는 한편, 유럽연합 내에서는 국제 관습법으로 인정되고 있는 것이 분

79) 1974년 6월 4일 Paris에서 개최된 'Convention for the Prevention of Marine Pollution from Land-Based Sources' 를 의미한다.

80) 4. The Contracting Parties may, furthermore, jointly or individually as appropriate, implement programmes or measures to forestall, reduce or eliminate pollution of the maritime area from land-based sources by a substance not then listed in Annex A to the present convention, if scientific evidence has established that a serious hazard may be created in the maritime area by that substance and if urgent action is necessary.

81) 1969년 Brussels에서 개최된 'International Convention Relating to Intervention on the High Seas in Cases of Oil Pollution Casualties'를 '1969 Intervention Convention'이라 한다.

82) Article 1.

83) Article V(3)(a); In considering whether the measures are proportionate to the damage, account shall be taken of: (a) the extent and probability of imminent damage if those measures are not taken.

명하지만[84] 국제 재판소나 분쟁해결 기관들이 사전배려원칙을 국제 관습법으로 받아들이는 것을 주저하고 있는 것도 분명하기 때문에 국제법상 국제 관습법으로 볼 수 있는 상당한 정도의 국제적 관행에 대한 증거가 있다 하더라도 이를 국제 관습법으로 보기 어렵다는 주장도 있다.[85] 결론적으로 사전배려의 원칙이 국제법적 구속력을 가지는 정도의 지위에 이르지는 못했지만, 최소한 환경보호에 관한 정당하고 합법적인 접근방식이라는 점에는 합의가 이루어진 것으로 이해할 수 있다.

사전배려의 원칙은 입증책임의 전환과 조기위험성평가 등을 구성요소로 하고 있는데, 이런 요소들이 국제사회에서 수용되어 규범화되는 경우 자원개발 산업에는 상당히 강력한 규제 또는 위험원인이 될 수 있다. 자원의 탐사 또는 개발과 관련하여 환경피해가 발생하는 경우 현재까지는 피해자가 그 입증을 해야 하지만, 어떤 행위를 한 자가 반대로 자신의 행위와 환경피해 사이에 인과관계가 없음을 입증하게 되기 때문이다. French Nuclear Testing 사례에서 호주와 뉴질랜드는 사전배려원칙에 근거해서 프랑스의 핵실험이 해양환경에 유해하지 않다는 사실을 프랑스가 입증해야 한다고 주장하였으며, MOX 사례에서도 동일한 원칙이 주장되고 있다.

또한 조기위험성평가는 환경영향평가에서처럼 환경에 피해를 줄 수 있는 행위를 실시하되 그 피해를 줄이겠다는 접근방식이 아니라, 개발을 실시하지 않는 경우를 포함한 모든 가능성을 검토할 것, 그 과정을 민주화할 것, 환경피해에 대한 책임을 사회적 책임으로 돌릴 것이 아니라 그 원인자에게 부담하게 할 것, 환경과 경제는 분리되는 것이 아니라 동시에 정책 결정 요소로 고려할 것을 요구하고 있기 때문에 자원개발에서도 환경을 배려

---

84) 유럽연합의 경우 2000년 2월 2일 'Communication from the Commission on the precautionary principle' (통상 'COMM 2000'이라 한다)을 통해 가이드라인을 정하고 있으며, 구체적 내용은 http://eur-lex.europa.eu/LexUriServ/site/en/com/2000/com2000_0001en01.pdf에서 찾아볼 수 있다.

85) 이와 관련하여, 아래의 Vellore 판결에서 원고는 Philippe Sands의 주장을 인용하며 사전배려의 원칙이 국제 관습법이라고 주장했으나 미국 연방법원은 이를 받아들이지 않았다.

한 개발이 아니라 환경피해가 예상되는 경우 탐사 또는 개발 자체가 거부될 수 있는 근거가 될 수 있다.

### 6) 원인자책임의 원칙(Polluter-Pays Principle)

원인자책임의 원칙은 오염으로 인해 발생한 처리비용을 해당 오염의 발생에 대해 책임이 있는 자에게 부담시켜야 한다는 것이다. 비록 비용의 개념과 범위 및 원인자책임의 원칙의 예외가 되는 범위에 대한 논의는 있지만, 원인자책임의 원칙은 이미 널리 받아들여지는 환경법의 원칙이 되었다. 그리고 원인자책임의 원칙은 원인자에 대한 민사책임의 문제와 국가의 책임문제와 밀접하게 관련될 수밖에 없다.

원인자책임의 원칙이 국제관습법적 지위를 가지는 것으로 인정되고 있지는 않으며, 원인자책임의 원칙에 대해 반대적인 입장을 가진 국가들의 견해가 리오 제16원칙에서 확인되고 있다. 즉, 국가기관들은 원칙적으로 오염 비용을 원인자가 부담한다는 접근방식을 고려하여 환경비용의 내부화와 경제적 수단들의 사용을 촉진하도록 최선을 다한다는 정도의 완화된 표현이 사용되고 있는 것이다.[86] 반대로 유럽연합에서는 오염에 대한 책임이 있는 자는 해당 오염을 제거하는 데 필요한 비용 또는 공적기관에 의해 설정된 기준 또는 대등한 정도의 방법에 의해 오염을 저감하는 데 필요한 비용을 부담해야만 하도록 되어 있다. OECD 또한 1974년 위원회의 원인자책임원칙의 실행에 관한 권고(Recommendation of the Council on the Implementation of the Polluter-Pays Principle)에서 원인자책임의 원칙이 오염 방지 비용과 각 국가의 관계 기관들에 의해 도입되는 통제 수단에 대한 비용 분담에 대한 근본원칙이라는 점을 분명히 하고 있다.

---

86) Principle 16 National authorities should endeavour to promote the internalization of environmental costs and the use of economic instruments, taking into account the approach that the polluter should, in principle, bear the cost of pollution, with due regard to the public interest and without distorting international trade and investment.

### 7) 보편적이면서도 차별화된 책임의 원칙(Principle of Common but Differentiated Responsibility)

보편적이면서도 차별화된 책임의 원칙은 일반 국제법의 형평의 원칙에 근거하여 발달하였다. 즉 개발도상국과 선진국이 환경문제에 대한 책임에서 동일하게 취급되는 것은 형평의 원칙에 맞지 않다는 것이며, 현실적으로 후진국들이 그 책임을 다할 수 있는 능력이 없다는 점이 고려된 원칙이다.

리오 제7원칙이 이 원칙을 명시적으로 규정하고 있으며, 기후변화협약 등 많은 조약들에서 이를 따르고 있다.

보편적이면서도 차별화된 책임의 원칙의 첫 번째 전제는 지구의 환경문제에 대한 책임은 모든 국가가 보편적으로 져야 한다는 점이다. 예를 들어, 참치나 다른 해양 생물의 보호 문제는 모든 국가들이 보편적 고려해야 하는 사항이며, 달·우주 등은 인류의 공통 선을 위해 보호되어야 한다는 것이다.

차별화된 책임이란 특수한 상황, 개도국의 개발, 역사적 상황 등을 고려하여 각자 다른 환경 기준을 제정할 수 있으며, 국제사회에서의 책임도 달리 결정되어야 한다는 것이다.

## 라. 자원개발과 관련된 국제법적 환경규제

### 1) 환경규제에 관한 기본 조약과 협약들

자원개발과 관련된 중요 조약으로는 1982년 국제해양법협약(United Convention on the Law of the Sea), 1972년 폐기물 및 그 밖의 물질의 투기에 의한 해양오염방지에 관한 협약(Convention on the Prevention of Marine Pollution by Dumping of Wastes and Other Matter),[87] 1969년 유류오염피해에 관한 민사책임 협약(Convention on Civil Liability for Oil Pollution Damage), 1992년 유엔 기후변화

87) 간단히 'London Convention' 이라 한다.

협약(United Nations Framework Convention on Climate Change), 1992년 생물다양성에 관한 기본협약(United Nations Framework Convention on Biological Diversity), 1989년 유해폐기물의 국가간 교역을 규제하는 국제협약(Basel Convention on the Control of Trans-boundary Movements of Hazardous Wastes and Their Disposal) 그리고 국제 통상에 관한 GATT, NAFTA 등의 협약 등의 환경에 관한 규정을 들 수 있다.

물론 1972년의 스톡홀름 선언이나 1992년의 리오선언 등도 자원개발과 관련하여 중요한 기준이 되는 선언들이지만 법적구속력이 없기 때문에 위의 조약들과 다른 의미를 가진다.

또한 세계은행, IFC 등 다자개발은행들도 자원개발에 대한 금융지원을 해주고 있으며, 동시에 상당히 강화된 환경기준을 정하여 시행하고 있다. 국제법적으로는 이런 종류의 기준들은 연성법(Soft Law)로써 국제법의 법원으로 인정되지는 않지만, 현실적으로는 조약 등의 경성법(Hard Law)보다 더 실효성이 있는 수단이 되고 있다.

### 2) 개발권 취득과정에서의 환경보호

자원을 개발하기 위해서는 해당 자원이 존재하는 부지에 접근할 수 있는 권리를 취득하는 것이 선행조건이다. 부지사용과 관련한 규제는 크게 자연보호구역 같은 특별 지역의 지정을 통한 보존·생태학적 보존·인류공통 자산(Global Commons)에 대한 보존·환경영향평가·공중의 참여 등을 예로 들 수 있다.

1972년 유엔 교육, 사회, 문화 기구(UNESCO)의 세계 문화적 유산 보호에 관한 협약(Convention Concerning the Protection of the World Cultural and Natural Heritage),[88] 1971년 습지협약(Convention on Wetlands of International Importance Espe-

88)우리나라는 1998년 세계문화유산 보호에 관한 협약에 가입하였다. 자세한 내용은 2011년 4월 15일 기준 〈http://whc.unesco.org/en/about/〉를 참조하면 된다.

cially as Wildfowl Habitat),[89] 1974년의 사막화방지협약(UN Convention to Combat Desertification in those Countries Experiencing Serious Drought and/or Desertification, Particularly in Africa)[90]이 지역의 보전에 관한 대표적 협약이다.

생물다양성과 관련하여, 1992년 생물 다양성에 관한 협약(Convention on Biological Diversity)과[91] 1983년 이주성 야생동물 보존협약(Convention on the Conservation of Migratory Species of Wild Animals)을[92] 들 수 있다.

국제사회는 해저(International Seabed), 남극(Antarctica) 및 대기권 밖(Outer Space)의 공간을 인류공통자산으로 보존하고 있다.[93] 인류공통자산의 보호에 관한 국제협약은 1982년 국제해양법협약(UN Convention on the Law of the Sea)을 들 수 있다.[94] 1982년 해양법협약은 심해저 자원개발과 환경보호에 관한 규정을 두고 있으며, 대륙붕과 200해리 내의 배타적 경제수역에서의 자원개발은 연안국의 권리로 인정하고 있다. 물론 공해(High Sea)에서의 자원개발은 국제 심해저 위원회의 규제에 따르게 되어 있다.[95]

북극에 대해서는 1969년 체결된 북극위원회가 제정한 북극해에서의 석유·가스개발에 관한 기준(Arctic Offshore Oil and Gas Guidelines)에 환경에 관한 환경보호에 관한 대표적인 기준이다.

남극은 1959년 체결된 남극조약(Antarctic Treaty)에 의해 12개 국가에[96] 실질적인 통제권이 부여되었으며, 명시적인 개발 금지는 없었으나 평화적 목

89) 우리나라는 1997년에 습지협약에 가입하였다.

90) 우리나라는 1994년 서명하고, 1999년 비준하였다.

91) 우리나라는 1992년 서명하고, 1994년 비준하였다.

92) 우리나라는 이주성 야생동물 보존협약에 가입하지 않고 있다. 〈http://www.cms.int/about/Partylist_eng.pdf〉을 참조하면 된다.

93) 인류공통자산은 'res communis' 영어로는 'the Common heritage of mankind'로 표현되고 있다. 다만 인류공통자산의 범위에 대해서는 국제법적으로 논란이 있다.

94) 우리나라가 1983년 서명한 해양법협약은 1995년 비준 및 국회동의를 거쳐 1996년부터 발효되었다.

95) 국제 심해저 위원회는 많은 심해저 자원개발에 관한 규제기준들을 제정하였다. 이와 관련된 자료는 2011년 4월 15일 기준 〈http://www.isa.org.jm/en/documents/mcode〉를 참조하면 된다.

96) 12개국은 아르헨티나, 호주, 벨기에, 칠레, 프랑스, 일본, 뉴질랜드, 노르웨이, 남아공, 러시아, 영국과 미국이다. 현재는 45개의 체약국과 28개의 자문국들로 구성되어 있다.

적을 위해서만 사용하도록 합의되었다. 그 후 1991년 명시적으로 남극에서의 자원개발을 금지하는 환경보호 의정서(Protocol on Environmental Protection to the Antarctic Treaty)가 채택되었다.[97] 또한 1988년 남극에서의 자원개발활동의 규제에 관한 협약(Convention on the Regulation of Antarctic Mineral Resource Activities)이 작성되었으나 프랑스의 거부권 행사로 인해 현재까지 효력이 발생하지 못하고 있는 상황이다.

많은 조약들이 환경영향평가(Environmental Impact Assessment)에 관한 규정을 두고 있는데, 특히 종 다양성 협약·국제해양법 협약·남극 환경보호 의정서를 예로 들 수 있다.

1998년 유럽 경제위원회의 아루스 협약(Convention on Access to Information, Public Participation in Decision-Making and Access to Justice in Environmental Matters)으로[98] 대표되는 최근 커다란 경향은 자원개발과 관련된 절차에 이해관계자인 대중들의 참여(Public Participation)가 적극적으로 보장된다는 점이다. 아루스 협약에 의해 정보에의 접근,[99] 정책 결정에의 참여[100] 및 재판 또는 다른 구제절차에의 접근권이[101] 보장되고 있다.

### 3) 자원개발 실행 단계에서의 환경보호

환경문제에 대한 국제적 인식 변화는 자원개발의 실행 단계에서의 규제를 형성하게 되었다. 특히 대기환경, 수질환경 분야에서의 환경규제가 강해지고 있다.

대표적인 조약으로는 1985년 오존층 보호를 위한 비엔나 협약(Vienna

---

97) Article 7 Prohibition of Mineral Resource Activities Any activity relating to mineral resources, other than scientific research, shall be prohibited.

98) 이를 간단히 'Aarhus Convention' 이라 한다.

99)아래 아루스 협약 제4조에서 환경정보에 대한 접근권(Access to Environmental Information)을 규정하고 있다.

100) 아루스 협약 제6조가 특정 활동에 관한 정책결정에의 참여권(Public Participation in Decisions on Specific Activities)을 보장하고 있다.

101) 아루스 협약 제9조가 법원 등에 의한 판단을 구할 권리(Access to Justice)를 보장하고 있다.

Convention for the Protection of the Ozone Layer)과[102] 1987년 몬트리올 의정서(The Montreal Protocol on Substances That Deplete the Ozone Layer)[103]이다. 위 조약과 의정서로 인해 자원개발 과정에서 필요한 프레온 가스(CFCs), 할론(Halons) 등의 오존층 파괴 물질의 사용이 급격하게 제한되었다.

또한 1992년 유엔 기후변화협약(UN Framework Convention on Climate Change)과[104] 1997년 교토의정서(Kyoto Protocol)에[105] 의해 온실가스의 감축에 대한 포괄적인 협약이 이루어졌으며, 이로 인해 석탄 및 석유 산업 등 기존의 화석연료 산업에 커다란 영향을 미치게 되었다. 이외에도 1979년 유럽 경제위원회의 초국경적 광역 대기 오염에 관한 협약(Convention on Long-Range Trans-boundary Air Pollution)도 자원개발 과정에서 발생하는 이산화황, 산화질소 등의 배출량을 규제하고 있다.

유엔 해양법협약, 1974년 육상 활동으로 인한 해양오염 방지협약(Convention for the Prevention of Marine Pollution from Land Based Sources),[106] 1972년 쓰레기 등의 투기로 인한 해양오염 방지협약(Convention on the Prevention of marine Pollution by Dumping of Waste and Other Matter),[107] 같은 해 선박과 항공기로부터의 투기로 인한 해양오염 방지협약(Convention for the Prevention of marine Pollution by Dumping from Ships and Aircraft)[108] 등이 자원개발 과정에 발생하는 수질오염 방지와 관련된 조약들이다.

---

102) 우리나라는 1992년 이 협약에 가입하였다.

103) 의정서는 수차의 개정이 있어 왔으며, 우리나라는 1992년 의정서에도 가입하였다.

104) 우리나라는 1993년 가입하였고, 1994년부터 발효되고 있다.

105) 우리나라는 1998년 서명하고, 2002년 국회동의를 얻었으나 2005년부터 발효되었다.

106) 간단히 'Paris Convention' 이라 한다. 다만, 우리나라는 체약국이 아니다. 이 협약은 인해 육상 및 해상에서의 광물 및 석유·가스 개발 활동에 잠재적 영향을 미쳤다. 예를 들면, 파리협약 제1조는 체약국들로 하여금 육상 활동으로 인한 해양오염을 방지할 의무를 부과하고 있으며, 기타 이와 관련된 조치를 위하도록 하고 있다. 파리협약의 내용은 〈http://www.dipublico.com.ar/english/treaties/convention-for-the-prevention-of-marine-pollution-from-land-based-sources-paris-convention/〉에서 확인할 수 있다.

107) 간단히 'London Dumping Convention' 이라 한다.

108) 간단히 'Oslo Convention' 이라 한다.

한편, 국제사회는 환경보호라는 목적을 달성하기 위하여 자원개발에 관한 권리취득과 생산 단계에서의 환경보호 정책뿐 아니라, 최종 생산물과 그 거래에 대한 통제를 시행하고 있다.

국제무역기구 및 북미자유무역지구협정을 포함하여, 위험폐기물 처리에 관한 1989년 바젤협약(Convention on the Trans-boundary Movement of Hazardous Wastes and Their Disposal)을 대표적인 협약으로 들 수 있다. 이로 인해 폐광물질, 광물조각 등의 국제 거래가 심각하게 위축되었다. 이 외에도 화학물질의 거래를 제한하는 1998년 유엔환경계획과 유엔 식품 및 농업기구의 특정 위험 화학물질과 농약에 대한 사전 동의 절차에 관한 협약(Convention on the Prior Informed Consent Procedure for Certain Hazardous Chemicals and Pesticides in International Trade)[109]이 있으며, 이로 인해 일정한 광물이 사전 통보가 요구되는 물질로 분류될 우려가 발생했다.

또한, 최종 생산물의 소비 단계에서의 통제가 이루어지고 있는데, 1998년 유엔 경제위원회의 중금속 의정서(Protocol on Heavy Metals)가 대표적인 예이다.

#### 4) 환경보호를 위한 국제 연성법(Soft Law)

자원개발과 관련된 환경문제는 '지속가능한 개발' 이라는 표현으로 정리될 수 있으며, 어떻게 지속가능한 개발을 시행할 수 있을 것인가에 대해서 자원개발 업계 자체도 스스로의 연구를 시행하고 있다. 그 결과물이 '광업, 광물 및 지속가능한 개발(Mining, Minerals and Sustainable Development, MMSD)' 이라는 보고서이다.

한편, 많은 국제금융기관들이 환경보호를 금융의 조건으로 전제하고 있다는 점은 위에서도 이미 언급하였다. 특히 2001년 7월 세계은행 이사회는 새로운 환경전략을 승인하였고, 같은 해부터 발췌 보고서(Extractive Industries Review)를 작성하기 시작했다. 이 보고서는 환경 개선 및 빈민 감소 정책의

109)우리나라는 1999년 서명하였고, 2004월부터 그 효력이 발생하였다. 간단히 'PIC Convention' 또는 로테르담 협약(Rotterdam Convention)이라고 한다.

목적을 촉진하고자 하는 목적이 적절히 실현되고 있는지를 검토하는 중요한 수단이다.

그밖에 광산업계 또는 비정부기구들에 의해 형성된 연성법들이 있다. 산업표준으로 베를린 기준(Berlin II Guidelines for Mining and Sustainable Development)을[110] 예로 들 수 있으며, 국제표준기구(ISO)가 작성한 ISO 14000은 많은 광업회사들이 환경경영과 관련하여 이미 가입하고 있는 기준이기도 하다.

### 마. 우간다에서의 자원개발과 환경보호

#### 1) 우간다의 자원개발

우간다는 케냐 서쪽, 남수단 남쪽에 위치하는 바다를 접하지 않는 국가이다. 우간다에서의 자원개발은 우간다 서쪽의 Albertine Graden 지방에 집중되어 있다. 이 지역은 민주콩고와 국경을 접하는 지역이며, Albert 호수와 Semliki 강을 포함한다.

우간다는 이미 1920년대 Wayland에 의해 52개가 넘는 석유·가스의 누설지역이 보고되었으며, 1937년 남아공의 Anglo European Investment Company에 의해 Waki-B1 지역에 심도 깊은 유정이 굴착되었다. 그리고 그 이후에도 많은 유정들이 굴착되었으나 상업성이 인정될 정도로 탐사가 성공적이지 못했다.

제2차 세계대전의 발발과 식미지 정책 그리고 정치적 불안정성으로 인해 1945년부터 1980년 사이에는 석유 개발이 지지부진했다. 그러던 중 1980년대 초반 Graben 지역 전체에 대한 항공자력 탐사결과를 취득하면서 다시금 석유개발이 시작되었다. 1985년 지질조사 및 광업 부서에 석유팀이 별도로 구성되었고, 같은 해 석유(탐사 및 생산)법이 제정되었다. 그 이후에도 많은 탐사와 이에 따른 법령의 개정들이 있었으나 탐사에 성공하지

110) 최근에 작성된 것이 '베를린 II'이다.

못했다.

우간다에서의 첫 번째 석유 발견은 2006년 Kaiso-Tonya 지역의 Mupta-1 유정에서 Hardman and Energy Africa/Tullow Oil Plc에 의해 이루어졌다.

현재 우간다의 잠재적 원유 매장량은 약 2억 5천억 배럴에 이르는 것으로 알려져 있으며, 일부 조사에 따르면 Albertine Garben 지역에만 약 6억 배럴이 넘은 원유가 존재하는 것으로 추정하기도 한다.

### 2) 자원개발과 환경문제

우간다는 자원, 특히 석유와 가스의 개발에 진력하고 있으나, 한편 환경문제에 대해 폭 넓게 우려하고 있다. 그 중 대표적인 내용을 살펴보면 다음과 같다.

야생돌물과 생태계에 대한 부정적 영향인데, 전체 매장지가 우간다와 민주콩고의 국경지역인 Albertine 단층지역에 존재한다. 동시에 Albertine 단층은 포유류, 조류, 기타의 종을 포함하여 가장 풍부한 생물다양성이 보존되고 있는 지역 중의 하나이다. 우간다의 10개 자연보호구역 중 7개가 Albertine 지역에 존재하며, 20개가 넘는 산림보호지역도 존재하고 있다. 또한 국제적으로 보호받고 있는 물새들이 이 지역을 지나가며, Murchison Falls Alberta Delta Wetland System은 53종의 물고기가 서식하는 람사르 지역이다.

이 지역에서의 유전개발과 관련하여 몇 가지 우려가 제기되고 있는데, 공원의 감시인은 공원과 석유의 탐사 및 개발은 공존하기 어렵다는 주장을 하고 있다. 또한 석유 탐사를 위한 폭발이 발생하는 경우 동물들이 그들의 서식지를 버리고 다른 곳으로 이주할 것이라는 우려도 제기하고 있다. 2008년 우간다 환경관리청(NEMA)의 보고서에 따르면 파이프, 연료펌프, 플라스틱 재료 등 석유 탐사에 사용된 후 버려진 장비들이 야생동물과 주민들을 위험에 처하게 하고 있는 것으로 알려졌다.

Albertine 지역에는 또한 포유해양생물, 거북이, 양서류 등을 포함한 다양한 종류의 야생 해양 생물들이 서식하고 있다. 석유개발은 또한 서식, 식생, 생식 등 다양한 측면에 대한 부정적인 영향을 가져올 수 있다. 장기적으로는 해양 생태계의 변화를 가져와 전체적인 식량체계가 붕괴될 수도 있다.

석유·가스전 개발과 관련하여 수질에 영향을 미치는 요소들은 염수, 굴착에 사용되는 물질, 유정 관리를 위해 사용되는 화학물질, 하수, 탐사 또는 생산과정에서의 유출, 냉각수 등을 들 수 있다.

석유 탐사 및 개발과 관련된 수질에 대한 부정적 영향에 대해서는 정확한 평가가 요구되고 있다. 많은 지하수와 강들이 상호 관련되어 있어서 그 부정적 효과가 나일강을 포함한 전체의 물 생태계(Water Ecosystem)에 미칠 수 있기 때문이다.

그리고 석유·가스의 개발과정에서 발생하는 이산화탄소, 일산화탄소, 산화질소 등 다양한 종류의 가스로 인해 대기의 질이 훼손될 것이며, 건설·고형 폐기물의 유출 등에 의해 발생할 수 있는 토양오염도 중요한 우려 대상이다. 동시에 주민의 생활, 사회 경제적·문화적 영향 또한 중요한 고려사항이다.

### 3) 자원개발 관련 환경규제

우간다 환경법(National Environmental Act Cap 153) 제19조는 환경에 영향을 미치거나, 환경에 심각한 영향을 미칠 것 같은 또는 환경 심각한 영향을 미칠 것이 의도된 프로젝트에 대한 환경영향평가(EIA)를 의무화하고 있다.

이런 개발에는 석유의 생산, 정유 및 석유화학이 포함되며, 1998년 환경영향평가에 관한 규정(Environmental Impact Assessment Regulations)은 생태적, 사회적 고려를 포함한 몇 가지 필수 고려사항을 규정하고 있다.

물론 국립 삼림 및 식목법(National Forestry and Tree Planting Act), 야생동물법, 광업법 등의 개별법에도 이미 환경영향평가가 포함되어 있다.

우간다 환경관리청은 또한 에너지 분야에 대한 기준을 제정하고 있다.

이 기준은 환경영향평가 절차에서 공무원, 개발업자 또는 참여자들이 간단하게 검토할 수 있는 내용을 제시하고 있다. 또한 환경에 미치는 영향, 가능한 이주대책, 정착과 보상에 대한 기준 등도 포함되어 있다.

석유 탐사 및 생산과 관련된 규제는 2008년의 석유·가스 정책(Oil and Gas Policy)에 따르는데, 정책 5.1.5 원칙이 특별히 환경과 생물다양성의 보호에 관한 규정을 두고 있다. 또한 6.2.4에서도 석유·가스의 개발과 환경침해 및 이에 대한 원칙 등을 정하고 있다.

석유·가스의 개발과 관련된 환경 법령들로는 석유(탐사 및 개발)법, 1993년의 석유(탐사 및 개발)법 규정(Petroleum(Exploration and Production)(Conduct of Exploration Operations) Regulations), 1995년 우간다 헌법, 환경법, 수법(Water Act), 2003년 석유공급법(Petroleum Supply Act), 2006년 직업안전 및 보건법(Occupational Safety and Health Act) 등을 들 수 있다.

### 바. 환경을 존중하는 자원개발

자원개발에 따르는 환경침해는 화석연료의 연소로부터 발생하는 이산화탄소의 배출에만 국한된 것이 아니다. 자원개발은 수자원, 자연환경, 대기환경, 토양환경 및 지역주민의 주거환경에까지 영향을 미치게 되는 중요한 원인이다.

최근 미국을 중심으로 하는 셰일가스의 개발은 수압파쇄로 인해 새로운 형태의 환경침해가 쟁점이 되고 있으며,[111] 국제사회의 관심사가 되었다. 그리고 오바마 행정부는 최근 연방정부 토지 내에서 시행되는 수압파쇄 과정에서 사용되는 화학물질에 대한 규제를 강화하는 방향으로 정책을 추진하고 있다.[112]

---

111) 류권홍, '셰일가스 개발과 환경규제 - 미국을 중심으로', 아주법학, 2014년 8월(제8권 제2호), 113면 이하.

112) Matthew Daly & Josh Lederman, Obama administration tightens rules on hydraulic fracturing chemical disclosure, Pennenergy, (March 20, 2015).

국제사회 또한 자원개발에 따르는 환경문제를 해결하기 위해 다양한 노력들을 해오고 있으나 구속력의 문제로 인해 실질적인 효과를 기대하기 어려우며, 개별 국가들의 국내법적 규제가 현실적인 규제 수단이었다. 다만, 최근에는 국제금융기관 등의 내부적 기준이 연성법이지만 가장 효과적인 환경보호 수단으로 작용하고 있다.

최근 자원개발에서의 환경문제의 새로운 흐름은 환경문제를 인권 및 원주민보호의 문제와 연결되어 논의한다는 것이다. 환경문제와 더불어 강조되어야 하는 또 다른 현상은 환경문제, 인권문제 그리고 투명성문제가 상호 연결되고 통합되어 논의되기 시작했다는 점이다.[113] 특히 지속가능한 개발이라는 국제환경법의 원칙이 강조되면서 원주민의 인권을 포함한 인권·토지, 자원 기타 개발에 필요한 권리의 취득·인적 또는 재산적 침해의 문제·차별·노동과 고용·보건과 안전의 문제가 통합되어 논의되고 있다.[114]

## 3. 기후변화와 수권법 체계

### 가. 수자원과 기후변화

역사적으로 물에 대한 권리는 흐르는 물을 음용수 등으로 직접 사용하거나 수렵 등의 목적으로 향유할 수 있는 권리로 이해되어 왔다. 그리고 물을 사용할 수 있는 권리는 하천부지의 소유권으로부터 파생되는 것으로 이해되었다.

물에 대한 관리는 수량이 풍부한 지역과 그렇지 못한 지역이냐에 관리

113) 투명성에 대해서는 최철, '채굴산업 투명성 이니셔티브(EITI) 관련 해외입법 연구', 자원에너지 법제연구회 연구논문집, 2014년, 1-44면.

114) Jennifer Cook Clark, 'Socio-Cultural Due Diligence in the Mining Industry', International and Comparative Mineral Law and Policy (2005) 334.

·통제의 주체와 범위가 다양하게 나타날 수밖에 없다.

하지만 물에 대한 권리의무관계를 질서 있게 정립하기 위해서는 수권의 법적성질에 대한 이해가 우선되어야 한다. 또한 수권의 법적성질을 파악하기 위해서는 수자원의 소유권이 누구에게 귀속되는지에 대한 논의가 선행되어야 한다.

한편, 수자원에 대한 환경적 차원의 접근, 기후변화, 수자원의 고갈, 수자원에 대한 물인권적 접근 등의 현대적 경향으로 인해 전통적 수법체계로는 해결하지 못하는 법적 문제들이 발생하고 있다.

그리고 앞으로 인구의 증가와 물에 대한 수요의 증가로 인해 물을 둘러싼 분쟁은 더욱 다양해지고, 복잡해질 것이다. 따라서 수자원의 소유권 귀속, 수권의 법적성격, 수자원을 둘러싼 새로운 경향들을 전체적으로 검토하여 우리의 실정에 맞는 새로운 수법체계를 구축할 필요성이 커지고 있다.

### 나. 수권에 대한 전통적 견해

#### 1) 물의 소유권과 수권

인류는 물을 이용해야하기 때문에 모든 국가들은 물의 이용과 관련된 나름대로의 규범체계를 형성해왔다. 많은 경우, 성문의 체계보다는 관습법의 형태로 발달되어 왔으며 때로는 종교법으로부터 파생된 경우도 찾을 수 있다.[115)]

그리고 제국주의 이후 영국의 보통법 또는 유럽 대륙의 시민법이[116)] 세계 각국으로 어떤 방식으로든 계수되었기 때문에 보통법과 시민법이 물의 소유권에 대해 어떻게 바라보고 있는지를 알아보는 것은 물에 대한 소유권 귀속의 문제를 논의하는 시작점이 될 것이다.

---

115) Stephen Hodgson, Modern Water Rights – Theory and Practice (2006) 9.

116) 우리나라에서는 '대륙법 전통의 국가' 라고 해석되고 있으나, 'Civil Law Tradition' 의 해석이기 때문에 '시민법 전통의 국가' 라고 표현한다.

보통법과 시민법의 원류인 로마법에 따르면 수자원에 인접한 토지의 소유권자들에게 물의 이용에 대한 특권적 지위(a privileged position)를 부여하였으며, 이런 접근 방식은 현대의 수법체계에도 그대로 적용되고 있다.[117)]

한편, 유스티니아누스 법전에 따르면 로마법은 공기(air), 바다 등과 같이 흐르는 물(running water)에 대한 사적 소유권을 인정하지 않았다.[118)] 로마법은 흐르는 물에 대한 소극적 공동체(negative community)의 사용권을 인정하였으며, 동시에 사용에 대한 규제와 과다한 사용에 대한 규제의 필요성 또한 필요함을 인식하고 있었다. 한편, 로마법은 지속적으로 흐르는 강물이나 지류와 덜 중요한 물의 흐름을 구분하여, 전자는 공유 또는 공공적 성격을 가진 것으로 후자는 사적 소유가 인정되는 것으로 분류하였다.[119)]

이러한 로마법의 수법에 대한 이론은 시민법 국가들은 물론 영국과 미국 등 보통법 국가의 수법체계의 확립에 중요한 영향을 미쳤다. 로마법이 선례인 법원(法源)은 아니었을지라도 로마법의 철학과 논리는 당시의 경제·사회·정치적 상황들처럼 법관들의 선례 해석에 대한 변화를 가져오는 중요한 원인이었기 때문이다.[120)]

#### 가) 보통법적 전통에서의 논의 전개

영국식 보통법에서 물의 소유권에 관한 가장 기본적인 원칙은 해양, 흐르는 물, 해안은 자연법에 의해 공동체 모두에게 귀속된다는 것이다(By natural law these are common to all: running water, air, the sea, and the shores of the sea, as though accessories of the sea.).[121)] 그리고 모든 강과 포구는 공공적 성격을 가

117) 우리 민법 제231조의 공용하천용수권 규정도 로마법적 전통에 따른 것으로 보인다.
118) J.B. Moyle, Justinian, Institutes, Title I of the Different Kinds of Things (Oxford, 1911) 18.
119) Ibid.
120) Anthony Scott, 'The Evolution of Water Rights', Natural Resources Journal (Fall, 1995) 835.
121) Henri de Bracton, On the Law and Customs of England (George E. Woodbine ed., Samuel E. Thorne trans, 1968) at 〈http://hlsl5.law.harvard.edu/bracton/Unframed/English/v2/39.htm〉.
122) Ibid.

지며, 강둑(banks) 또한 항행을 위해 사용될 수 있는 공공적 성격의 것으로 설명되고 있다.[122] 따라서 강둑이나 하상의 소유권은 항행이라는 공공적 사용에 의해 제한될 수밖에 없으며, 항행목적 사용 또한 자연스럽게 항행을 위한 것에 제한된다.

영국 보통법에서 물의 소유권에 대한 중요한 법리적 변화는 1765년과 1769년 사이에 블랙스톤(Blackstone)에 의해 발간된 「영국법에 대한 주석서(Commentaries on the Laws of England)」에서 찾아 볼 수 있다. 블랙스톤에 따르면 영국재산법은 물은 그 물이 존재하는 토지의 일부로 인식하고 있었다.[123] 토지는 면적 등으로 인식·특정 가능하지만, 물은 이동성, 변화성과 같은 성격을 가지고 있으므로 특정하기 어려운 것으로 이해되었다.[124] 즉 물은 해당 토지 내의 일시적이고, 변화하는 용익적인 재산으로 정리된 것이다. 그러므로 일정한 물이 내 토지에서 다른 사람의 토지로 이동한다 하더라도 해당 물에 대한 반환청구권 등의 주장이 불가능한 것으로 설명하고 있다.[125] 블랙스톤 이런 해석은 토지의 지표 뿐 아니라 지하에 있는 물 또는 광물을 포함한 물건들에게도 동일하게 적용되었다.[126] 이런 블랙스톤의 이론은 대서양 양안 모두에서 큰 영향력을 발휘했다.[127]

(1) 하천부지소유권의 원칙(the Doctrine of Riparianism)

위에서 본 것처럼 하천부지를 중심으로 발달해온 물에 대한 보통법의 원칙이 하천부지소유권의 원칙이다. 하천부지소유권의 원칙에 따르더라도 물에 대한 권리는 토지소유권에 의한 용익권이 아니라, 해당 토지 소

123) William Blackstone, 'Chapter 2 : Of Real Property and, First, of Corporeal Hereditaments', Commentaries on the Laws of England (1753) at ⟨http://www.lonang.com/exlibris/blackstone/bla-202.htm⟩.

124) Ibid.

125) Ibid.

126) Ibid. 블랙스톤은 또한 로마법의 'ad coelum doctrine'을 인용하고 있다.

127) William F. Cloran, 'The Ownership of Water in Oregon: Public Property vs. Private Commodity', Williamette Law Review (2011) 632.

유권의 일부이며 하천부지소유권과 일체된 물권적 권리로 이해되었다.[127]

이렇게 하전부지소유권에 따르는 수권은 일정한 수로에 따라 자연스럽게 흐르는 물은 '통상적인 방법(ordinary use)' 에 의해 사용해야 하며, 통상적인 방법은 하류지역의 토지소유권자들에게 영향을 미치지 않는 범위 내에서 가사(家事)에 사용할 목적(domestic purposes)으로 '합리적으로 사용(reasonable use)' 해야 한다는 의미를 내포하고 있는 것으로 해석하고 있다.[128] 이를 통상적 사용(ordinary use)이라 하며,[129] 상류 또는 하류의 다른 이해관계자들의 권리를 해하지 않는 범위 내에서 가사 이외의 목적을 위한 사용은 특별한 사용(extraordinary use)으로 분류되었다.[130]

2) 선행사용권(The Prior-Use Water Rights)

영국에서의 17세기 이후 교역과 생산의 증대는 수법에서도 커다란 변화를 가져오게 된다. 산업화는 도시화를 촉진했고, 인구의 증가로 이어졌다. 특히 수출 품목인 옥수수나 면직물 생산의 증가는 필수적으로 대량의 물 사용이 전제되기 때문이다.

당시 산업의 중요한 에너지원이었던 수차(mill wheel)를 돌리기 위해서는 물이 필요했고, 필연적으로 물을 둘러싼 분쟁이 발생하게 되었다.[131]

물에 대한 소유권이 아니라 선행적 사용에 근거한 사용권(right of use)의 주장이 이때 등장하였고, 법원은 이를 수용하게 된다.

시효취득적 권리(prescriptive right)는 사용권과 소유권 양자를 모두를 포함하는 의미였지만, 선행사용권은 소유권에 대한 주장 없이 단지 사용권에 대한 권리만을 의미했다. 영국의 법원은 시효취득적 권리보다는 낮은 단계이지만 중요한 의미를 가지는 권리인 선행사용권의 법리를 개발하게 된

128) 합리적 사용의 개념과 한계에 대해서는 Productivity Commission, Water Rights Arrangements in Australia and Overseas (2003) 41 참조.

129) Ibid, 12.

130) Ibid.

131) Anthony Scott, above n 120, 851.

다.[132] 이러한 선행사용권은 다른 당사자들보다 더 오랜 기간 물을 사용했다는 사실에 기초해서 성립되며, 이에 기초하여 소송을 제기할 수 있는 청구원인으로 인정되었다.

대표적인 사례로는 1625년 'Shury v. Piggot' 이며, 법원은 물은 '끊임없이 흐른다.' 는 본성을 가지고 있으므로 물에 대한 선행사용권은 주위 토지 통행권 등의 토지용익권과 다르다는 점을 확인하였다.[133]

3) 선점의 원칙(The Prior Appropriation Doctrine)

하천부지소유권의 원칙과 달리 선점의 원칙이 발생하게 된 이유는 논리적·이론적 변화보다 현실적 필요와 인류의 생활방식의 변화에서 찾을 수 있다.

초기의 주거지는 강둑을 따라 발달되었으며, 물의 사용이 어려운 지역은 사람의 거주에 부적합하기 때문에 방치해 두었다.

그런데 19세기 후반 미국 서부에는 대규모 농업과 광업이 발달하였고, 이로 인해 물의 소비 또한 급격하게 증가하게 되었으며, 농장이나 광산에서 사용된 물은 원래 상태로 되돌아 갈 수 없기 때문에 수량의 감소와 수질의 악화라는 부정적 효과가 발생하였다.[134]

이런 인류의 생활양식 변화와 새로운 산업의 등장은 기존의 하천부지소유권 중심의 수권에 변화를 가져오게 되는 근본적인 원인이 되었다.

선점의 원칙은 알라스카, 애리조나, 뉴멕시코, 유타 등 미국의 많은 주들에서 받아들여지게 되었으며, 캘리포니아, 캔자스, 미시시피 등의 주에서는 하천부지소유권의 원칙과 선점의 원칙이 동시에 적용되기도 하였다.

선점의 원칙에서 가장 중요한 점은 물에 대한 권리를 하천부지소유권으로부터 분리했다는 것이다. 따라서 미국에서 발달한 선점의 원칙에 대

132) Ibid, 852.

133) 81 E.R. 280 (1625) 340.

134) William F. Cloran, above n 127, 645.

한 가장 근본적인 의문은 무엇에 근거해서 물에 대한 권리가 발생하는가의 문제이다.[135)]

선행사용권과 미국의 선점의 원칙 모두 하천부지의 소유 여부와 무관하게, 법원에 의해 집행되고 양도 가능한 권리로 받아들여지고 있으며, 사용자 개인에 귀속되는 일종의 용익적(usufructuary) 권리로 해석되고 있다.

이러한 선점의 원칙에 의한 수리권은 개인이 일정한 편익을 위해 물을 사용할 권리를 취득한다는 점, 이를 위해 수로를 변경할 수 있다는 점, 하천과 인접한 토지에 기인하지 않고 특정 위치에서 일정한 양의 물에 대한 권리를 취득한다는 점 등을 주요 내용으로 한다.[136)]

다만 선점의 원칙은 하천부지소유권의 원칙과 공존할 수도 있고, 선행사용권자의 권리를 침해하지 않아야 한다는 등의 제한들이 따른다. 따라서 선순위 선점권자(senior appropriators)와 후순위 사용권자(junior appropriators)가 발생하게 된다. 또한 선점의 원칙과 하천부지소유권자 사이의 갈등, 선점권자 상호간의 갈등을 해소하기 위해 입법적, 행정적 절차가 발달하게 된다.

#### 나) 공적인 물과 사적인 물

공적인 물(public waters)과 사적인 물(private waters)을 구분하는 로마법의 전통은 현재까지도 시민법 전통의 국가들에 의해 지켜지고 있는 원리이다.

특히 1804년 나폴레옹에 의해 제정된 프랑스 민법전(French Civil Code)은 이런 로마법의 전통에 따라 항행이 가능한(navigable) 한 수로(물)은 공공의 소유 또는 국가의 소유에 속하는 것으로 규정하고 있다.[137)]

135) 물에 대한 권리를 하천부지소유권으로부터의 분리하는 근거는 앞에서 설명한 영국의 선행사용권에서부터 발달한 것이며 양자 모두에 공통된 법리적 쟁점이다.

136) Ibid, 944.

137) CHAPTER III. Of Property, with Reference to those who are in the possession of it.

Section 538 Highways, roads and streets at the national charge, rivers and streams which will carry floats, shores, ebb and flow of the sea, ports, harbors, roads for ships, and generally all portions of the national territory, which are not susceptible of private proprietorship, are considered as dependencies on the public domain.

물론 사유토지의 내에 또는 위에 존재하는 물은 사적 소유권이 허용된다. 그리고 토지소유자의 물에 대한 사용권은 토지 소유권의 무제한성으로부터 기인하는 것으로 이해되었다.[138)]

그리고 이런 방식의 접근은 많은 아시아, 라틴 아메리카 또는 아프리카 국가들에서 널리 받아들여졌다.

다만, 보통법 국가인 미국에서도 물에 대한 공적소유권이 입법화된 경우가 있다는 점을 지적할 필요가 있다. 오리건 주의 법에 의하면 모든 물은 주의 소유로 규정되어 있다.[139)]

### 다. 우리나라에서 물의 소유권과 수권의 법적 성격

#### 1) 물은 누구의 것인가?

우리나라의 수자원에 대한 헌법적 근거는 제120조이다. 제1항에서는 국가로부터 「수산자원」과 「수력」에 대한 특허권을 취득해야 한다는 개발권 취득에 관한 규정을 두고 있으며, 제2항은 수자원을 보호해야 하는 국가의 의무와 균형 있는 개발과 이용을 위한 계획의 수립의무를 규정하고 있다.

하지만 제1항은 국가로부터 「수산자원」과 「수력」에 대한 특허권을 취득해야 한다는 개발권 취득에 관한 규정이며, 수산자원(水産資源)은 「바다나 강 등 물에서 생산되는 자원」으로[140)] 해석되어야 하고, 수력(水力)은 물이 아니라 '물의 힘'과 관련된 표현으로 이해되기 때문에 물 자체의 소유권에 대한 규정으로 해석하기 어렵다.

---

138) ius utendi et abutendi re sua, quatenus iuris ratio patitur, 'the right to use and abuse a thing, within the limits of the law'. P.J. Proudhon, 'What is Property?' (2008) Chpater 2.

139) Oregon Water Laws
537.110 Public ownership of waters.
All water within the state from all sources of water supply belongs to the public.

140) 민중서림, 에센스 국어사전, 2001, 1380면.

다만 제2항에 근거해서 국가가 물을 관리할 수 있는 것으로 해석된다.[141] 왜냐하면 제2항은 전단에서 국가가 「자원」을 보호해야 할 의무를 규정하고 있으므로, 「수자원」인 물에 대한 국가의 보호의무가 발생하며 이를 위해 물에 대한 관리권을 행사할 수 있게 되기 때문이다. 따라서 하천법 중 수력의 이용에 관한 부분은 헌법 제120조 제1항에, 수자원의 보호에 관한 부분은 제2항 전단에 각 근거하고 있는 것으로 해석된다.

한편 물에 대한 기본법인 하천법은 제49조에서 하천수 사용 및 배분의 원칙에 대한 원칙 규정을, 제50조에서 하천수의 사용허가에 대한 규정을 각 두고 있다. 이에 따르면 타인의 권리와 공공의 이익을 침해하지 아니할 것, 물 관리에 지장이 없는 범위 안에서 사용할 것, 모든 국민이 그 혜택을 고루 향유할 수 있도록 배분될 것 등의 3대 원칙을 정하고, 하천수의 사용은 국가로부터 허가를 받아야 한다는 점을 정하고 있다. 그럼에도 불구하고 물의 소유권 귀속 문제에 대해서는  여전히 답을 주고 있지 않다.

하천과 하천 이외의 물의 소유권 귀속문제를 입법적으로 명확히 하는 것은 물에 대한 국가적 정책의 수립뿐만 아니라, 물과 관련된 분쟁의 해결에서도 중요한 의미를 가진다. 위에서 본 미국의 오리건 수법이나 아프리카 콩고민주주의 공화국 등에서도 물이 국유임을 선언하고 있다. 우리나라도 물이 국유임을 명시한 다음, 물을 이용하는 방법으로 하천부지소유권을 전제로 하거나 편익의 증대를 목적으로 하는 선점의 원칙에 따르는 등을 내용으로 하는 하천법 개정이 요구된다.

### 2) 수권의 개념과 법적 성격

#### 가) 수권의 개념

수권이 무엇인가에 대해서는 많은 논의가 있어 왔다. 물에 대한 모든

141) 헌법 제120조 ① 광물 기타 중요한 지하자원 · 수산자원 · 수력과 경제상 이용할 수 있는 자연력은 법률이 정하는 바에 의하여 일정한 기간 그 채취 · 개발 또는 이용을 특허할 수 있다.
② 국토와 자원은 국가의 보호를 받으며, 국가는 그 균형 있는 개발과 이용을 위하여 필요한 계획을 수립한다.

법적 논의의 출발점은 물이 무엇이며, 물에 대한 권리인 수권이 무엇이고 어떤 성격의 권리인지에 대한 논의가 가장 우선되어야하기 때문에 수권의 개념과 법적성격을 명확히 해야 할 필요가 있다.

물이 무엇인가에 대해 국어사전은 '산소와 수소의 화합물로, 무색·무취·무미의 액체' 로 정의하고 있다.[142] 또한, 물은 공기와 더불어 생물이 살아가는 데 없어서는 안 되는 물질로, 액체인 물, 고체인 얼음, 기체인 수증기의 세 형태를 가지고 있다. 이를 통해 물은 물리적으로 산소와 수소의 화합물이며, 색(色)·향(香)·미(味)에서 특징이 없고, 인간 생존의 필수적 물질이라는 점을 확인할 수 있다. 그리고 이 중 인간 생존에 필수적이라는 것으로부터 사회적 규범인 법이 물에 관한 권리·의무관계를 정해야 하는 의미가 부여된다.

하지만 물에 대한 법적 권리인 수권의 개념이 국제적으로 명확하게 정리되어 있지는 않다. 그 이유는 수자원이 풍부한 국가와 부족한 국가, 수자원의 질이 높은 국가와 낮은 국가 등 그 상황에 따라 다를 수밖에 없으며, 이에 따라 그 내용이나 성격도 다양하기 때문이다. 그렇다면 수권은 해당 국가의 정치적·경제적 상황과 지리적 위치·기후·물에 대한 사회, 문화적 인식뿐만 아니라 수자원의 유용성과 활용가능성 등에 따라 다양하게 정의될 수밖에 없고, 따라서 이에 대한 법률인 수법도 일관되고 통일된 개념을 정립하기 어렵기 때문에 국가별로 다양한 형태의 개념이 존재할 수밖에 없게 된다.

우리나라에서는 수권(water rights)을 물을 이용할 수 있는 권리로 인식하여 수리권(水利權)이라는 표현을 사용해오고 있다.[143] 그리고 수리권은 물기본권의 가장 기본적인 권리로 해석되고 있다.[144]

일반적으로, 강, 시냇물, 지하수 등의 자연 상태의 수원(水源)으로부터 일정한 양의 물을 취득하고 사용할 수 있는 법적 권리를 수권이라고 정의

142) 민중서림, 위의 주석 33, 855면.
143) 김성수, '물기본권에 관한 연구' , 물과 인권, 제10회 수법연구포럼, 2012, 35면.
144) 김성수, 같은 면.

할 수 있을 것이다. 다만 주의할 것은 수권은 수량도 중요하지만, 수류(the flow of water)도 중요한 요소라는 점이다. 수류에 대한 권리는 발전 등의 목적으로 물을 저장하며 이를 소비 이외의 용도(non-consumptive use)에 사용할 수 있는 선행조건이기 때문이다. 그리고 수권은 소유권과 같이 여러 가지의 권한들이 복합적으로 포함된 '권한의 다발' 이라고 해야 한다.[145] 이런 다발적 성격의 권한들은 물의 사용에 관한 권한[146]·수로에 관한 권한[147]·기타 물의 활용에 관한 권한[148]으로 구분할 수 있다.

### 나) 수권의 법적 성격

#### (1) 사법(私法)상의 수권

우리 민법 제231조는[149] 농·공업을 경영하는 자의 일정한 수량의 사용권을 공유하천용수권으로 규정하고 있으며, 그 법적성격에 관하여 물권설과 상린권설로 나뉘어 논의되고 있다. 권리로 명시하고 있는 법문의 표현과 농·공업과 관련된 토지의 사용권자들이 향유하고 있는 물에 대한 권리로 널리 인식되고 있으므로 권리로 보는 것이 타당하다.[150]

수권이 독립된 물권이냐 아니면 토지소유권에 부수적인 상린권이냐의 문제는 물을 둘러싼 분쟁에서 원고가 독립된 권리인 수권에 근거한 주장을 법원이 인용해야 하는가, 그리고 수권을 근거로 한 판결에 근거한 집행이 가능한가의 문제로 귀결된다. 만약 수권을 토지소유권에 부수적인 상린권이라고 성격을 정의한다면, 물을 둘러싼 분쟁에서 원고는 수권이 아니라 토지소유권을 근거로 소유권방해금지 등의 주장을 해야 한다. 이에 대해

---

145) 'Water rights' 라는 표현이 이런 수권의 다발적 성격을 표현하는 것이라 할 것이다.

146) 농업이나 공업용수 등으로 물을 직접 끌어다 사용하는 것을 예로 들 수 있다.

147) 수로를 변경하거나, 제방이나 둑의 설치 등을 예로 들 수 있다.

148) 어로 행위, 항행, 쓰레기나 오염물질 등의 배출 등을 예로 들 수 있다.

149) 제231조 (공유하천용수권) ① 공유하천의 연안에서 농, 공업을 경영하는 자는 이에 이용하기 위하여 타인의 용수를 방해하지 아니하는 범위 내에서 필요한 인수를 할 수 있다.

150) 이영준, 새로운 체계의 의한 한국민법론(물권편), 박영사, 2004, 425면 등.

대법원은 해수용수권과 관련된 판례에서 「기존염전의 염제조를 위한 기득의 해수용수권」을 인정하고 있으므로, 수권은 일종의 독립된 물권으로 보고 있다고 해석해야 한다.[151)]

(2) 공법(公法)상의 수권

「하천사용의 이익을 증진하고 하천을 자연친화적으로 정비·보전하며 하천의 유수(流水)로 인한 피해를 예방하기 위하여 하천의 지정·관리·사용 및 보전 등에 관한 사항을 규정함으로써 하천을 적정하게 관리하고 공공복리의 증진에 이바지함을 목적으로」[152)] 하는 우리 하천법은 하천에 의 관리에 대한 기본법적 성격의 법이라 할 것이다. 하천법은 ① 하천사용의 이익증진, ② 하천의 자연친화적 정비·보전, ② 유수로 인한 피해 예방에 필요한 내용을 규정함으로써 하천을 적정하게 관리하여 공공복리에 기여한다는 것을 목적으로 하는데, 이 중 물의 이용과 직접 관련되는 부분은 하천사용의 이익증진이다.

그리고 하천법은 제33조에서 「하천점용허가」를 규정하고 있으나, 이 규정은 하천수 자체가 아니라 하천토 또는 하천 시설 등의 관리에 관한 규정으로 해석된다. 즉, 하천법 제33조는 하천토 또는 하천시설 등의 사용에 대한 점용·채취·굴착·시설물 신축, 개축, 변경 등에 대한 국가의 허가에 대한 규정으로 하천수 자체의 사용에 관한 규정은 아닌 것이다.

또한 하천법은 제50조에서 「하천수의 사용허가등」에 대한 규정을 두고 있다. 이에 따르면, 생활·공업·농업·환경개선·발전·주운(舟運) 등의 용도

---

151) 대법원 1983.3.8. 선고 80다2658에서 「기존의 염전에 인접하여 그 보다 낮은 지대에 새 염전을 개설하려는 자는 기존염전의 소유자 또는 경영자와의 사이에 약정 등 특별한 사정이 없다면 기존염전의 염제조를 위한 기득의 해수용수권을 침해하지 아니하는 방법으로 새 염전을 설치 경영하여야 하고, 기존염전의 소유자 또는 경영자가 종전의 방법으로 해수를 인수 또는 배수함으로써 새 염전에 피해를 주었다 하더라도 그것이 기존염전의 염제조에 필요한 통상적인 용수권의 행사로서 다년간 관행되어 온 종전의 방법과 범위를 초과하지 않는 것이라면 새 염전의 개설경영자는 이를 수인할 의무가 있다」고 판시하고 있다.

152) 하천법 제1조.

로 하천수를 사용하려는 자는 대통령령으로 정하는 바에 따라 국토해양부 장관의 허가를 받아야 하며, 허가받은 사항 중 대통령령으로 정하는 중요한 사항을 변경하려는 경우도 허가를 받아야 한다.

그렇다면 하천법 제33조가 아니라 제50조가 하천수 자체에 대한 국가의 관리권으로서 허가를 규정하고 있으며, 하천법은 이런 관리권을 구체화하여 같은 조 제3항에서 1. 하천수를 오염시키거나 유량감소를 유발하여 자연생태계를 해칠 우려가 있는 경우, 2. 하천수의 적정관리 또는 도시·군 관리계획, 그 밖에 공공사업에 지장을 주는 등 다른 공익을 해할 우려가 있는 경우, 3. 하천수의 취수로 인근 지역의 시설물의 안전을 해칠 우려가 있는 경우, 4. 그 밖에 하천수의 보전을 위하여 필요하다고 인정되는 경우로서 대통령령으로 정하는 경우에는 그 허가를 거부하거나 취수량을 제한할 수 있도록 하다.

하천부지점용허가에 대해서는 대물적 특허처분이라는 대법원 판결이 있으며,[153] 하천부지에 대한 점용허가와 하천수사용에 대한 허가를 동일한 성격의 처분으로 해석하는 것에는 특별한 문제가 없다.

그럼에도 불구하고, 하천점용허가와 물 자체의 사용에 대한 하천수사용허가는 구분하여 논의되어야 할 필요가 있다. 댐건설 및 주변지역지원 등에 관한 법률 제35조 제1항의 「댐사용권자나 댐사용권설정예정자는 해당 댐의 저수를 사용하는 자로부터 사용료를 받을 수 있다. 다만, 댐건설 이전에 「하천법」 제50조에 따른 하천수의 사용허가를 받아 하천의 물을 사용하는 경우에는 사용료를 받지 아니한다.」는 규정에서도 하천수 사용에 관한 규정은 하천법 제50조임이 명확히 되어 있다.[154]

153) 대법원 2011. 1. 13. 선고 2009다21058 판결.

154) 기타 용수계약에 의한 수리권은 댐건설 및 주변지역지원 등에 관한 법률의 해석과 관련된 한국수자원공사와 서울시 간의 용수료 분쟁 사건(대전지법 2006. 10. 26. 선고 2005가합7287 판결)에서 논의되고 있다. 하천법상의 하천수사용허가는 법 제50조 제4항, 같은 법 시행령 제27, 28조 규정의 내용으로 보아 계약이 아니라 행정 처분의 형태로 이루어지는 반면, 댐건설 및 주변지역지원 등에 관한 법률 제35조 제1항에서는 계약 방식의 사용권 설정이 가능한 것으로 해석된다.

다만, 하천법의 하천수의 사용허가와 민법의 공유하천용수권과의 관계에 대해서는 아직까지 명확하지 않다. 특히 하천수 사용허가권과 공유하천용수권이 상충되는 관계에 있는 경우 어떤 권리가 우선하는지, 상호 배제청구가 가능한지 등의 쟁점에 대한 법리적 검토가 요구된다.

## 라. 수권의 새로운 경향

### 1) 수권에 대한 인식 변화의 원인

#### 가) 물과 환경

물의 양·질의 문제는 사회·경제적인 면에서 뿐만 아니라, 환경적 차원에서도 절대적 의미를 가진다.

예를 들어, 늪이나 범람원은 쓸모없는 땅으로 간주되어 왔다. 그러다보니 수력발전이나 농업용수의 공급을 위해 생태적 공간들이 파괴되어 온 것이 사실이다.

이로 인해 지난 세기동안 지구상에서 50%에 이르는 늪 서식지가 파괴된 것으로 보고되고 있다.[155)]

그리고 환경문제가 대두되기 이전 시기의 수권에 대한 논의들에서는 물의 생태적, 심미적 가치를 고려하지 않았다. 이런 인류의 행동에 대한 반성은 헝가리와 슬로바키아 사이의 강을 둘러싼 국제적 분쟁이었던 국제사법재판소의 Gabčikovo—Nagymaros 판결에서 확인되고 있다. 여기서 법원은 인류가 경제적 그리고 다른 목적을 위해 환경적 효과에 대한 고려 없이 자연에 지속적으로 간섭하여 왔으며, 과학의 발달 및 이런 지속적 간섭이 가져오는 현재와 미래세대에 대한 위험의 인식 증가로 인해 많은 새로운

---

155) Laurence Boisson de Chazournes, Christina Leb, Mara Tignino, 'Environmental protection and access to water: the challenges ahead', The right to water and water rights in a changing world (2010) 10.

규범과 기준들이 도입되고 있음을 확인하고 있다.[156]

환경을 바라보는 시각의 변화와 더불어 발달해 온 국제적 환경규범들이 완벽하지는 않더라도 커다란 역할을 수행하고 있으며, 환경보호와 지속가능한 개발에 많은 기여를 하고 있고 있다.

이런 국제적 경향은 수권의 새로운 정립을 요구하고 있으며, 호주를 비롯한 많은 나라들에서 물과 관련된 환경보호정책들이 수립·집행되고 있다.[157]

#### 나) 전통적 하천부지소유권적 접근의 한계

위에서 살펴본 하천부지소유권의 원칙은 수량이 풍부한 영국에서 발달한 논리이기 때문에 수량이 부족한 식민지나 새로운 국가들에게 적용되기에는 옳지 않는 면들이 많이 있다.

캐나다의 경우, 하천부지소유권의 원칙으로 인해 불모지인 남부지역에 대용량의 용수를 공급하는 것이 불가능하였으며, 결국 심각한 사회적 갈등이 있은 후 연방정부의 새로운 법률 제정을 통해 문제가 해결되었다.[158]

캐나다에는 영국의 하천부지소유권 원칙이 보통법으로 적용되고 또한 미국의 선점의 원칙이 불모지에서의 수법 발달에 영향을 미치고 있었는데, 대규모 목장지대의 개발을 위해서는 선점의 원칙을 적용해야 할 필요성을 절감했기 때문이다. 그 결과 영국 의회는 1894년 하천부지소유권 원칙을 근본으로 하는 수법으로부터 선점의 원칙으로 전환하는 입법을 하게 되었다.[159]

이런 문제는 호주에서도 똑 같이 발생하였으며, 1880년대 물의 배분에 관한 권한은 토지에 연결되어야 하지만 정부에 의해 관리되어야 하며, 가정적 목적의 사용 등을 위해서 제한된 범위의 보통법상의 권리를 행사할 수 있는 것으로 변화하였다.

---

156) Case concerning the Gabčíkovo - Nagymaros Project, I.C.J. Reports (1997) 78.

157) Productivity Commission, Water Rights Arrangements in Australia and Overseas (2003) 14, 45.

158) The North West Irrigation Act (1893).

159) Arlene J. Kwasniak, 'Waste not Want not: A Comparative Analysis and Critique of Legal Rights to Use and Re-use Produced Water – Lessons for Alberta', University of Denver Water Law Review (Spring, 2007) 375.

다) 기후변화

기후변화는 환경의 문제이기도 하지만, 환경보호의 문제와는 다르게 기후변화로 인해 나타나는 강수량과 강수지역의 변화와 관련된 문제이므로 별도의 원인으로 정리할 필요가 있다.

가뭄도 문제이지만, 기후변화로 인한 홍수는 인류의 생존방식을 변화시키는 중요한 요인으로 작용하게 되었고, 현재 인류사회가 직면한 가장 심각한 문제들 중 한 가지가 되었다.

기후변화와 생활방식의 변화는 수권에 대한 새로운 인식은 물론 물의 관리에 대한 국가의 책임 강화를 요구하게 된다.[186]

라) 경제적 가치의 재발견

물을 물 쓰듯 한다는 표현에서 나타나는 것처럼 물의 경제적 가치가 제대로 반영되지 않는 경우 물의 중요성을 인식하지 못하게 되는 부정적 효과가 발생하게 된다. 이런 물의 경제적 가치에 대한 인식부족은 물의 과다한 사용에 대한 중요한 원인이 되기도 한다.

물의 경제적 가치에 대한 인식전환을 통해 물에 대한 낭비와 과소비의 억제를 위한 노력이 많은 나라에서 이루어지고 있으며, 그 대표적인 나라가 호주이다.

호주는 물의 중요성, 수자원의 고갈, 기후변화 및 환경문제까지 고려하여, 물에 대한 경제적 가치를 올바르게 인정하고 반영하는 것이 필요하다는 이유에서 물 거래제도를 도입하게 되었다.[161]

이렇게 물의 거래를 활성화를 통해 물 사용의 효율성을 증진시키고 있으며, 2009년 기준 27억 4천만 호주달러 규모의 거래가 이루어지고 있

160) Luís Artur, Dorothea Hilhorst, 'Climate change adaptation in Mozambique', The right to water and water rights in a changing world (2010) 25-46.

161) Bob O' Brien, Water licences valued at A$2.8 billion traded in Australia' s emerging water markets, VOX (25 Apr 2010) at 〈http://www.voxeu.org/article/price-precious-commodity-water-trading-australia〉.

다.[162)] [163)]

마) 물에 대한 인권적 접근

현대 국제인권법 분야에서 가장 논란이 많은 분야가 바로 물인권(human right to water)이다.[164)] 물에 대한 인권적 접근은 수자원의 희소성이 일반화됨에 따라 더욱 강조되고 있다.[165)]

물이 인간의 생존에 필수적이라는 점과 물의 희소성이 증가한다는 사실로부터 모든 인류의 물에 대한 권리는 보장되어야 한다는 물의 인권적 측면이 강조되고 있는 것이다.[166)]

깨끗하고 안전한 물에 대한 권리는 정치·경제·사회 모든 차원에서 중요한 쟁점이 되었다. 예를 들어, 중동의 요단강을 둘러싼 이스라엘, 요르단, 시리아 및 레바논의 분쟁은 물과 물의 사용에 관한 것이 중요한 원인이다.

경제적·사회적·문화적 권리에 대한 국제적 규약(International Covenant on Economic, Social and Cultural Rights) 제15조의 일반 주석에서도 독립된 권리(independent right)로서의 물인권과 인간 존엄성은 불가결한 관계에 있음을 강조하고 있다.[167)]

물인권의 주요 내용으로는 물이 인간의 개인적 또는 가정적 사용에 충분하게 지속적으로 공급되어야 한다는 유효성(availability), 개인적 또는 가

---

162) Ibid.

163) 빅토리아 주에서의 물 거래에 대해서는 웹페이지 〈http://www.water.vic.gov.au/allocation/entitlements/trade〉fmf〉를 참조하면 된다.

164) Malgosia Fitzmaurice, 'The Human Right to Water', Fordham Environmental Law Review (Symposium, 2007) 537.

165) World Resources Institute, Piet Klop, Jeff Rodgers, Rabobank, Peter Vos, Susan Hansen, Watering Scarcity – Private Investment Opportunities in Agricultural Water Use Efficiency (2008) 7.

166) Ling-Yee Huang, 'Not Just Another Drop in the Human Rights Bucket: The Legal Significance of a Codified Human Right to Water', Florida Journal of International Law (December, 2008) 355.

167) Economic and Social Council, General Comment No. 15 The right to water (arts. 11 and 12 of the International Covenant on Economic, Social and Cultural Rights) (2002) at 〈http://www2.ohchr.org/english/issues/water/docs/cescr_gc_15.pdf〉, 1.

정적 사용에 제공되는 물은 인간의 건강을 해칠 수 있는 위험한 세균이나 위험한 물질 등이 없이 안전해야 한다는 수질(quality), 모든 개인이 물과 물 관련 시설에 무차별적으로 접근해서 서비스를 제공받을 수 있다는 무차별적 서비스 접근성(accessibility)[168] 등을 포함하고 있다.[169]

물인권의 실현을 위해 국가는 세 가지의 의무를 부담하는데, 그 첫째로 국가는 물인권의 행사와 관련하여 직접·간접적으로 간여하지 않으며 이를 존중(Obligations to respect)해야 하는 소극적 자유권 보장적 차원의 의무를 부담한다.[170]

둘째, 국가는 물인권의 향유가 어떤 방식으로든 제3자에 의해 방해되지 않도록 보호해야 한다는 보호의무(obligation to protect), 마지막으로 국가는 물인권의 실현에 필요한 시설을 구축하고, 증진하며, 제공할 준수의무(obligation to fulfil)를 진다.[171]

#### 마) 수자원의 부족

물에 대한 수요에 안정적으로 풍족하게 공급될 수 있다면 물을 둘러싼 많은 갈등이 발생하지 않거나 해소될 수 있을 것이다. 즉, 물을 둘러싼 대부분의 갈등의 원인은 수자원 자체에 대한 수요가 급격히 증가하고 있다는 점에 있다.

인구의 급격한 증가, 대규모 도시의 발달, 삶의 수준 향상에 따른 물 사용의 증가 및 산업·상업의 발달에 의한 수요 증가 등을 수요측면의 원인으로 설명할 수 있다.

지구상의 약 1/6에 이르는 인류가 안전한 식수를 사용하지 못하고 있으

168) Ibid. 접근성도 물 자체에 대한 물리적 접근성(physical accessibility), 적정한 가격에 대한 경제적 접근성(economic accessibility) 그리고 사회적 신분·경제적 지위에 따른 차별이 없어야 한다는 무차별성(nondiscrimination), 물과 관련된 정보를 요구·수령·제공할 수 있는 정보접근성(information accessibility)의 네 가지로 세분되어 논의된다.

169) Ibid, 7.

170) Ibid, 9.

171) Ibid, 10.

며, 39%에 이르는 인류가 위생적인 하수처리시설 없이 살아가고 있다.[172)]

기후변화로 인한 불확실성(Uncertainty)의 증가는 수자원 관리에 대한 심각하고 새로운 도전이 되고 있으며, 강수형태의 변화와 수자원의 희소성 증가로 인한 문제를 어떻게 해소할 것이냐는 이미 국제사회의 중요한 의제가 되어 있다.[173)]

특히 물에 대한 수요증가의 중요한 원인이 관개농업(irrigated agricultures)의 발달에 있으며, 세계 농경지의 약 18%가 관개농업에 의해 경작되고 있고 세계 식량의 1/4이 관개농업에 의해 생산되고 있다는 사실에서 농업에서의 물의 중요성이 쉽게 이해될 수 있다.[174)]

더 심각한 것은 농업에서의 물에 대한 수요가 줄어들지 않을 것이라는 점에 있다. 수자원 사용에서의 효율성 증가에도 불구하고 2025년까지 88억의 인구에게 필요한 식량을 공급하기 위해서는 현재보다 최소한 17% 이상의 물이 추가 공급되어야 할 것으로 예측되고 있다.

이런 수자원의 부족문제를 해소하기 위한 대안으로 수자원의 효율적 사용이 강조되고 있으나, 효율성 증가를 저해하는 요소로 제시되고 있는 것이 후진국에서의 수권과 수법체계의 후진성이다.

사회의 발달에 따라 법의 효율성에 대한 요구가 증가하고 있으며, 특히 수자원의 효율적 배분을 위해 수권에 대한 새로운 법적체계의 형성이 요구되고 있는 것이다.

### 2) 수권의 새로운 내용

#### 가) 현대적 수권의 법제화 필요성

수자원의 분배 등 수자원에 대한 문제들을 해결하기 위해서는 현대적 경향이 반영된 수권에 대한 법제화가 가장 기본적으로 요구된다.

---

172) World Bank, Sustaining Water for All in a Changing Climate (2010) 4.

173) Ibid.

174) World Bank, Agricultural Water Management, at 〈http://water.worldbank.org/topics/agricultural-water-management〉.

그리고 이런 현재적 수권에서는 지하수와 지표수를 포함하는 포괄적인 입법이 새로운 경향이다.

물론 지하수에 대해서 지표수와 별개의 법제를 가지고 있는 입법례들도 있다. 이런 사례들은 강수량이 적기 때문에 지표수보다 지하수에 더 가치를 두는 국가 또는 지하수의 과도한 개발로 인해 이에 대한 특별한 조치를 취할 필요가 있는 등 특수한 상황에서 나타나고 있다.

새로운 수법 체제의 확립 필요성은 전통적 수법이 수자원에 대한 새로운 경향들을 반영하지 못한다는 점에서 찾을 수 있다. 예를 들어 수권을 일종의 재산권으로 보는 전통적 견해가 지속적으로 유지되어야 하는가의 문제가 제기된다.

우리나라의 경우 수권은 사권(私權)인 재산권적 측면과 공권(公權)적 측면 모두를 가지는 것으로 설명될 수 있는데, 민법의 공유하천용수권과 하천법의 하천수점용허가에 대한 법제적 정리가 요구된다.

또한, 하천법은 제2조 제8호에서 하천수를「하천의 지표면에 흐르거나 하천 바닥에 스며들어 흐르는 물 또는 하천에 저장되어 있는 물을 말한다.」라고 정의하여 지표수만을 그 적용의 대상으로 하고 있을 뿐, 지하수에 대해서는 별도의 입법인「지하수법」에 따르도록 되어 있다. 한편, 지하수법은 제22조에서 지하수개발·이용시공업을 하려는 자는 대통령령으로 정하는 자본금, 기술능력, 시설 등을 갖추어 주된 사무소의 소재지를 관할하는 시장·군수·구청장에게 등록하도록 하고 있다.

지하수의 오염이나 과도한 개발이 문제가 되는 상황에서「등록」제를 규정하는 것은 하천수의 이용에서「허가」제보다 완화된 형태의 국가관리가 이루어지고 있는 것이다.

따라서 우리나라에서도 사법과 공법, 지하수와 지표수 등을 아우르는 포괄적인 수법체계를 도입하기 위한 법제적 전환이 요구된다 할 것이다.

### 나) 수자원의 국유화

일반적으로 수자원에 대한 포괄적 입법의 첫 단계는 수자원의 국유화로부터 시작한다. 오리건 주의 수법과 같이 수자원은 국유라는 것을 명시하면 소유권자인 국가가 그 처분이나 사용에 대한 관리권에 대한 법리적 다툼이 발생하지 않게 되는 장점이 있다.

수자원에 대한 소유권은 개인, 국가[175] 또는 수탁자로서의 국가 등으로 구분될 수 있는데, 우리의 국민적 정서에서는 국가를 소유권자로 하는 것이 법리적인 다툼을 가장 최소화할 수 있는 방법이라 할 것이다.

수자원을 국유화한 사례 많으며, 알바니아의 1996년 수자원법(Law on Water Resources), 1968년 이란,[176] 위에서 본 미국의 오리건 주 등이 그 예이다.

다만, 국유화에 대한 논의 이전에 우리나라 하천법이 제4조 제1항에서 「하천 및 하천수는 공적 자원으로서 국가는 공공이익의 증진에 적합한 방향으로 적절히 관리하여야 한다.」라고 규정하고 있는데, 「공적 자원」이 국유를 의미하는지 아니면 공공재라는 표현인지 명백한 해석이 필요하다. 한편, 대전지법 2006.10.26. 선고 2005가합7287 판결에서 「하천은 국가·지방자치단체 등의 행정주체에 의하여 직접 행정목적에 공용된 개개의 유체물을 말하는 공물, 그 중에서도 직접 일반 공중의 공동사용에 제공된 물건인 공공용물에 해」한다고 판시한 것으로 보아 공공용물로 해석될 수 있으나, 공공용물이라 하더라도 여전히 소유권의 귀속문제는 해결되지 않고 있다.

### 다) 수자원 관리의 체계화

수자원의 소유권에 관한 법체계의 정비 다음으로 수권의 형태를 포함하여 수자원을 어떻게 관리할 것인가에 대한 논의가 뒤따른다.

---

175) Robyn Stein, ' Water Law in a Democratic South Africa: A Country Case Study Examining the Introduction of a Public Right System' , Texas Law Review (June, 2005) 2170.

176) Assad Tavakoli, 'Nationalization and Efficient Management of Water Resources in Iran' , Journal of Water Resources Planning and Management (July, 1987) 525

어느 국가기관이 수자원 관리에 대한 책임을 질 것인지에 대한 문제가 제기되는데, 수자원을 국토의 일부로 볼 것인가 아니면 환경적 차원에서 볼 것인가에 대한 정책적 판단에 따라 국토해양부·행정자치부 또는 환경부 등 다양한 형태로 관리 주체를 정할 수 있을 것이다.

하지만 더 중요한 것은 수자원 관리에서 이해관계자의 참여를 어느 정도 허용할 것인가, 수자원의 관리권자는 어떤 권한과 책임을 지는가에 대한 정책 결정에 있다.

물론 관리 권한과 책임은 각 국가가 처한 상황에 따라 다양하게 나타날 수밖에 없다. 즉, 수자원이 부족한 국가에서는 수자원의 확보와 공급이 중요한 분야가 되겠지만,[177] 수자원이 풍부한 국가에서는 수자원의 경제적 활용이나 수출 등이 관리의 중요한 사항이 될 것이다.[178]

우리나라의 수법체계에서도 지하수, 지표수, 댐수 등을 통합한 관리체제를 구축할 것인지, 수자원의 배분을 어떤 원칙으로 실행할 것인지, 물에 대한 가격은 어떻게 정할 것인지, 환경측면에서 수자원 보호 등에 대한 우리의 현실에 맞는 논의가 요구된다.

#### 라) 수자원의 무상성에 대한 재검토

우리 민법의 공유하천용수권도 원칙적으로 무상사용을 전제로 하고 있는 것처럼, 많은 국가들에서 대가를 지불하지 않고 물을 사용할 수 있는 규정들을 두고 있다.

다만 이런 무상사용에는 사용의 목적과 사용량에 있어서 일정한 제한이 부과된다. 우리의 공유하천용수권에서도 농, 공업을 경영의 목적에서 타인의 용수를 방해하지 아니하는 범위 내에서 물에 대한 사용권이 주어진다.

177) 대표적인 물 부족 국가인 호주의 수자원관리에 대해서는 Productivity Commission, above n 17. 참조.

178) 'WWF' 도 수자원 정책에 획일화된 원칙이 있을 수 없으며, 지역의 특성에 맞게 수립되어야 한다는 점을 강조하고 있다. Tom Le Quesne, Guy Pegram and Constantin Von Der Heyden, 'Allocating Scare Water', (April, 2007) 2.

이런 무상 사용권은 기후변화, 수자원의 부족 등으로 인해 새롭게 검토될 것이 요구되고 있으며, 특히 다양한 하천부지소유자가 존재하는 경우 어떻게 분배할 것인가의 복잡한 문제가 발생할 수밖에 없다. 특히 우리나라에서는 기득수리권을 인정할 것인가와 인정한다면 어느 정도의 권리로 보호할 것인가의 문제가 중요한 쟁점이다.

물에 대한 가격을 부과하는 원인으로는 비용 회수 차원의 접근(cost recovery)과 수자원 배분(a mechanism for allocation)을 위한 수단으로서의 접근 방식으로 구분된다. 비용 회수적 접근은 수자원의 공급에 투자된 비용을 회수하는 수준에서의 가격을 요구하는 반면, 배분적 접근에서는 비용회수를 넘어 수자원의 적절한 배분을 위한 적절한 가격이 결정되어야 한다.

물론, 수자원의 민영화(privatization) 또는 시장경제의 도입 문제도 무자원의 무상성 문제와 관련된다. 다만, 물에 대한 인권적 접근의 경향으로 인해 민영화에 대한 많은 비판이 제기되고 있다는 점도 동시에 검토되어야 하는 어려운 쟁점이기도 하다.[179]

### 마) 물인권적 접근

물과 환경, 인권의 통합 현상은 이미 국제적인 경향이 되어 있으며,[180] 이런 인권적 접근의 중요한 의미는 개인이 국가를 상대로 깨끗하고 위생적인 물에 대한 권리를 주장할 수 있다는 점과 인권적 목적을 달성할 수 없다면 수자원을 영리 목적 또는 개인적 목적을 위해 사용하는 것이 제한된다는 점에 있다.

우리나라에서도 인권적 차원에서의 수자원에 대한 접근을 어떻게 제도적으로 구체화할 것인가의 문제에 대한 검토가 필요하게 되었다.

---

179) Melina Williams, 'Privatization and the Human Right to Water: Challenges for the New Century', Michigan Journal of International Law (Winter, 2007) 492-504.

180) 고문현, 'UN총회〔'10.7.28〕 물인권 결의 및 주요국 물인권 입법동향', 물과 인권, 제10회 수법연구포럼, 2012, 9-18면.

## 4. 물과 에너지 넥서스

### 가. 수자원과 인류

물과 에너지는 인류의 생존과 번영에 필수불가결한 요소들이면서 상호간에 아주 밀접한 관계에 있다. 물은 에너지원의 개발,[181] 수송 및 처리·전력에너지의 생산은 물론 화석연료를 대체하기 위한 신재생에너지 특히, 바이오연료의 생산에 반드시 필요한 존재이다. 반대로 물의 생산·처리·수송을 위해서는 상당한 양의 에너지가 소비된다. 물을 생산하기 위한 펌프의 구동력은 물론 물을 수송하는 모든 곳에서 에너지가 사용되고 있는 것이다. 물과 관련된 에너지의 소비량은 수원지와 소비지의 거리 또는 수원지의 깊이에 따라 다르다. 물론, 음용수·상업용·발전용 등 용도에 맞게 물을 처리하는 과정에 따라 그 양도 다양할 수밖에 없으며, 중동 또는 호주에서 사용되고 있는 담수화 설비의 운영에는 막대한 에너지가 소비되고 있다.

이렇게 물과 에너지가 밀접하게 관련되어 있지만, 물은 풍부하게 존재한다는 믿음 때문에 물과 에너지의 연관성 문제에 대해 심각하게 논의되어 오지 않았다.[182] 하지만 지구에 있는 많은 물이 인류에게 필요한 양·시점·장소에 적합하게 존재하지 않는다는 점이 문제이며, 이런 문제는 기후변화로 인해 더욱 가중되고 있는 것이 현실이다.

즉, 지구에 존재하는 물의 2.5%가 담수이며, 그 중 1%만이 지표 또는 지하수로 인류가 사용할 수 있다. 나머지 99%가 극지역의 빙하·만년설·개발이 불가능한 정도의 지하에 존재하고 있기 때문이다. 수자원의 양과 인류가 사용할 수 있는 담수의 비율은 다음 그림과 같다.[183]

181) 석유의 생산에서 매장지 자체 압력의 저하로 인해 생산량이 감소하게 되면, 물을 주입해서 생산량을 증가시키고 있다. 이를 'Secondary Production' 이라 한다.

182) IEA, World Energy Outlook 2012 (2012) 502.

183) Ibid. Igor A. Shiklomanov, A summary of the monograph World Water Resources : prepared in the framework of the International Hydrological Programme (1998) 5.

그림4 | 지구상의 수자원과 담수자원의 비율

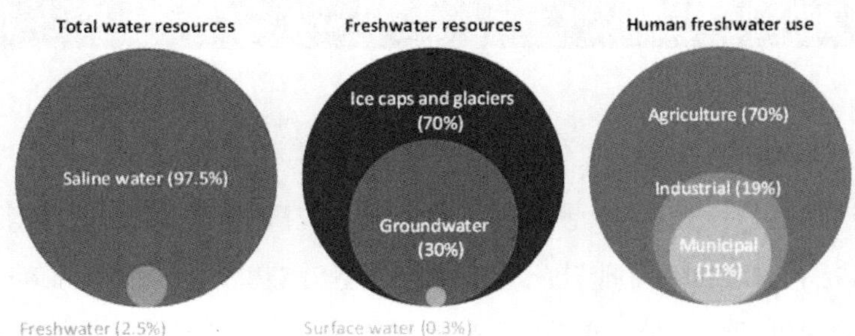


인구의 증가와 경제발전으로 인한 물 사용량의 증가에 더불어, 최근에 강화되고 있는 기후변화는 많은 지역에서 지속적·일시적 물 부족현상을 심화시키고 있다. 기후변화와 물은 불가분의 관계에 있는데, 온난화는 물 분자의 운동을 강화하며 이로 인해 수증기의 증발뿐만 아니라 강수량도 증가되게 된다.[184] 그 결과 지표수 양의 감소·지표수 온도의 상승·만년설의 감소 및 그 해빙 시기의 변화·해수면 상승·가뭄·열풍 및 홍수의 증가 등의 현상이 나타나고 있다.[185]

미래 물에 대한 수요는 주로 OECD 이외의 국가에서 인구증가·도시화·삶의 질 향상으로 인해 견인될 것으로 예견되고 있다.[186]

에너지와 관련해서 2009년 기준, 세계 인구의 20%에 해당하는 14억 명의 인구가 전기의 공급을 받지 못하고 있다. 그리고 OECD 국가들의 1인당 에너지소비는 2010년부터 2035년까지 약 7% 감소하는데 반해, OECD 이외의 국가들의 1인당 에너지소비는 같은 기간 약 25% 증가할 것으로 예측되고 있다. 즉, OECD 이외의 국가를 중심으로 한 에너지소비의 급격한 증가는 또한 물에 대한 소비의 증가를 유발할 것이다. IEA의 예측에 따르면 에너지소비의 증가는 다음과 같다.[187]

184) Ibid, 503.
185) IPCC, Technical Paper on Climate Change and Water (2008) 13-32.
186) WWAP, The UN World Water Development Report (2012) 25.
187) Ibid, 35.

아래에서 물과 에너지는 어떤 관계에 있는지를 살펴보고, 에너지의 생산을 위해 소비되는 물의 양에 대한 검토를 진행한 후, 에너지에 대한 소비증가 및 물의 소비증가로 인해 발생하게 되는 수리권과 물 관련 정책의 변화방향을 예측해보고자 한다. 이를 통해 우리나라도 에너지와 물 정책의 필요성을 인식하게 될 수 있으며, 법제도적 개선사항도 정리해볼 수 있게 될 것이다.

## 나. 물과 에너지

### 1) 에너지와 물의 관계

#### 가) 인류와 에너지 그리고 물

우리 사회는 물과 에너지에 의존하지 않고는 유지될 수 없다는 것은 자명한 사실이다. 즉, 물은 지구 생명체의 존재에 필수적인 동시에, 인류의 경제생활을 유지·지구환경의 적절한 기능 확보·생물 다양성의 보장 등과도 직결되어 있는 소중한 존재이다.

한편 에너지 또한 인류의 경제활동에 반드시 필요하다. 그런데 에너지원(Energy Sources)의 생산, 전기에너지 등의 생산을 위해서는 아래에서 보는 것처럼 상당한 양의 물이 소비되어야 한다. 2008년 미국에서 사용된 전체 물 소비량의 약 27%가 에너지 부문에서 사용되고 있다는 점만 보아도 얼마나 에너지가 물집중적 산업인지 쉽게 이해할 수 있다.

결국 에너지와 물은 상호 밀접한 관련을 가지고 있으며, 물의 생산을 위해서는 모터 등의 동력원을 구동시키기 위해 에너지가 필요한 반면, 에너지의 생산을 위해서도 물은 반드시 필요하다는 것이다.

예를 들면, 물을 끓이고, 처리하며, 이동시키기 위해서는 많은 에너지가 소비되는데, 미국의 주거용 전력소비 중 약 9%를 온수보일러의 가동에 사용되고 있으며, 상수·하수처리 및 배수와 관련하여 약 3%의 전력을 소비

하고 있다.[188]

특히 에너지에 대한 투자의 방향·에너지 사용 패턴의 변화·인구·기후변화의 영향과 그 대응 등이 얼마나 많은 물이 어떻게 에너지 분야에서 사용될 것인지를 결정한다.[189] 에너지 안보를 강조하면서 국내 에너지 생산을 증가하는 경우, 물의 소비도 이에 따라 증가할 수밖에 없다. 석탄발전에서 신재생을 포함한 다른 대체발전으로의 전환은 대체연료 및 발전기술에 따라 다르지만, 물은 여전히 중요하게 사용된다.[190] 예를 들어, 이산화탄소 배출문제를 해소하기 위한 대안으로 제시되고 있는 CCS(Carbon Capture and Storage) 또한 엄청난 양의 물이 소비되어야 한다. 특히 PC(Pulverized Coal) 발전과 IGCC(Integrated Gasification Combined Cycle) 발전을 통한 이산화탄소 포집은 그렇지 않은 경우에 비해 더 많은 양의 물이 필요한 것으로 예상되고 있다.[191] 아래 그림은 모든 신·증설 발전설비가 물을 이용한 냉각방식을 사용하고, 폐쇄되는 발전설비의 물 사용은 현재의 냉각방식에 따른다는 전제에서 추정된 추가적인 물의 사용량을 보여주고 있다.[192]

심지어 온실가의 감축을 위해 반드시 필요하다고 믿고 있는 신재생에너지도 안정적 공급에 관한 신뢰성의 문제, 송배전망의 문제 등의 제한이 있으며 동시에 바이오연료의 경우 에너지냐 식량이냐의 심각한 선택의 문제가 발생하게 된다.

또한 태양에너지의 활용을 위해서는 기존의 화석에너지보다 더 많은 양의 물이 필요하기 때문에 수자원이 풍부한 지역에 태양에너지 시설이 들어서고 있다는 점도 간과하지 않아야 한다.[193] 이상의 내용을 정리하면 아래

188) Michael E. Webber, Trends and Policy Issues For The Nexus of Energy and Water : Before the Committee on Energy and Natural Resources United States Senate (March 10, 2009) 2.

189) Nicole T. Carter, Energy' s Water Demand: Trends, Vulnerabilities, and Management – CRS Report for Comgress (November 24, 2010) 4.

190) Ibid.

191) DOE, National Energy Technology Laboratory, Estimating Freshwater Needs to Meet Future Thermoelectric Generation Requirements (2009 Update) 60.

192) Ibid, 62.

그림5 | CCS 기술 적용에 따라 추가 사용되는 물(10 Billion Gallons Per Day)

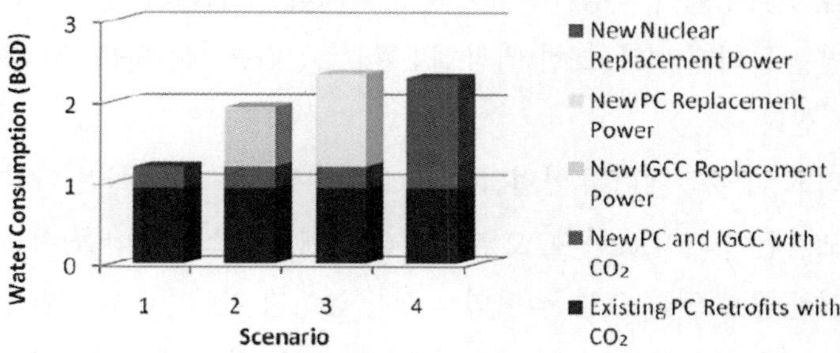


와 같다.[194)]

표4 | 에너지의 변화에 따른 물 사용량의 변화

| 에너지에서의 변화 | 에너지의 변화에 따른 물 소비의 변화 |
|---|---|
| 수입원유에서 바이오 연료로의 전환 | 바이오 연료의 생산을 위해 국내 농업분야에서 물 소비 증가 |
| 셰일가스의 개발 | 수압파쇄를 통한 천연가스 개발은 막대한 양의 물 소비가 필요하지만, 바이오연료 또는 육상에서의 원유 생산보다는 적게 소비 |
| 국내 전력 수요의 증가 | 발전량의 증가에 따라 다르지만, 발전설비 증가에 따라 물 소비도 증가 |
| 신재생에너지로의 전환 | 태양에너지의 사용은 상당한 양의 물 소비가 뒤따름. 다만, 태양광발전 또는 풍력 등은 물을 거의 소비하지 않음 |
| 탄소배출 감축 수단의 적용 | CCS는 화석연료 발전보다 약 2배의 물을 사용할 것으로 추정 |

### 나) 에너지와 물의 상호관계

에너지원의 생산과 물의 관계 그리고 전력의 생산과 물의 관계에 대한 구체적 내용을 보기 전에, 에너지원 또는 에너지의 생산에서 사용되는 물의 형태와 이로 인해 미칠 수 있는 수자원에 대한 영향을 먼저 정리해 볼 필요가 있다.

위에서 본 것처럼 모든 종류의 에너지원의 개발과 전기에너지 등의 생산에는 물이 필요하다. 화석연료의 생산에서는 물론이고 신재생에너지인 바이오원료 등의 생산을 위해서도 물은 절대적인 요소이다. 또한 생산한 원유의 정유에서도 많은 물의 소비가 이루어지며, 원유의 수송이 파이프라인을 통해서도 가능하지만 많은 부분이 바다를 통해 해양수송에 의존하고

193) 다만, 기술의 발달로 물의 소비량이 감소할 수 있다.

194) DOE, above n 191, 4.

있다. 발전과정에서의 냉각수로서 뿐만 아니라, 보일러의 물이 스팀이 되어 터빈을 돌리게 된다. 또한 댐의 물은 직접 전기를 생산하는 에너지원이 되기도 한다.

그리고 이렇게 에너지 산업의 전체 흐름에서 사용되는 물은 다양한 종류의 오염원이 되기도 한다. 오염의 형태는 셰일가스의 생산을 위해 지하에 주입한 물로 인한 오염·석탄의 품질을 높이기 위한 물 세척·원유 등의 해양수송 과정에서 발생하는 누출사고(Oil Spill)와 같은 에너지원의 개발과정에서 발생하는 사고 등 복잡하고 다양한 모습을 보이고 있다. 이를 정리하면 아래 표와 같다.

표5 | 물의 소비가 필요한 에너지 관련 중요 분야 및 수질에 미치는 영향

| 구분 | | 수자원에 미치는 영향 |
|---|---|---|
| **1차 에너지 생산** | | |
| 석유 · 가스 | - 굴착, 수압파쇄<br>- 생산량 증가를 위해 2차 또는 EOR에서의 물질 주입<br>- 오일샌드 굴착과 생산<br>- 품질향상 또는 정유단계 | 광물 찌꺼기(Tailing)에 의한 오염, 파쇄이수, 지표 · 지하수의 고갈 등 |
| 석탄 | - 채광 · 운반에서 절개 또는 분진억제<br>- 품질 개선을 위한 세척<br>- 노천광산의 녹화<br>- 분탄의 장거리 수송 | 광물 찌꺼기(Tailing)에 의한 오염, 파쇄이수, 지표 · 지하수의 고갈 등 |
| 바이오연료 | - 곡물 생산을 위한 관개<br>- 연료 전환과정에서 습식제분 세척 · 냉각 | 농약, 살충제, 퇴적물의 유출에 의한 오염 |
| **전력생산** | | |
| 열에너지를 통한 전력생산 | - 보일러 급수<br>- 복수기(Steam Condenser) 냉각<br>- 오염물질 세정 | - 냉각수 방출로 인한 수온 상승<br>- 수중 생태계에 부정적 영향<br>- 대기 중 방출된 물의 지표수 오염<br>- 부유물질을 포함한 냉각제 배출로 인한 오염 |
| 태양열 · 지열 | - 시스템 자체 또는 보일러 급수<br>- 복수기 냉각 | - 냉각수 방출로 인한 오염<br>- 수중 생태계에 부정적 영향 |
| 수력 | - 전력 생산<br>- 댐에 물의 저장 | - 수온, 수량 및 흐르는 시간의 변동 및 수중 생태계 변화<br>- 댐수의 기화로 인한 수자원 손실 |

물론 맥시코만 원유누출 사고로 인한 해양오염 또한 에너지의 개발로 인해 수자원에 영향을 미치는 사례로 포함되어야 한다.[195]

### 2) 에너지원(Energy Sources)의 생산과 물

에너지원의 생산을 위해서는 막대한 양의 물이 소비되어야 한다. 에너지원인 1차 에너지(Primary Energy)의 생산을 위해 소비되는 물의 양은 에너지원의 종류, 지역, 개발방법 등에 따라 다양할 수밖에 없으며 개괄적으로는 아래 그림과 같다.[196] 아래에서 주요한 에너지원의 생산에 따른 물 소비에 대해 살펴본다.

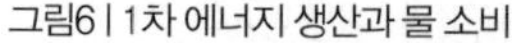
그림6 | 1차 에너지 생산과 물 소비

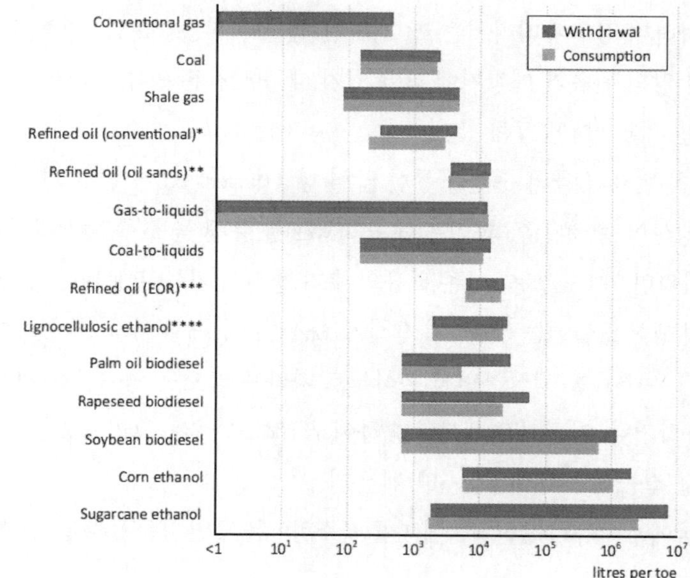


195) The National Commission on the Deepwater Horizon Oil Spill and Offshore Drilling, Final Report (Released 01/11/2011).

196) IEA, above n 182, 507.

### 가) 원유생산과 물

(1) 전통원유(Conventional Oil)의 생산과 물

원유의 생산에 필요한 물의 양은 매장지의 지질학적 구조, 원유의 점도(Viscosity), 투과도(Permeability), 개발기술 및 개발단계에 따라 달라진다. 원유의 초기 생산단계(1차 생산)에서는 자체의 압력에[197] 의해 분출되며 시간이 지남에 따라 매장지 자체의 압력이 떨어진다. 이렇게 낮아지는 압력에 의해 원유의 생산량도 자연스럽게 줄어들게 되는데, 생산비가 생산으로 인한 순수익과 같아지는 때, 해당 유정의 경제적 한계(Economic Limit of a Well)에 이르게 된 것으로 본다.

매장지 자체의 압력에 의해 생산되는 원유는 전체 매장량의 약 30~35%에 불과하며 경우에 따라서는 5% 정도만 생산되는 경우도 있다.[198] 이렇게 상당한 양의 원유가 매장지에 남아 있기 때문에 잔존 원유 생산을 촉진하기 위한 기술들이 발달해 왔다.

그 첫 번째가 물의 주입을 통한 압력 상승(Waterflood)이다. 초기 압력에 의한 생산이 종료된 후, 파이프(Injection Well)를 통해 물을 주입하여 압력을 상승시키면 약 5~50%의 잔존 원유의 추가 생산이 가능하게 된다. 물을 주입하여 생산을 늘리는 것을 2차 생산(Secondary Production)이라 하며, 이때 필요한 물은 원유를 생산하면서 부산물로 따라 올라오는 염수를 처리한 후 재사용하거나, 인근 지역에서 수송하여 공급하고 있다. 그리고 2차적 생산은 물을 집중적으로 사용될 수밖에 없다.

미국에서 원유의 생산기술에 따른 물소비량을 보면 다음 표와 같다.[199)] [200)]

197) 초기 또는 원압력(Initial or Original Pressure)라 한다.

198) Norman J. Hyne, Nontechnical Guide to Petroleum Geology, Exploration, Drilling & Production (2012) 459.

199) May Wu, Yiwen Chiu, Consumptive Water Use in the Production of Ethanol and Petroleum Gasoline — 2011 Update (July, 2011) 49.

200) 미국에서의 원유생산은 육상 67%, 해상 33%의 비율로 이루어지고 있으며, 육상에서의 원유생산은 1차 생산 4.5%, 2차 생산 50%, 3차 생산12.5%로 구성되어 있다.

표6 | 미국에서 원유의 생산 방식에 따른 물 소비량

| | 물소비량(Gallon/Gallon) |
|---|---|
| 1차 생산 | 0.2 |
| 2차 생산 | 8.6 |
| 3차 생산 | |
| - 스팀 주입 | 5.4 |
| - 이산화탄소 주입 | 13.0 |
| - 부식제 주입 | 3.9 |
| - 지하 연소/공기 주입 | 1.9 |
| - 화학물질 주입 | 343.1 |

원유의 생산을 위해 물을 생산·처리·다시 주입하는 과정에서 상당히 높은 비용과 상당한 에너지가 소비된다. 펌핑과정·주입과정·처리과정에서 상당한 에너지가 소비되고 있으며, 이런 현상은 물을 집중적으로 사용하는 2차 생산에서는 물론 3차 생산[201]에서도 동일하게 나타나고 있다.[202]

물이 부족한 국가이지만 대표적원 석유 생산국가인 사우디아라비아는[203] 최근 산업화와 도시화에 따라 물수요가 급증하면서, 원유 생산에 사용되는 물의 부족현상이 나타났다. 이를 해결하기 위해 해수 담수화를 통한 물 생산량 증대 및 물 소비 감소를 위한 정책을 시행해 오고 있다. 사우디아라비아 원유의 50% 이상을 생산하고 있는 Ghawar 유전의 1일 500만 배럴의 생산을 유지하기 위해 해수를 담수처리한 물 약 700백만 배럴이 매일 주입되고 있으며 그 비율은 물 1.4: 원유 1이다.

(2) 비전통원유(Unconventional Oil)의 생산과 물

탄화수소를 함유한 기반구조가 골절되었거나, 탄화수소의 근원암이 다공성이 낮고 투과율이 높지 않을 때 비전통적 저류지라 하며, 이런

201) 3차 또는 회수증진(Enhanced Oil Recovery)라고 한다.

202) Erik Mielke, Laure Diaz Anadon, Venkatesh Narayanamurti, Water Consumption of Energy Resource Extraction, Processing and Convention (October, 2010) 14.

203) 세계에서 가장 규모가 큰 Ghawar 유전에서 유정 하나 당 하루 약 11,400배럴의 원유를 생산하고 있다.

비전통적 저류지에 존재하는 석유·가스를 비전통자원이라 한다.[204)]

국제에너지기구에 의하면, 오일셰일·오일샌드 기반의 초중질유와 비튜멘 등을 비전통적 석유로 분류하고 있다.

캐나다는 1,790억 배럴의 원유 확정매장량(Proven Reserves)를 보유하고 있는데, 그 중 1,750억 배럴이 오일샌드의 형태로 존재하고 있다. 수송용 연료의 소비증가, 생산비의 하락 및 국제 유가의 상승 등으로 인해 2001년 66만 배럴/1일에 불과하던 것이 2006년 110만 배럴/1일로 생산량이 급증했다.

오일샌드의 생산은 상대적으로 지표면으로부터 250 피트 이내의 지하에 존재하는 오일샌드를 개발하는 노천광 개발(Surface Mining)과 심도가 깊은 지하에 존재하는 오일샌드를 지하에 있는 상태에서 스팀을 주입하거나 지하에서 연소시켜 원유를 생산하는 현위치 개발(In Situ) 방식으로 구분된다.

노천광 개발 또는 현위치 개발에 사용되는 물의 양은 지리적 특성·오일샌드의 특성 등에 따라 다르지만 노천광 개발과 다원적 개발(Multi Scheme Techniques)에서 사용되는 물의 양이 SAGD(Steam Assisted Gravity Drainage) 또는 CSS(Cyclic Steam Simulation) 기술을 사용하는 현위치 개발보다 상대적으로 더 많다고 보고되고 있다. 스팀을 사용하는 현위치 개발에서 사용되는 물의 양이 적은 것은 회수되는 스팀을 재활용하는 기술이 적용되어 물의 소비량을 감축했기 때문이다. Athabasca 지역에서의 노천광 개발을 위해서는 Athabasca강에서 취수한 물을 사용하기 때문에 이 지역 주민들로부터 수자원 고갈 및 오염에 대한 사회적 우려가 심각하게 제기되었다. 이로 인해 물 소비량을 줄이고 효율적으로 관리하려는 노력이 광범위하게 이루어졌고, 그 결과 1994년 1 갤런(Gallon, 약 3.78 리터)의 원유(Bitumen Oil)를[205)] 생산하기 위해 4.8 갤런의 물을 소비하던 것이 2005년에는 4 갤런의 물을 소비하는 것으로 감축되었다. 2006년과 2007년에는 개질과정에 소비되는 물

---

204) 류지철, 비전통자원의 기술진보와 E&P 사업 전망, 2012년, 7면.

205) 개질과정을 거쳐 통상적인 원유가 되기 전의 점성이 높은 원유를 의미한다.

을 포함해서 1 갤런의 원유생산에 2.18 갤런의 물을 소비하는 단계에까지 이르렀다.

나) 가스의 생산과 물

(1) 전통가스의 생산과 물

전통가스의 개발에서는 굴착과정에서 굴착 비트의 냉각이나 윤활 작용 등을 위해 사용되는 것을 제외하고 물이 많이 사용되지 않는다.

천연가스는 친환경적인 성격으로 인해 중요한 석탄 또는 석유 등 화석연료에 대한 의존을 줄일 수 있는 지속가능한 에너지의 하나로써 '과도기 연료(Bridging Fuel)'로 인정되고 있다.

하지만 최근 생산량이 급증하고 있는 셰일가스의 생산을 위해서는 상당한 양의 물이 소비되므로 비전통가스의 생산에서의 물과 관련한 내용을 중심으로 살펴본다.

(2) 비전통가스의 생산과 물

비전통가스는 셰일가스·석탄층가스(Coal Bed Methane)·치밀가스(Tight Gas) 등으로 구분되며, 전통자원에 비해 생산하기가 어렵거나 비용이 많이 든다.[206]

비전통자원 특히 셰일가스의 개발을 위해 필수적인 기술이 수평굴착(Horizontal Drilling)과 수압파쇄(Hydro Fracturing)·그리고 암석층 속에 존재하는 가스의 이동을 원활하게 만들기 위한 화학물질의 관리(Acid Treatment)이다.

수평굴착은 기존의 수직굴착과 달리 지하에서 유정과 저류암(Reservoir Rock)의 접촉면을 획기적으로 확장시키면서 생산효율을 높이는 계기가 되었으며, 저투과도의 암석을 고압의 물로 깨뜨리는 수압파쇄를 통해 투과도를 개선하고 생산효율을 개선이 가능하게 되었다.

206) IEA, Golden Rules for a Golden Age of Gas (2012) 18.

이렇듯 수평굴착과 수압파쇄기술의 적용으로 인해 비전통가스의 개발에서의 효율성 및 경제성이 확보된 것이다. 셰일가스 개발기술 및 이로 인해 발생하는 환경문제는 아래 그림과 같이 정리될 수 있다.[207)]

그림7 | 셰일가스 생산과 환경

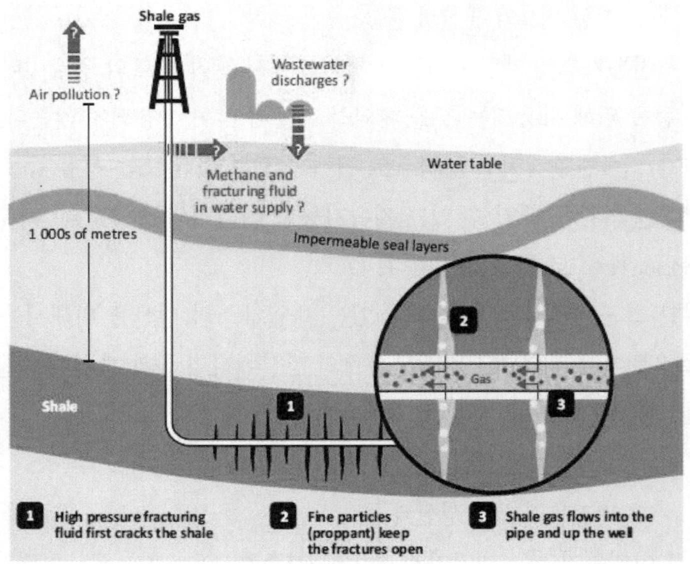


셰일가스의 개발과 관련된 물의 문제는 셰일가스 개발에 많은 물이 필요하다는 것이고, 또 다른 하나는 수자원의 오염이다.

셰일가스 개발을 위한 굴착과정에서도 물이 소비되지만, 주된 소비는 수압파쇄에서 이루어진다. 수압파쇄에 소비되는 물은 상황에 따라 다르지만 100만에서 500만 갤런에 이르고 있다.[208)] 대표적으로 셰일가스 개발이 이루어지고 있는 텍사스의 Eagle Ford에서는 2010년 이래로 사용된 물의 재처리를 통해 185,000㎥에서 136,000㎥로 소비량을 급격히 줄이고 있다.[209)] 미국에서 셰일가스 개발과 관련된 물 소비량은 다음 표와 같다.

207) Ibid, 25.

208) Ibid, 30.

209) Ibid, 31.

표7 | 셰일층에 따른 물 소비량 추정(Chesapeake Energy 2010)

| 셰일층 | 단위 유정당 물소비량(Million Gallon) | | | 단위 유정당 가스매장량 | | 물집중도 |
|---|---|---|---|---|---|---|
| | 굴착 | 수압파쇄 | 계 | 단위 10조 입방피트 | MMBtu | Gallon/MMBtu |
| Barnett | 0.3 | 3.8 | 4.1 | 2.7 | 2.7 | 1.5 |
| Fayetteville | 0.1 | 4.0 | 4.1 | 2.4 | 2.5 | 1.7 |
| Haynesville | 0.6 | 5.0 | 5.6 | 6.5 | 6.7 | 0.8 |
| Marcellus | 0.1 | 5.5 | 5.6 | 4.2 | 4.3 | 1.3 |

2009년 미국지질조사소(USGS)는 Marcellus 셰일층에 대한 조사보고서를 발표했는데, 25억 입방피트(2.6 Million MMBtu)의 유정당 가스매장량과 3 Million 갤런의 유정당 물소비량은 낮게 추정하고 있지만, 1MMBtu 생산에 필요한 물의 양을 의미하는 물집중도는 1.2로 거의 비슷하게 나타나고 있다.

Marcellus 셰일층의 상당한 부분에서 물에 대한 규제권을 가진 기관이 SRBC(Susauehanna River Basin Commission)인데, SRBC는 2008년 6월부터 2009년 3월까지 약 200개의 유정에 대한 유정당 물 사용량을 추정하였다. 이에 따르면 담수 2.4 Million 갤런, 재활용수 0.4 Million 갤런으로 2009년 미국지질조사소의 보고와 거의 같다.

셰일가스의 개발에는 이렇게 상당한 양의 물 소비가 전제되기 때문에 물이 부족한 중국에서의 셰일가스 개발이 현실적으로 어렵다고 분석되고 있다. 신장 위구르 지역의 타림분지의 셰일가스 매장량이 가장 많음에도 불구하고 심각한 물 부족으로 인해 개발이 이루어지지 못하고 있는 반면, 상대적으로 물 공급이 원활한 쓰촨분지의 개발이 활발한 이유도 여기에 있다.[210]

셰일가스 또는 치밀가스의 개발에 필요한 물의 양이 전통가스에 비해서는 많지만, 최근 소비량이 감소하면서 전통원유의 생산과는 비교 가능할 정도가 되었다. 즉, 국제에너지기구의 보고에 따르면, 비전통가스와 전통석유의 단위 당 물 소비량이 상당히 근접하고 있다는 것이다.

수압파쇄에  필요한 물은 강, 호수, 바다 등의 지표수·해당 지역의 지하

210) 박지민, 중국의 셰일가스 개발 현황 및 전만, 에너지시장 인사이트 제12-34호, 2012년 9월 8일, 7면.

수·원거리 지역으로부터의 수송을 통해 공급된다. 수원지로부터 셰일가스 개발지역까지 물을 운송에는 많은 과정이 필요하다. 하나의 유정을 수압파쇄를 통해 굴착하는데 필요한 물의 양이 15,000㎥라 한다면, 30㎥의 물을 수송하는 트럭 500대에 해당하는 양이다. 이런 대규모의 수송으로 인해 교통 혼잡은 물론 도로 파손, 교통사고 등의 위험이 높아지기 마련이다.

표8 | 천연가스 및 원유 생산 단위당 물 소비량(㎥/Tera-Joule)

| | 물 소비량 | |
|---|---|---|
| | 생산 | 정제 |
| 천연가스 | | |
| - 전통가스 | 0.001-0.01 | |
| - 파쇄를 통한 전통가스 | 0.005-0.05 | |
| - 치밀가스 | 0.1-1 | |
| - 셰일가스 | 2-100 | |
| 원유 | | |
| - 전통원유 | 0.01-50 | 5-15 |
| - 파쇄를 통한 전통원유 | 0.05-50 | 5-15 |
| - 연성의 치밀원유 | 5-100 | 5-15 |

특히 물이 부족한 지역에서 수압파쇄를 위해 물을 개발하는 것은 광범위하고 심각한 환경위험을 초래할 수 있다. 예를 들어, 수위저하, 생물다양성 및 생태계의 파괴가 우려된다. 또한 물이 수압파쇄에 많이 소비되기 때문에 농업용 물이 감소하게 되는 문제가 발생한다.

수압파쇄와 물의 사용에 관한 별도의 쟁점은 셰일가스 최종 생산량의 불확정성[211)]· 물 사용의 시점[212)]·특정 지역성[213)]·장래의 물 소비 가능성[214)] 등이다.

211) 물소비량을 판단하는 가장 중요한 변수이기 때문에 이로 인해 물의 소비량의 불확정성도 높아진다.

212) 기존의 화석연료 생산에서 물 사용과 달리, 천연가스의 생산이 이루어지기 전 유정의 완성 단계 2-5일 동안 물이 집중적으로 사용된다.

213) 물의 소비량 자체의 문제보다는 특정 지역에서 과다한 물 소비가 이루어지기 때문에 그 영향이 오히려 더 심각할 수 있다는 것이다.

214) 현재의 물 소비에 대한 분석은 각 유정에서 1회의 수압파쇄를 가정한 것이다. 하지만, 생산량의 증가를 위해서 추가적인 수압파쇄가 가능하기 때문에 향후 새로운 시각에서의 분석이 요구될 수 있다.

### 다) 석탄의 생산과 물

석탄의 생산을 위해 사용되는 물의 양은 노천광이냐 아니면 지하광이냐에 따라 다르다. 물은 주로 석탄을 캐내고 분진을 가라앉히기 위해 사용되며, 석탄 1 MMBtu를 생산하기 위해 사용되는 물은 미국의 생산광구들을 기준으로 1-6 갤런으로 추정되고 있다. 그 외에 석탄 세척을 위해 MMBtu 당 1-2 갤런이 추가 소비된다. 그 외에도 슬러리 파이프라인을 통한 수송을 위해 MMBtu 당 11-24 갤런의 물이 사용된다. 석탄에 사용되는 물의 소비량을 전체적으로 보면 아래 그림과 같다.

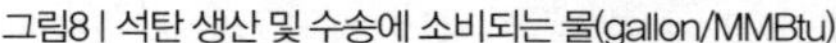
그림8 | 석탄 생산 및 수송에 소비되는 물(gallon/MMBtu)

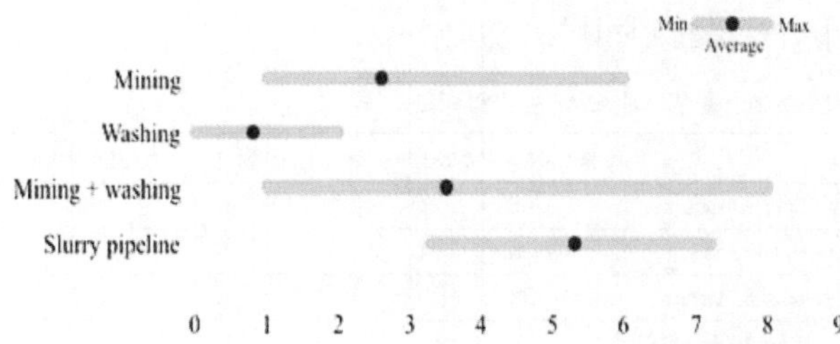


이상의 소비량 추정을 종합하면, 미국에서 석탄의 생산과 관련된 물 소비량은 70 – 260 Million 갤런에 이르는 것으로 보고되고 있다.[215]

최근 셰일가스와 더불어 석탄층 가스의[216] 생산이 북미와 호주를 중심으로 활발히 이루어지고 있다. 석탄층 가스는 셰일가스에 비해 상대적으로 깊지 않는 지하에 존재한다는 점, 석탄층 가스는 많은 경우 물을 포함하고 있기 때문에 이를 우선 처리해야 하는 반면 셰일가스는 그렇지 않다는 점, 셰일가스는 에탄성분의 액화천연가스가 함께 생산되어 경제성 확보가 쉬운 반면 석탄층 가스는 거의 액화천연가스를 포함하지 않고 있다는 점 등의 차이가 있다. 따라서 셰일가스에서와 같은 물의 사용에 따른 문제가

215) DOE, Energy Demands on Water Resources: Report to Congress on the Interdependency of Energy and Water (2006) 10.

216) 미국에서는 'Coalbed Methane' 이라 하며, 호주에서는 'Coal Seam Gas' 라 한다.

발생하지 않는다. 하지만, 석탄층 가스가 지하 깊은 곳에 위치하고 투과도를 높이기 위해 수압파쇄 공법을 사용하는 경우도 있으며, 이때는 셰일가스에서와 유사한 정도의 물이 사용될 수밖에 없다.

### 라) 바이오연료(Biofuels)의 생산과 물

바이오연료 중 옥수수(Corn)의 생산에는 상당한 양의 물이 필요하다. 다만, 사용되는 물의 양은 지리적 위치·토양의 특성·기후적 특성 등에 따라 다를 수밖에 없다.

미국에서 옥수수 생산에 소비된 물에 관한 수치는 다음 표에서 보는 것처럼 지역에 따라 다양하게 나타나고 있다.

표9 | 지역에 따른 옥수수 에탄올 생산에 소요되는 물의 비교

| 지역 | 물소비량(갤런/MMbtu) | 옥수수 생산 비율(%) | 에탄올 생산 비율(%) |
|---|---|---|---|
| Iowa, Illinois, Indiana, Ohio, Missouri | 83 | 51 | 53 |
| Minnesota, Wisconsin, Michigan | 164 | 17 | 17 |
| N. Dakota, S. Dakota, Nebraska, Kansas | 3,805 | 27 | 19 |
| 미국의 옥수수, 에탄올 총 생산에서 차지하는 비율 | | 95 | 89 |

위 표에 따르면 옥수수 생산에 필요한 물은 MMBtu 당 최소 83 갤런에서 최대 3,805 갤런에 이르기까지 아주 다양하게 분포되어 있다.

또 다른 대표적인 바이오연료 중 하나가 셀룰로오스 에탄올(Cellulosic Ethanol)인데,[217] 이산화탄소 배출의 감소와 옥수수의 식량 안보적 중요성이 고려되어 새로운 주목을 받고 있다. 폐목재나 야생에서의 지팽이풀(Switchgrass)은 관개(灌漑) 없이 취득이나 생산이 가능하다. 하지만 취득 또는 재배된 연료들을 에탄올로 전환시키기 위해서는 여전히 상당한 양의 물이 필요하다.

그리고 미국에서 아직은 크게 비중을 차지하고 있지는 못하지만, 바이오디의 원료인 콩(soy) 또는 평자씨(Rapeseed) 등을 생산하기 위해 많은 물이 소비되고 있다. 2006년 미국 에너지부에 따르면 콩으로부터 바이오디젤을

217) 농업폐기물이나 폐목재 등 비(非)식용 식물원료에서 에탄올을 추출하는 것을 의미한다.

생산하기 위해서는 MMBtu 당 약 50,576 갤런의 물이 필요하며, 평자씨유에서 바이오디젤을 생산하기 위해서는 MMBtu 당 11,518 갤런에서 20,281 갤런의 물이 필요한 것으로 보고되고 있다.

### 3) 전력 생산과 물

미국의 2005년 분야별 취수[218] 중 가장 많은 비중을 차지하는 부분이 전력의 생산이었으며, 그 내용을 정리하면 다음 표와 같다.[219]

표10 | 2005년 미국의 분야별 취수량(Million Gallon)

| 분야 | 비율(%) | 1일 총취수량 |
|---|---|---|
| 공공용수 | 11 | 44,200 |
| 가정용 | 1 | 3,830 |
| 농업용 | 31 | 128,000 |
| 가축 사육용 | 1 이하 | 2,140 |
| 수산 양식용 | 2 | 8,780 |
| 산업용 | 4 | 118,190 |
| 광업용 | 1 | 4,020 |
| 전력생산 | 49 | 201,000 |

#### 가) 전력 생산에서 소비되는 물의 양

물은 화석연료와 원자력을 기반으로 하는 화력발전에서 냉각수(Cooling Water)로 사용되고 있다. 전력생산에서 사용되는 물의 양은 발전기에 적용된 냉각방식과 냉각장치의 효율성에 따라 다르다. 예를 들어, 공기냉각이 가능한 경우와 냉각장치의 효율성이 높은 경우, 상대적으로 물의 소비가 줄어들 수밖에 없다.

화력발전기의 냉각방식은 크게 관류(Once Through)방식과 순환(Recirculation)방식으로 구분된다.

관류방식은 취수원으로부터 관로를 통과한 물이 복수기(Steam Condenser)를 통과한 후 다시 원래의 취수지 또는 배수지로 되돌아가는 냉각방식이

218) 산업용, 광업용, 발전용은 담수취수와 해수취수를 포함하고, 나머지는 담수취수에 한한다.
219) USGS, Estimated Use of Water in the United States in 2005 (2009) 5, 7, 8.

며, 복수기를 거친 물은 원래보다 높은 온도인 상태로 회귀한다. 이 과정에서 일부의 물이 기화(Evaporation)되지만 대부분의 물은 원래 위치로 돌아온다. 관류방식의 장점은 다른 냉각방식에 비해 비용이 낮다는 점과 물의 소비량이 상대적으로 적다는 점에 있다. 단점으로는 많은 양을 물을 취수해야 하고, 높은 온도의 물이 다시 배출되기 때문에 수중 생태계에 악영향을 미칠 수 있다는 점들이 지적되고 있다.

순환방식은 다시 습식순환 또는 밀폐형 냉각(Wet Cooling, Closed Loop)방식과 건식냉각방식(Dry Cooling)으로 구분된다.

취수된 물이 복수기를 거쳐 하류로 배수되는 관류방식과 달리 습식순환방식은 가열된 물이 냉각기 또는 연못에서 냉각된 다음 다시 재활용하도록 되어 있다. 1970년대 이후로 많은 화력발전에 적용되어오고 있으며, 순환방식에 비해 취수량이 상대적으로 적고 온수가 하류로 방출되지 않기 때문에 환경피해의 위험 또한 낮아지는 장점이 있다. 다만 순환방식은 관류방식보다 40% 정도 더 많은 설비비용이 투자되어야 한다는 것이 단점이다.

건식냉각방식은 순환방식과 유사하지만, 물 대신 공기를 사용하는 냉각방식이라는 점이 다르다. 물의 소비량이 아주 낮기 때문에 수자원이 희소한 지역에서 적합한 방식이다. 다만 그 비용이 순환방식에 비해 3~4배 높다는 점이 중요한 단점이다. 또한 공기냉각이 물을 이용한 냉각보다 발전성능을 떨어뜨리기 때문에 평균 발전량에서 있어서도 2~7% 정도 낮다. 여름의 피크시기에는 약 25% 정도까지 효율이 떨어지는 것으로 보고된다.

건식냉각과 습식냉각을 혼합하는 하이브리드 방식의 냉각방식을 채택한 경우도 있는데 차가운 날씨에는 건식을 더운 여름에는 습식을 활용하여 효율을 높이는 방법이다. 하이브리드 방식은 물의 소비를 낮추고 효율을 높이는 장점에 비해 너무 높은 비용이 들어가며, 아직은 기술적으로 성숙된 단계에 이르지 못하고 있다는 단점이 지적되고 있다.

전력 1 MWh를 생산하기 위해 취수되는 물의 양은 관류방식의 화석연

그림9 | 냉각방식에 따른 물소비량

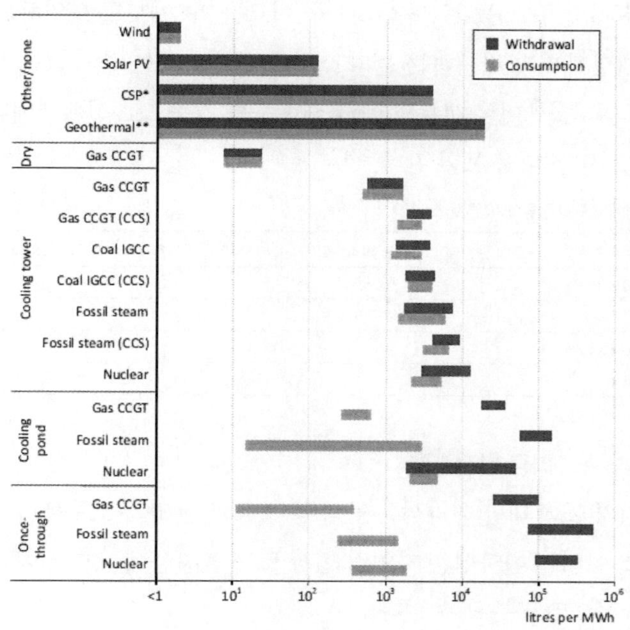


료 화력발전과 원자력발전으로 75,000~450,000리터에 이른다. 습식냉각을 통한 발전에 비해 약 20~80배가 넘는 물이 사용된다. 가장 적은 양의 물을 사용하는 발전은 효율성이 높기 때문에 냉각의 필요가 적은 열병합발전(Combined Cycle Gas Turbines)이다. 습식냉각방식을 통한 열병합발전은 MWh당 570~1,100 리터의 물이 소비된다. 아래 그림은 냉각방식에 따른 물소비량을 보여주고 있다.

그림에서 보는 것처럼 신재생에너지라고 해서 전통에너지에 비해 물소비가 낮지 않다. 풍력과 같은 경우는 물소비량이 미미하지만, 태양력이나 지열의 경우 취수량과 소비량이 상당하다. 신재생에너지가 투자대비 에너지 회수율이 낮다는 사실에 비추어 물집중도[220]가 오히려 높다는 결과도 보고되고 있다.[221]

---

220) 발전단위 당 물사용량

221) Ann E. Drobot, Transitioning to a Sustainable Energy Economy: The Call for national Cooperative Watershed Planning, Environmental Law (Summer, 2011) 721.

미국 서부 지역 주(州)들은 15~33%에[222] 이르는 RPS제도를 도입하고 있는 반면, 신재생에 따라 발생하는 물의 소비에 대한 고려는 하지 않는 문제가 지적되고 있다.[223] 미국 서부의 애리조나 주를 기준으로 신재생에너지에 대한 물소비량은 다음 표와 같다.[224]

표11 | 신재생에너지의 종류에 따른 물소비

| 신재생의 종류 | 습식 냉각에 소비되는 물소비량(Gallon/MWh) | 기타 물소비량(Gallon/MWh) |
|---|---|---|
| Solar Trough | 760-920 | 8 |
| Solar Tower | 750 | 8 |
| Photovoltaic Solar | 0 | 5 |
| Wind | 0 | 0 |

### 나) 물 부족에 따른 발전 제한

에너지의 물에 대한 취약성은 물의 양과 물의 질 양자 모두에서 나타난다. 그리고 이러한 취약성은 자연적 현상 또는 물사용에 대한 규제라는 정책에 의한 것으로 구분될 수 있다.

자연적 현상에 의한 취약성을 예로 들면, 취수를 위한 강의 수위가 낮아져 화력발전의 냉각용 취수가 어려워지는 경우 발전용량을 떨어뜨리거나 발전 자체가 불가능하게 되는 경우가 있다. 그리고 석유·가스 생산에 필요한 물이 부족한 경우 생산에 필요한 압력을 유지하지 못해 생산량 하락이 불가피하며, 기온상승에 따른 냉각효율의 감소로 인한 전력생산 감소 또는 발전중단이라는 결과에 이를 수 있다.

수자원에 대한 정책적 규제로 인해 에너지의 물에 대한 취약성이 발생하거나 강화되기도 하는데, 수권법의 체계·수자원의 할당체계 등이 그 예이다. 또한 최근에는 수자원에 대한 환경적 규제가 강화되면서 취수·처리·배수 등의 단계에서 환경기준이 제시되고 있으며 이를 맞추기 위해 추가

222) 애리조나 주는 2015년까지 15%, 캘리포니아 주는 2020년까지 33%의 목표를 설정하고 있다.
223) Maria O' Brien, Christina Sheehan, Water and Renewable Energy Generation in the Western United States – An Overview of Current Challenges and Opportunities (September 2012) 1.
224) Ibid, 2.

비용이 지출되고 있다.

에너지와 환경문제 특히 물에 대한 문제가 가장 심각하게 발생하는 에너지원이 셰일가스이며, 셰일가스의 개발과 관련하여 미국을 포함한 많은 국가들이 환경적 규제를 강화하고 있다. 아래 표는 물이 에너지 생산에 미치는 영향을 사례별로 정리하고 있다.

표12 | 물 부족이 에너지 생산에 미치는 영향의 사례

| 지역(연도) | 내용 |
|---|---|
| 전력생산 | |
| 인도(2012) | 몬순의 장기화 → 전력수요 증가 및 수력발전량 감소 → 2일간의 정전으로 6 억이 넘는 사람들이 불편을 겪음 |
| 중국(2011) | 양자강 유역의 강수량 감소로 수력발전량 감소 → 석탄 수요 증가 → 전력 수요감축 정책 및 순환정전 |
| 베트남, 필리핀(2010) | 엘리뇨 현상으로 수 개월간의 가뭄 심화 → 수력발전량 감소 및 전력 부족 |
| 미국 남동부(2007) | 가뭄으로 인해 테네시 벨리 수역관리청의 수자원보호를 위한 수력 발전 감축 및 화석·원자력 발전량 감축 결정 |
| 미국 중서부(2006) | 기온상승으로 인해 미시시피 강의 수온 상승 → 원자력 발전량 감소 |
| 프랑스(2003) | 기온상승으로 인해 원자력 4-5기에 해당하는 발전량 감소 → 약 3억 유로에 해당하는 전력 수입 |
| 1차 에너지원의 생산 | |
| 중국(2008) | 수자원 부족 지역에 건설된다는 이유 등으로 10 여 기의 석탄액화설비(CTL) 포기 |
| 호주, 불가리아, 캐나다, 프랑스, 미국 | 비전통가스 개발의 수자원 등을 포함한 환경훼손 우려로 추가 규제, 일부지역에서의 수압파의 중단 또는 금지 |

### 4) 에너지 생산에 필요한 물사용 예측

인류가 2010년 에너지 생산을 위해 취수한 물의 양은 5,830억 ㎥에 이르며, 이는 전체 취수량의 약 15%에 이르는 양이다. 또한 향후 에너지 생산에 필요한 물소비량의 예측은 에너지 공급의 계획에 따라 결정될 수밖에 없다.

아래 그림에서 보는 것처럼, 국제에너지기구가 가정하고 있는 시나리오 중 새로운 정책 시나리오를 기준으로 할 때, 2020년의 에너지 생산에 필요한 취수량은 약 6,900억 ㎥이며, 2010년에 비해 약 20%의 사용량이 증가할 것으로, 2035년을 기준으로 하면 2010년보다 약 35%의 사용량이 증가한 7,900 억 ㎥의 에너지 생산에 따른 취수가 이루어질 것으로 바라보고 있다.

한편 에너지 생산을 위해 사용되는 물의 소비량은 2010년 660억 ㎥에서 2035년 1,220억 ㎥로 2010년보다 약 두 배정도 증가할 것으로 예측하고 있다.

그림10 | 시나리오별 에너지 생산에 따른 물 사용(Billion Cubic Meter)

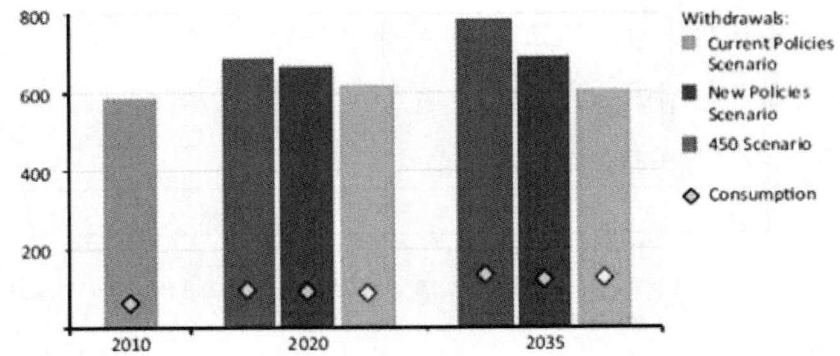


미국에서도 현재의 물과 에너지 소비를 기준으로 할 때, 2030년까지 2005년 소비량보다 7%가 넘게 증가할 것으로 예측되고 있다. 증가분 중 약 85%가 에너지 분야에서 발생한다는 것이 중요한 의미를 가진다. 즉, 2005년 에너지 관련 물사용량이 하루 약 120억 갤런이던 것이 2030년에는 약 180억 갤런으로 증가한다는 것이다. 화석연료 발전과 발전용 냉각에 사용되는 물의 양은 상대적으로 크게 증가하지 않는 반면, 신재생에너지의 개발에 따른 물의 소비량은 2005년 하루 150억 배럴의 소비량을 보이던 것이 2030년에는 530억 배럴로 급격히 증가한다는 예측은 미국의 물정책에서 중요한 고려사항이 되고 있다. 위 그림은 미국의 물소비량 변화를 보여주고 있다.

그림11 | 미국의 물소비 예측(Billion Gallens Per Day)

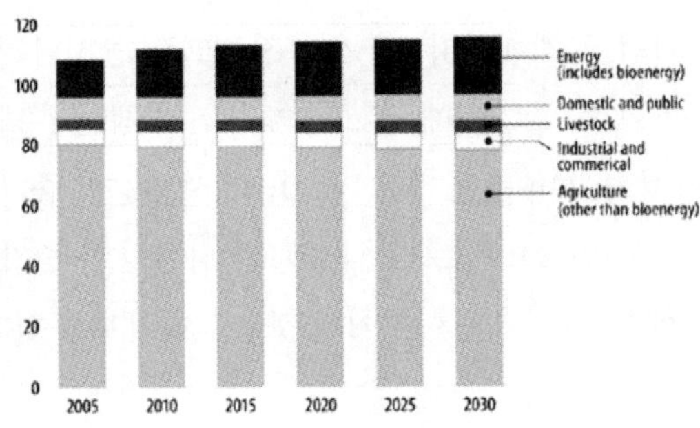

### 5) 물의 생산·처리와 에너지

미국에서 생산되는 전력의 2~3%가 물과 관련하여 소비되고 있는 것으로 보고되고 있는데, 전체 에너지 소비 비중은 10%에 이른다.[225] 통상적으로 지표수의 개발이 지하수보다 30% 이상 저렴하며, 더 깊은 지하수의 개발에 따라 수자원 개발의 에너지 집중도가 높아져 갈 것이다.

물 생산과 관련하여 에너지 소비가 가장 많은 부분이 해수담수화이다. 해수담수화에 필요한 에너지의 양은 해수의 질·관련 기술·국가의 수질기준 등에 따라 다를 수밖에 없지만, 물을 수입하는 것보다 훨씬 더 많은 에너지가 소비되는 것으로 확인되고 있다.[226] 담수화를 위해 소비되는 전력은 1년에 1 ㎥ 당 0.38 kWh 정도로 염분이 있는 지하수의 담수화에 필요한 0.26 kWh보다 훨씬 높은 것으로 나타났다.[227]

한편, 물의 생산 외에 하수처리에서도 상당한 정도의 에너지가 소비된다. 필터링이나 활성 슬러지의 처리 등은 물론, 높은 수질기준을 맞추기 위해 추가적인 기술이 도입되는 경우 이에 따라 더 많은 에너지가 소비될 수밖에 없다. 다음 표는 미국에서 물의 생산 및 하수처리에 소비되는 에너지를 보여주고 있다.[228]

표13 | 미국에서 물의 생산 및 하수처리에 소비되는 에너지

| | 처리 방법 | 에너지 소비량((kWh/Million Litters) |
|---|---|---|
| 물 | 지표수 | 60 |
| | 지하수 | 160 |
| | 염분이 있는 지하수 | 1,000-2,600 |
| | 해수 | 2,600-4,400 |
| 하수 | 살수 여상법(Trickling Filter) | 250 |
| | 활성 슬러지(Activated Sludge) | 340 |
| | 질산화를 포함하지 않은 고도처리 | 400 |
| | 질산화를 포함한 고도처리 | 500 |

225) UNESCO, Managing Water under Uncertainty and Risk (2012) 57.

226) Ibid.

227) Ibid.

228) Ibid, 58.

인구의 증가와 경제발전에 따라 물에 대한 수요는 지속적으로 증가할 것이기 때문에, 더 깊은 지하수 개발 또는 해수의 담수화를[229] 위해 더 많은 에너지가 필요하게 될 것이다. 특히 중국과 인도 등 신흥개발도상국에서의 물 사용 증가에 따른 에너지 소비 증가는 새로운 도전으로 다가오고 있다.

### 다. 에너지 생산을 위해 소비되는 물의 증가와 수리권

비록 물과 에너지에 대한 예측은 하고 있지만, 그 예측이 얼마나 정확하게 들어맞을지는 장담할 수 없는 상황이다. 미국에서는 2011년 7월 에너지와 물에 대한 정확한 정보를 수집하기 위해 연방 상원에 관련 'Energy and Water Integration Act of 2011' 법안이[230] 제출되어 있는 상태이다. 아래에서는 에너지와 물소비 문제를 중심으로 하는 법적 쟁점과 제도적 보완방안들에 대해 살펴본다.

#### 1) 에너지 생산을 위해 소비되는 물의 증가가 수리권법체계에 미치는 영향

기존 수권법의 체제는 기후변화와 이로 인한 에너지 소비 패턴의 변화 및 신재생 에너지원의 수요 증가 등 다양한 원인으로 인해 변화에 직면해 있다.

에너지 생산을 위해 추가적인 물의 소비가 요구된다면, 물리적으로 늘어나는 소비를 충족할 정도의 물이 공급될 수 있는가의 문제가 제기되며 수권법은 이런 문제에 대한 법제도적 해결책을 제시할 수 있어야 한다. 결국 기존의 수권법 체계가 이를 해결할 수 있는지 아니면 새로운 법체계가 형성되어야 하는지의 문제가 심각하게 제기될 수밖에 없다.

수권법체계에서 가장 특징적인 것은 다른 사법(私法)상의 권리들과 달

229) 이런 방식의 물 생산을 비전통적(Unconventional) 물 생산이라고도 한다.

230) 법안명은 'An original bill to provide for the conduct of an analysis of the impact of energy development and production on the water resources of the United States, and for other purposes' 이다.

리 물에 대한 권리는 합리성과 상호성이 강하게 인정되고 있다는 점이다.[231] 왜냐하면 물은 모두에 의해 공유되어야 하는 특성을 가지고 있기 때문이다. 연안토지소유권의 원칙·선점의 원칙 모두 상호 의존성을 인정하고 있으며, 특정인의 권리는 다른 사람의 유사한 권리에 의해 제한될 수밖에 없다. 동시에 물은 인류의 생존에 반드시 필요한 독특한 재화이다. 이로 인해 물에 대한 공공성이 강조되고 있으며, 국가가 수권의 취득·실현·이전 등에 대한 규제에서 상당히 광범위한 재량을 가질 수 있다.

에너지에 사용되는 물의 공급이 원활하지 못하게 되는 경우 전력의 공급에 문제가 발생하여 국가경제와 국민들의 삶에 심각한 타격을 줄 수도 있다. 그리고 전력공급의 문제는 바로 물공급의 문제와 직결되게 된다. 결국 국가안보를 위협하는 심각한 원인이 될 수도 있다는 것이다.

기존의 수권보유자와 새롭게 물에 대한 권리를 주장하게 되는 에너지사업자 사이의 갈등을 어떻게 해소할 것인가의 문제는 현행 법체계 내에서 기득권자와 새로운 공익적 필요에 대한 균형을 찾을 수 있느냐의 쟁점으로 정리될 수 있다. 극단적인 사례로 강수량이 부족해서 강물의 수위가 낮아지는 경우, 연안토지소유권의 원칙에 따른 민법상의 공유하천용수권자가 농업을 위해서 끌어 쓰던 물에 대한 권리와 전력을 생산하기 위해 물을 소비해야 하는 발전사업자 사이의 갈등이 발생하게 된다. 발전사업자도 하천법 제50조에 따른 하천수 사용허가를 받았기 때문에 양 권리는 상충할 수밖에 없다.

캘리포니아, 네브래스카 등 연안토지소유권의 원칙을 따르고 있는 미국의 일부 주에서도 이런 문제가 제기되고 있으며, 이렇게 발생하는 균형의 문제를 해결하기 위한 기준으로 불법행위에 대한 제2차 리스테이트먼트(Restatement(Second) of Tort) 제850A조가[304] 제시되고 있다.[305] 이에 따르면,

---

231) 류권홍, 물 인권과 수리권, 물과 인권 (2012) 308면,

232) Section 850A Reasonableness of the Use of Water

The determination of the reasonableness of a use of water depends upon a consideration of the

물 사용의 목적, 사용방법의 적절성, 경제적 가치, 사회적 가치, 유해 정도, 유해한 결과의 회피 가능성, 기존 권리의 보호, 기존 권리자가 손실을 감수해야 할 정당성 등이 기준이다.

한편, 우리나라는 하천법 제53조에[234] 하천수사용의 조정에 대한 규정을 두고 있다. 하지만, 하천법 제53조는 하천법에 따라 허가받은 허가수량의 조정에 관한 근거규정일 뿐, 민법의 공유하천용수권과 하천법상의 하천

---

interests of the riparian proprietor making the use, of any riparian proprietor harmed by it and of society as a whole. Factors that affect the determination include the following:

(a) The purpose of the use,

(b) the suitability of the use to the watercourse or lake,

(c) the economic value of the use,

(d) the social value of the use,

(e) the extent and amount of the harm it causes,

(f) the practicality of avoiding the harm by adjusting the use or method of use of one proprietor or the other,

(g) the practicality of adjusting the quantity of water used by each proprietor,

(h) the protection of existing values of water uses, land, investments and enterprises and

(i) the justice of requiring the user causing harm to bear the loss.

233) A. Dan Tarlock, Water Demand and Energy Production a Time of Climate Change, Environmental & Energy Law & Policy Journal (Fall, 2010) 344.

234) 하천법 제53조(하천수 사용의 조정) ① 국토교통부장관은 하천수의 상태가 다음 각 호의 어느 하나에 해당하여 하천수의 적정관리에 지장을 줄 경우에는 하천수 사용자의 사용을 제한하거나 제50조에 따른 허가수량을 조정하는 등 필요한 조치를 할 수 있다. 〈개정 2009.4.1, 2013.3.23〉

1. 기준지점에서의 하천유지유량 확보가 곤란한 경우
2. 가뭄의 장기화 등으로 하천수 사용 허가수량을 조정하지 아니하면 공공의 이익에 해를 끼칠 우려가 있는 경우
3. 하천수의 사용자가 유효기간 안에 이를 사용하지 아니하거나 허가수량보다 국토교통부령으로 정하는 비율 이하로 사용한 경우
4. 그 밖에 허가된 하천수의 사용이 곤란하게 된 경우

②국토교통부장관은 제1항에 따라 허가수량을 조정하려는 경우에는 중앙하천관리위원회의 심의를 거쳐야 한다. 〈개정 2009.4.1, 2013.3.23〉

③국토교통부장관은 제1항에 따라 허가수량을 조정하기 전에 지역주민 등의 의견을 반영하기 위하여 대통령령으로 정하는 바에 따라 하천수조정협의회를 구성 · 운영할 수 있다. 〈개정 2009.4.1, 2013.3.23〉

④국토교통부장관은 제1항에 따라 허가수량을 조정한 경우에는 하천수 사용허가를 받은 자 및 댐등의 설치자에게 이를 통보하여야 한다. 〈개정 2009.4.1, 2013.3.23〉

수사용허가권에 따른 권리의 상충을 조정할 수 있는 기준은 아니다. 즉, 미국의 리스테이트먼트와 같이 하천부지소유권의 원칙에 따른 수권과 다른 수권의 갈등 조정을 위한 기준이 아니라, 일방적으로 하천법에 따른 허가권자에 대한 수량 조정할 수 있는 제한적인 권한을 국토부장관에게 부여하고 있을 뿐이다.

19세기 후반 미국 서부의 대규모 농업과 광업의 발달에 따라 선점의 원칙이 형성된 것처럼 물의 사용형태의 변화에 따라 수권에 대한 원칙 또한 진화해오고 있는데,[235] 우리나라는 아직 선점의 원칙이 수용되고 있지 않고 있는 것으로 보인다.

하지만 에너지 특히, 발전으로 인해 물의 소비가 증가하고 이에 따라 물을 둘러싼 분쟁의 발생이 예상되기 때문에 어떻게 합리적으로 이 분쟁을 해결할 것인가에 대한 제도적 고민이 뒤따라야 한다.

물론 이런 제도적 보완 이전에 에너지에 필요한 물과 물에 사용되는 에너지에 대한 정확한 자료의 분석이 필요하기 때문에 국가차원에서의 통계와 분석을 위한 선행적 노력이 요구된다. 이런 분석 틀 속에서 분쟁의 발생 가능성이 있을 때 국가가 어떻게 수자원을 효율적으로 분배할 것인지 제도적 방안을 찾을 수 있게 될 것이다.

제도 수립의 기초가 되는 정보는 수원지 또는 취수지의 상태, 수원의 질과 양, 에너지와 관련된 물소비량 등을 포함해야 하며, 모든 정부기관들이 정보의 정확성을 확보하기 위해 협조해야 한다. 또한 명확한 언어와 정보의 신뢰성을 검증할 수 있도록 책임 있는 주체도 명시되어야 할 필요가 있다.[236]

### 2) 에너지 생산과 수자원의 지속가능성을 위해 필요한 제도

수자원과 에너지에 대한 정확한 정보 및 분석이 이루어진 후 필요한 조

---

235) 류권홍, 위 주석 231), 312-313면.

236) Carey W. King, Ashlynn S. Stillwell, Kelly M. Twomey, Michael E. Webber, Coherence between Water and Energy Policies, Natural Resources Journal (Spring, 2013) 173.

치는 통합 수자원관리체계(Integrated Water Resource Management)의 구축이다. 통합 수자원관리체계는 다양한 이해관계자 사이에서 효율적으로 수자원을 분배하는 방법으로 받아들여지고 있다.[237]

캐나다 앨버타 주에서의 샌드 오일(Sand Oil) 생산의 경우가 통합관리의 좋은 사례로 받아들여지고 있는데, 특히 수질과 야생동물의 보호를 위한 법과 제도가 구축되어 있다. 예를 들어, 강물의 저수위 기간 동안에는 최소한의 환경적 흐름을 유지하기 위해 샌드 오일 생산을 위한 취수량을 제한하는 합의가 실현되고 있다.[238]

미국에서도 역사적으로 에너지와 관련된 정책적 판단에서 물에 대한 고려가 이루어지지는 않았으며, 최근의 기후변화 등으로 인한 물부족 현상으로 인해 물과 에너지에 대한 정책이 새롭게 형성되어야 한다는 자각에 이르게 되었다. 즉, 물과 에너지를 통합하는 지속가능성에 초점을 두게 된 것이다.

미국뿐만 아니라 우리나라도 현재까지의 에너지 정책은 기후변화·에너지 독립과 안보·신재생에너지라는 세 가지 축을 중심으로 구성되어 있다. 한편으로는 물집중도가 높은 신재생에너지에 대한 정부 차원의 지원으로 인해 물 부족 현상을 심화시키고 있기도 하다. 또한 우리나라에서는 심각한 전력부족으로 인해 신규발전소들이 급격히 건설되어야 하는 상황이다. 하지만 신재생 또는 발전소의 건설단계에서 이로 인해 수자원에 미치는 영향과 해결 방법을 사전에 찾도록 하는 제도적 준비가 되어 있지 못한 것이 현실이다. 따라서 에너지 관련 정책의 수립과 집행에서 수자원에 대한 영향의 평가 및 대책을 반영하도록 하는 제도적 뒷받침이 필요하다.

또한 수자원에 대한 정책을 수립함에 있어서 에너지 문제를 간과하는 경향이 있다. 하지만 미국의 경우, 이 문제를 해소하기 위해 2009년 Omnibus Public Land Management Act가 제정되면서 이를 통해 국가 수자원 유용성 및 사용 평가 프로그램(National Water Availability and Use Assessment Pro-

237) Ibid.

238) Ibid.

gram)을 내무부(Department of Interior)를 통해 실행하도록 하였다.

프로그램에 따르면 주무장관으로 하여금 수자원의 유용성에 대한 지속적인 평가를 시행하도록 하고 있는데, 이런 평가의 목적 중 하나로 에너지 생산에 필요한 수자원의 유용성을 예견할 수 있는 능력을 개선하기 위한 기반을 구축하는 것이 제시되어 있다.239)

우리나라도 에너지와 물관련 정책의 구축과 실현에서 상호 관계를 이해하면서 통합적인 관리가 이루어지도록 제도를 구축하는 노력이 시급하게 요구된다.

지속가능한 에너지와 물정책의 실현을 위한 또 하나의 정책적 대안은 적응관리전략이다. 적응관리는 1970년대 이래로 전통적인 환경영향평가는 정적이고 결정론적이라는 비판이 제기되면서 발달된 개념으로, 생태계는 정적인 것이 아니라 동적이기 때문에 이와 관련된 결정은 지속적으로 재평가되어야 하며 새로운 정보에 따라 변화해야 한다는 것이다. 물과 에너지에 관련된 정책에서도 적응관리전력이 채용되어, 물과 에너지에 대한 현상 변화에 따라 탄력적이고 동적인 관리가 가능한 시스템이 구축되어야 할 필요가 있다.240)

---

239) Omnibus Public Land Management Act SEction 10368. National water availability and use assessment program

(a) Establishment

The Secretary, in coordination with the Advisory Committee and State and local water resource agencies, shall establish a national assessment program to be known as the "national water availability and use assessment program"–

(1) to provide a more accurate assessment of the status of the water resources of the United States;

(2) to assist in the determination of the quantity of water that is available for beneficial uses;

(3) to assist in the determination of the quality of the water resources of the United States;

(4) to identify long-term trends in water availability;

(5) to use each long-term trend described in paragraph (4) to provide a more accurate assessment of the change in the availability of water in the United States; and

(6) to develop the basis for an improved ability to forecast the availability of water for future economic, energy production, and environmental uses.

240) 'Normative Flow Studies' 처럼 생태계와 강 수위와의 관계를 연구·조정하는 노력도 적응관리 방식의 하나이다. King's County에서의 관련 사례는 〈http://www.kingcounty.gov/environment/watersheds/general-information/normative-flow-studies.aspx〉를 참조하면 된다.

## 5. 스마트워터그리드 도입을 위한 법제

### 가. 기후변화와 스마트워터그리드의 필요성

물부족 등 물로 인한 위기는 이제 세계 모든 국가가 직면한 상시적인 위기 중 하나가 되었다. 따라서 물로 인한 재해로부터 국민의 생명, 건강과 재산을 보호하고, 국민을 안전하게 지키는 것이야 말로, 국가와 지방자치단체가 최우선적으로 해야 할 책무라고 할 수 있다.

더 나아가, 물 위기와 물 문제를 해결하기 위한 확실한 물관리를 위해 단순히 소극적인 방어 전략에서 탈피하여 국가경쟁력 내지 새로운 성장동력의 확보라는 차원에서 새로운 물관리 전략을 수립해야 한다. 그래서 스마트 물관리 기술과 산업의 발전을 통해 세계 물시장을 개척하고 이를 선도함으로써 물관리 전략이 성장과 경제 활성화에도 기여할 수 있도록 물관리에 대한 미래지향적인 패러다임을 가질 때가 되었다.

물관리 정책은 대전환기를 맞고 있고, 그 중심에 '스마트워터그리드'(Smart Water Grid)가 있는데, 스마트워터그리드의 핵심은 체계적인 스마트 물관리 시스템을 구축하는 것이라고 할 수 있다. 이는 통합적인 관점에서 부처·기관, 공공기관, 민간 관련 기관·단체, 이해 관련 단체, 기업과 일반국민이 모두 스마트 물관리의 중요성에 대한 공감대를 갖고 인식을 공유하면서 함께 참여하는 거버넌스와 이러한 협업 체제가 안정적으로 잘 작동하는 새로운 물관리 시스템을 구축하는 것을 의미한다.

스마트 물관리가 성공하려면 우선, 스마트 물관리를 위한 지능형 첨단 정보통신기술의 개발과 발전이 필요하고, 또한, 다른 하나는 통합적인 물관리와 이를 위한 협업 체제를 법제화하여 물관리에 관한 효과적이고 선도적인 법제도를 구축하는 것이라고 할 수 있다.

최근 주요 정책의 대부분이 법제화 되어 시행되고 있는데, 이는 물관리

부문에서도 예외가 아니다. 물관리와 관련된 법령도 「하천법」과 「지하수법」 등 수량 관리 중심의 법령, 「자연재해대책법」 등 재해 예방 중심의 법령, 「물의 재이용 촉진 및 지원에 관한 법률」과 「수질 및 수생태계 보전에 관한 법률」 등 물 환경과 수질 관리 중심의 법령 등 물관리와 관련한 여러 분야에서 다양한 개별 법령이 입법되어 있다.

그런데 문제는 물관리와 관련한 개별 법률에 따라 물관리 관련 업무가 여러 부처·기관에 분산되어 수행되고 있고 그 결과, 수량·수질 관리사업 사이의 연계가 부족하고 종합적인 관점에서 소관 부처·기관 간 업무의 통합과 조정이 어려워, 필요한 투자는 부족하고, 불필요한 부문에서는 중복·과잉 투자의 문제까지 발생되고 있다는 것이다. 이런 점에서 국가 차원의 스마트 통합 물관리를 선도할 새로 스마트워터그리드 시스템과 함께 이를 원활하게 지원할 새로운 스마트 물관리 법제의 구축이 시급하게 필요한 시점이 되었다.

물관리 법제의 핵심은 통합적인 물관리가 가능하도록 가칭 「물관리 기본법」[315]과 스마트 물관리를 위한 기본법을 각각 별도의 법률을 각각 제정하거나, 양자가 합쳐진 통합 법률을 제정하는 것이다. 아울러 스마트 통합 물관리의 관점에서 「하천법」, 「수도법」이나 그 밖에 물의 관리, 순환, 재생 등과 관련한 개별 물관리 법령을 새롭게 정비·보완하는 것이다.

이렇게 함으로써, 기후변화에 따른 홍수와 가뭄을 관리할 수 있고, 깨끗한 물과 쾌적한 하천 환경을 확보하기 위한 갈등 해소에도 적절히 대응할 수 있으며, 관련 부처와 기간·단체 간 원활한 업무 조정 아래, 물관리 정책과 업무의 일관성과 효율성을 높여 합리적인 물 순환 체계를 확립할 수 있게 될 것이다.

또한, 지능형 물관리를 통해 물 관련 재해를 예방하고 재해에 대처할 수 있음은 물론, 물관리 관련 산업을 선도적으로 발전시켜 그것이 우리나라의

241) 2014년 9월 현재, 국회에 함진규 의원(10명) 대표 발의로 「물관리 기본법안」이 발의(2013. 2. 5.)되어 국토교통위원회에 계류되어 있는 상황이다.

경제에도 큰 활력으로 작용할 수 있게 될 것이다.

## 나. 스마트워터그리드의 개념과 기대 효과

### 1) 스마트워트그리드의 개념

'스마트워트그리드' '란 물의 생산·배분·관리·소비 등의 과정과 연계된 물관리 시스템에 첨단의 과학기술과 정보통신기술(ICT)을 융합하여 실시간 지능형의 통합 물관리와 관련 정보의 공유가 가능하도록 설계하여 물 공급망의 안정성, 안전성과 효율성을 높인 차세대 토탈 물관리 시스템을 말한다.[242)]

한마디로, 기존 물관리 시스템에 ICT를 융합하여 기존 한계를 극복하는 차세대 물관리 시스템으로 다양한 수원(水源)을 효율적으로 배분·관리·운송함으로써 지역 간의 수자원 불균형을 해소할 수 있는 미래형 물관리 기술이다.

한편, 첨단 정보통신기술(ICT)을 활용하여 지표수(하천이나 저수지 등으로부터 취수된 물), 하수처리 재이용수, 빗물 활용 등 다양한 수자원을 효율적으로 생산, 수송, 저장, 배분, 관리하는 지능형 물관리 시스템을 말하는데, 이는 수자원의 공간적·시간적 불균형을 해소하고, 적용 규모별로 수자원 활용의 효용을 증대시키는 시스템으로서 지능형 물관리 시스템이라고도 말한다.[243)]

이러한 스마트워터그리드는 실시간 모니터링을 바탕으로 다양한 수원(水源)을 활용하는 지능형 다중수원(多重水源) 시스템으로 발전되고 있다. 특히, 스마트워터그리드 시스템의 핵심 개념이라 할 수 있는 '다중수원 워터

---

242) 서진석 · 김동환 · 김영화 · 한국헌 · 염경택, "스마트워터그리드 추진을 위한 다중수원 워터루프 시스템 관련 법제도 개선방안" 1면 참조.

243) 최계운 · 김주환 · 박수완 · 이호선 · 최진탁 · 편저, 「스마트 워터 그리드 기초 용어사전」, 양서각, 2013. 10. 80면.

루프(MWS: Multi Water Sources) 시스템' 은 기존의 댐, 호수, 하천 등과 같이 단일 수원 위주의 물 공급원에서 벗어나 취수 가능한 수자원을 이용할 수 있는 순환형 워터루프 시스템으로 어느 지역 내에 존재하는 다양한 수원을 이용하여 집수지에 취수된 물을 수요자의 요구에 적합하도록 맞춤형으로 블렌딩 처리하여 수요처까지 공급하는 중규모 연계관망(Macro water grid) 시스템을 의미한다.[244]

### 2) 스마트워터그리드의 추진 배경

#### 가) 기후변화 등에의 대응과 새로운 통합 물관리 전략의 등장

스마트워터그리드를 추진하게 된 것은 기후변화의 영향을 고려하는 가운데 그에 선제적으로 대응할 필요성이 커졌기 때문이다. 기후를 둘러싼 새로운 환경변화로 인해 인류는 물, 에너지, 식량과 관련한 위기 상황에 처해질 수 있게 되었고, 물과 관련해서 기후변화는 강우 패턴의 변화를 가져오고, 그 결과 홍수와 가뭄의 불확실성이 더욱 증가되어 물관리 환경이 악화되면서 그에 대한 선제적인 대응의 필요성이 증가하고 있다.

이는 재해의 측면에서 볼 때에도 마찬가지인데, 최근 수십년 동안 물로 인한 재해가 심각해져, 자연재해로 인한 사망자와 재산피해가 모든 재해의 반이 넘고 있고 그 비율은 갈수록 높아지고 있다고 한다. 이런 점을 고려하더라도 이제 물 관리를 통한 재해 예방이 어떤 다른 재해 대책보다도 중요하게 되었다고 할 수 있다.

다음으로, 새로운 통합 물관리 전략이 등장했고 이를 도입할 필요성이 강조되어 스마트워터그리드의 추진 요구가 커지게 되었다. 물은 상류에서 하류로 흐르면서 연속적으로 상호 영향을 주는 유역단위의 유기체로서 통합 관리되어야 하지만, 그동안 기능별·시설별로 관리되면서 그 효율성과 형평성 등의 점에서 문제가 발생되어 왔다.

---

244) 서진석·김동환·김영화·한국헌·염경택, 위 주석 242), 4면.

그러다 보니, 광역상수도와 지방상수도 간 중복·과잉 투자가 발생되고, 댐 상류·하류의 제한 사항으로 정상적인 홍수 조절이 곤란하게 되는 등 문제가 발생해 왔던 것이다. 아울러 개별적인 물관리 체계와 분산된 이해관계자들로 인해 물 값 분쟁, 물 배분상의 갈등, 댐 노후화, 도시 침수의 증가 등 물관리를 둘러싼 현안이 누적되어 왔다.

이런 점들을 고려하면, 이제는 통합 물관리(IWRM: Integrated Water Resources Management)가 필요하다고 할 수 있는데, 통합 물관리는 수량, 수질, 생태, 토지, 문화를 고려하여 효율이 극대화되는 유역단위 등을 기준으로 수자원을 통합적으로 관리하는 것을 말한다. 통합 물관리는 현재 세대와 미래 세대가 함께 풍요롭고 안전한 물 이용 혜택을 누리기 위한 미래 지향적인 물관리 모델이라고 할 수 있다.

#### 나) ICT 융합 기술 등의 활용 · 선도를 통한 세계 물시장의 개척

스마트워터그리드를 적극적으로 추진하게 된 배경 중 중요한 것은 우리나라의 강점인 ICT 융합 기술을 물관리 부문에서 충분히 활용할 수 있다는 것을 확인했다는 것이다.

우리나라는 좁은 국토에 70%가 산지로 되어 있고, 연 강수량의 약 70%가 여름에 집중되고 있는 상황에서 가뭄·홍수에 대비한 물안보 차원의 대응이 긴요한 실정이다. 이런 상황에서 최근에는 물 생산자와 물 소비자 간에 정보통신기술(ICT)을 기반으로, 모든 과정에 대한 실시간 관리 체계에 관한 기술 능력이 확대되고, 이에 대해 국회는 물론, 관련 여러 기관·단체와 사업자의 관심이 커지고 있어 세계 최고로 안전하고 지능적인 스마트워터그리드 시스템의 발전을 위한 환경이 조성되고 있다고 할 수 있다.

또한, 스마트워터그리드의 기술을 발전시켜 세계 물시장을 개척할 필요성에 대한 공감대가 확산되어 스마트워터그리드 추진에 관심이 모아지고 있다. 세계 물시장은 2025년에 약 1천조원 수준이 될 것으로 보이는데,

창의적 아이디어를 동원한 융합 신기술을 토대로 우리의 스마트워터그리드 기술을 크게 발전시키고, 그 스마트워터그리드 기술이 세계의 해당 부문을 선도하여 스마트워터그리드 분야의 국제 표준화[245]도 주도할 필요가 있다는 데에 대한 공감대가 커지고 있다.

### 3) 스마트워트그리드의 기대 효과

스마트워터그리드는 기존의 물관리 시스템의 한계를 극복하는 차세대 물관리 시스템으로 부각되고 있다. 따라서 이 시스템이 구축되면 물의 생산과 처리 효율의 향상, 비용과 에너지 절감, 시설의 체계적·예방적인 관리, 수자원의 관리와 지역 간 불균형 해소, 물안보 확보 등의 다양한 효과가 기대할 수 있고, 스마트 물관리 차원에서의 접근이 그러한 효과를 극대화시킬 수 있을 것이다.

스마트워터그리드는 물관리의 새로운 패러다임을 제공하는 것이다. 스마트워터그리드를 통해 처음에는 성공적인 물관리가 쉽지 않을 수도 있겠지만, 스마트워터그리드의 장점을 살려 물 문제에 대해서 유연하면서도 받아들여질 수 있으며 매우 신속한 일련의 실행 방안들과 시스템을 발전시켜 나가야 한다. 이를 위해 스마트워터그리드는 물 관련 시스템에 일정 수준의 지능을 주입시킬 수가 있는데, 그것은 물과 관련한 문제를 찾아내고 그러한 문제를 충분히 완화시키면서 우리에게 즉시 취해야 할 조치와 관련하여 필요한 정보를 주게 될 것이다.[246]

최근에는 스마트워터그리드 SOC라는 개념도 등장하고 있는데, 물관리에서 정보통신(ICT) 기술을 활용하여 물관리와 관련한 사회기반시설(SOC)을 스마트(Smart)화 할 수 있다는 것이다. 다시 말해서, 스마트워터그리드를 통해 물관리와 관련한 사회기반시설의 효율성을 크게 높이고 그 기능을 다

245) 2015에 대구에서 개최될 제7회 세계물포럼 등에서 스마트워터그리드 기술과 관련한 국제 표준화 문제 등이 논의될 예정이다.

246) Trevor Hill and Graham Symmonds, 「The WATER GRID FOR WATER」, Advantage, 2013. p.28.

양화·극대화할 수 있다는 것이다.[247]

이렇게 물관리를 통해 이제는 물산업을 국가의 신성장 동력으로 육성할 수 있는 토대가 마련되고 있다. 즉, 물산업을 국가 브랜드산업으로 육성하기 위한 핵심 전략으로서 정보통신기술을 결합한 새로운 융합형 물관리 기술, 즉 스마트워터그리드가 필수적이다. 세계최고 수준의 국내 정보통신기술과 기존의 수자원 및 상하수도 관리 기술을 결합한다면, 독자적 기술 개발을 통해 세계시장에서 경쟁할 수 있는 브랜드 가치를 가질 수 있을 것이다.[248]

### 다. 주요 국가의 물관리 정책과 법제화 동향

#### 1) 주요 국가의 정책과 법제화의 추진 방향

세계 주요 국가들은 기후변화에 효과적으로 대응하기 위해, 다양한 물관리 시스템을 유지하고 있다. 크게 보면 미국과 일본의 경우에는 물관리 다원화 시스템을 유지하고 있다. 다만, 수질과 수량 관리 업무를 극단적으로 이원화해서 관리하고 있는 것은 아닌 것으로 보인다. 미국과 일본의 경우에는 국가 차원에서 물관리를 주도하는 부처를 두면서, 통합적인 물관리를 하고, 환경 부처는 수질기준을 설정하고 그에 대한 규제 기능만 수행하는 것으로 파악된다.

반면에, 영국, 독일, 프랑스 등의 EU 국가는 물관리 통합시스템을 유지하고 있는데, 싱가포르의 환경수자원부 등을 제외하면 하나의 부처에서 물관리 업무를 전체적으로 일원화해서 수행하는 사례는 거의 없는 것으로 보인다. 다만, 물관리 통합시스템하에서 중앙 정부는 물관리와 관련한 장기적인 전략·계획과 정책적인 지침 수립에 집중하고 있다.

---

247) 김동환.박경혜.민경진, "IT 융합을 통한 스마트 워트그리드 추진방안에 대한 연구", 「디지털 정책연구」, 제11권 제7호, 2013. 2면 참조.

248) 김동환·박경혜·민경진, 위 주석, 4면.

주요 선진 각국은 스마트워터그리드 기술의 개발과 상용화를 서두르고 있고, 첨단의 융합 신기술인 스마트워터그리드 기술을 활용하여 통합적이고 스마트한 물관리 체계의 구축을 추진하고 있다. 그리고 이러한 스마트워터그리드 시스템으로의 전환과 새로운 기술·제품·서비스 등의 원활하고 신속한 시장출시 등을 위해 물관리 관련 법제의 개편에도 적극적으로 관심을 보이면서 관계 법령의 정비를 서두르고 있다.

### 2) 주요 국가별 정책과 법제화 동향

#### 가) 미국

미국은 기후변화 등에 대응한 물관리 대응 조직과 조사·연구 활성화를 위한 법제를 마련해 가고 있다. 기후변화 등의 영향으로 수자원 여건이 나빠지고, 물관리 대책의 필요성이 크게 제기됨에 따라 연방정부 차원의 대책이 필요하다는 점이 강조되어 왔다. 이에 따라 2009년에는 「21세기 수자원 위원회 설치 법안」을 연방의회에 제출하였고, 「수자원분야 조사·연구 활성화 법안」이 연방 하원의회를 통과하였다.

미국에서의 스마트워터그리드는 정부와 민간 차원에서 모두 도입이 추진되고 있다. 정부 차원에서는 스마트워터그리드를 국가 단위의 효율적인 수자원 공급 네트워크를 구축하는 방향으로 추진하고 있으며, 민간 차원에서는 수자원과 수질관리를 위한 센서 네트워크를 구축하고, 지능형 검침 인프라를 중심으로 상수도 관리 시스템을 설치하고 있다. 정부 차원에서의 스마트워터그리드는 국가 전체의 수자원을 지능적으로 관리하는 도구로서 활용되고 있다.[249] 미국은 하나의 강을 둘러싸고 홍수와 물 부족이 함께 발생되고 있는 경우가 많아 비용편익분석을 거쳐 관로를 통해 국가 차원의 수자원 이송계획을 수립하기도 했다.

미국은 the Pecan Street Project 등 스마트그리드와 연계한 스마트워터

249) K-water 연구보고서, "스마트워터그리드 관련 법제도 개선방안 연구", 2014. 7. 5면.

그리드에 중점을 두고 있고, National Smart Water GridTM과 같은 광역 수자원의 지능형 관리를 추진해 오고 있다. 또한, Smart Water Grid Initiative를 출범시키고, 지능형 검침 인프라(AMI: Advanced Metering Infrastructure)를 중심으로 한 상수도 관리 시스템을 구축했고, 스마트 전력그리드를 이용하여 물관리 기술의 에너지 사용 최적화를 도모하고 있다.

민간 부문의 스마트워터그리드는 IBM이 주도하고 있는데, 그 3대 특성을 기능화(Instrumented), 연계화(Interconnected), 지능화(Intelligent)로 제시하고 있다.

미국의 대표적인 물 재이용 방식인 중수 이용은 농업관개용수와 산업용 수로의 재이용이 가장 활발하며, 해수 침입으로부터 지하수를 보호하기 위해 재충전수와 위락용수로도 사용되고 있는 중이다. 비록 음용수의 수요량이 증가하더라도 조경 관개용수와 소화전 용수 등과 그 밖의 비음용수를 중수로 전환 사용하는 경향이 더욱 증가하고 있다.

독립적인 상업 빌딩이나 산업시설에서도 화장실 수세 용수, 조경과 경관용 수로의 중수 이용은 증가 추세에 있다. 미국의 중수 관련 법규의 현황을 보면, 물의 재이용을 직접적으로 규정하는 연방법 또는 조례(Federal laws and regulations)는 없으나, 많은 주에서 물의 재이용에 관련된 자체 조례(State regulations)를 제정·운영하고 있다.[250]

나) EU

영국은 향후 핵심 수처리 5대 기술을 제시하고 있는데, 이에는 수자원 인프라 운영관리의 효율화와 물사용의 효율성과 측정 등을 포함하고 있다.

네덜란드는 물관리의 복잡성과 불확실성이 커짐에 따라 2007년부터 체계적인 적응 프로그램을 작동시키고 있다. 이를 통해 기후변화에 효과적으로 대비하고 물의 통합적인 관리를 도모하고 있는데, 2007년부터 2015년까지는 총 20억 유로 규모의 대단위 기후변화적응 프로젝트로 40가지 정책수

250) 스마트워터그리드추진단, "SWG 적용의 제약요건 분석 및 법제도 개선방안", K-water연구원 정책경제연구소, 2013. 12. 13~14면.

단이 패키지화된 종합 프로젝트인 "Room for the River"를 시행 중에 있다.

한편, 네덜란드는 기후변화에 대한 대비와 통합적인 물관리를 위해 법령의 통합을 추진해 오고 있는데, 2009년에는 수자원 관련 8건의 개별법을 통합하여 물기본법을 제정했고, 2010년 통합 부처인 'Ministry of Infrastructure and the Environment'을 창설한 바가 있다. 이 통합의 강력한 부처가 발족함에 따라 2011년 이후 델타기술을 기반으로 다양한 물 정책을 추진하고 있다.

다) 싱가포르

대표적인 물 부족 국가인 싱가포르는 물 공급의 위기를 극복하기 위해 공격적으로 수자원 확보 전략을 수립·추진해 오고 있다. '4 National Taps' 전략이 그것인데, 그 전략은 댐 건설을 통한 수자원 확보, 말레이시아로부터 원수 수입, NEWater, 해수담수화 등으로 이루어져 있다. 싱가포르 정부의 이러한 수자원 확보 전략은 Marina Barrage, NEWater Factory, SingSpring 해수담수화 플랜트 등 첨단기술이 집약된 다양한 물산업 플래그십 프로젝트를 탄생시키는 배경이 되었다.

싱가포르는 이러한 '4 National Taps' 전략과 이를 실현하기 위한 프로젝트를 통해 세계 최고 수준의 물산업 기술력을 축적하고, 전문 기술업체를 육성할 수 있었다. 싱가포르 정부는 2006년 '환경·물산업개발위원회(EWI)'를 설치하여, 2015년까지 싱가포르를 '글로벌 물산업 허브'로 발전시키는 전략을 추진 중에 있다. 2015년까지 세계 물시장의 3% 점유를 목표로 국가전략 차원에서 세계 물관련 허브 구축을 추진 중에 있다.[251)]

1970년에는 도시의 하수를 식수 목적으로 활용하기 위한 계획을 수립·시행하였다. 이것이 NEWater 프로젝트인데, 이는 수자원 자립 기반을 구축하는 데에 초점을 맞추고 있다. 선진화된 멤브레인 기술(전처리공정-초미

251) K-water 연구보고서, 위 주석 249), 7면

세 여과-역삼투압-자외선 살균으로 구성)을 이용하면서, 하수·폐수 재이용을 통해 식수와 공업용수를 공급하여 성공적인 수자원 자립 기반을 확립하고 있다. NEWater 처리수는 산업용수, 조경수 등으로 100% 재이용하고 있다.

2004년에는 국가사업으로 수처리 기술 연구개발 R&D센터를 설립했고, 세계적인 연구소, 대학, 기업들과 협력 강화와 유치활동 전개 등으로 국제적인 물 산업 허브 육성을 추진하고 있다.

라) 호주

호주는 지역 간의 물 부족 문제를 해결하기 위해 스마트워터그리드를 도입했는데, 퀸즐랜드주의 사례가 대표적이다. 퀸즐랜드주의 경우 수자원개발계획에는 수자원 확보를 위한 새로운 댐 건설과 기존 댐의 증축, 해수 담수화, 하수 재이용과 함께 광역상수도의 설치가 포함되었고, 결국 기후변화로 인해 크게 떨어졌던 물 공급이 어느 정도 안정성을 회복한 것으로 평가되고 있다.

호주는 Water Divide 문제를 해결하기 위해 SEQ Water Grid 프로젝트 추진하고 있다. 즉, 물이 남는 지역과 물이 부족한 지역을 연결하기 시스템으로서 스마트워터그리드를 활용한다. 스마트워터그리드를 통해 다양한 종류의 수자원을 다수의 시설로부터 확보할 수 있는 것으로 보고 있다.

지역 내 주요 물 공급원들과 수처리 플랜트 및 대용량 물 운반 네트워크를 연결하며, Seqwater, WaterSecure, LinkWater, SEQ Water Grid Manager 등 여러 기관이 역할을 분담하는 것이 특징이다.

마) 일본

일본은 '물제도개혁국민회의'가 결성되면서 「물순환기본법」에 대한 논의가 본격화되었고, 2014년 3월 이 법률안이 의회 중의원을 통과하여 2014년 7월 1일부터 「물순환기본법」이 제정·시행되고 있다. 일본은 「물순환기본법」의 시행으로 분산된 형태의 물관리 체계에서 유역단위의 통합적인 물관리의 입법적 여건은 마련해 두고 있는 상황이다.

수자원과 수량·수질을 포함한 하천관리, 상수도 등 물관리 업무 전반에 대해서는 국토교통성이 총괄적으로 수행하고 있다. 다른 부처는 기관 목적과 규제 기능에 따라 일부 업무를 담당하고 있는데, 예를 들면, 후생노동성은 상수도 업무를, 환경성은 수질과 환경보전 업무를, 경제산업성은 수력발전과 공업용수 관련 업무를, 농림수산성은 농업용수와 수원(水源) 정비의 업무를 담당하고 있다.

2011년 7월에는 국가 차원의 기후변화 대응을 위해 국토교통성의 경우 3개 국으로 나누어져 있던 물관리 업무를 하나의 대국(大局, 물관리·토지보전국)으로 통합하는 조직개편을 단행하는 등 물관리 조직을 대폭 강화하였다.

일본의 경우 통합적인 물관리를 위한 법률을 제정하기 위해 시민, 관계 전문가, 의원을 중심으로 10년 이상의 노력을 기울였고, 마침내 2014년에 「물순환기본법」의 제정·시행할 수 있게 되었다.

「물순환기본법」은 먼저 법의 목적, 물 순환의 기본이념, 국가와 지방자치단체, 사업자, 국민의 책무, 시책의 기본 방침, 물의 날(8월 1일) 지정, 연차 보고서 작성 등을 규정하고 있다. 또한, 정부는 물 순환에 관한 시책을 종합적이고 체계적으로 추진하기 위해 각의의 의결을 통해 '물 순환 기본계획' 을 수립하고, 물 순환 시책의 효과를 검토하여 5년마다 이 계획을 재검토하도록 하고 있다.

기본적인 시책으로는 빗물 침투 능력이나 수원 함양 능력을 가진 산림, 하천, 농지, 도시시설 등의 정비 시책을 강구하고, 물의 적정하고 유효한 이용 촉진을 위해 물 이용의 합리화와 효율적인 사용 노력을 촉진하고 물 순환에 영향을 미치는 물 이용에 대해 규제를 하며, 유역을 종합적·체계적으로 관리하기 위한 제도의 정비와 유역관리 시책에 지역 주민의견을 반영하는 조치를 담고 있으며, 건전한 물 순환에 관한 교육 추진, 민간단체 등의 자발적인 활동 촉진, 시책수립에 필요한 조사 실시, 과학기술 진흥과 국제 협력의 추진에 관한 사항을 담고 있다.

특히, 물 순환에 관한 시책을 집중적이고 종합적으로 추진하기 위해 내각에 '물 순환 정책본부' 를 설치하여, 물 순환 기본계획의 작성·실시와 관계 행정기관의 시책을 종합·조정하는 등의 역할을 수행하도록 했다. 이 '물 순환 정책본부' 는 내각총리대신을 본부장으로 하고, 내각관방장관과 물순환 정책 담당 대신을 부본부장으로 하며, 모든 국무대신으로 구성되는 본부원을 두도록 하고 있다.

### 라. 통합 지향의 스마트워트그리드와 거버넌스 협업 체계의 구축

#### 1) 분산된 물관리 기능의 통합과 종합적인 물관리

물관리와 관련하여 그 주체별로 행정 기능이 분산되어 있어, 소통 없이 유사한 사업을 중복적으로 추진하는 경우도 발생하는 등 행정 효율성이 저하되는 문제가 발생하고 있다.

현재 중앙 부처의 경우 물관리 업무를 담당하는 주요 부처만 5개인데, 주로 환경부의 경우 수질관리(지방상수도)를 총괄하고 있고, 국토교통부는 주로 수량관리(광역상수도)를 총괄하고 있다. 또한, 농림축산식품부는 농업용수의 관리를 주로 담당하고 있고, 안전행정부는 재난과 소하천 관리, 지방상수도 경영평가와 요금 정책을 주로 담당하고 있으며, 산업통상자원부는 발전용 댐을 관리하는 업무를 수행하고 있다.

이렇게 우리나라의 경우 물관리 체계가 5개 부처로 다원화되어 있어 정책의 연계성이 미흡하고, 부처 간 업무의 한계가 불분명하다. 그리고 업무 간 연계가 부족하여 때로는 중복적인 업무 수행의 문제까지 발생하고 있기 때문에 이러한 기능을 어떻게 통합적으로 수행할 수 있도록 할 것인가가 매우 중요한 문제로 대두되고 있다.

기후변화에 선제적으로 대응하기 위해 범국가적인 물관리 종합 대응 체계를 마련할 필요가 큰 상황에서 물관리 관련 기능을 통합하거나 서로 긴밀하게 연계할 수 있는 체계를 구축할 필요가 있다. 이런 점에서 물관리와 관련한 다양한 조정과 협력을 위해 극단적으로 각 부처·기관을 통합하여 그 기능을 통합하는 방안도 생각해 볼 수 있겠으나,[252] 각 부처·기관이 물관리 외에 다른 여러 가지 기능도 수행하고 있다는 점을 고려할 때, 이러한 방향의 통합은 신중하게 판단할 필요가 있다.

보다 현실적인 방안은 관련 부처·기관의 업무를 연계해서 종합적인 관점에서 조정해 줄 수 있는 상위의 심의·조정 기구를 설치하는 것이라고 할 수 있다. 이를 위해 그 근거 법령도 융합 법제적 차원에서 재검토하고 그 결과에 따라 수용 가능한 범위에서 조직 통합도 고려하는 방향으로 검토해 볼 필요가 있다.

아울러, 이러한 정책적 방향에 부응하는 하나의 중요한 수단이 스마트 워터그리드이다. 기후변화의 불확실성과 그로 인한 가뭄 등 자연재해를 고려할 때, 수자원을 안전하게 확보하고, 효율적으로 관리하기 위한 스마트 워터그리드 시스템으로의 이행이 필요하고, 이를 중심으로 한 별도의 법제 마련과 함께 관련 개별 법령의 전면적인 정비가 필요하다.

### 2) 협력·조정과 협업을 위한 물관리 거버넌스의 구축

이해관계자가 많고 자원 배분의 과정에서 다양한 참여자가 있는 경우일수록 중요한 결정이 참여와 정보 공유를 통합 합의(consensus)에 기초하여 이루어져야 하고, 그 결정과 그에 따른 업무의 수행은 투명하고 책임감 있게 진행되어야 좋은 거버넌스(Governance)[253]가 구축될 수 있다.

---

252) 현실적으로 가장 핵심적인 부분은 환경부와 국토교통부의 수자원 관리와 국토 관리 관련 기능을 통합할 필요가 있는지와 통합한다면 어떤 방식으로 하느냐 인데, 최근 네덜란드의 인프라환경부의 통합 사례의 사후적인 효과 분석을 참조하여 신중하게 판단해 볼 필요가 있다.

253) '거버넌스(governance)' 란 관련 행위자들의 상호의존 구조가 교환과 상호협력, 공통의 이해관계, 공유된 신념과 전문지식을 바탕으로 이루어진 공식 · 비공식 연계망을 갖춘 협력체계이

물론 정부도 여러 이해 당사자들 중 하나이고, 정책과정에서 이러한 거버넌스 참여자들 간의 이해를 조정하는 핵심적인 역할을 하게 된다. 스페인의 경우 2008년 환경부와 농림부를 통합한 농림환경부가 물관리의 주된 거버넌스로 활동하고 있고, 터키는 170개 물 관련법이 있지만, 물관리처라는 강력한 조직이 총괄적 거버넌스 역할을 수행하고 있다.[254)]

물관리 업무와 관련해서는 조직과 기능의 물리적인 통합보다는 기존의 조정 수단의 실효성을 대폭 높이면서, 다양한 행위자들 간의 조정과 협력, 부처 간 수평적인 협력과 조정 능력을 향상시켜 다층적 거버넌스 역량을 향상시키는 것이 우선적으로 요구된다.[255)]

이런 점을 고려할 때, '물관리 거버넌스(water governance)'는 물 관리를 위한, 좀 더 효율적이고 민주적이며 지속가능성을 확보할 뿐만 아니라, 경험에 의해 학습되는, 중앙 정부 부처 내부 관계와 중앙 정부 및 지방 정부 그리고 시민사회와 민간기업 간의 관계가 신뢰와 파트너십을 기반으로 하는 협력하는 체제를 의미한다.[256)]

이렇게 물관리 관련 부처·기관·단체 등이 모두 참여하고 요구 사항과 이해관계를 조율하는 체계의 구축이 필요하다. 관련 정부 부처·기관, 지방자치단체, 공공기관, 수도사업자, 민간 기업, 환경단체, 소비자 등 여러 분야에서 서로 다른 이해당사자가 존재하는 복잡다단한 시스템이라는 점을 고려할 필요가 있다.

그런데 우리나라의 경우 중앙 부처 수준에서 상당 수준으로 물관리 정책과 업무에서 수량과 수질 등 관리 분야가 중복되면서 다양하게 나누어져

---

다. 김준기·이민호, "한국의 네트워크 거버넌스에 관한 연구 : 사회복지관의 네트워크와 조직효과성", 「행정논총」, 제44권 제1호, 2006. 3, 서울대학교 한국행정연구소, 91-126면, 특히 92-95면 참조.

254) K water 교육원, 함께하는 K-water 쏙쏙공감, 2014. 8. 27. 제22호, 4면 참조.

255) 김창수, "국내 물관리 거버넌스의 현황 및 문제점", 국회 스마트 물 포럼(국회 보좌진 워크숍) 발표자료, 2014. 8. 13., 34면.

256) 김창수, 위 자료, 7면.

있는 문제가 있고, 이렇게 되다보니, 하위 조직 단계로 가면 이러한 복잡성과 중복성이 더 커진다는 데에 근본적인 문제가 있는 것으로 보인다.

그런데, 이러한 협업시스템을 구축하는 초기 단계에서부터 사업에 대한 이해를 넓히고 이와 관련된 이해관계자들의 니즈(Needs)를 조율할 필요성이 있다.[257] 그 과정에서는 민·관·연·학계 등의 물관리 전문가로 구성된 협의체를 구성해서 주기적으로 최신 해외·국내 분야별 정보를 공유하고, 필요한 전문가 인터뷰와 간담회, 워크숍과 공청회 개최 등을 통해 공감대를 넓히는 동시에 다양하게 의견수렴을 한 후 그 결과를 협업시스템에 충실히 반영할 필요가 있다.

지능형 물관리시스템과 관련하여 향후 민관 협업을 통해 산업 간, 제품 간, 제품과 기술 간 등의 융합 활성화를 통해 이와 관련한 산업이 우리 경제의 신성장 동력이 되는 방향으로 육성할 수 있도록 연구개발 단계에서부터 지원 등의 대책을 마련할 필요가 있다. 이런 점에서 정부는 지능형 물관리시스템에 관한 연구개발을 활성화하기 위하여 지능형 물관리시스템과 관련한 융합 신기술·신제품·신서비스 등의 개발, 관련 교육과정의 개발과 인력 양성, 지능형 물관리시스템에 관한 연구개발을 활성화하기 위한 협업시스템을 강화할 필요가 있다.

더 나아가 기후변화에 대한 국제적인 대응을 선도하고 지능형 물관리시스템 사업의 국외 진출을 촉진하기 위해서, 정부는 지능형 물관리시스템에 관한 국제적 동향을 파악하고 국제협력을 추진해야 한다. 이를 위해 지능형 물관리시스템과 관련된 기술과 인력의 교류, 국제표준화 사업, 국제공동 연구개발사업과 지능형 물관리시스템의 법제적 기반 마련 사업을 지원할 필요가 있다.

---

257) K-water연구원 정책경제연구소, 위 주석 250), 26면 참조

## 마. 스마트 물관리 관련 법체계 및 법령의 현황과 문제점

### 1) 스마트 통합 물 관리 관련 입법환경 분석

가) 안정적인 물관리와 물인권 보장의 필요성 증대

기후변화로 인한 물 관련 위기 문제가 부각되면서 이제 물은 반드시 관리를 해야 할 대상이 되었다. 이러한 가운데, 우리나라가 글로벌 수준의 정보통신기술(ICT) 역량과 물관리 기술 기반을 확보하면서 앞으로는 법제도적 토대 위에서 안정적이고 효과적인 물 공급 등 물관리가 되도록 하기 위한 다양한 방안을 모색해야 할 시점이 되었다. 특히, 물부족 상황에서 물 공급을 효율적으로 할 수 있도록 하기 위해서는 물 관련 참여 주체의 연계와 협업을 통한 통합적인 지능형 물관리 시스템을 구축할 필요성이 증가되었다.

물 관리와 관련한 기술과 산업, 분쟁 해결과 협력 등을 위해서는 행정적·정책적 노력과 함께 종합적이고 체계적인 통제와 조정 등이 작동하는 세밀한 물관리 법제가 필요한 상황이 되었다.

국제사회에서는 지속적인 논의 끝에 2010년 7월 28일 UN 총회에서 '물인권(The Right to water)' 결의를 채택하여 "인간다운 삶의 향유와 모든 인권들에 필수적인 인권"으로 승인했다.[258] 아울러 UN 인권이사회는 물인권 개념을 정립하고 각국 정부에 법제화와 정책의 실시를 촉구하고 있어, 우리 정부도 헌법상 국민의 기본권 보장 차원에서 상하수도 공급 보장의무를 강화할 필요가 있다. 특히, 물인권 개념은 지불 가능성(적정 요금)뿐만 아니라, 이용 가능성, 수질, 용인성, 접근성 보장까지 포함하고 있어, 물인권 보장과 물공급의 안정성 강화는 내용적으로 표리의 관계에 있다고 할 수 있다.

나) 글로벌 물산업 등의 발전과 물관리 패러다임의 변화

융합 신기술을 통한 물관리 기술의 혁신과 스마트화로 글로벌 물산

258) 고문현, "물과 관련한 국제적 논의의 동향 및 유엔총회 물 인권 결의", 『물과 인권』, 권형둔 외, 피어나, 2012, 62-108면, 특히 87-91면 참조.

업 선도를 통한 신성장 동력 창출에 대한 요구가 증가하고 있다. 이를 위해서는 지능형 물관리시스템 기기와 제품, 서비스 등에 대한 인증 제도를 두어 지능형 물관리시스템의 안정성과 상호 운용성 등을 확보할 수 있도록 해야 한다.

사실 지능형 물관리시스템 기술·기기·제품·서비스 등은 그 대부분인 융합 신기술·신기기·신제품·신서비스이므로 인증을 할 때 기준이 없거나 하위법령으로 정한 기준을 적용하는 것이 잘 맞지 않을 수 있다. 따라서 이에 대비해서 법률에 임시적인 인증 규정을 둘 것인지에 대한 정책적 판단이 필요하다.

우리나라의 뛰어난 정보통신기술(ICT)을 기존의 물 관리에 융합하여 세계 물 시장에 진출하는 경우 단기간에 높은 수준의 높은 수준의 기술을 개발하고 기술/규약의 표준화를 주도할 것으로 전망된다. 이를 위해서는 기술개발 역량을 가진 민간 기업들이 스마트워터그리드 사업에 적극적으로 참여할 수 있는 여건을 만드는 것이 중요하다. 그리고 스마트워터그리드에 대한 민간 참여를 확대하기 위해서는 투자비에 대한 회수가 가능하도록 원가에 미치지 못하는 현행 수도 요금을 적정 수준으로 인상하고, 물 시장 구조를 좀 더 개방적으로 변화시키는 노력이 필요하다.[259]

스마트워터그리드와 관련한 이러한 추진 과제의 성공적인 수행을 위해서는 우선적으로 법제도가 정비되어야 하고, 스마트워터그리드의 구축 방향과 세부 계획, 관련 기반 조성과 이용 촉진 방안, 정보의 수집·활용과 보호, 기술 개발 등과 표준화 지원 등이 포함된 별도의 법률을 제정하는 방안을 고려해 볼 필요가 있다.

### 다) 스마트그리드 속성으로 인한 보안 등 위협의 증가

양방향 통신기술의 사용, 사용 하드웨어와 소프트웨어 사용 증가, 접

259) K-water연구원 정책경제연구소, 위 주석 250), 35면

점의 증가, 스마트그리드 기기 간 상호 연결의 증가 광범위한 지역에 분산된 스마트그리드 장비 등으로 보안 위협이 증가할 수 있다.

지능형 물관리시스템 역시 지능형 전력망법의 스마트그리드와 유사하므로, 정보의 수집·활용과 보호를 위해 입법적인 조치가 필요하다. 먼저 지능형 물관리시스템을 효율적으로 관리하고 운용하기 위하여 지능형 물관리시스템 사업자로부터 지능형 물관리시스템에 관한 유형별·분야별·공급단계별 통계 정보를 수집하여 관리할 수 있도록 해야 한다.

다음으로, 물관리시스템 관련 개인정보의 수집 등과 관련해서도 지능형 물관리시스템 정보 중 개인에 관한 정보로서 성명과 주민등록번호 등으로 해당 개인을 식별할 수 있는 물관리시스템 개인정보를 그 개인의 동의 없이 수집하거나 처리해서는 안 되도록 하고, 정보주체는 본인에 관한 물관리시스템 개인정보를 보유하는 자에게 그 정보의 열람, 정정 또는 삭제를 요구할 수 있도록 하는 규정을 둘 필요가 있다.

그 밖에도 지능형 물관리시스템 사업자는 지능형 물관리시스템 서비스를 원활하게 제공하기 위하여 필요한 경우에는 다른 지능형 물관리시스템 사업자에게 지능형 물관리시스템 정보의 제공 또는 공동 활용을 요청할 수 있도록 해야 한다.

한편, 지능형 물관리시스템 정보의 수집·활용의 적정성 보장을 위해 지능형 물관리시스템 정보의 열람, 정정 또는 삭제에 관한 표준처리 절차와 지능형 물관리시스템 정보의 수집·활용의 적정성을 확보하기 위한 사항을 두어야 한다.

지능형 물관리시스템의 보호 대책과 관련해서 국토교통부장관은 지능형 물관리시스템과 관련된 기관 등이 참여하는 지능형 물관리시스템 보호 대책을 수립·시행하도록 할 필요가 있다.

아울러, 접근권한 없이 또는 허용된 접근권한을 넘어 지능형 물관리시스템에 침입하는 행위, 정당한 사유 없이 지능형 물관리시스템 정보를 조작·파괴·은닉 또는 유출하는 행위나 지능형 물관리시스템의 운영을 방해할 목적으로 악성프로그램(컴퓨터 바이러스 등 망의 안정적인 운영을 방해할 수 있는 프로그램을 말한다)을 지능형 물관리시스템에 투입하는 행위 등과 같은 지능형 물관리시스템 침해행위 등의 금지 규정을 두고 위반 시에는 벌칙을 적용할 수 있도록 하여 그 실효성을 확보할 필요가 있다.

#### 라) 물을 둘러싼 이해관계의 조정 필요성 증가

OECD 등에서는 세계 각국이 겪고 있는 물 위기는 기후변화라는 자연현상 외에 거버넌스의 위기(Crisis of Governance)라고 보고 있다. 다시 말해서, 대부분의 물 위기는 물을 둘러싼 이해관계의 갈등과 충돌을 합리적으로 해결하지 못하는 거버넌스의 문제로부터 비롯된다는 것이다.

우리의 경우도 물 값 분쟁(서울특별시, 경기도, 인천광역시 등 수도권 사례 등), 물 배분 분쟁과 갈등(경남·부산, 대구·구미 등), 하류 지역 민원(광양만, 사천만, 강진만 등)과 같은 물 관련 갈등과 충돌이 계속 발생되고 있는데, 이러한 문제는 이제 타협이나 협상 등을 통한 해결도 중요하지만, 모두가 공감할 수 있는 합리적인 물관리 기본원칙을 보다 정교하게 법제화하여 이를 바탕으로 물관리와 관련되어 누적되거나 앞으로 발생될 수 있는 갈등과 충돌을 하나하나씩 해결해 나가는 노력이 필요한 상황이다.

스마트워터그리드의 입법과 관련해서도 이런 점들이 충분히 고려되어야 한다. 스마트워터그리드 관련 기술 개발이 활발하게 이루어지고, 그 실증 단계를 지나 관련 사업이 본격적으로 추진되어 스마트워터그리드 사업이 상업화의 단계에까지 이르게 되면 수자원과 관련한 이해관계자가 다양하게 등장하게 되고 가치가 높아진 수자원을 둘러싼 갈등과 충돌이 많아질 수 있다. 따라서 이러한 가능성을 줄이고 분쟁이 있는 경우에는 이를 공정하고 효과적으로 조정하고 해결할 수 있는 안정된 스마트워터그리드 법제도의 구축이 필요하게 될 것이다.

문제는 이를 조정해야 할 환경부와 국토교통부의 경우에도 수량과 수질 관리를 비롯하여 물 관련 규제 사무에서 업무상 중복이 적지 않고, 정책상·행정상으로도 소통과 정보 공유를 바탕으로 한 물 관리 분야에서의 정부 3.0의 구현이 절실히 요구되고 있는 상황이다.

### 2) 스마트 물관리 관련 근거 법체계와 법령의 현황

현재에도 「하천법」과 「지하수법」 등 물관리 관련 법령에서 물관리 관련 정보 체계의 구축·운영이나 수자원 관련 자료의 정보화 등과 같이 스마트 물관리 관련 규정을 두는 경우도 있지만, 종합적인 스마트워터그리드 차원에서 신설된 규정은 찾기가 어렵고 2010년에 제정된 「물의 재이용 촉진 및 지원에 관한 법률」은 스마트워터그리드를 중점적으로 규정하고 있는 것이 아니라, 주로 빗물이용시설과 중수도의 설치·관리, 하수·폐수처리수 재이용시설의 설계·시공업, 공공하수도 관리청의 하수·폐수처리수·재처리수의 공급 등에 중점을 두고 있을 뿐이다. 이렇게 볼 때 스마트워터그리드와 관련한 기본적인 법률은 제정되어 있지 않은 실정이다.

현행의 물 관련 개별 법령은, 「하천법」이나 「지하수법」, 「수도법」, 「댐건설 및 주변지역지원 등에 관한 법률」, 「먹는물관리법」, 「물의 재이용 촉진 및 지원에 관한 법률」, 「농어촌정비법」, 「소하천관리법」 등과 같이 주로 물의 양적인 관리를 위한 법률이 있고, 「자연재해대책법」이나 「농어업재해대책법」, 「소하천 정비법」 등과 같이 주로 재해 예방을 위한 법률이 있으며, 「환경정책기본법」, 「수질 및 수생태계 보전에 관한 법률」, 「물의 재이용 촉진 및 지원에 관한 법률」, 「먹는물관리법」, 4대강 수계 특별법, 「하수도법」, 「오수·분뇨 및 축산폐수의 처리에 관한 법률」 등과 같이 주로 물 환경과 물의 품질(수질) 관리와 관련된 법률로 나누어 볼 수 있다. 물론 하나의 물 관련 법률은 직접적·간접적으로 물의 양적인 관리와 수질 관리, 재해 관리 등과 관련한 둘 이상의 분야와 관련이 있을 수 있다.[260) 261)]

법령 외에도 최근에는 물관리와 관련한 지방자치단체의 조례가 증가하고 있다. 가평군, 과천시, 구리시 등에서는 빗물이용시설 조례 등에서 빗물이용시설의 설치를 권장하고 있으며, 빗물이용시설을 설치하면 수도요금 감면 등의 혜택을 주고 있다. 또한, 빗물이용시설을 설치하는 건물에는 각 시에 따라 수도요금 감면과 설치비 지원 등의 혜택이 주어진다.

아울러, 고령군, 나주시, 부천시 등에서는 중수도시설 조례 등에서 중수도시설의 설치를 권장하고 있으며, 중수도시설을 설치하면, 수도요금 감면 등의 혜택을 주고 있다.[262)]

### 3) 물관리 관련 법령의 문제점과 개정 필요성

관련 법령의 문제점은 한마디로 융합 법제적 관점이 부족한 가운데, 부처별·기능별 관점의 분산된 법체계를 유지하고 있다는 것이다.

현재, 수자원(水資源)과 관련하여 물 관계 법령은 하천관리를 위한 규제법적 성격의 「하천법」과 「지하수법」 등에서 볼 수 있듯이 기능별 조직인 소관 부처별로 물관리 등을 중심으로 개별 법령이 연계되지 못한 채 수평적으로 분산된 법체계를 유지하고 있다.

이런 부처·기관별 법체계하에서는 물관리와 관련한 계획과 정책이 일관성을 갖고 종합적으로 통합 물관리 체제의 구축이 어렵고, 그 결과 스마트 통합 물관리라는 새로운 물관리 환경에는 잘 맞지 않는 문제가 있게 된다.

그 결과 각 부처·기관의 물관리 정책을 효율적으로 조정할 수 있는 수단이 부족한 형편이고, 물 관련 중장기 계획은 수량관리, 수질관리, 재해관리의 부문별이나 용도별(생활용수, 공업용수, 환경용수, 농업용수), 관리대상별

---

260) 「소하천 정비법」, 「먹는물관리법」등.

261) 서진석 · 김동환 · 김영화 · 한국헌 · 염경택, "SWG 추진을 위한 다중수원 워터루프 시스템 관련 법제도 개선방안" 11면; K-water 연구보고서, 앞의 논문, 2014. 7. 4면의 표 참조.

262) 서정훈, 물의 재이용설비에 대한 국내법규 검토, 대한설비공학회, 「설비저널」 제41권 2012년 2월호, 16 - 19면 참조.

(지표수, 지하수, 해수)등으로 수립되어 있는 실정이다.[263] 또한, 물 관련 사항은 수량관리, 재해예방, 물 관련 환경과 수질 관리의 차원에서 여러 개별 법령에 흩어져 규정되어 있다.

또 하나는 스마트 물관리 관련 최첨단 기술 개발과 발전 등으로 이제 물 공급에서도 새로운 패러다임이 등장하고 있는데, 이에 맞게 선제적으로 법령을 개선하는 노력이 부족하다는 것이다.

현재 댐이나 하천 등과 같은 전통적인 수원(水源)을 활용한 수자원 확보는 기후변화로 점점 더 한계에 도달하고 있다. 따라서 세계 각국은 이를 대체하는 지속 가능한 수단을 찾고 있는데, 중수도,[264] 지하수·우수의 활용, 해수 담수화, 직접적인 식수 재사용(Direct Potable Reuse, DPR) 등이 그러한 수단이라고 할 수 있고, 이런 방향으로 물 공급이 원활하게 이루어질 수 있도록 물관리 관련 기술 개발과 발전의 동향을 잘 살피면서 물 관리 관련 법령을 선제적으로 정비하거나 이러한 사항을 잘 추진하기 위해 필요한 규정을 미리 신설해 둘 필요가 있다.

#### 4) 물관리 관련 개별 법령의 개정 방향

스마트그리드와 관련한 분야는 우선 정부와 민간 부문이 분담할 사업을 나누고 향후 중장기 재원 투입 계획을 마련하는 것 등을 내용으로 하는 국가로드맵[265]을 만들고, 법제도의 개선도 그에 따라 체계적으로 이루어지

263) 예를 들어, 지표수 관련 계획은 국토교통부, 환경부, 농림축산식품부, 안전행정부, 산업통산자원부 등이 소관 업무를 중심으로 분산된 계획으로 수립되고 있다.

264) 「물의 재이용 촉진 및 지원에 관한 법률」 제2조(정의) 제4호에서는 "중수도"를 개별 시설물이나 개발사업 등으로 조성되는 지역에서 발생하는 오수를 공공하수도로 배출하지 않고 재이용할 수 있도록 개별적 또는 지역적으로 처리하는 시설로 정의하고 있다.

265) 스마트 전력망 분야의 경우 2009년 3월 31일에 착수하여 2010년 1월 25일에 스마트그리드 국가로드맵이 최종 확정되었는데, 이에 따르면, 전력망 스마트그리드 사업에 2030년까지 민관 공동분담으로 총 27조 5,000억원을 투입하기로 하였다. 국가로드맵 분과위원회, 2010. / 김현제·박찬국, "스마트그리드 국가로드맵에 따른 유관법령 개선 방향", 에너지경제연구 제9권제1호, 2010. 79 ~ 80면 참조)

도록 해야 한다.

스마트워터그리드 분야에서도 예를 들면, 지능형 물공급망, 지능형 물 소비자, 지능형 물 운송, 스마트워터그리드 융합 기술, 지능형 신재생 등과 같은 중점 분야[266]로 나누어, 그 핵심 부문별로 국제 기준 내지 스마트워터그리드 발전이나 새로운 기술·기술·서비스와 사업 등에 맞지 않거나 장애가 되는 법령·규정을 찾아내고 각 분야 법령별로 정비 방안을 마련하여 개선해 나가도록 하는 방안을 강구해 볼 필요가 있다. 아울러 새로운 기술·기술·서비스와 사업 등에 적용할 법령·규정이 없는 경우도 다수 있을 것이므로, 이에 대한 제때의 법제 마련 전략을 세우는 것도 필요하다.

스마트워터그리드 시스템과 관련해서는 물관리와 관련한 개별 법령을 찾아내어 관련 시스템의 원활한 구축과 운용 등을 위해 필요한 부분을 개선할 필요가 있다. 이러한 개별 법령 규정을 예시하면, 「하천법」 제22조, 「지하수법」 제5조의2, 「수도법」 제23조의2, 「하수도법」 제68조의2, 「수질 및 수생태계의 보전에 관한 법률」 제4조의9 등을 들 수 있는데, 이에 따라 환경부장관과 국토교통부장관은 물관리 관련 자료의 효율적인 활용을 위해 수자원 정보체계를 구축·영해야 한다. 다만, 이러한 개별 법률상 조항들이 서로 연결되어 종합적으로 통합 수집·활용될 수 있는 여건이 미흡하므로, 향후 새로운 법률의 제정이나 개별 법령을 개정할 때에 이러한 사항을 서로 연계하여 체계적이고 효율적으로 구축·활용될 수 있는 방안을 강구해야 할 것이다.

스마트워터그리드 시스템 구축을 위해 관련 법령을 개정하고 제도를 보완하는 이러한 노력은 수자원정보의 제공을 위한 기초 DB 자료, 수자원계획수립 업무 지원 체계, 물관리 관련 정책결정의 지원 체계와 물관리 정보의 표준화 및 유통시스템의 구축으로 이어질 수 있을 것이다.

---

266) 스마트 전력망 분야의 경우 스마트그리드 국가로드맵 5대 추진 분야를 설정했는데, 지능형 전력망(Smart Power Grid), 지능형 소비자(Smart Consumer), 지능형 운송(Smart Transportation), 지능형 신재생(Smart Renewable), 지능형 전기서비스(Smart Electricity Service)가 그것이다.

또한, 이러한 결과에 따라 스마트워터그리드 관련 사업이 활성화되면 초기의 정부 주도의 스마트워터그리드 사업 추진 방식에서 점점 더 민간 주도의 스마트워터그리드 사업 추진 방식으로 바뀌게 될 것이며, 이렇게 될 경우 관련 사항의 조정 등을 위해 분야별로 관련 법제도의 개선과 정비 요구가 더욱 커질 것으로 보인다.

현재 물관리와 수자원 관련 개별 법령은 아직도 대부분 부처·기관의 소관 업무와 관련한 사항만을 고려하여 잘 처리하는 내용으로 규정된 경우가 많다.

하나의 사례[267]를 들어 보자. 「수도법」 제3조(정의) 제1호에서는 "원수(原水)"란 음용(飮用)·공업용 등으로 제공되는 자연 상태의 물을 말한다. 다만, 「농어촌정비법」 제2조제3호에 따른 농어촌용수는 제외하되 가뭄 등의 비상 시 대통령령으로 정하는 바에 따라 환경부장관이 농림축산식품부장관 또는 해양수산부장관과 협의하여 원수로 사용하기로 한 경우에는 원수로 본다고 규정되어 있다.

여기에서 스마트워터그리드 시스템 구축의 목표가 가뭄과 같은 비상시가 아니더라도 물이 풍부한 지역에서 부족한 지역으로 물을 공급해 줌으로써 물 격차(Water Divide)를 줄여 국민의 불편을 최소화하고 결과적으로 국민생활의 질을 높이는 방안으로 다중수원을 통해 물 공급을 원활히 하려하는 데에 있다는 점을 고려하면, 기본적인 원칙은 그대로 두더라도 예외적으로는 최소한 스마트워터그리드 차원에서 꼭 필요한 경우에는 일정한 요건하에 부처 간 협의를 거쳐 원수의 정의 규정을 완화하는 방안을 고려할 수 있을 것이다.

267) 서진석·김동환·김영화·한국헌·염경택, 위 주석 261), 11~12면.

### 바. 스마트워트그리드에 관한 통합 법률의 제정 필요성과 방향

#### 1) 통합 법률의 제정 필요성

스마트 물관리는 통합적이고 융합적인 법제의 구축으로 뒷받침되어야 하는데, 개별 법령을 아무리 잘 보완하여 물관리 규정을 신설하거나 개정해도, 종합적인 관점에서 물관리 정책과 그 수단을 총괄·조정하는 데에는 한계가 있을 수밖에 없다. 따라서 물관리를 위한 새로운 패러다임은 새로운 물관리의 기본원칙을 제시하면서 물관리와 관련한 각 부처의 정책과 계획이 체계적으로 통합될 수 있도록 해야 하며, 이러한 것을 총괄하고 조정할 수 있는 기구를 두는 방안을 포함하여 새로운 물관리 대책을 담은 법제를 구축하는 것을 통해서 실현하는 것이 효율적일 것이다.

이것은 스마트워터그리드에 관한 기본법이 없을 뿐만 아니라 현행 개별 법령상의 물관리 관련 법령이나 규정은 그 제정이나 신설 시 스마트 통합 물관리의 관점에서 마련된 것이 아니라 소관 부처·기관의 관점에서 만들어진 것이 대부분이기 때문에 그 개별 법령을 전면적으로 개정·신설하지 않고 부분적으로 개선해서는 그 효과가 없다고 보기 때문이다.[268)]

사실 스마트워터그리드 시스템의 기술 개발과 그 기술의 시스템 적용의 활성화를 위해서는 스마트워터그리드 관련 기술 자체가 여러 부처·기관과 관련이 되어 있는 융합 기술이라는 점을 충분히 인식하는 가운데 입법정책이 수립·집행되어야 한다. 또한, 중복적인 투자 등 부처·기관 간 업무의 중복과 물관리 업무 처리 과정에서의 혼선을 방지하기 위해서는, 통합 법률에서 다양하고 공통되는 분야의 개별 물관리 법령을 포괄하면서 동시에 국가 전체적인 관점에서 물관리 법제도를 일원화·체계화시킬 필요가 있다.

아울러, 스마트워터그리드 사업 관련 협업과 거버넌스의 체제의 제도적인 확립을 위해 통합 법률의 제정이 필요하다. 스마트워터그리드 사업

268) 예를 들어, 개별 법령상 규정은 해당 부처 소관 사항으로 제한되어 있기 때문에 다 부처 · 기관 관련 사항인 스마트워터그리드와 관련한 기술개발이나 그 시스템의 도입 자체도 어렵다.

의 개발과 실증 단계에서의 여러 부처·기관, 이해관계자들이 참여하는 가운데, 이들 간의 긴밀한 연계와 협력이 이루어질 수 있도록 법적인 협업 체계가 마련될 필요가 있는 것이다.

#### 2) 통합 법률의 제정의 개괄적인 방향

통합 물관리를 위해 새로운 법제를 구축하는 경우[269] 하나의 대안만 있는 것은 아닐 것이다. 다만, 가칭 「물관리 기본법」을 제정하여 기본적인 부분은 그 법에서 규정하고 스마트워터그리드에 관한 사항만 지능형 전력망법과 같이 별도로 법률을 제정하는 방안도 있고, 이러한 사항을 전반적으로 포괄하는 하나의 「물관리 기본법」을 제정하면서 스마트워터그리드에 관한 사항은 하나의 장(章) 정도에서 규정하도록 하는 방안도 생각해 볼 수 있을 것이다.

우선적으로는 스마트 통합 물관리를 위한 법제화 전략으로는 기본적인 사항만 담긴 「물관리기본법」이 제정될 수 있다는 전제하에, 물순환을 포함한 보다 넓은 범위의 스마트워터그리드 중심의 통합 법률의 제정과 함께 물관리 관련 개별 법령의 개선을 병행하는 방안을 고려해 볼 수 있다.

특히, 물 순환을 포함하는 부분과 관련해서는, 「물관리기본법」의 제정 과정에서 많은 논의가 있어야겠지만, 최근 우리와 유사한 물관리 체계를 갖고 있는 일본에서 제정한 「물순환기본법」[270]의 내용을 검토해 보고 그 시사점을 충분히 참조할 필요가 있다.

먼저, 스마트워터그리드에 관한 통합 법률의 제정은 전반적으로 스마

---

269) 제정 법률의 제명으로는 좁게는 「지능형 물관리시스템의 구축과 지원에 관한 법률」로 하는 방안을 생각해 볼 수도 있다. 이는 「지능형전력망의 구축 및 이용 촉진에 관한 법률」과 유사하게 제명을 정하는 것인데, 향후 법률의 주안점과 주요 내용에 따라 그에 맞게 제명을 수정할 수 있을 것으로 보이며, 특히, 보다 종합적인 통합 기본법으로 할 경우에는 가칭 「지능형 통합 물관리법」 등 여러 가지 대안을 고려해 볼 수 있을 것이다.

270) 일본의 「물순환기본법」은 분산된 형태의 물관리 체계에서 유역단위 통합적·일체적인 관리 여건을 마련한 것으로 수상(내각총리대신)을 본부장으로 '물 순환 정책본부' 를 설치하여 일본 각 부처의 특성에 맞게 나누어져 있는 물 관련 기능의 총괄·조정 기능을 강화한 것이 특징이다.

트워터그리드와 유사한 사항을 법제화한 지능형 전력망법을 토대로 하되, 법의 품질을 높이고 물관리에만 해당하는 특성을 충분히 살려 조문 구성과 내용에 반영할 필요가 있다.

그런데 조금 더 발전된 법률 형태로 가기 위해서는, 스마트 물관리와 관련한 새로운 법률을 제정하면서, 현실적인 입법적인 어려움도 고려해야 하겠지만, 법체계적 관점에서 지능형전력망법은 물론, 현행의 「물의 재이용 촉진 및 지원에 관한 법률」, 현재 국회에 계류된 「물관리 기본법」, 일본에서 제정된 「물순환기본법」 등 국내외 여러 법률을 참조하여 필요한 경우 이 통합 법률로 흡수하거나 필요한 내용을 가져오고 나머지는 입법적으로 정리해 나가도록 해서, 새로 제정되는 스마트 물관리 법률이 보다 완결성이 높으면서 실효성도 갖춘 법률이 되도록 하는 방안을 강구할 필요도 있을 것으로 보인다.

스마트 물관리와 관련해서는 전반적으로 스마트워터그리드와 유사한 사항을 법제화한 지능형 전력망을 참조하여 구성할 수 있겠으나, 법의 품질을 높이기 위해서는 물관리에만 해당하는 특성을 충분히 살려 조문 구성과 내용에 반영할 필요가 있을 것이다.

그런데 제정 법률의 핵심적인 사항인 스마트워터그리드(지능형 물관리시스템)의 지향점, 즉 효과적인 물관리와 물관리 관련 산업의 육성 등의 개념이 목적 규정에서부터 포함되도록 할 필요가 있다. 구체적으로는 법은 지능형 통합 물관리시스템의 구축과 이용을 촉진하여 물관리의 종합성·안전성·안정성과 효율성을 높이고 물관리 관련 산업을 육성하며, 지구적 기후변화에 능동적으로 대처할 수 있는 기반을 조성하고 물관리 환경을 혁신함으로써 국민의 건강·안전, 국민경제의 발전과 국민 삶의 질 향상에 이바지하는 것을 목적으로 할 수 있을 것이다.

지능형 전력망법에는 없는 조문이나, 물관리 기본원칙 규정을 두어 물관리 정책의 방향을 제시하고 물관리의 큰 가이드라인을 제시하는 방안도 고려해 볼 만하다. 최근 지역주민의 이익을 먼저 생각하는 지방자치제가 정착되어 가는 상황에서 기후변화의 문제가 결부되면서 물 값 분쟁, 물 배분 충돌·갈등 등이 심화되어 가고 있고, 이제는 이러한 문제의 근본적인 해결을 위해서는 법률에서부터 물관리와 관련해서 공감할 수 있는 합리적인 대원칙의 선언이 필요하기 때문이다.

물관리의 기본원칙으로는 첫째로는, 물관리 정책은 깨끗한 물을 안정적으로 공급받아 이용할 수 있어야 하고 물과 관련하여 건강하고 쾌적한 환경에서 삶을 누릴 권리가 있는 국민의 권리를 바탕으로 수립되고 시행되어야 하는 것을 생각해 볼 수 있다.

둘째는, 물관리는 가뭄과 홍수 등 재해의 위험으로부터 모든 국민이 안전하게 보호받을 수 있도록 하는 방향으로 종합적이고 체계적인 시책이 강구되도록 해야 한다는 것이다.

셋째는, 물관리와 관련된 업무를 수행하는 중앙행정기관의 장과 지방자치단체의 장은 물의 순환에 따른 연관성을 인식하고 물관리가 통합적이고 일원적으로 관리되도록 하고 이를 위하여 적극적으로 협업 체계를 갖추도록 해야 한다는 것이다.

넷째는 물관리의 모든 부문에서 지능형 물관리시스템이 적극적으로 적용되도록 해야 하며, 이를 바탕으로 물관리 산업이 성장하고 발전되도록 해야 한다는 것이다.

또한, 물을 둘러싼 분쟁을 고려하여 이와 관련한 보다 구체화된 기본원칙도 고려해 볼 수 있는데, 첫째는, 유역 단위의 통합 물관리를 위한 안정저인 물 공급기반을 마련하기 위해 물은 유역 단위로 유기적이고 통합적으로 관리하도록 하는 것이다. 이를 위해 유역 단위의 통합된 행정과 조정 기능과 체계를 갖추고, 수량과 수질 등을 모두 고려하는 종합적인 관점에서의 통합 물관리를 지향해야 하는 원칙을 규정하는 것이다. 둘째는 물의 공공성에 토대를 둔 물 배분 기준의 제시를 통해 물 분쟁을 예방하도록 하는 것이다. 물 분쟁을 예방하기 위해서는 우선 물의 공공성을 선언하고 공공재로서의 물의 위상을 토대로 물 사용에서의 인허가제의 확립 문제를 검토해 볼 필요가 있다. 이런 방향으로 해서 물 이용의 우선순위를 정하고, 물 배분의 기준을 제시하여 현장에서 실효성 있게 집행될 수 있는 규정 체계를 만드는 일이 현재로서는 매우 중요한 입법적 과제로 등장하고 있다.

물 소비가 비교적 적었던 과거에는 수리권(水利權)에 대한 인식이나 이로 인한 문제 발생이 적었으나, 물에 대한 수요가 증가하고 물 사용 용도가 다양화하면서 수리권의 명확한 정의와 재할당에 대한 필요성이 제기되었다. 특히, 수자원의 지역적 편차로 안정적인 수자원의 확보가 어려워짐에 따라 지역 간 수리권 관련 분쟁이 빈번하게 발생하고 있는 상황이다.[271] 이와 관련해서는 현재 개별법상 일부 이에 관한 규정[272]이 있으나, 종합적인 관점에서 수자원을 최대한 효과적이고 효율적으로 이용하는 방향에서 이에 관한 기본적인 제도를 법제화하는 방안이 필요할 것으로 본다. 이러한 수리권 제도는 좀 더 나아가 '수리권 거래제도'로까지 발전되어 재산권의 하나로서 자유롭게 거래되도록 함으로써 물의 가치가 보다 큰 부분에서 그 경제적 가치도 높아지도록 할 필요가 있을 것이다.

이렇게 하기 위해서는 현재에도 존재하는 관행수리권을 극복할 필요가 있다. 관행수리권은 그 존재 자체와 그 내용상 범위, 권리의 한계점이 불명확하여 분쟁이 발생한 경우 합리적인 조정을 더욱 어렵게 만들고 있다. 따라서 하천수 등 물 사용 시에 관리청의 허가를 받아야 하는 허가수리권제를 원칙으로 하고 있는 것과 같이, 앞으로는 수리권 제도를 법률상 제도로 명확하게 법제화하여 불필요한 충돌·갈등과 이로 인한 분쟁을 미리 막고,

271) K-water 연구보고서, 위 주석 250), 16면.

272) 수리권과 관련하여 직접적으로 규정한 법령은 없으나, 그와 관련하여 「민법」의 '공유하천용수권(제231조)', 「하천법」의 '하천수의 사용과 분쟁 조정'(제49조)과 「댐건설 및 주변지역 지원 등에 관한 법률」에 의한 '댐사용권' 등에 관한 규정(제2조 제3호) 등이 개별 법률에 산재(散在)되어 있다. K-water, 「수자원 이용 합리화를 위한 수리권 정비 및 취수부담금 제도 도입방안」, 박두호 등 3명, 2009. 11. 114면 참조.

법령상 수리권 제도를 토대로 합리적인 조정이 가능한 법제 시스템으로 대전환이 되도록 하는 노력이 필요하다.

이렇게 물관리 과정에서는 이해관계자 간의 갈등이 발생될 가능성이 매우 높으므로, 그러한 갈등과 대립을 조정하고 타협해 나갈 수 있는 법률상의 기구와 조정 수단도 충분히 마련할 필요가 있다고 할 것이다.

법률에서 정한 절차에 의해 기득의 권리를 상실하게 되는 수리권자에 대한 정당한 보상과 수자원 이용에 관한 비용부담 체계의 변경을 전제로 기존 관행수리권의 허가수리권으로의 단계적 전환과 허가수리권의 다양화를 위한 제도의 개선과 실행은 수자원의 합리적 이용을 위해 더 이상 미룰 수 없는 과제라고 하겠다.[273)]

한편, 수도·하수 등의 분야에서 물관리와 관련한 지방자치단체의 역할과 기능이 커지고 있지만, 현실적으로 불합리하고 비효율적인 대처로 스마트 물관리가 어려운 경우가 많다. 예를 들어, 수도관 정비와 관련해서는 낡은 수도관으로 인해 주민의 건강을 위협하고 누수 등으로 인한 연간 수천억원의 손실이 발생되고 있으나, 수도관 정비는 현실적으로는 지방자치단체장의 임기 동안 성과를 드러낼 수 있는 일이 아니다 보니, 중요하지만 사업의 우선순위에서 뒤로 밀려 충분한 투자가 이루어지지 못하고 있는 실정이다. 따라서 이러한 부분에 대해서는 통합 법률에서 통합 물관리를 위해 꼭 필요한 부분에 대해서는 지방자치단체에 그 관리 의무를 부과하는 동시에 부담금 등을 통한 기금 마련 등을 통해 국가가 보조·지원하도록 해서 주민의 입장에서, 또 광역 행정의 차원에서 지방자치단체 간의 이해를 뛰어 넘어 꼭 필요한 일들은 통합 법률의 규정들을 통해 차질 없이 시행되도록 하는 장치를 마련할 필요성이 크다고 하겠다.

그 밖에도 물관리 통합 법률에서는 다중수원의 발굴과 체계적인 협업과 관리에 관한 사항, 광역 상수도와 지방 상수도 간 중복과 과잉 투자를 막

273) K-water, 「수자원 이용 합리화를 위한 수리권 정비 및 취수부담금 제도 도입방안」, 박두호 등 3명, 2009. 11. 128면.

는 사항과 저수지 수문 정보 자료 등의 생산과 공유를 포함한 물관리 관련 모든 정보체계의 통합 작성·관리 등의 사항도 반드시 포함되도록 해야 할 것이다.

물관리와 관련한 새로운 전략에 맞게 스마트워터그리드에 관한 기본법을 제정하는 것 외에, 그 취지에 맞게 관련 개별 법령을 하나씩 개선하는 것이 타당하다고 본다. 다시 말해서 통합 제정 법률은 실효성을 높이고 제 기능을 발휘하도록 하기 위해서 물관리 관련 개별 법령의 입법 방향과 내용을 향도(嚮導)하는 역할을 할 수 있는 내용으로 구성될 필요가 있다. 물론, 그 과정에서 물관리와 관련한 개별 법령 규정 중 스마트 내지 통합 물관리와 관련된 사항 중 기본법에서 규정하는 것이 타당한 부분은 제정 법률로 옮겨서 규정하는 방안도 고려해 보아야 할 것이다.

이를 위해서는, 우선 물관리 관련 개별 법령 규정 중 스마트워터그리드와 관련하여 필요한 개선 사항을 도출한 후 스마트 물관리 전반에 걸쳐 영향을 미치는 사항은 통합 제정 법률에 담고, 개별 법령의 입법 목적상 또는 해당 법령과의 현실적인 연계 관계 등으로 개별 법령을 개선해야 할 부분은 개별 법령에 담되, 필요한 경우에 통합 제정 법률과의 연계가 필요할지에 대해서 검토해 보아야 할 것이다.

### 사. 스마트워터그리드 활성화를 위한 법제도

기후변화 등으로 물과 관련한 문제가 다양하게 발생되면서, UN에서는 물인권 결의까지 채택할 정도로, 이제 국제사회에서 물은 인간다운 삶을 누리기 위해 필수불가결한 것으로 인정되고 있으며, 물 인권(人權)의 차원으로까지 논의가 전개되고 있다.

이런 가운데, 첨단 정보통신기술의 발전과 함께 수자원이 활용을 획기적으로 높이는 시스템으로 지능형 물관리 시스템이 등장하고 있다. 이것이 스마트워터그리드인데, 이는 물관리 분야의 스마트그리드 전략이고, 물부족 등 물위기의 시대에 정보통신기술 등과 관련한 우리의 장점을 잘 활용하여 기후변화 등으로 인한 문제를 해결하는 동시에 물과 관련한 산업까지 발전시켜 세계 물시장을 개척할 수 있는 매력적인 대안으로 등장하고 있다.

스마트워터그리드는 통합적인 스마트 물관리를 그 특징으로 하고 있는데 이를 통해 분산된 물관리 기능을 통합하면서 종합적인 관점에서의 물관리를 지향하고 있다. 아울러 스마트워터그리드는 물관리 참여 주체의 협력과 조정·협력을 기반으로 한 물관리 거버넌스의 구축이 그 토대가 된다. 특히, 스마트워트그리드의 핵심적인 사항인 '다중수원 워트루프 시스템'이 등장하면서 이제 어느 한 부처·기관이나 지방자치단체가 주도하는 물관리가 아니라, 다양한 수원을 활용하여 순환형 워트루프 시스템을 구축하는 방향으로 스마트워터그리드가 발전해 가고 있다.

그러나 우리의 경우 환경부와 국토교통부 등을 중심으로 한 각 부처·기관, 지방자치단체, 수자원공사를 중심으로 한 공공기관, 민간의 관련 기관·단체, 이해관계자, 기업과 일반국민 등 물관리와 관련한 다양한 주체가 있으나, 관련 업무가 각각 분산되어 수행되면서 물관리의 효율성과 연계성은 크게 높지 못한 상황이다.

또 하나는, 본격적인 통합 물관리의 단계에 들어가게 되면, 물의 가치가 높아져 지역 간, 개인 간, 국가와 기업·개인 간 등 여러 면에서 수리권(水利權)에 대한 문제의 발생 빈도가 높아질 것으로 예상된다.

따라서 이제는 물관리와 관련한 최첨단 기술과 시스템 등의 발전과 함께 지능형 스마트 물관리가 가능한 스마트워터그리드 시스템으로 발전할 수 있도록 해서 물의 효율적인 활용과 재이용이 가능하게 하고, 물과 관련한 충돌·갈등과 분쟁이 이러한 시스템을 기반으로 물관리와 관련한 법률상의 기본원칙을 적용하여 합리적이고 원활하게 해결될 수 있도록 해야 할 때가 되었다. 따라서 물관리와 관련한 개별 법령의 개선은 물론, 미비한 규정은 신설·보완하면서, 더 나아가 지능형 전력망법과 같이 물관리 부문에서도 스마트워터그리드를 중심으로 한 통합 법률의 제정 방안을 구체적으로 검토해 볼 때가 되었다. 특히, 종합적인 관점에서 수자원의 이용 효율을 높이고 불합리하게 권리가 침해되지 않는 방향에서 이를 선제적으로 조정하는 기본적인 제도를 법제화하는 방안이 필요할 것으로 본다.

무엇보다도, 다중수원 워트루프 시스템 등 스마트워터그리드의 발전을 위해서는 가장 먼저 융합 신기술·신제품 등이 개발되고 발전될 수 있도록 행정적·재정적 지원 기반을 확고히 하고, 스마트워터그리드 관련 기술의 표준화를 주도하며, 새로운 융합 신기술·신제품 등이 시장 출시에 문제가 없도록 새로운 법제의 마련과 보완이 요구된다.

또한 스마트워터그리드 발전에는 여러 주체가 관련되어 있기 때문에 이들 간의 정책과 이해관계 등을 조정하기 위해서는 이런 점들을 고려하여 중장기적인 로드맵을 수립할 필요가 있으며, 이를 바탕으로 종합적인 관점의 융합적인 통합 법제의 구축이 필요하다.

한편, 물관리 관련 법령은 입안 초기 단계부터 물관리와 관련한 통합적인 입법정책의 수립과 조정 등이 가능한 체제가 되어야 할 것이며, 이를 고려하여 향후 「물관리기본법」을 별도로 제정할 것인지, 아니면 별도의 스마트워터그리드 제정 법률에 포함시켜 규정할 것인지를 검토해 보아야 할 것이다. 특히, 일본에서 최근 제정된 「물순환기본법」과 같은 형태의 물의 재이용에 중점을 둔 법률을 제정할 경우에는 현행의 「물의 재이용 촉진 및 지원에 관한 법률」 등과의 통합 법률의 제정도 고려해 보아야 할 것이다.

물과 관련하여 어떤 방향으로 입법정책을 결정하더라도, 통합 제정 법률에서는 기본적으로 스마트워터그리드를 중심으로 해서 다중수원의 발굴과 그 체계적인 협업·관리, 수리권(水利權) 등을 포함한 물관리 관련 충돌·갈등과 분쟁 해결 그리고 새로운 거버넌스 체제의 확립을 위한 물관리의 기본원칙과 주요 법적 수단·방안, 물관리와 관련한 융합 신기술 등의 발전을 통한 물산업의 육성 등이 모두 포함되어야 한다. 다시 말해서, 스마트 통합 물관리를 위한 정책 수행을 위해 완결성과 실효성이 높은 종합적인 성격의 기본 법률을 제정하면서, 물관리와 관련한 개별 법령상 공통되거나 중요한 사항은 이 통합 제정 법률에서 모두 규정되도록 하는 것이 바람직하다.

그리고 이러한 통합 법률의 제정 작업과 함께, 물관리와 관련되는 모든 개별 법령과 그 법령상의 관련 규정을 찾아내어 스마트워터그리드에 관한 통합 제정 법률상의 새로운 패러다임에 맞지 않는 법령과 규정은 신속하게 정비해 나가고, 새로운 스마트워터그리드 시스템을 위해 필요한 규정은 제때에 신설·보완하는 작업이 병행되어야 한다.

# Ⅳ. 참고

Reference & Index

1. 국내·외 문헌
2. 기타자료
3. 관련 법률
4. 색인

# 1. 국내·외 문헌

## 국내 문헌

감사원, 감사결과보고서 – 해외자원 개발 및 도입실태, 2012년

고문현, "물과 관련한 국제적 논의의 동향 및 유엔총회 물 인권 결의", 『물과 인권』, 권형둔 외, 피어나, 2012

고문현, 'UN총회〔'10.7.28〕 물인권 결의 및 주요국 물인권 입법동향', 물과 인권, 제10회 수법연구포럼, 2012년

권혁범, 한국의 신·재생에너지 정책과 녹색성장전략, 한국산업기술대학교 지식기반기술·에너지 대학원 박사학위 논문, 2012년 6월

김동환·박경혜·민경진, "IT 융합을 통한 스마트 워트그리드 추진방안에 대한 연구", 「디지털정책연구」, 제11권 제7호, 2013년

김성균, 우리나라 온실가스 배출통계 작성과정과 문제점, 2014 기후변화법제포럼 자료집, 법제연구원

김성수, '물기본권에 관한 연구', 물과 인권, 제10회 수법연구포럼, 2012

김준호, 민법강의(전정판), 법문사, 2007년

김지영, '프랑스 원자력안전법제의 현황과 과제 - 우리나라 원자력 안전법제로의 시사점 도출을 중심으로', 3·11 이후 각국 원자력안전법제의 현황과 과제, 2013년 제4차 건국대학교 법학연구소 국내학술대회, 2013년 9월 13일

김창수, "국내 물관리 거버넌스의 현황 및 문제점", 국회 스마트 물 포럼(국회 보좌진 워크숍) 발표자료, 2014년 8월

기획재정부, 배출권거래제 기본계획(안), 2014년 1월

도현재, 21세기 에너지 안보의 재조명 및 강화방안, 에너지경제연구원, 2003년

류권홍, 국제 석유·가스개발 및 거래계약, 한국학술정보, 2011년

류권홍, 국제환경법상의 사전배려의 원칙, 원광법학 (제23권 제3호), 2007년 12월

류권홍, 'CCS 관련 법적, 제도적 쟁점', 천연가스산업연구(제3권 제1호), 2014년

류권홍, 「석유·가스전 개발에 있어서의 수용 또는 국유화」, 천연가스산업연구, 2012년

류권홍, '셰일가스 개발과 환경규제 – 미국을 중심으로', 아주법학, 2014년 8월(제8권 제2호)

류권홍, “에너지부분 창조경제 구현을 위한 법제도 개선”, 에너지 가격체계 진단과 개선, 경제·인문사회연구회, 2013년
류지철, 비전통자원의 기술진보와 R&D 사업전망, 2012년
류지철, 한국의 에너지 안보: 정책과 대응방안, 2005년
박지민, 중국의 셰일가스 개발 현황 및 전만, 에너지시장 인사이트 제12-34호, 2012년 9월 8일
산업통상자원부, 창조경제 생태계 조성과 글로벌 전문기업 육성, 2013년 산업통상자원부 업무보고, 2013년
서정훈, 물의 재이용설비에 대한 국내법규 검토, 대한설비공학회, 「설비저널」 제41권 2012년
심학봉, 한국의 전력산업 구조개편과 법률 해설, 2001년
스마트워터그리드추진단, “SWG 적용의 제약요건 분석 및 법제도 개선방안”, K-water 연구원 정책경제연구소, 2013년 12월
에너지경제연구원, 신정부 에너지정책 방향, 2013년 4월
에너지경제연구원, ‘일본 에너지기본계획 개정안(초안) 기본내용’, 세계 에너지현안 인사이트 (제13-4호, 2013년 12월 20일)
염명천, 에너지 시장, 산업 & 정책, 2006년
온실가스종합정보센터, 2014년 국가 온실가스 인벤토리 보고서(NIR), 2015년 1월 5일
이민호, “한국의 네트워크 거버넌스에 관한 연구 : 사회복지관의 네트워크와 조직 효과성”, 「행정논총」, 제44권 제1호, 2006년 3월
이성규, 「다자개발은행을 활용한 에너지사업 진출확대 방안연구」, 지식경제부, 에너지경제연구원, 2011년
이영준, 새로운 체계의 의한 한국민법론(물권편), 박영사, 2004
이정훈, 한국의 핵주권, 2011년
자본시장연구원, 「국내 자원개발 금융투자 확대방안」, 2012년 12월
정우진, 자원개발 기반산업 육성 방안, 2012년
지식경제부, 제6차 전력수급기본계획 (2013~2027), 2013년 2월
최계운·김주환·박수완·이호선·최진탁 편저, 「스마트 워터 그리드 기초 용어사전」, 양서각, 2013
최성수, ‘일본 원전사태의 악화와 에너지정책의 변화에 따른 영향 분석’, 계간 가스산업, 2012년 6월 제11권 제2호

최철, '채굴산업 투명성 이니셔티브(EITI) 관련 해외입법 연구', 자원에너지 법제연구회 연구논문집, 2014년

현준원, 배출권거래제 입법의 성과와 과제, 녹색성장입법의 성과와 과제, 2012년 한국환경법학회, 한국법제연구원 공동학술대회 발표, 2012년 5월 25일

K-water, 「수자원 이용 합리화를 위한 수리권 정비 및 취수부담금 제도 도입방안」, 박두호 등 3명, 2009년 11월

K water 교육원, 함께하는 K-water 쏙쏙공감, 2014년 8월

K-water 연구보고서, "스마트워터그리드 관련 법제도 개선방안 연구", 2014년 7월

## 해외 문헌

AER, State of the energy market 2013 - Chapter 1 National electricity market (A3) (2013)

AIPN, Host Government Contract Handbook(1999)

Amy Mall, Incidents Where Hydraulic Fracturing is a Suspected Cause of Drinking Water Contamination, Switchboard: Nat'l Res. Def. Council Staff Blog (Oct. 4, 2010)

Ann E. Drobot, Transitioning to a Sustainable Energy Economy: The Call for national Co-operative Watershed Planning, Environmental Law (Summer, 2011)

Anna Bonollo & Grant Anderson, 'The South Australian model of electricity privatisation', International Energy Law & Taxation Review (2001)

Anthony Scott, 'The Evolution of Water Rights', Natural Resources Journal (Fall, 1995)

Arlene J. Kwasniak, 'Waste not Want not: A Comparative Analysis and Critique of Legal Rights to Use and Re-use Produced Water – Lessons for Alberta', University of Denver Water Law Review (Spring, 2007)

ASME, Forging a New Nuclear Safety Construct (2012)

Assad Tavakoli, 'Nationalization and Efficient Management of Water Resources in Iran', Journal of Water Resources Planning and Management (July, 1987)

Atef Suleiman, The Oil Experience of the United Arab Emirates and its Legal Framework(1988)

Australia Government, 'Submission under the Durban Agreements', Additional information relating to the quantified economy wide emission reduction targets contained in document FCCC/SB/2011/INF.1/Rev.1 (May 2012)

Australia Government, What a Carbon Price Means for You (2011)

Bruce M. Kramer, "Federal Legislative and Administrative Regulation of Hydraulic Fracturing Operations", Texas Tech Law Review (Summer,2012)

Bureau of Land Management, Minerals Management Service, Interior, "Enhanced Oil and Natural Gas Production Through Carbon Dioxide Injection", Federal Register Volume 71, Issue 45 (March 8, 2006)

Carey W. King, Ashlynn S. Stillwell, Kelly M. Twomey, Michael E. Webber, Coherence between Water and Energy Policies, Natural Resources Journal (Spring, 2013)

Christoph M. Meitz, Towards a Global Carbon Market: Legal and Economic Challenges of Linking Different Entity Level Emissions Trading Schemes (2007)

Christopher S. Kulander, "State Regulatory Issues Related to Drilling for Shale Gas and Hydraulic Fracturing", Rocky Mountain Mineral Law Foundation Journal (Chapter 5, Special, September 2012)

Claude Duval, Honoré Le Leuch, André Pertuzio, Jacqueline Lang Weaver, International Petroleum Exploration and Exploration Agreements(2009)

Communication from the Commission to the Council and the European Parliament, The European Economic and Social Committee and the Committee of the Regions, Winning the Battle Against Global Climate Change (Feb. 9, 2005)

Constance K. Lundberg & Anthony L. Rampton, 'Shale We Dance? Oil Shale Development in North America: Capoeria or Funeral Dance' Special Institute of RMMLF (2006)

Craig Andrews, 'Creeping Nationalization and Contract Renegotiations: Experience of the Past Five Years' (Paper presented at the Rocky Mountain Mineral Law Foundation, Buenos Aires) (April 2009)

Daniel Yergin, 'Energy Security and Markets', Energy and Security: Toward a New Foreign Policy Strategy' (2005)

Daniel Yergin, The Quest (2011)

Department of Primary Industry of Victoria, Hardship Main Report (September, 2005)

DOE, Carbon Utilization and Storage Atlas (4th Edition, 2012)

DOE, Energy Demands on Water Resources: Report to Congress on the Interdependency of Energy and Water (2006)

DOE, National Energy Technology Laboratory, Estimating Freshwater Needs to Meet Future Thermoelectric Generation Requirements (2009 Update)

EIA, Cost and Performance of Carbon Dioxide Capture from Power Generation (2011)

EPA, DoE, DoI, Multi-Agency Collaboration on Unconventional Oil and Gas Research (2012)

EPA, Oil and Natural Gas Sector: New Source Performance Standards and National Emission Standards for Hazardous Air Pollutants Reviews (2012)

EPA, Permitting Guidance for Oil and Gas Hydraulic Fracturing Activities Using Diesel Fuels – Draft: Underground Injection Control Program Guidance #84 (2012)

EPA, Plan to Study the Potential Impacts of Hydraulic Fracturing on Drinking Water Resources (2011)

EPA, Proposed Amendments to Air Regulations for the Oil and Natural Gas Industry (July 28, 2011)

EPA, Study on Potential Impacts of Hydraulic Fracturing on Drinking Water Resources (December 2012)

EPA, Evaluation of Impacts to Underground Sources of Drinking Water by Hydraulic Fracturing of Coalbed Methane Reservoirs Study (2014)

Erik Mielke, Laure Diaz Anadon, Venkatesh Narayanamurti, Water Consumption of Energy Resource Extraction, Processing and Convention (October, 2010)

Ernest E. Smith, John S. Dzienkowski, Own L. Anderson, Gary B. Conine, John S. Lowe, Bruce M. Kramer, International Petroleum Transaction (2000)

Francis SORIN, Presentation of the French Transparency and Nuclear Safety Law (TSN) (Ecole Polytechnique, Paris, FRANCE ; July 3rd, 2009)

Frank L. Cascio, A Practical Look at the Major differences between Domestic and International Exploration Agreements, 43, Rocky Mountain Mineral Law Institute (1997)

Government of Alberta, Alberta' s 2008 Climate Change Strategy (2008)

Gregry D. Fullem, "The Precautionary Principle: Environmental Protection in the Face of Scientific Uncertainty," Willianette Law Review (Spring 1995)

Hossein Pazavi, Financing Energy Projects in Emerging Economics (1996)

IAEA, Draft IAEA Action Plan on Nuclear Safety (September 5, 2011)

Iain MacGill and Hugh Outhred, Beyond Kyoto – Innovation and Adaptation (2003)

IEA, Are We Entering A Golden Age of Gas (2011)

IEA, Carbon Capture and Storage - Legal and Regulatory Review (2011)

IEA, Carbon Capture and Storage and the London Protocol (2011)

IEA, Carbon Capture and Storage in the CDM (2007)

IEA, 'CO2 Capture & Storage', Energy Technology Essentials (December, 2006)

IEA, CO2 Emissions from Fuel Combustion (2012)

IEA, Energy Policies of IEA Countries – Australia (2012)

IEA, Golden Rules for a Golden Age of Gas (2012)

IEA, OECD and World Bank Joint Report, The Scope of Fossil-Fuel Subsidies in 2009 and a Road Map for Phasing Our Fossil-Fuel Subsidies (2010)

IEA, Technology Roadmap – Carbon Capture and Storage (2009)

IEA, World Energy Outlook 2011 (2011)

IEA, World Energy Outlook 2012 (2012)

IEA, World Energy Outlook 2013 (2013)

Igor A. Shiklomanov, A summary of the monograph World Water Resources : prepared in the framework of the International Hydrological Programme (1998)

IMO, Notification of amendments to Annex 1 to the London Protocol 1996 (27 November 2006)

IPCC, Carbon Dioxide Capture and Storage (2005)

IPCC, Technical Paper on Climate Change and Water (2008)

James P. Meyer, Summary of Carbon Dioxide Enhanced Oil Recovery (CO2EOR) Injection Well Technology (2007)

Jan H. Kalicki, David L. Goldwyn, 'Introduction: The Need to Integrate Energy and Foreign Policy', Energy and Security: Toward a New Foreign Policy Strategy (2005)

Jay Wagner, Kit Armstrong, 'Managing Environmental and Social Risks in International Oil and Gas Projects: Perspective on Compliance', Journal of World Energy Law and Business (2010. Vol 3, No. 2)

Jennifer Cook Clark, 'Socio-Cultural Due Diligence in the Mining Industry', International and Comparative Mineral Law and Policy (2005)

Jillian Button, 'Carbon: Commodity or Currency? The Case for an International Carbon Market Based on the Currency Model', Harvard Environmental Law Review (2008)

J Macklin(Minister for Families, Housing, Community Services and Indigenous Affairs), 'Second reading speech: Clean Energy(Household Assistance Amendments) Bill 2011

John A. Apps, A Review of Hazardous Chemical Species Associated with CO2 Capture from Coal-Fired Power Plants and their Potential Fate during CO2 Geologic Storage (March 2006)

Jonathan Wheatley, Petrobras wants Brazil to update producer rules, Financial Times (June 2008)

Jürgen Lefevere, 'Linking Emissions Trading Schemes" The EU ETS and the' Linking Directive', Legal Aspects of Implementing the Kyoto Protocol Mechanisms (David Freestone & Charlotte Streck eds, 2005)

J.B. Moyle, Justinian, Institutes, Title I of the Different Kinds of Things (Oxford, 1911)

Kym Livesley, Liability of Competent Person for JORC reports (2008)

Land Management Bureau, "Oil and Gas; Well Stimulation, Including Hydarulic Fracturing, on Federal and Indian Lands", Proposed Rule (March 2012)

Lars Kramm, 'The German Nuclear Phase-Out after Fukushima: A Peculiar Path or an Example for Others?', Renewable Energy Law and Policy Review (2012)

Laurence Boisson de Chazournes, Christina Leb, Mara Tignino, 'Environmental protection and access to water: the challenges ahead', The right to water and water rights in a changing world (2010)

Laurence Boisson de Chazournes, Christina Leb, Mara Tignino, 'Environmental protection and access to water: the challenges ahead', The right to water and water rights in a changing world (2010)

Ling-Yee Huang, 'Not Just Another Drop in the Human Rights Bucket: The Legal Significance of a Codified Human Right to Water', Florida Journal of International Law (December, 2008)

Martin Squire, Mgr. of CCS Section Res. Div., Presentation at the Carbon Sequestration Leadership Forum Workshop, Developing Australia's Legislation and Regulatory Guidelines for CCS (May 10, 2007)

Lothar Gundling, "The Status of International Law of the Principle of Precautionary Action, 5 International Justice," Estuarine & Coastal Law (1990)

Luís Artur, Dorothea Hilhorst, 'Climate change adaptation in Mozambique', The right to water and water rights in a changing world (2010)

Malgosia Fitzmaurice, 'The Human Right to Water', Fordham Environmental Law Review (Symposium, 2007)

Maria O' Brien, Christina Sheehan, Water and Renewable Energy Generation in the Western United States – An Overview of Current Challenges and Opportunities (September 2012)

Mathieu Wemaere & Charlotte Streck, 'Legal Ownership and Nature of Kyoto Units and EU Allowances', Legal Aspects of Implementing the Kyoto Protocol Mechanisms (David Freestone & Charlotte Streck eds, 2005)

Matthew Daly & Josh Lederman, Obama administration tightens rules on hydraulic fracturing chemical disclosure, Pennenergy, (March 20, 2015)

May Wu, Yiwen Chiu, Consumptive Water Use in the Production of Ethanol and Petroleum Gasoline — 2011 Update (July, 2011)

Melina Williams, 'Privatization and the Human Right to Water: Challenges for the New Century', Michigan Journal of International Law (Winter, 2007)

Michael E. Webber, Trends and Policy Issues For The Nexus of Energy and Water : Before the Committee on Energy and Natural Resources United States Senate (March 10, 2009)

Michael I. Jeffery, Q.C., "Carbon Capture and Storage : Wishful Thinking or a Meaningful Part of the Climate Change Solution", Pace Environmental Law Review (2010)

Michael J. Newmann, Mega Projects: The Initial Phase, 55 Rocky Mt. Min. L. Ins (2009)

Mike Lee, Parched Texans Impose Water-Use Limits for Fracking Gas Wells, Bloomberg News (October, 6, 2011)

Morgan Dawney, Oil 101 (2009)

Mystery Bridgers, "Genetically Modified Organisms and the Precautionary Principles: How the GMO Dispute before the World Trade Organization Could Decide the Fate of International GMO Regulation," Temple Environmental Law and Technology Journal (spring 2004)

M.J. Maec, 'The Legal Nature of Emission Reductions and EU Allowances: Issues Addressed in an International Workshop', Journal for European Enviromental & Planning Law (2nd, 2005)

Nathaniel R. Warnera, Robert B. Jacksona,b, Thomas H. Darraha, Stephen G. Osbornc, Adrian Downb, Kaiguang Zhaob, Alissa Whitea & Avner Vengosh, Geochemical evidence for possible natural migration of Marcellus Formation brine to shallow aquifers in Pennsylvania (2011)

National Commission on the BP Deepwater Horizon Oil Spill and Offshore Drilling, Deep Water: The Gulf of Oil Disaster and the Future of Offshore Drilling (2011)

NEA, Proceedings of the Forum on the Fukushima (2011)

Nicole T. Carter, Energy' s Water Demand: Trends, Vulnerabilities, and Management – CRS Report for Comgress (November 24, 2010)

Norman J. Hyne, petroleum Geology, Exploration, Drilling & Production (3rd, 2012)

NRC, Recommendations for Enhancing Reactor Safety in The 21th Century (July 12, 2011)

Norman J. Hyne, Norman J. Hyne, Nontechnical Guide to Petroleum Geology, Exploration, Drilling & Production, 3rd Ed., (Mar 31, 2012)

NSW Government, Energy Assistance Guide (November, 2011)

Owen L. Anderson, 'Geologic CO2 Sequestration: Who Owns the Pore Space?' , 9 Wyoming Law Review (2009)

Parliament of Australia(Senate), Revised Explanatory Memorandum, Offshore Petroleum Amendment (Greenhouse Gas Storage) Act Bill 2008 (2008)

Paula Dittrick, Repsol calls Argentina's nationalization of YPF 'unlawful', Oil and Gas Journal (April 2012)

Pietro S. Nivola, Erin E. R. Carter, "Making Sense of "Energy Independence"", Energy Security, Brookings Institution Press (2010)

Philip M. Marston & Patricia A. Moore, "From EOR to CCS: The Evolving Legal and Regulatory Framework for Carbon Capture and Storage", Energy Law Journal (2008)

Phillippe Sands, Principles of International Environmental Law (2nd, 2003)

Productivity Commission, Water Rights Arrangements in Australia and Overseas (2003)

P.J. Proudhon, 'What is Property?' (2008)

Rebecca W. Watson & Nora R. Pincus, "Hydraulic Fracturing and Water Supply Protection – Federal Regulatory Developments", Rocky Mountain Mineral Law Foundation Digital Library, (Chapter 5, September, 2012)

Richard Brockett, "The Regulation of Unconventional Gas in Queensland and New South

Wales – Divergent Paths, Same Destination?", Oil, Gas & Energy Law Intelligence (June 2014)

Robyn Stein, ' Water Law in a Democratic South Africa: A Country Case Study Examining the Introduction of a Public Right System' , Texas Law Review (June, 2005)

Simon Marr, 'Implementing the European Emissions Trading Directive in Germany' , Legal Aspects of Implementing the Kyoto Protocol Mechanisms (David Freestone & Charlotte Streck eds, 2005)

Stephanie M. Haggerty, 'Legal Requirements for Widespread Implementation for CO2 Sequestration in Depleted Oil Reservoirs' , 197 Pace Environmental Law Review (2003)

Stephen G. Burns, 'The Fukushima Daichi Accident : The International Community Responds' , Washington University Global Studies Law Review (2012)

Stephen Hodgson, Modern Water Rights – Theory and Practice (2006)

The Chernobyl Forum, Chernobyl 's Legacy: Health, Environmental and Economic Impacts (March 2006)

The Interstate Oil and Gas Compact Commission Task Force on Carbon Capture and Geologic Storage, Storage of Carbon Dioxide in Geologic Structures A Legal and Regulatory Guide for States and Provinces (2007)

The National Commission on the Deepwater Horizon Oil Spill and Offshore Drilling, Final Report (Released 01/11/2011)

The National Diet of Japan Fukushima Nuclear Accident Independent Investigation Commission, The official report of The Fukushima Nuclear Accident Independent Investigation Commission (2012)

The Parliament of the Commonwealth of Australia, House of Representatives Standing Committee on Science and Innovation, Between a Rock and a Hard Place: The Science of Geosequestration (2007)

The Royal Society & Royal Academy of Engineering, Shale gas extraction in the UK: a review of hydraulic fracturing (June 2012)

The Second European Climate Change Programme, Final Report of Working Group 3: Carbon Capture and Geological Storage (CCS), 1 (2006)

Thomas E. Kurth & Michael J. Mazzone & Mary S. Mendoza & Christopher S. Kulander, "American Law and Jurisprudence on Fracing" , Rocky Mountain Mineral Law Foundation Journal (Vol. 47 No. 2, 2010)

Tom Le Quesne, Guy Pegram and Constantin Von Der Heyden, 'Allocating Scare Water', (April, 2007)

Trevor Hill and Graham Symmonds, 「The WATER GRID FOR WATER」, Advantage (2013)

UNSCEAR, Sources of Ionizing Radiation (2008)

USGS, Estimated Use of Water in the United States in 2005 (2009)

Will Reisinger Nolan Moser, Trent A. Dougherty, James D. Madeiros, 'Reconciling King Coal and Climate Change: A Regulatory Framework for Carbon Capture and Storage', 11 Vermont Journal of Environmental Law (2009)

William F. Cloran, 'The Ownership of Water in Oregon: Public Property vs. Private Commodity', Williamette Law Review (2011)

World Bank, Sustaining Water for All in a Changing Climate (2010)

World Energy Council, Survey of Energy Resources: Focus on Shale Gas (2010)

World Resources Institute, Piet Klop, Jeff Rodgers, Rabobank, Peter Vos, Susan Hansen, Watering Scarcity – Private Investment Opportunities in Agricultural Water Use Efficiency (2008)

WWAP, The UN World Water Development Report (2012)

## 2. 기타 자료

### 국내

문화일보, 日 원전 90% 중지… 유럽 脫원전 도미노 (6) 후쿠시마 사태 후 '反원전' 확산, 2011년 11월 19일자

에너지신문, 무역규모 1조달러, 에너지 '견인차', 2011년 12월 5일자

전자신문, 사용후핵연료 대안 있나? etnews.com, 2013.4.17.

정형석, 전력수급 '불안' 효율성도 '글쎄', 전기신문, 2013년 8월 20일

## 국내판결

대법원 1983. 3. 8. 선고 80다2658

대법원 2011. 1. 13. 선고 2009다21058

## 해외

AEMO, Introduction to the National Electricity Market fact sheet, 〈http://www.aemo.com.au/About-the-Industry/Energy-Markets/National-Electricity-Market〉

Anu Passary, "Seven earthquakes hit Oklahoma over weekend. Blame fracking?", Tech Times, July 16, 2014

ASN, Annual Report 2012

Bob O' Brien, Water licences valued at A$2.8 billion traded in Australia' s emerging water markets, VOX (25 Apr 2010)

Clean Energy Regulator, Eligible emissions units, (2012)

Department of Climate Change and Energy Efficiency, Exposure Draft of Clean Energy Bill 2011: Commentary on Provisions (28 July, 2011)

Department of Environmental Conservation, Generic Environmental Impact Statement on the Oil, Gas and Solution Mining Regulatory Program (GEIS), at 〈http://www.dec.ny.gov/energy/45912.html〉

Department of Industry and Resources(2006). Guidelines for MINERAL EXPLORATION REPORTS ON MINING TENEMENTS

Directive 2009/31/EC of the European Parliament and of the Council of 23 April 2009 on the Geological Storage of Carbon Dioxide, Article 1. Subject Matter and Purpose

Economic and Social Council, General Comment No. 15 The right to water (arts. 11 and 12 of the International Covenant on Economic, Social and Cultural Rights) (2002)

EIA, 'Carbon Dioxide Emissions', Find statistics on Korea, South (2010)

EIA, Country Analysis Brief, Australia (June 21, 2013)

EPA, EPA's Study of Hydraulic Fracturing for Oil and Gas and Its Potential Impact on Drinking Water Resources, at 〈http://www2.epa.gov/hfstudy〉

EUROPEAN COMMISSION, Proposal for a COUNCIL DIRECTIVE laying down basic safety standards for protection against the dangers arising from exposure to ionising radiation Draft presented under Article 31 Euratom Treaty for the opinion of the European Economic and Social Committee
〈http://ec.europa.eu/energy/nuclear/radiation_protection/doc/com_2011_0593.pdf〉

Global Post, Japan moving to label nuclear power as "important" in energy policy (December 6, 2013 1:03pm)
〈http://www.globalpost.com/dispatch/news/kyodo-news-international/131205/japan-moving-label-nuclear-power-important-energy-plan〉

Henri de Bracton, On the Law and Customs of England (George E. Woodbine ed., Samuel E. Thorne trans, 1968)

IAEA, Operational & Long-Term Shutdown Reactors,
〈http://www.iaea.org/PRIS/WorldStatistics/OperationalReactorsByCountry.aspx〉

IAEA, The IAEA Mission Statement 〈http://www.iaea.org/About/mission.html〉

IEA, Energy Policies of IEA Countries – Australia 2012 Review (2012)

ISDA, Energy, Commodities, Developing Products, at
〈http://www2.isda.org/asset-classes/energy-developing-products/〉.

Martin Kasindorf, Lawyers: Beverly Hills High School' s Hazard (USA Today, April 29, 2003)

Secretary of Energy Advisory Board, "Improving the Safety & Environmental Performance of Hydraulic Fracturing" at 〈http://www.shalegas.energy.gov/〉

Steve Orr, NEW YORK: Hydrofracking's impact on air quality concerns some (democratandchronicle.com, July 18, 2011)

US Congress, Bills, "A bill to clarify that a State has the sole authority to regulate hydraulic fracturing on Federal land within the boundaries of the State", at 〈https://www.govtrack.us/congress/bills/112/s2248〉 and "To clarify that a State has the sole authority to regulate hydraulic fracturing on Federal land within the boundaries of the State", at 〈https://www.govtrack.us/congress/bills/113/hr2513〉

USNRC, Backgrounder on the Three Mile Island Accident
〈http://www.nrc.gov/reading-rm/doc-collections/fact-sheets/3mile-isle.html〉

William Blackstone, 'Chapter 2 : Of Real Property and, First, of Corporeal Heredita-

ments', Commentaries on the Laws of England (1753)
World Mining Congress, Standards of Disclosure of Oil & Gas Activities

## 해외판결

A.L.A. Schechter Poultry Corporation v U.S., 295 U.S. 495, 55 S.Ct. 837, U.S. 1935
Armstrong DLW GmbH v Winnington Networks Ltd [2012] EWHC 10 (Ch) (11 January 2012)
Ball v. Dillard, 602 S.W.2d 521
Case concerning the Gabčíkovo - Nagymaros Project, I.C.J. Reports (1997)
Central Ky. Natural Gas Co. v. Smallwood, 252 S.W.2d 866
Department of Transp. v. Goike, 560 N.W.2d 365
Ellis v. Arkansas Louisiana Gas Co., 450 F.Supp. 412
Ellis v. Arkansas Louisiana Gas Co., 609 F.2d 436
Emeny v. U. S., 412 F.2d 1319
FPL Farming, Ltd. v. Texas Natural Resource Conservation Commission, S.W.3d, 2003 WL 247183
Getty Oil Company v Johns, 470 S.W.2d 618, 621
Gregg v. Caldwell-Guadalupe Pick-Up Stations, 286 S.W. 1083
Humble Oil & Refining Co. v. West, 508 S.W.2d 812
Humble Oil & Refining Co. v. Williams, 420 S.W.2d 133
Legal Environmental Assistance Foundation, Inc. v U.S. E.P.A., 118 F.3d 1467, C.A.11, 1997
Makar Production Company v. Anderson, No. 07-99-0050-CV, 2
Mapco, Inc. v. Carter, 808 S.W.2d 262
Northern Plains Resource Council v Fidelity Exploration and Development Co., 325 F.3d 1155, C.A.9 (Mont.),2003
Sun Oil Co. v. Whitaker, 483 S.W.2d 808
UN, Trail Smelter Case, Reports of International Arbitral Awards (2006, Vol 3.)
U.S. v. 43.42 Acres of Land, 520 F.Supp. 1042

## 3. 관련 법률

① 지속가능발전법

② 저탄소녹색성장기본법

③ 온실가스 배출권의 할당 및 거래에 관한 법률

④ 에너지법

## 지속가능발전법

[시행 2015.3.27.] [법률 제13261호, 2015.3.27., 일부개정]

환경부(정책총괄과) 044-201-6650

**제1장 총칙**

**제1조(목적)** 이 법은 지속가능발전을 이룩하고, 지속가능발전을 위한 국제사회의 노력에 동참하여 현재 세대와 미래 세대가 보다 나은 삶의 질을 누릴 수 있도록 함을 목적으로 한다.

**제2조(정의)** 이 법에서 사용하는 용어의 뜻은 다음과 같다.

1. "지속가능성"이란 현재 세대의 필요를 충족시키기 위하여 미래 세대가 사용할 경제·사회·환경 등의 자원을 낭비하거나 여건을 저하(低下)시키지 아니하고 서로 조화와 균형을 이루는 것을 말한다.
2. "지속가능발전"이란 지속가능성에 기초하여 경제의 성장, 사회의 안정과 통합 및 환경의 보전이 균형을 이루는 발전을 말한다.

**제3조** 삭제 〈2010.1.13.〉

**제2장 지속가능발전 기본전략 등**

**제4조** 삭제 〈2010.1.13.〉

**제5조** 삭제 〈2010.1.13.〉

**제6조** 삭제 〈2010.1.13.〉

**제7조(국가·지방이행계획의 협의^조정)** 중앙행정기관의 장이나 특별시장·광역시장·특별자치시장·도지사·특별자치도지사(이하 "시·도지사"라 한다)는 다른 중앙행정기관이나 특별시·광역시·특별자치시·도·특별자치도(이하 "시·도"라 한다)

의 「저탄소 녹색성장 기본법」 제50조제4항에 따른 중앙 지속가능발전 기본계획(이하 "국가이행계획"이라 한다) 또는 같은 조 제5항에 따른 지방 지속가능발전 기본계획(이하 "지방이행계획"이라 한다)이 그 중앙행정기관 또는 시·도의 이행계획의 시행에 지장을 초래하거나 초래할 우려가 있다고 인정할 때에는 대통령령으로 정하는 바에 따라 상호 협의·조정하여야 한다. 이 경우 중앙행정기관의 장이나 시·도지사는 그 협의·조정 사항에 관하여 제15조에 따른 지속가능발전 위원회(이하 "위원회"라 한다) 또는 「저탄소 녹색성장 기본법」 제20조에 따른 해당 지방녹색성장위원회의 의견을 들을 수 있다. 〈개정 2015.3.27.〉

[전문개정 2010.1.13.]

**제8조** 삭제 〈2010.1.13.〉

**제9조(추진상황의 점검)** ① 위원회는 대통령령으로 정하는 바에 따라 2년마다 국가이행계획의 추진상황을 점검하고 그 결과를 관계 중앙행정기관의 장에게 송부하여야 한다. 〈개정 2010.1.13.〉

② 관계 중앙행정기관의 장은 제1항에 따라 위원회로부터 송부받은 점검결과에 따라 필요한 경우에는 국가이행계획을 수정·보완할 수 있다. 〈개정 2010.1.13.〉

③ 삭제 〈2010.1.13.〉

④ 삭제 〈2010.1.13.〉

**제10조(다른 법령에 따른 계획과의 연계)** 국가와 지방자치단체는 다른 법령에 따라 수립하는 행정계획과 정책이 「저탄소 녹색성장 기본법」 제49조에 따른 기본원칙과 같은 법 제50조에 따른 지속가능발전 기본계획과 조화를 이루도록 노력하여야 한다.

[전문개정 2010.1.13.]

**제11조(법령 제^개정에 따른 통보 등)** ① 중앙행정기관의 장은 지속가능발전에 영향을 미치는 내용을 포함하는 법령을 제정하거나 개정하려는 때에는 위원회에 그 내용을 통보하여야 한다. 〈개정 2010.1.13.〉

② 중앙행정기관의 장은 지속가능발전 기본계획과 관련이 있는 중·장기 행정계획을 수립·변경하려는 때에는 위원회에 그 내용을 통보하여야 한다. 〈개정 2010.1.13.〉

③ 지방자치단체의 장은 지방이행계획과 관련이 있는 행정계획을 수립·변경하려는 때에는 해당 지방 녹색성장위원회에 그 내용을 통보하여야 한다. 〈개정 2010.1.13.〉

④ 제1항과 제2항에 따른 통보기간 및 통보절차 등에 관하여 필요한 사항은 대통령령으로 정하고, 제3항에 따른 통보기간 및 통보절차 등에 관하여 필요한 사항

은 조례로 정한다.

⑤ 위원회나 지방 녹색성장위원회는 제1항부터 제3항까지의 규정에 따라 통보받은 법령이나 행정계획의 내용을 검토하기 위하여 필요하다고 인정하면 관계 중앙행정기관의 장 또는 관계 지방자치단체의 장(이하 "관계 기관의 장"이라 한다)에게 관련 자료를 제출하도록 요청할 수 있다. 이 경우 관계 기관의 장은 특별한 사유가 없으면 요청에 따라야 한다. 〈개정 2010.1.13.〉

⑥ 위원회나 지방 녹색성장위원회는 제1항부터 제3항까지의 규정에 따라 통보받은 법령 또는 행정계획의 내용을 검토한 후 그 검토결과를 관계 기관의 장에게 통보하여야 한다. 〈개정 2010.1.13.〉

⑦ 관계 기관의 장은 제6항에 따라 위원회 또는 지방 녹색성장위원회로부터 검토결과를 통보받은 때에는 지속가능발전을 위하여 타당하다고 인정되는 경우 해당 법령의 제·개정 또는 행정계획의 수립·변경에 그 검토내용을 적절하게 반영하여야 한다. 〈개정 2010.1.13.〉

⑧ 제6항에 따른 위원회의 검토 및 통보절차 등에 관하여 필요한 사항은 대통령령으로, 지방 녹색성장위원회의 검토 및 통보절차 등에 관하여 필요한 사항은 조례로 정한다. 〈개정 2010.1.13.〉

**제12조** 삭제 〈2010.1.13.〉

### 제3장 지속가능성 평가

**제13조(지속가능발전지표 및 지속가능성 평가)** ① 국가는 지속가능발전지표를 작성하여 보급하여야 한다.

② 제15조에 따른 지속가능발전위원회는 제1항에 따른 지속가능발전지표에 따라 2년마다 국가의 지속가능성을 평가하여야 한다.

③ 제1항 및 제2항에 따른 지속가능발전지표의 작성·보급 및 지속가능성 평가에 필요한 사항은 대통령령으로 정한다.

[전문개정 2010.1.13.]

**제14조(지속가능성보고서)** ① 제15조에 따른 지속가능발전위원회는 2년마다 제13조제2항에 따른 지속가능성 평가결과를 종합하는 지속가능성보고서를 작성하여 대통령에게 보고한 후 공표(公表)하여야 한다.

② 정부는 제1항에 따라 작성한 지속가능성보고서를 국회에 보고하여야 한다.

③ 제1항에 따른 지속가능성보고서의 작성 등에 필요한 사항은 대통령령으로 정한다.

[전문개정 2010.1.13.]

### 제4장 지속가능발전위원회 〈개정 2010.1.13.〉

**제15조(지속가능발전위원회의 설치)** 국가의 지속가능발전을 효율적으로 추진하기 위하여 환경부장관 소속으로 지속가능발전위원회를 둔다.

[전문개정 2010.1.13.]

**제16조(위원회의 기능)** 위원회는 다음 각 호의 사항을 심의한다.

1. 「저탄소 녹색성장 기본법」 제50조제2항에 따른 지속가능발전 기본계획 수립·변경의 사전심의에 관한 사항
2. 제7조에 따른 이행계획의 협의·조정에 관한 사항
3. 제9조제1항에 따른 국가이행계획의 추진상황 점검에 관한 사항
4. 제11조에 따른 법령 및 행정계획에 대한 검토 및 통보 등에 관한 사항
5. 제13조에 따른 지속가능발전지표의 작성 및 지속가능성 평가에 관한 사항
6. 제14조제1항에 따른 지속가능성보고서의 작성 및 공표에 관한 사항
7. 제20조에 따른 지속가능발전 지식·정보의 보급 등에 관한 사항
8. 제21조에 따른 교육·홍보 등에 관한 사항
9. 제22조에 따른 국내외 협력 등에 관한 사항
10. 그 밖에 지속가능발전을 위하여 고려하여야 할 주요 정책과 이와 관련된 사회적 갈등 해결에 관하여 환경부장관에 대한 자문이 필요한 사항

[전문개정 2010.1.13.]

**제17조(위원회의 구성 등)** ① 위원회는 위원장 1명을 포함한 50명 이내의 위원으로 구성하고, 위원은 당연직위원과 위촉위원으로 하되, 공무원이 아닌 위원이 전체위원의 과반수가 되도록 하여야 한다. 〈개정 2010.1.13.〉

② 당연직위원은 대통령령으로 정하는 중앙행정기관의 고위공무원단에 속하는 고위공무원으로 하고, 위촉위원은 시민사회단체, 학계, 산업계 등에서 지속가능발전에 관한 지식과 경험이 풍부한 자 중에서 대통령이 위촉하는 자로 한다. 〈개정 2010.1.13.〉

③ 위원장은 위촉위원 중에서 환경부장관이 위촉한다. 〈개정 2010.1.13.〉

④ 위촉위원의 임기는 2년으로 한다.

⑤ 위원회의 심의사항에 관하여 분야별로 전문적인 연구·검토를 하기 위하여 전문위원회를 둔다. 〈개정 2010.1.13.〉

⑥ 위원회 및 전문위원회의 구성·운영 등에 관하여 필요한 사항은 대통령령으로

정한다. 〈개정 2010.1.13.〉

[제목개정 2010.1.13.]

**제18조(정책에 관한 의견의 제시)** ① 위원회는 지속가능발전을 위하여 필요하다고 인정하면 관계 중앙행정기관 또는 지방자치단체의 정책에 관하여 의견을 제시할 수 있다.

② 제1항에 따라 의견을 제시받은 관계 중앙행정기관 또는 관계 지방자치단체의 장은 그 의견을 존중하고 이를 관계 법령의 제·개정이나 행정계획의 수립·변경에 반영하기 위하여 노력하여야 한다.

[전문개정 2010.1.13.]

**제19조(임직원의 파견 요청 등)** ① 위원회는 그 업무수행을 위하여 필요하면 관계 행정기관이나 법인·단체 등의 장에게 그 소속 공무원이나 임직원의 파견 또는 겸임을 요청할 수 있다. 〈개정 2010.1.13.〉

② 위원회는 그 업무수행을 위하여 필요하면 관련 분야의 전문가를 「국가공무원법」 제26조의5에 따른 임기제공무원으로 임용할 수 있다. 〈개정 2010.1.13., 2012.12.11.〉

## 제5장 보칙

**제20조(지속가능발전 지식·정보의 보급 등)** ① 정부는 국민에게 지속가능발전에 관한 지식·정보를 보급하고, 국민이 지속가능발전에 관한 지식·정보에 쉽게 접근할 수 있도록 노력하여야 한다.

② 위원회는 제1항에 따른 지속가능발전에 관한 지식·정보의 원활한 생산·보급 등을 위하여 지속가능발전정보망을 구축·운영할 수 있다. 〈개정 2010.1.13.〉

③ 위원회는 관계 행정기관의 장에게 제2항에 따른 지속가능발전정보망의 구축·운영에 필요한 자료의 제출을 요청할 수 있다. 이 경우 요청받은 관계 행정기관의 장은 특별한 사유가 없으면 이에 따라야 한다. 〈개정 2010.1.13.〉

④ 위원회는 제2항에 따른 지속가능발전정보망의 효율적인 구축·운영을 위하여 필요한 경우에는 관계 전문기관의 장에게 지속가능발전 현황조사를 의뢰하거나 지속가능발전정보망의 구축·운영을 위탁할 수 있다. 〈개정 2010.1.13.〉

⑤ 제2항부터 제4항까지의 규정에 따른 자료 제출의 범위, 관계 전문기관의 장에 대한 지속가능발전 현황조사의 의뢰 및 지속가능발전정보망의 구축·운영 또는 그 위탁 등에 관하여 필요한 사항은 대통령령으로 정한다.

**제21조(교육·홍보 등)** 국가와 지방자치단체는 지속가능발전을 실현하기 위하여 필요한 조사·연구 및 교육 프로그램을 개발하고 지속가능발전 관련 홍보 등의 업무를 수행할 수 있다. 〈개정 2010.1.13.〉

**제22조(국내외 협력 등)** ① 국가와 지방자치단체는 지속가능발전을 위하여 긴밀하게 상호 협력하여야 한다. 〈개정 2010.1.13.〉

② 국가와 지방자치단체는 의제21과 요하네스버그이행계획 등 지속가능발전을 위한 국제사회의 약속과 규범들을 성실하게 이행하고 협력하여야 한다.

③ 국가와 지방자치단체는 기업·시민사회단체 등이 지속가능발전을 위하여 추진하는 다양한 국내외 활동을 지원하여야 한다.

**부칙** 〈제13261호, 2015.3.27.〉

이 법은 공포한 날부터 시행한다.

## 저탄소 녹색성장 기본법

[시행 2013.10.31.] [법률 제11965호, 2013.7.30., 타법개정]

국무조정실(기후변화대응과) 044-200-2892

### 제1장 총칙

**제1조(목적)** 이 법은 경제와 환경의 조화로운 발전을 위하여 저탄소(低炭素) 녹색성장에 필요한 기반을 조성하고 녹색기술과 녹색산업을 새로운 성장동력으로 활용함으로써 국민경제의 발전을 도모하며 저탄소 사회 구현을 통하여 국민의 삶의 질을 높이고 국제사회에서 책임을 다하는 성숙한 선진 일류국가로 도약하는 데 이바지함을 목적으로 한다.

**제2조(정의)** 이 법에서 사용하는 용어의 뜻은 다음과 같다. 〈개정 2013.7.30.〉

1. "저탄소"란 화석연료(化石燃料)에 대한 의존도를 낮추고 청정에너지의 사용 및 보급을 확대하며 녹색기술 연구개발, 탄소흡수원 확충 등을 통하여 온실가스를 적정수준 이하로 줄이는 것을 말한다.
2. "녹색성장"이란 에너지와 자원을 절약하고 효율적으로 사용하여 기후변화와 환경훼손을 줄이고 청정에너지와 녹색기술의 연구개발을 통하여 새로운 성장동력을 확보하며 새로운 일자리를 창출해 나가는 등 경제와 환경이 조화를 이루는 성장을 말한다.

3. "녹색기술"이란 온실가스 감축기술, 에너지 이용 효율화 기술, 청정생산기술, 청정에너지 기술, 자원순환 및 친환경 기술(관련 융합기술을 포함한다) 등 사회·경제 활동의 전 과정에 걸쳐 에너지와 자원을 절약하고 효율적으로 사용하여 온실가스 및 오염물질의 배출을 최소화하는 기술을 말한다.
4. "녹색산업"이란 경제·금융·건설·교통물류·농림수산·관광 등 경제활동 전반에 걸쳐 에너지와 자원의 효율을 높이고 환경을 개선할 수 있는 재화(財貨)의 생산 및 서비스의 제공 등을 통하여 저탄소 녹색성장을 이루기 위한 모든 산업을 말한다.
5. "녹색제품"이란 에너지·자원의 투입과 온실가스 및 오염물질의 발생을 최소화하는 제품을 말한다.
6. "녹색생활"이란 기후변화의 심각성을 인식하고 일상생활에서 에너지를 절약하여 온실가스와 오염물질의 발생을 최소화하는 생활을 말한다.
7. "녹색경영"이란 기업이 경영활동에서 자원과 에너지를 절약하고 효율적으로 이용하며 온실가스 배출 및 환경오염의 발생을 최소화하면서 사회적, 윤리적 책임을 다하는 경영을 말한다.
8. "지속가능발전"이란 「지속가능발전법」 제2조제2호에 따른 지속가능발전을 말한다.
9. "온실가스"란 이산화탄소(CO2), 메탄(CH4), 아산화질소(N2O), 수소불화탄소(HFCs), 과불화탄소(PFCs), 육불화황(SF6) 및 그 밖에 대통령령으로 정하는 것으로 적외선 복사열을 흡수하거나 재방출하여 온실효과를 유발하는 대기 중의 가스 상태의 물질을 말한다.
10. "온실가스 배출"이란 사람의 활동에 수반하여 발생하는 온실가스를 대기 중에 배출·방출 또는 누출시키는 직접배출과 다른 사람으로부터 공급된 전기 또는 열(연료 또는 전기를 열원으로 하는 것만 해당한다)을 사용함으로써 온실가스가 배출되도록 하는 간접배출을 말한다.
11. "지구온난화"란 사람의 활동에 수반하여 발생하는 온실가스가 대기 중에 축적되어 온실가스 농도를 증가시킴으로써 지구 전체적으로 지표 및 대기의 온도가 추가적으로 상승하는 현상을 말한다.
12. "기후변화"란 사람의 활동으로 인하여 온실가스의 농도가 변함으로써 상당 기간 관찰되어 온 자연적인 기후변동에 추가적으로 일어나는 기후체계의 변화를 말한다.
13. "자원순환"이란 「자원의 절약과 재활용촉진에 관한 법률」 제2조제1호에 따

른 자원순환을 말한다.

14. "신·재생에너지"란 「신에너지 및 재생에너지 개발·이용·보급 촉진법」 제2조제1호 및 제2호에 따른 신에너지 및 재생에너지를 말한다.

15. "에너지 자립도"란 국내 총소비에너지량에 대하여 신·재생에너지 등 국내 생산에너지량 및 우리나라가 국외에서 개발(지분 취득을 포함한다)한 에너지량을 합한 양이 차지하는 비율을 말한다.

**제3조(저탄소 녹색성장 추진의 기본원칙)** 저탄소 녹색성장은 다음 각 호의 기본원칙에 따라 추진되어야 한다.

1. 정부는 기후변화·에너지·자원 문제의 해결, 성장동력 확충, 기업의 경쟁력 강화, 국토의 효율적 활용 및 쾌적한 환경 조성 등을 포함하는 종합적인 국가발전전략을 추진한다.
2. 정부는 시장기능을 최대한 활성화하여 민간이 주도하는 저탄소 녹색성장을 추진한다.
3. 정부는 녹색기술과 녹색산업을 경제성장의 핵심 동력으로 삼고 새로운 일자리를 창출·확대할 수 있는 새로운 경제체제를 구축한다.
4. 정부는 국가의 자원을 효율적으로 사용하기 위하여 성장잠재력과 경쟁력이 높은 녹색기술 및 녹색산업 분야에 대한 중점 투자 및 지원을 강화한다.
5. 정부는 사회·경제 활동에서 에너지와 자원 이용의 효율성을 높이고 자원순환을 촉진한다.
6. 정부는 자연자원과 환경의 가치를 보존하면서 국토와 도시, 건물과 교통, 도로·항만·상하수도 등 기반시설을 저탄소 녹색성장에 적합하게 개편한다.
7. 정부는 환경오염이나 온실가스 배출로 인한 경제적 비용이 재화 또는 서비스의 시장가격에 합리적으로 반영되도록 조세(租稅)체계와 금융체계를 개편하여 자원을 효율적으로 배분하고 국민의 소비 및 생활 방식이 저탄소 녹색성장에 기여하도록 적극 유도한다. 이 경우 국내산업의 국제경쟁력이 약화되지 않도록 고려하여야 한다.
8. 정부는 국민 모두가 참여하고 국가기관, 지방자치단체, 기업, 경제단체 및 시민단체가 협력하여 저탄소 녹색성장을 구현하도록 노력한다.
9. 정부는 저탄소 녹색성장에 관한 새로운 국제적 동향(動向)을 조기에 파악·분석하여 국가 정책에 합리적으로 반영하고, 국제사회의 구성원으로서 책임과 역할을 성실히 이행하여 국가의 위상과 품격을 높인다.

**제4조(국가의 책무)** ① 국가는 정치·경제·사회·교육·문화 등 국정의 모든 부문에서

저탄소 녹색성장의 기본원칙이 반영될 수 있도록 노력하여야 한다.

② 국가는 각종 정책을 수립할 때 경제와 환경의 조화로운 발전 및 기후변화에 미치는 영향 등을 종합적으로 고려하여야 한다.

③ 국가는 지방자치단체의 저탄소 녹색성장 시책을 장려하고 지원하며, 녹색성장의 정착·확산을 위하여 사업자와 국민, 민간단체에 정보의 제공 및 재정 지원 등 필요한 조치를 할 수 있다.

④ 국가는 에너지와 자원의 위기 및 기후변화 문제에 대한 대응책을 정기적으로 점검하여 성과를 평가하고 국제협상의 동향 및 주요 국가의 정책을 분석하여 적절한 대책을 마련하여야 한다.

⑤ 국가는 국제적인 기후변화대응 및 에너지·자원 개발협력에 능동적으로 참여하고, 개발도상국가에 대한 기술적·재정적 지원을 할 수 있다.

**제5조(지방자치단체의 책무)** ① 지방자치단체는 저탄소 녹색성장 실현을 위한 국가시책에 적극 협력하여야 한다.

② 지방자치단체는 저탄소 녹색성장대책을 수립·시행할 때 해당 지방자치단체의 지역적 특성과 여건을 고려하여야 한다.

③ 지방자치단체는 관할구역 내에서의 각종 계획 수립과 사업의 집행과정에서 그 계획과 사업이 저탄소 녹색성장에 미치는 영향을 종합적으로 고려하고, 지역주민에게 저탄소 녹색성장에 대한 교육과 홍보를 강화하여야 한다.

④ 지방자치단체는 관할구역 내의 사업자, 주민 및 민간단체의 저탄소 녹색성장을 위한 활동을 장려하기 위하여 정보 제공, 재정 지원 등 필요한 조치를 강구하여야 한다.

**제6조(사업자의 책무)** ① 사업자는 녹색경영을 선도하여야 하며 기업활동의 전 과정에서 온실가스와 오염물질의 배출을 줄이고 녹색기술 연구개발과 녹색산업에 대한 투자 및 고용을 확대하는 등 환경에 관한 사회적·윤리적 책임을 다하여야 한다.

② 사업자는 정부와 지방자치단체가 실시하는 저탄소 녹색성장에 관한 정책에 적극 참여하고 협력하여야 한다.

**제7조(국민의 책무)** ① 국민은 가정과 학교 및 직장 등에서 녹색생활을 적극 실천하여야 한다.

② 국민은 기업의 녹색경영에 관심을 기울이고 녹색제품의 소비 및 서비스 이용을 증대함으로써 기업의 녹색경영을 촉진한다.

③ 국민은 스스로가 인류가 직면한 심각한 기후변화, 에너지·자원 위기의 최종적인 문제해결자임을 인식하여 건강하고 쾌적한 환경을 후손에게 물려주기 위하

여 녹색생활 운동에 적극 참여하여야 한다.

**제8조(다른 법률과의 관계)** ① 저탄소 녹색성장에 관하여는 다른 법률에 우선하여 이 법을 적용한다.

② 저탄소 녹색성장과 관련되는 다른 법률을 제정하거나 개정하는 경우에는 이 법의 목적과 기본원칙에 맞도록 하여야 한다.

③ 국가와 지방자치단체가 다른 법령에 따라 수립하는 행정계획과 정책은 제3조에 따른 저탄소 녹색성장 추진의 기본원칙 및 제9조에 따른 저탄소 녹색성장 국가전략과 조화를 이루도록 하여야 한다.

## 제2장 저탄소 녹색성장 국가전략

**제9조(저탄소 녹색성장 국가전략)** ① 정부는 국가의 저탄소 녹색성장을 위한 정책목표·추진전략·중점추진과제 등을 포함하는 저탄소 녹색성장 국가전략(이하 "녹색성장국가전략"이라 한다)을 수립·시행하여야 한다.

② 녹색성장국가전략에는 다음 각 호의 사항이 포함되어야 한다.

1. 제22조에 따른 녹색경제 체제의 구현에 관한 사항
2. 녹색기술·녹색산업에 관한 사항
3. 기후변화대응 정책, 에너지 정책 및 지속가능발전 정책에 관한 사항
4. 녹색생활, 제51조에 따른 녹색국토, 제53조에 따른 저탄소 교통체계 등에 관한 사항
5. 기후변화 등 저탄소 녹색성장과 관련된 국제협상 및 국제협력에 관한 사항
6. 그 밖에 재원조달, 조세·금융, 인력양성, 교육·홍보 등 저탄소 녹색성장을 위하여 필요하다고 인정되는 사항

③ 정부는 녹색성장국가전략을 수립하거나 변경하려는 경우 제14조에 따른 녹색성장위원회의 심의 및 국무회의의 심의를 거쳐야 한다. 다만, 대통령령으로 정하는 경미한 사항을 변경하는 경우에는 그러하지 아니한다.

**제10조(중앙행정기관의 추진계획 수립·시행)** ① 중앙행정기관의 장은 녹색성장국가전략을 효율적·체계적으로 이행하기 위하여 대통령령으로 정하는 바에 따라 소관 분야의 추진계획(이하 "중앙추진계획"이라 한다)을 수립·시행하여야 한다.

② 중앙행정기관의 장은 중앙추진계획을 수립하거나 변경하는 때에는 대통령령으로 정하는 바에 따라 제14조에 따른 녹색성장위원회에 보고하여야 한다. 다만, 대통령령으로 정하는 경미한 사항을 변경하는 경우에는 그러하지 아니하다.

**제11조(지방자치단체의 추진계획 수립·시행)** ① 특별시장·광역시장·도지사 또는 특별

자치도지사(이하 "시·도지사"라 한다)는 해당 지방자치단체의 저탄소 녹색성장을 촉진하기 위하여 대통령령으로 정하는 바에 따라 녹색성장국가전략과 조화를 이루는 지방녹색성장 추진계획(이하 "지방추진계획"이라 한다)을 수립·시행하여야 한다.

② 시·도지사는 지방추진계획을 수립하거나 변경하는 때에는 제20조에 따른 지방녹색성장위원회의 심의를 거친 후 지방의회에 보고하고 지체 없이 이를 제14조에 따른 녹색성장위원회에 제출하여야 한다. 다만, 대통령령으로 정하는 경미한 사항을 변경하는 경우에는 그러하지 아니하다.

**제12조(추진상황 점검 및 평가)** ① 국무총리는 대통령령으로 정하는 바에 따라 녹색성장국가전략과 중앙추진계획의 이행사항을 점검·평가하여야 한다. 이 경우 국무총리는 평가의 절차, 기준, 결과 등에 대하여 제14조에 따른 녹색성장위원회와 협의하여야 한다.

② 시·도지사는 대통령령으로 정하는 바에 따라 지방추진계획의 이행상황을 점검·평가하여 그 결과를 지방의회에 보고하고 지체 없이 이를 제14조에 따른 녹색성장위원회에 제출하여야 한다.

**제13조(정책에 관한 의견제시)** ① 제14조에 따른 녹색성장위원회는 제12조에 따른 추진상황 점검·평가 결과 등에 따라 필요하다고 인정되는 경우에는 관계 중앙행정기관의 장 또는 시·도지사에게 의견을 제시할 수 있다.

② 제1항에 따른 의견을 제시받은 관계 중앙행정기관의 장 또는 시·도지사는 해당 기관의 정책 등에 이를 반영하기 위하여 노력하여야 한다.

### 제3장 녹색성장위원회 등

**제14조(녹색성장위원회의 구성 및 운영)** ① 국가의 저탄소 녹색성장과 관련된 주요 정책 및 계획과 그 이행에 관한 사항을 심의하기 위하여 국무총리 소속으로 녹색성장위원회(이하 "위원회"라 한다)를 둔다. 〈개정 2013.3.23.〉

② 위원회는 위원장 2명을 포함한 50명 이내의 위원으로 구성한다.

③ 위원회의 위원장은 국무총리와 제4항제2호의 위원 중에서 대통령이 지명하는 사람이 된다.

④ 위원회의 위원은 다음 각 호의 사람이 된다. 〈개정 2013.3.23.〉

1. 기획재정부장관, 미래창조과학부장관, 산업통상자원부장관, 환경부장관, 국토교통부장관 등 대통령령으로 정하는 공무원
2. 기후변화, 에너지·자원, 녹색기술·녹색산업, 지속가능발전 분야 등 저탄소

녹색성장에 관한 학식과 경험이 풍부한 사람 중에서 대통령이 위촉하는 사람

⑤ 위원회의 사무를 처리하게 하기 위하여 위원회에 간사위원 1명을 두며, 간사위원의 지명에 관한 사항은 대통령령으로 정한다.

⑥ 위원장은 각자 위원회를 대표하며, 위원회의 업무를 총괄한다.

⑦ 위원장이 부득이한 사유로 직무를 수행할 수 없는 때에는 국무총리인 위원장이 미리 정한 위원이 위원장의 직무를 대행한다.

⑧ 제4항제2호의 위원의 임기는 1년으로 하되, 연임할 수 있다.

**제15조(위원회의 기능)** 위원회는 다음 각 호의 사항을 심의한다.

1. 저탄소 녹색성장 정책의 기본방향에 관한 사항
2. 녹색성장국가전략의 수립·변경·시행에 관한 사항
3. 기후변화대응 기본계획, 에너지기본계획 및 지속가능발전 기본계획에 관한 사항
4. 저탄소 녹색성장 추진의 목표 관리, 점검, 실태조사 및 평가에 관한 사항
5. 관계 중앙행정기관 및 지방자치단체의 저탄소 녹색성장과 관련된 정책 조정 및 지원에 관한 사항
6. 저탄소 녹색성장과 관련된 법제도에 관한 사항
7. 저탄소 녹색성장을 위한 재원의 배분방향 및 효율적 사용에 관한 사항
8. 저탄소 녹색성장과 관련된 국제협상·국제협력, 교육·홍보, 인력양성 및 기반구축 등에 관한 사항
9. 저탄소 녹색성장과 관련된 기업 등의 고충조사, 처리, 시정권고 또는 의견표명
10. 다른 법률에서 위원회의 심의를 거치도록 한 사항
11. 그 밖에 저탄소 녹색성장과 관련하여 위원장이 필요하다고 인정하는 사항

**제16조(회의)** ① 위원장은 위원회의 회의를 소집하고 그 의장이 된다.

② 위원회의 회의는 정기회의와 임시회의로 구분하며, 임시회의는 위원장이 필요하다고 인정하는 경우 또는 위원 5명 이상의 소집요구가 있을 경우에 위원장이 소집한다.

③ 위원회의 회의는 위원 과반수의 출석으로 개의하고, 출석위원 과반수의 찬성으로 의결한다. 다만, 대통령령으로 정하는 경우에는 서면으로 심의·의결할 수 있다.

④ 제1항부터 제3항까지에서 규정한 사항 외에 정기회의의 시기 등 위원회의 운영에 필요한 사항은 대통령령으로 정한다.

**제17조(분과위원회)** ① 위원회의 업무를 효율적으로 수행·지원하고 위원회가 위임하는 업무를 검토·조정 또는 처리하기 위하여 대통령령으로 정하는 바에 따라 위원회에 분과위원회를 둘 수 있다.

② 분과위원회는 위촉위원으로 구성하며, 분과위원회의 위원장은 분과위원회의 위원 중에서 호선(互選)한다.

③ 중앙행정기관의 고위공무원단에 속하는 공무원은 관계 분야의 안건에 대하여 해당 분과위원회에 참석하여 의견을 제시할 수 있다.

④ 제1항부터 제3항까지에서 규정한 사항 외에 분과위원회의 운영에 필요한 사항은 위원회의 의결을 거쳐 위원회의 위원장이 정한다.

**제18조** 삭제 〈2013.3.23.〉

**제19조(공무원 등의 파견 요청)** 위원회는 위원회의 운영을 위하여 필요한 경우에는 중앙행정기관, 지방자치단체 소속의 공무원 및 관련 민간기관·단체 또는 연구소, 기업 임직원 등의 파견 또는 겸임을 요청할 수 있다. 〈개정 2013.3.23.〉

**제20조(지방녹색성장위원회의 구성 및 운영)** ① 지방자치단체의 저탄소 녹색성장과 관련된 주요 정책 및 계획과 그 이행에 관한 사항을 심의하기 위하여 시·도지사 소속으로 지방녹색성장위원회(이하 "지방녹색성장위원회"라 한다)를 둘 수 있다.

② 지방녹색성장위원회의 구성, 운영 및 기능 등에 필요한 사항은 대통령령으로 정한다.

**제21조(녹색성장책임관의 지정)** 저탄소 녹색성장의 원활한 추진을 위하여 중앙행정기관의 장 및 시·도지사는 소속 공무원 중에서 녹색성장책임관을 지정할 수 있다.

### 제4장 저탄소 녹색성장의 추진

**제22조(녹색경제·녹색산업 구현을 위한 기본원칙)** ① 정부는 화석연료의 사용을 단계적으로 축소하고 녹색기술과 녹색산업을 육성함으로써 국가경쟁력을 강화하고 지속가능발전을 추구하는 경제(이하 "녹색경제"라 한다)를 구현하여야 한다.

② 정부는 녹색경제 정책을 수립·시행할 때 금융·산업·과학기술·환경·국토·문화 등 다양한 부문을 통합적 관점에서 균형 있게 고려하여야 한다.

③ 정부는 새로운 녹색산업의 창출, 기존 산업의 녹색산업으로의 전환 및 관련 산업과의 연계 등을 통하여 에너지·자원 다소비형 산업구조가 저탄소 녹색산업구조로 단계적으로 전환되도록 노력하여야 한다.

④ 정부는 저탄소 녹색성장을 추진할 때 지역 간 균형발전을 도모하며 저소득층이 소외되지 않도록 지원 및 배려하여야 한다.

**제23조(녹색경제·녹색산업의 육성·지원)** ① 정부는 녹색경제를 구현함으로써 국가경제의 건전성과 경쟁력을 강화하고 성장잠재력이 큰 새로운 녹색산업을 발굴·육성하는 등 녹색경제·녹색산업의 육성·지원 시책을 마련하여야 한다.

② 제1항에 따른 녹색경제·녹색산업의 육성·지원 시책에는 다음 각 호의 사항이 포함되어야 한다.

1. 국내외 경제여건 및 전망에 관한 사항
2. 기존 산업의 녹색산업 구조로의 단계적 전환에 관한 사항
3. 녹색산업을 촉진하기 위한 중장기·단계별 목표, 추진전략에 관한 사항
4. 녹색산업의 신성장동력으로의 육성·지원에 관한 사항
5. 전기·정보통신·교통시설 등 기존 국가기반시설의 친환경 구조로의 전환에 관한 사항
6. 녹색경영을 위한 자문서비스 산업의 육성에 관한 사항
7. 녹색산업 인력 양성 및 일자리 창출에 관한 사항
8. 그 밖에 녹색경제·녹색산업의 촉진에 관한 사항

**제24조(자원순환의 촉진)** ① 정부는 자원을 절약하고 효율적으로 이용하며 폐기물의 발생을 줄이는 등 자원순환의 촉진과 자원생산성 제고를 위하여 자원순환 산업을 육성·지원하기 위한 다양한 시책을 마련하여야 한다.

② 제1항에 따른 자원순환 산업의 육성·지원 시책에는 다음 각 호의 사항이 포함되어야 한다.

1. 자원순환 촉진 및 자원생산성 제고 목표설정
2. 자원의 수급 및 관리
3. 유해하거나 재제조·재활용이 어려운 물질의 사용억제
4. 폐기물 발생의 억제 및 재제조·재활용 등 재자원화
5. 에너지자원으로 이용되는 목재, 식물, 농산물 등 바이오매스의 수집·활용
6. 자원순환 관련 기술개발 및 산업의 육성
7. 자원생산성 향상을 위한 교육훈련·인력양성 등에 관한 사항

**제25조(기업의 녹색경영 촉진)** ① 정부는 기업의 녹색경영을 지원·촉진하여야 한다.

② 정부는 기업의 녹색경영을 지원·촉진하기 위하여 다음 각 호의 사항을 포함하는 시책을 수립·시행하여야 한다.

1. 친환경 생산체제로의 전환을 위한 기술지원
2. 기업의 에너지·자원 이용 효율화, 온실가스 배출량 감축, 산림조성 및 자연환경 보전, 지속가능발전 정보 등 녹색경영 성과의 공개

3. 중소기업의 녹색경영에 대한 지원
4. 그 밖에 저탄소 녹색성장을 위한 기업활동 지원에 관한 사항

**제26조(녹색기술의 연구개발 및 사업화 등의 촉진)** ① 정부는 녹색기술의 연구개발 및 사업화 등을 촉진하기 위하여 다음 각 호의 사항을 포함하는 시책을 수립·시행할 수 있다.

1. 녹색기술과 관련된 정보의 수집·분석 및 제공
2. 녹색기술 평가기법의 개발 및 보급
3. 녹색기술 연구개발 및 사업화 등의 촉진을 위한 금융지원
4. 녹색기술 전문인력의 양성 및 국제협력 등

② 정부는 정보통신·나노·생명공학 기술 등의 융합을 촉진하고 녹색기술의 지식재산권화를 통하여 저탄소 지식기반경제로의 이행을 신속하게 추진하여야 한다.

③ 「과학기술기본법」에 따른 과학기술기본계획에 제1항의 시책이 포함되는 경우에는 미리 위원회의 의견을 들어야 한다.

**제27조(정보통신기술의 보급·활용)** ① 정부는 에너지 절약, 에너지 이용효율 향상 및 온실가스 감축을 위하여 정보통신기술 및 서비스를 적극 활용하는 다음 각 호에 대한 시책을 수립·시행하여야 한다.

1. 방송통신 네트워크 등 정보통신 기반 확대
2. 새로운 정보통신 서비스의 개발·보급
3. 정보통신 산업 및 기기 등에 대한 녹색기술 개발 촉진

② 정부는 저탄소 녹색성장을 위한 생활문화를 조속히 확산시키기 위하여 재택근무·영상회의·원격교육·원격진료 등을 활성화하는 등의 방송통신 시책을 수립·시행하여야 한다.

③ 정부는 정보통신기술을 활용하여 전력 네트워크를 지능화·고도화함으로써 고품질의 전력서비스를 제공하고 에너지 이용효율을 극대화하며 온실가스를 획기적으로 감축할 수 있도록 하여야 한다.

**제28조(금융의 지원 및 활성화)** 정부는 저탄소 녹색성장을 촉진하기 위하여 다음 각 호의 사항을 포함하는 금융 시책을 수립·시행하여야 한다.

1. 녹색경제 및 녹색산업의 지원 등을 위한 재원의 조성 및 자금 지원
2. 저탄소 녹색성장을 지원하는 새로운 금융상품의 개발
3. 저탄소 녹색성장을 위한 기반시설 구축사업에 대한 민간투자 활성화
4. 기업의 녹색경영 정보에 대한 공시제도 등의 강화 및 녹색경영 기업에 대한

금융지원 확대

5. 탄소시장(온실가스를 배출할 수 있는 권리 또는 온실가스의 감축·흡수 실적 등을 거래하는 시장을 말한다. 이하 같다)의 개설 및 거래 활성화 등

**제29조(녹색산업투자회사의 설립과 지원)** ① 녹색기술 및 녹색산업에 자산을 투자하여 그 수익을 투자자에게 배분하는 것을 목적으로 하는 녹색산업투자회사(「자본시장과 금융투자업에 관한 법률」 제9조제18항의 집합투자기구를 말한다. 이하 같다)를 설립할 수 있다.

② 녹색산업투자회사가 투자하는 녹색기술 및 녹색산업은 다음 각호에서 정하는 사업 또는 기업으로 한다.

1. 제2조제3호에 따른 녹색기술에 대한 연구와 시제품의 제작 및 상용화를 위한 연구개발 또는 기술지원 사업
2. 제2조제4호에 따른 녹색산업에 해당하는 사업
3. 녹색기술 또는 녹색산업에 대한 투자 또는 영업을 영위하는 기업

③ 정부는 「공공기관의 운영에 관한 법률」 제4조에 따른 공공기관이 녹색산업투자회사에 출자하려는 경우 이를 위한 자금의 전부 또는 일부를 예산의 범위에서 지원할 수 있다.

④ 금융위원회는 제3항의 규정에 따라 공공기관이 출자한 녹색산업투자회사(해당 회사의 자산운용회사·자산보관회사 및 일반사무관리회사를 포함한다. 이하 이 조에서 같다)에게 해당 회사의 업무 및 재산 등에 관한 자료의 제출이나 보고를 요구할 수 있으며, 관계 중앙행정기관은 금융위원회에 해당 자료의 제출을 요구할 수 있다.

⑤ 관계 중앙행정기관은 제4항에 의하여 제출된 자료나 보고 내용에 대하여 검사가 필요하다고 인정하는 경우 금융위원회에게 해당 녹색산업투자회사에 대한 업무 및 재산 등에 관한 검사를 요청할 수 있으며, 해당 검사 결과 중대한 문제가 있다고 여겨지는 경우에는 금융위원회는 관계 중앙행정기관과 협의하여 해당 녹색산업투자회사의 등록을 취소할 수 있다.

⑥ 제1항 내지 제5항에 따른 녹색산업투자회사의 설립·운영 및 재정지원과 그 밖에 필요한 세부사항은 대통령령으로 정한다.

**제30조(조세 제도 운영)** 정부는 에너지·자원의 위기 및 기후변화 문제에 효과적으로 대응하고 저탄소 녹색성장을 촉진하기 위하여 온실가스와 오염물질을 발생시키거나 에너지·자원 이용효율이 낮은 재화와 서비스를 줄이고 환경친화적인 재화와 서비스를 촉진하는 방향으로 국가의 조세 제도를 운영하여야 한다.

**제31조(녹색기술·녹색산업에 대한 지원·특례 등)** ① 국가 또는 지방자치단체는 녹색기술·녹색산업에 대하여 보조금의 지급 등 필요한 지원을 할 수 있다.

② 「신용보증기금법」에 따라 설립된 신용보증기금 및 「기술신용보증기금법」에 따라 설립된 기술신용보증기금은 녹색기술·녹색산업에 우선적으로 신용보증을 하거나 보증조건 등을 우대할 수 있다.

③ 국가나 지방자치단체는 녹색기술·녹색산업과 관련된 기업을 지원하기 위하여 「조세특례제한법」과 「지방세법」에서 정하는 바에 따라 소득세·법인세·취득세·재산세·등록세 등을 감면할 수 있다.

④ 국가나 지방자치단체는 녹색기술·녹색산업과 관련된 기업이 「외국인투자 촉진법」 제2조제1항제4호에 따른 외국인투자를 유치하는 경우에 이를 최대한 지원하기 위하여 노력하여야 한다.

**제32조(녹색기술·녹색산업의 표준화 및 인증 등)** ① 정부는 국내에서 개발되었거나 개발 중인 녹색기술·녹색산업이 「국가표준기본법」 제3조제2호에 따른 국제표준에 부합되도록 표준화 기반을 구축하고 녹색기술·녹색산업의 국제표준화 활동 등에 필요한 지원을 할 수 있다.

② 정부는 녹색기술·녹색산업의 발전을 촉진하기 위하여 녹색기술, 녹색사업, 녹색제품 등에 대한 적합성 인증을 하거나 녹색전문기업 확인, 공공기관의 구매 의무화 또는 기술지도 등을 할 수 있다.

③ 정부는 다음 각 호의 어느 하나에 해당하는 경우에는 제2항에 따른 적합성 인증 및 녹색전문기업 확인을 취소하여야 한다.

1. 거짓이나 그 밖의 부정한 방법으로 인증이나 확인을 받은 경우
2. 중대한 결함이 있어 인증이나 확인이 적당하지 아니하다고 인정되는 경우

④ 제1항 내지 제3항에 따른 표준화, 인증 및 취소 등에 관하여 그 밖에 필요한 사항은 대통령령으로 정한다.

**제33조(중소기업의 지원 등)** 정부는 중소기업의 녹색기술 및 녹색경영을 촉진하기 위하여 다음 각 호의 시책을 수립·시행할 수 있다.

1. 대기업과 중소기업의 공동사업에 대한 우선 지원
2. 대기업의 중소기업에 대한 기술지도·기술이전 및 기술인력 파견에 대한 지원
3. 중소기업의 녹색기술 사업화의 촉진
4. 녹색기술 개발 촉진을 위한 공공시설의 이용
5. 녹색기술·녹색산업에 관한 전문인력 양성·공급 및 국외진출
6. 그 밖에 중소기업의 녹색기술 및 녹색경영을 촉진하기 위한 사항

**제34조(녹색기술·녹색산업 집적지 및 단지 조성 등)** ① 정부는 녹색기술의 공동연구개발, 시설장비의 공동활용 및 산·학·연 네트워크 구축 등의 사업을 위한 집적지와 단지를 조성하거나 이를 지원할 수 있다.

② 제1항에 따른 사업을 추진하는 경우에는 다음 각 호의 사항을 고려하여야 한다.

1. 산업단지별 산업집적 현황에 관한 사항
2. 기업·대학·연구소 등의 연구개발 역량강화 및 상호연계에 관한 사항
3. 산업집적기반시설의 확충 및 우수한 녹색기술·녹색산업 인력의 유치에 관한 사항
4. 녹색기술·녹색산업의 사업추진체계 및 재원조달방안

③ 정부는 대통령령으로 정하는 기관 또는 단체로 하여금 녹색기술·녹색산업 집적지 및 단지를 조성하게 할 수 있다.

④ 정부는 제3항에 따른 기관 또는 단체가 같은 항에 따른 녹색기술·녹색산업 집적지 및 단지를 조성하는 사업을 수행하는 데에 소요되는 비용의 전부 또는 일부를 출연할 수 있다.

**제35조(녹색기술·녹색산업에 대한 일자리 창출 등)** ① 정부는 녹색기술·녹색산업에 대한 일자리를 창출·확대하여 모든 국민이 녹색성장의 혜택을 누릴 수 있도록 하여야 한다.

② 정부는 녹색기술·녹색산업에 대한 일자리를 창출하는 과정에서 산업분야별 노동력의 원활한 이동·전환을 촉진하고 국민이 새로운 기술을 습득할 수 있는 기회를 확대하며, 녹색기술·녹색산업에 대한 일자리 창출을 위한 재정적·기술적 지원을 할 수 있다.

**제36조(규제의 선진화)** ① 정부는 자원을 효율적으로 이용하고 온실가스와 오염물질의 발생을 줄이기 위한 규제를 도입하려는 경우에는 온실가스 또는 오염물질의 발생 원인자가 스스로 온실가스와 오염물질의 발생을 줄이도록 유도함으로써 사회·경제적 비용을 줄이도록 노력하여야 한다.

② 정부는 온실가스와 오염물질의 발생을 줄이기 위한 규제를 도입하려는 경우에는 민간의 자율과 창의를 저해하지 않도록 하고, 기업의 규제에 대한 국내외 실태조사 등을 하여 산업경쟁력을 높일 수 있도록 규제의 중복을 피하는 등 규제 체계를 선진화하여야 한다.

**제37조(국제규범 대응)** ① 정부는 외국 정부 또는 국제기구에서 제정하거나 도입하려는 저탄소 녹색성장과 관련된 제도·정책에 관한 동향과 정보를 수집·조사·분석하여 관련 제도·정책을 합리적으로 정비하고 지원체제를 구축하는 등 적절한 대

책을 마련하여야 한다.

② 정부는 제1항의 동향·정보 및 대책에 관한 사항을 기업·국민들에게 충분히 제공함으로써 국내 기업과 국민들이 대응역량을 높일 수 있도록 하여야 한다.

### 제5장 저탄소 사회의 구현

**제38조(기후변화대응의 기본원칙)** 정부는 저탄소 사회를 구현하기 위하여 기후변화대응 정책 및 관련 계획을 다음 각 호의 원칙에 따라 수립·시행하여야 한다.

1. 지구온난화에 따른 기후변화 문제의 심각성을 인식하고 국가적·국민적 역량을 모아 총체적으로 대응하고 범지구적 노력에 적극 참여한다.
2. 온실가스 감축의 비용과 편익을 경제적으로 분석하고 국내 여건 등을 감안하여 국가온실가스 중장기 감축 목표를 설정하고, 가격기능과 시장원리에 기반을 둔 비용효과적 방식의 합리적 규제체제를 도입함으로써 온실가스 감축을 효율적·체계적으로 추진한다.
3. 온실가스를 획기적으로 감축하기 위하여 정보통신·나노·생명 공학 등 첨단기술 및 융합기술을 적극 개발하고 활용한다.
4. 온실가스 배출에 따른 권리·의무를 명확히 하고 이에 대한 시장거래를 허용함으로써 다양한 감축수단을 자율적으로 선택할 수 있도록 하고, 국내 탄소시장을 활성화하여 국제 탄소시장에 적극 대비한다.
5. 대규모 자연재해, 환경생태와 작물상황의 변화에 대비하는 등 기후변화로 인한 영향을 최소화하고 그 위험 및 재난으로부터 국민의 안전과 재산을 보호한다.

**제39조(에너지정책 등의 기본원칙)** 정부는 저탄소 녹색성장을 추진하기 위하여 에너지 정책 및 에너지와 관련된 계획을 다음 각 호의 원칙에 따라 수립·시행하여야 한다.

1. 석유·석탄 등 화석연료의 사용을 단계적으로 축소하고 에너지 자립도를 획기적으로 향상시킨다.
2. 에너지 가격의 합리화, 에너지의 절약, 에너지 이용효율 제고 등 에너지 수요관리를 강화하여 지구온난화를 예방하고 환경을 보전하며, 에너지 저소비·자원순환형 경제·사회구조로 전환한다.
3. 친환경에너지인 태양에너지, 폐기물·바이오에너지, 풍력, 지열, 조력, 연료전지, 수소에너지 등 신·재생에너지의 개발·생산·이용 및 보급을 확대하고 에너지 공급원을 다변화한다.
4. 에너지가격 및 에너지산업에 대한 시장경쟁 요소의 도입을 확대하고 공정거

래 질서를 확립하며, 국제규범 및 외국의 법제도 등을 고려하여 에너지산업에 대한 규제를 합리적으로 도입·개선하여 새로운 시장을 창출한다.

5. 국민이 저탄소 녹색성장의 혜택을 고루 누릴 수 있도록 저소득층에 대한 에너지 이용 혜택을 확대하고 형평성을 제고하는 등 에너지와 관련한 복지를 확대한다.
6. 국외 에너지자원 확보, 에너지의 수입 다변화, 에너지 비축 등을 통하여 에너지를 안정적으로 공급함으로써 에너지에 관한 국가안보를 강화한다.

**제40조(기후변화대응 기본계획)** ① 정부는 기후변화대응의 기본원칙에 따라 20년을 계획기간으로 하는 기후변화대응 기본계획을 5년마다 수립·시행하여야 한다.

② 기후변화대응 기본계획을 수립하거나 변경하는 경우에는 위원회의 심의 및 국무회의의 심의를 거쳐야 한다. 다만, 대통령령으로 정하는 경미한 사항을 변경하는 경우에는 그러하지 아니하다.

③ 기후변화대응 기본계획에는 다음 각 호의 사항이 포함되어야 한다.

1. 국내외 기후변화 경향 및 미래 전망과 대기 중의 온실가스 농도변화
2. 온실가스 배출·흡수 현황 및 전망
3. 온실가스 배출 중장기 감축목표 설정 및 부문별·단계별 대책
4. 기후변화대응을 위한 국제협력에 관한 사항
5. 기후변화대응을 위한 국가와 지방자치단체의 협력에 관한 사항
6. 기후변화대응 연구개발에 관한 사항
7. 기후변화대응 인력양성에 관한 사항
8. 기후변화의 감시·예측·영향·취약성평가 및 재난방지 등 적응대책에 관한 사항
9. 기후변화대응을 위한 교육·홍보에 관한 사항
10. 그 밖에 기후변화대응 추진을 위하여 필요한 사항

**제41조(에너지기본계획의 수립)** ① 정부는 에너지정책의 기본원칙에 따라 20년을 계획기간으로 하는 에너지기본계획(이하 이 조에서 "에너지기본계획"이라 한다)을 5년마다 수립·시행하여야 한다.

② 에너지기본계획을 수립하거나 변경하는 경우에는 「에너지법」 제9조에 따른 에너지위원회의 심의를 거친 다음 위원회와 국무회의의 심의를 거쳐야 한다. 다만, 대통령령으로 정하는 경미한 사항을 변경하는 경우에는 그러하지 아니하다.

③ 에너지기본계획에는 다음 각 호의 사항이 포함되어야 한다.

1. 국내외 에너지 수요와 공급의 추이 및 전망에 관한 사항

2. 에너지의 안정적 확보, 도입·공급 및 관리를 위한 대책에 관한 사항
3. 에너지 수요 목표, 에너지원 구성, 에너지 절약 및 에너지 이용효율 향상에 관한 사항
4. 신·재생에너지 등 환경친화적 에너지의 공급 및 사용을 위한 대책에 관한 사항
5. 에너지 안전관리를 위한 대책에 관한 사항
6. 에너지 관련 기술개발 및 보급, 전문인력 양성, 국제협력, 부존 에너지자원 개발 및 이용, 에너지 복지 등에 관한 사항

**제42조(기후변화대응 및 에너지의 목표관리)** ① 정부는 범지구적인 온실가스 감축에 적극 대응하고 저탄소 녹색성장을 효율적·체계적으로 추진하기 위하여 다음 각 호의 사항에 대한 중장기 및 단계별 목표를 설정하고 그 달성을 위하여 필요한 조치를 강구하여야 한다.

1. 온실가스 감축 목표
2. 에너지 절약 목표 및 에너지 이용효율 목표
3. 에너지 자립 목표
4. 신·재생에너지 보급 목표

② 정부는 제1항에 따른 목표를 설정할 때 국내 여건 및 각국의 동향 등을 고려하여야 한다.

③ 정부는 제1항에 따른 목표를 달성하기 위하여 관계 중앙행정기관, 지방자치단체 및 대통령령으로 정하는 공공기관 등에 대하여 대통령령으로 정하는 바에 따라 해당 기관별로 에너지절약 및 온실가스 감축목표를 설정하도록 하고 그 이행사항을 지도·감독할 수 있다.

④ 정부는 제1항제1호 및 제2호에 따른 목표를 달성할 수 있도록 산업, 교통·수송, 가정·상업 등 부문별 목표를 설정하고 그 달성을 위하여 필요한 조치를 적극 마련하여야 한다.

⑤ 정부는 제1항제1호 및 제2호에 따른 목표를 달성하기 위하여 대통령령으로 정하는 기준량 이상의 온실가스 배출업체 및 에너지 소비업체(이하 "관리업체"라 한다)별로 측정·보고·검증이 가능한 방식으로 목표를 설정·관리하여야 한다. 이 경우 정부는 관리업체와 미리 협의하여야 하며, 온실가스 배출 및 에너지 사용 등의 이력, 기술 수준, 국제경쟁력, 국가목표 등을 고려하여야 한다.

⑥ 관리업체는 제5항에 따른 목표를 준수하여야 하며, 그 실적을 대통령령으로 정하는 바에 따라 정부에 보고하여야 한다.

⑦ 정부는 제6항에 따라 보고받은 실적에 대하여 등록부를 작성하고 체계적으로

관리하여야 한다.

⑧ 정부는 관리업체의 준수실적이 제5항에 따른 목표에 미달하는 경우 목표달성을 위하여 필요한 개선을 명할 수 있다. 이 경우 관리업체는 개선명령에 따른 이행계획을 작성하여 이를 성실히 이행하여야 한다.

⑨ 관리업체는 제8항에 따른 이행결과를 측정·보고·검증이 가능한 방식으로 작성하여 대통령령으로 정하는 공신력 있는 외부 전문기관의 검증을 받아 정부에 보고하고 공개하여야 한다.

⑩ 정부는 관리업체가 제5항에 따른 목표를 달성하고 제8항에 따른 이행계획을 차질 없이 이행할 수 있도록 하기 위하여 필요한 경우 재정·세제·경영·기술지원, 실태조사 및 진단, 자료 및 정보의 제공 등을 할 수 있다.

⑪ 제5항부터 제9항까지에서 규정한 사항 외에 등록부의 관리, 관리업체의 지원 등에 필요한 사항은 대통령령으로 정한다.

**제43조(온실가스 감축의 조기행동 촉진)** ① 정부는 관리업체가 제42조제5항에 따른 목표관리를 받기 전에 자발적으로 행한 실적에 대해서는 이를 목표관리 실적으로 인정하거나 그 실적을 거래할 수 있도록 하는 등 자발적으로 온실가스를 미리 감축하는 행동을 하도록 촉진하여야 한다.

② 제1항에 따른 실적을 거래할 수 있는 방법 및 절차 등에 필요한 사항은 대통령령으로 정한다.

**제44조(온실가스 배출량 및 에너지 사용량 등의 보고)** ① 관리업체는 사업장별로 매년 온실가스 배출량 및 에너지 소비량에 대하여 측정·보고·검증 가능한 방식으로 명세서를 작성하여 정부에 보고하여야 한다.

② 관리업체는 제1항에 따른 보고를 할 때 명세서의 신뢰성 여부에 대하여 대통령령으로 정하는 공신력 있는 외부 전문기관의 검증을 받아야 한다. 이 경우 정부는 명세서에 흠이 있거나 빠진 부분에 대하여 시정 또는 보완을 명할 수 있다.

③ 정부는 명세서를 체계적으로 관리하고 명세서에 포함된 주요 정보를 관리업체별로 공개할 수 있다. 다만, 관리업체는 정보공개로 인하여 그 관리업체의 권리나 영업상의 비밀이 현저히 침해되는 특별한 사유가 있는 경우에는 비공개를 요청할 수 있다.

④ 정부는 관리업체로부터 제3항 단서에 따른 정보의 비공개 요청을 받았을 때에는 심사위원회를 구성하여 30일 이내에 그 결과를 통지하여야 한다.

⑤ 명세서의 내용, 보고·관리, 공개방법 및 심사위원회의 구성·운영 등에 필요한 사항은 대통령령으로 정한다.

**제45조(온실가스 종합정보관리체계의 구축)** ① 정부는 국가 온실가스 배출량·흡수량, 배출·흡수 계수(係數), 온실가스 관련 각종 정보 및 통계를 개발·검증·관리하는 온실가스 종합정보관리체계를 구축하여야 한다.

② 관계 중앙행정기관의 장은 제1항에 따른 종합정보관리체계가 원활히 운영될 수 있도록 에너지·산업공정·농업·폐기물·산림 등 부문별 소관 분야의 정보 및 통계를 작성하여 제공하는 등 적극 협력하여야 한다.

③ 정부는 제1항에 따른 각종 정보 및 통계를 작성·관리하거나 종합정보관리체계를 구축함에 있어 국제기준을 최대한 반영하여 전문성·투명성 및 신뢰성을 제고하여야 한다.

④ 정부는 제1항에 따른 각종 정보 및 통계를 분석·검증하여 그 결과를 매년 공표하여야 한다.

⑤ 제1항부터 제4항까지에서 규정한 사항 외에 세부적인 정보 및 통계 관리방법, 관리기관 및 방법 등은 대통령령으로 정한다.

**제46조(총량제한 배출권 거래제 등의 도입)** ① 정부는 시장기능을 활용하여 효율적으로 국가의 온실가스 감축목표를 달성하기 위하여 온실가스 배출권을 거래하는 제도를 운영할 수 있다.

② 제1항의 제도에는 온실가스 배출허용총량을 설정하고 배출권을 거래하는 제도 및 기타 국제적으로 인정되는 거래 제도를 포함한다.

③ 정부는 제2항에 따른 제도를 실시할 경우 기후변화 관련 국제협상을 고려하여야 하고, 국제경쟁력이 현저하게 약화될 우려가 있는 제42조제5항의 관리업체에 대하여는 필요한 조치를 강구할 수 있다.

④ 제2항에 따른 제도의 실시를 위한 배출허용량의 할당방법, 등록·관리방법 및 거래소 설치·운영 등은 따로 법률로 정한다.

**제47조(교통부문의 온실가스 관리)** ① 자동차 등 교통수단을 제작하려는 자는 그 교통수단에서 배출되는 온실가스를 감축하기 위한 방안을 마련하여야 하며, 온실가스 감축을 위한 국제경쟁 체제에 부응할 수 있도록 적극 노력하여야 한다.

② 정부는 자동차의 평균에너지소비효율을 개선함으로써 에너지 절약을 도모하고, 자동차 배기가스 중 온실가스를 줄임으로써 쾌적하고 적정한 대기환경을 유지할 수 있도록 자동차 평균에너지소비효율기준 및 자동차 온실가스 배출허용기준을 각각 정하되, 이중규제가 되지 않도록 자동차 제작업체(수입업체를 포함한다)로 하여금 어느 한 기준을 택하여 준수토록 하고 측정방법 등이 중복되지 않도록 하여야 한다.

③ 정부는 온실가스 배출량이 적은 자동차 등을 구매하는 자에 대하여 재정적 지원을 강화하고 온실가스 배출량이 많은 자동차 등을 구매하는 자에 대해서는 부담금을 부과하는 등의 방안을 강구할 수 있다.

④ 정부는 하이브리드 자동차, 수소연료전지 자동차 등 저탄소·고효율 교통수단의 제작·보급을 촉진하기 위하여 재정·세제 지원, 연구개발 및 관련 제도 개선 등의 방안을 강구할 수 있다.

**제48조(기후변화 영향평가 및 적응대책의 추진)** ① 정부는 기상현상에 대한 관측·예측·제공·활용 능력을 높이고, 지역별·권역별로 태양력·풍력·조력 등 신·재생에너지원을 확보할 수 있는 잠재력을 지속적으로 분석·평가하여 이에 관한 기상정보관리체계를 구축·운영하여야 한다.

② 정부는 기후변화에 대한 감시·예측의 정확도를 향상시키고 생물자원 및 수자원 등의 변화 상황과 국민건강에 미치는 영향 등 기후변화로 인한 영향을 조사·분석하기 위한 조사·연구, 기술개발, 관련 전문기관의 지원 및 국내외 협조체계 구축 등의 시책을 추진하여야 한다.

③ 정부는 관계 중앙행정기관의 장과 협의하여 기후변화로 인한 생태계, 생물다양성, 대기, 수자원·수질, 보건, 농·수산식품, 산림, 해양, 산업, 방재 등에 미치는 영향 및 취약성을 조사·평가하고 그 결과를 공표하여야 한다.

④ 정부는 기후변화로 인한 피해를 줄이기 위하여 사전 예방적 관리에 우선적인 노력을 기울여야 하며 대통령령으로 정하는 바에 따라 기후변화의 영향을 완화시키거나 건강·자연재해 등에 대응하는 적응대책을 수립·시행하여야 한다.

⑤ 정부는 국민·사업자 등이 기후변화 적응대책에 따라 활동할 경우 이에 필요한 기술적 및 재정적 지원을 할 수 있다.

### 제6장 녹색생활 및 지속가능발전의 실현

**제49조(녹색생활 및 지속가능발전의 기본원칙)** 녹색생활 및 지속가능발전의 실현을 위한 국가의 시책은 다음 각 호의 기본원칙에 따라 추진되어야 한다.

1. 국토는 녹색성장의 터전이며 그 결과의 전시장이라는 점을 인식하고 현세대 및 미래세대가 쾌적한 삶을 영위할 수 있도록 국토의 개발 및 보전·관리가 조화될 수 있도록 한다.
2. 국토·도시공간구조와 건축·교통체제를 저탄소 녹색성장 구조로 개편하고 생산자와 소비자가 녹색제품을 자발적·적극적으로 생산하고 구매할 수 있는 여건을 조성한다.

3. 국가·지방자치단체·기업 및 국민은 지속가능발전과 관련된 국제적 합의를 성실히 이행하고, 국민의 일상생활 속에 녹색생활이 내재화되고 녹색문화가 사회전반에 정착될 수 있도록 한다.
4. 국가·지방자치단체 및 기업은 경제발전의 기초가 되는 생태학적 기반을 보호할 수 있도록 토지이용과 생산시스템을 개발·정비함으로써 환경보전을 촉진한다.

**제50조(지속가능발전 기본계획의 수립·시행)** ① 정부는 1992년 브라질에서 개최된 유엔환경개발회의에서 채택한 의제21, 2002년 남아프리카공화국에서 개최된 세계지속가능발전정상회의에서 채택한 이행계획 등 지속가능발전과 관련된 국제적 합의를 성실히 이행하고, 국가의 지속가능발전을 촉진하기 위하여 20년을 계획기간으로 하는 지속가능발전 기본계획을 5년마다 수립·시행하여야 한다.

② 지속가능발전 기본계획을 수립하거나 변경하는 경우에는 「지속가능발전법」 제15조에 따른 지속가능발전위원회의 심의를 거친 다음 위원회와 국무회의의 심의를 거쳐야 한다. 다만, 대통령령으로 정하는 경미한 사항을 변경하는 경우에는 그러하지 아니하다.

③ 지속가능발전 기본계획에는 다음 각 호의 사항이 포함되어야 한다.
1. 지속가능발전의 현황 및 여건변화와 전망에 관한 사항
2. 지속가능발전을 위한 비전, 목표, 추진전략과 원칙, 기본정책 방향, 주요지표에 관한 사항
3. 지속가능발전에 관련된 국제적 합의이행에 관한 사항
4. 그 밖에 지속가능발전을 위하여 필요한 사항

④ 중앙행정기관의 장은 제1항에 따른 지속가능발전 기본계획과 조화를 이루는 소관 분야의 중앙 지속가능발전 기본계획을 중앙추진계획에 포함하여 수립·시행하여야 한다.

⑤ 시·도지사는 제1항에 따른 지속가능발전 기본계획과 조화를 이루며 해당 지방자치단체의 지역적 특성과 여건을 고려한 지방 지속가능발전 기본계획을 지방추진계획에 포함하여 수립·시행하여야 한다.

**제51조(녹색국토의 관리)** ① 정부는 건강하고 쾌적한 환경과 아름다운 경관이 경제발전 및 사회개발과 조화를 이루는 국토(이하 "녹색국토"라 한다)를 조성하기 위하여 국토종합계획·도시·군기본계획 등 대통령령으로 정하는 계획을 제49조에 따른 녹색생활 및 지속가능발전의 기본원칙에 따라 수립·시행하여야 한다. 〈개정 2011.4.14.〉

② 정부는 녹색국토를 조성하기 위하여 다음 각 호의 사항을 포함하는 시책을 마련하여야 한다.

1. 에너지·자원 자립형 탄소중립도시 조성
2. 산림·녹지의 확충 및 광역생태축 보전
3. 해양의 친환경적 개발·이용·보존
4. 저탄소 항만의 건설 및 기존 항만의 저탄소 항만으로의 전환
5. 친환경 교통체계의 확충
6. 자연재해로 인한 국토 피해의 완화
7. 그 밖에 녹색국토 조성에 관한 사항

③ 정부는 「국토기본법」에 따른 국토종합계획, 「국가균형발전 특별법」에 따른 지역발전계획 등 대통령령으로 정하는 계획을 수립할 때에는 미리 위원회의 의견을 들어야 된다.

**제52조(기후변화대응을 위한 물 관리)** 정부는 기후변화로 인한 가뭄 등 자연재해와 물 부족 및 수질악화와 수생태계 변화에 효과적으로 대응하고 모든 국민이 물의 혜택을 고루 누릴 수 있도록 하기 위하여 다음 각 호의 사항을 포함하는 시책을 수립·시행하여야 한다.

1. 깨끗하고 안전한 먹는 물 공급과 가뭄 등에 대비한 안정적인 수자원의 확보
2. 수생태계의 보전·관리와 수질개선
3. 물 절약 등 수요관리, 빗물 이용·하수 재이용 등 순환 체계의 정비 및 수해의 예방
4. 자연친화적인 하천의 보전·복원
5. 수질오염 예방·처리를 위한 기술 개발 및 관련 서비스 제공 등

**제53조(저탄소 교통체계의 구축)** ① 정부는 교통부문의 온실가스 감축을 위한 환경을 조성하고 온실가스 배출 및 에너지의 효율적인 관리를 위하여 대통령령으로 정하는 바에 따라 온실가스 감축목표 등을 설정·관리하여야 한다.

② 정부는 에너지소비량과 온실가스 배출량을 최소화하는 저탄소 교통체계를 구축하기 위하여 대중교통분담률, 철도수송분담률 등에 대한 중장기 및 단계별 목표를 설정·관리하여야 한다.

③ 정부는 철도가 국가기간교통망의 근간이 되도록 철도에 대한 투자를 지속적으로 확대하고 버스·지하철·경전철 등 대중교통수단을 확대하며, 자전거 등의 이용 및 연안해운을 활성화하여야 한다.

④ 정부는 온실가스와 대기오염을 최소화하고 교통체증으로 인한 사회적 비용을

획기적으로 줄이며 대도시·수도권 등에서의 교통체증을 근본적으로 해결하기 위하여 다음 각 호의 사항을 포함하는 교통수요관리대책을 마련하여야 한다.

1. 혼잡통행료 및 교통유발부담금 제도 개선
2. 버스·저공해차량 전용차로 및 승용차진입제한 지역 확대
3. 통행량을 효율적으로 분산시킬 수 있는 지능형교통정보시스템 확대·구축

**제54조(녹색건축물의 확대)** ① 정부는 에너지이용 효율 및 신·재생에너지의 사용비율이 높고 온실가스 배출을 최소화하는 건축물(이하 "녹색건축물"이라 한다)을 확대하기 위하여 녹색건축물 등급제 등의 정책을 수립·시행하여야 한다.

② 정부는 건축물에 사용되는 에너지소비량과 온실가스 배출량을 줄이기 위하여 대통령령으로 정하는 기준 이상의 건물에 대한 중장기 및 기간별 목표를 설정·관리하여야 한다.

③ 정부는 건축물의 설계·건설·유지관리·해체 등의 전 과정에서 에너지·자원 소비를 최소화하고 온실가스 배출을 줄이기 위하여 설계기준 및 허가·심의를 강화하는 등 설계·건설·유지관리·해체 등의 단계별 대책 및 기준을 마련하여 시행하여야 한다.

④ 정부는 기존 건축물이 녹색건축물로 전환되도록 에너지 진단 및 「에너지이용 합리화법」 제25조에 따른 에너지절약사업과 이를 통한 온실가스 배출을 줄이는 사업을 지속적으로 추진하여야 한다.

⑤ 정부는 신축되거나 개축되는 건축물에 대해서는 전력소비량 등 에너지의 소비량을 조절·절약할 수 있는 지능형 계량기를 부착·관리하도록 할 수 있다.

⑥ 정부는 중앙행정기관, 지방자치단체, 대통령령으로 정하는 공공기관 및 교육기관 등의 건축물이 녹색건축물의 선도적 역할을 수행하도록 제1항부터 제5항까지의 규정에 따른 시책을 적용하고 그 이행사항을 점검·관리하여야 한다.

⑦ 정부는 대통령령으로 정하는 일정 규모 이상의 신도시의 개발 또는 도시 재개발을 하는 경우에는 녹색건축물을 확대·보급하도록 노력하여야 한다.

⑧ 정부는 녹색건축물의 확대를 위하여 필요한 경우 대통령령으로 정하는 바에 따라 자금의 지원, 조세의 감면 등의 지원을 할 수 있다.

**제55조(친환경 농림수산의 촉진 및 탄소흡수원 확충)** ① 정부는 에너지 절감 및 바이오에너지 생산을 위한 농업기술을 개발하고, 기후변화에 대응하는 친환경 농산물 생산기술을 개발하여 화학비료·자재와 농약사용을 최대한 억제하고 친환경·유기농 농수산물 및 나무제품의 생산·유통 및 소비를 확산하여야 한다.

② 정부는 농지의 보전·조성 및 바다숲(대기의 온실가스를 흡수하기 위하여 바

다 속에 조성하는 우뭇가사리 등의 해조류군을 말한다)의 조성 등을 통하여 탄소흡수원을 확충하여야 한다.

③ 정부는 산림의 보전 및 조성을 통하여 탄소흡수원을 대폭 확충하고, 산림바이오매스 활용을 촉진하여야 한다.

④ 정부는 기후변화에 적극 대응할 수 있는 신품종 개량 등을 통하여 식량자립도를 높일 수 있는 시책을 수립·시행하여야 한다.

**제56조(생태관광의 촉진 등)** 정부는 동·식물의 서식지, 생태적으로 우수한 자연환경자산, 지역의 특색 있는 문화자산 등을 조화롭게 보존·복원 및 이용하여 이를 관광자원화하고 지역경제를 활성화함으로써 생태관광을 촉진하고, 국민 모두가 생태체험·교육의 장으로 활용할 수 있도록 하여야 한다.

**제57조(녹색성장을 위한 생산·소비 문화의 확산)** ① 정부는 재화의 생산·소비·운반 및 폐기(이하 "생산등"이라 한다)의 전 과정에서 에너지와 자원을 절약하고 효율적으로 이용하며 온실가스와 오염물질의 발생을 줄일 수 있도록 관련 시책을 수립·시행하여야 한다.

② 정부는 재화 및 서비스의 가격에 에너지 소비량 및 탄소배출량 등이 합리적으로 연계·반영되고 그 정보가 소비자에게 정확하게 공개·전달될 수 있도록 하여야 한다.

③ 정부는 재화의 생산등의 전 과정에서 에너지와 자원의 사용량, 온실가스와 오염물질의 배출량 등을 분석·평가하고 그 결과에 관한 정보를 축적하여 이용할 수 있는 정보관리체계를 구축·운영할 수 있다.

④ 정부는 녹색제품의 사용·소비의 촉진 및 확산을 위하여 재화의 생산자와 판매자 등으로 하여금 그 재화의 생산등의 과정에서 발생되는 온실가스와 오염물질의 양에 대한 정보 또는 등급을 소비자가 쉽게 인식할 수 있도록 표시·공개하도록 하는 등의 시책을 수립·시행할 수 있다.

**제58조(녹색생활 운동의 촉진)** ① 정부는 국민 및 기업들이 녹색생활에 친숙할 수 있도록 하는 시책을 마련하고 지방자치단체·기업·민간단체 및 기구 등과 협력체계를 구축하며 교육·홍보를 강화하는 등 범국민적 녹색생활 운동을 적극 전개하여야 한다.

② 정부는 녹색생활 운동이 민간주도형의 자발적 실천운동으로 전개될 수 있도록 관련 민간단체 및 기구 등에 대하여 필요한 재정적·행정적 지원 등을 할 수 있다.

**제59조(녹색생활 실천의 교육·홍보)** ① 정부는 저탄소 녹색성장을 위한 교육·홍보를 확대함으로써 산업체와 국민 등이 저탄소 녹색성장을 위한 정책과 활동에 자발적

으로 참여하고 일상생활에서 녹색생활 문화를 실천할 수 있도록 하여야 한다.
② 정부는 녹색생활 실천이 어릴 때부터 자연스럽게 이루어질 수 있도록 교과용 도서를 포함한 교재 개발 및 교원 연수 등 저탄소 녹색성장에 관한 학교교육을 강화하고 일반 교양교육, 직업교육, 기초평생교육 과정 등과 통합·연계한 교육을 강화하여야 한다.
③ 정부는 녹색생활 문화의 정착과 확산을 촉진하기 위하여 신문·방송·인터넷 포털 등 대중매체를 통한 교육·홍보 활동을 강화하여야 한다.
④ 공영방송은 지구온난화에 따른 기후변화 및 에너지 관련 프로그램을 제작·방영하고 공익광고를 활성화하도록 적극 노력하여야 한다.

### 제7장 보칙

**제60조(자료제출 등의 요구)** ① 위원회는 직무 수행상 필요하다고 인정되는 경우 관계 중앙행정기관·지방자치단체·공공기관의 장에게 저탄소 녹색성장에 관한 정보 또는 자료의 제출을 요구할 수 있다.
② 제1항에 따른 요구를 받은 관계 기관의 장은 국방상 또는 국가안전보장상 기밀을 요하는 사항 등 정당한 사유가 없으면 이에 응하여야 한다.

**제61조(국제협력의 증진)** ① 정부는 외국 및 국제기구 등과 저탄소 녹색성장에 관한 정보교환, 기술협력 및 표준화, 공동조사·연구 등의 활동에 참여하여 국제협력, 국외진출의 증진을 도모하기 위한 각종 시책을 마련하도록 한다.
② 국가는 개발도상국가가 기후변화에 효과적으로 대응하고 지속가능발전을 촉진할 수 있도록 재정 지원을 하는 등 국제사회의 기대에 맞는 국가적 책무를 성실히 이행하고 국가의 외교적 위상을 높일 수 있도록 노력하여야 한다.
③ 정부는 국제기구 및 관련 기관에서 발표하는 공신력 있는 기후변화대응 평가에 대한 국가별 지수에서 우리나라의 위상 및 평가가 올라갈 수 있도록 기후변화대응을 적극 추진하고 국제협력을 강화하며 관련 정보를 충분히 제공하는 등 모든 노력을 기울여야 한다.

**제62조(국회 보고)** ① 정부는 제9조제1항에 따른 녹색성장 국가전략을 수립하였을 때에는 지체없이 국회에 보고하여야 한다.
② 중앙행정기관의 장은 중앙추진계획을 수립하였을 때에는 지체없이 소관 상임위원회(또는 관련 특별위원회)에 보고하여야 하며, 그 이행결과를 다음 해 2월 말일까지 소관 상임위원회(또는 관련 특별위원회)에 보고하여야 한다.

**제63조(국가보고서의 작성)** ① 정부는 「기후변화에 관한 국제연합 기본협약」에서 정하

는 바에 따라 국가보고서를 작성할 수 있다.

② 정부는 제1항에 따른 국가보고서를 작성하기 위하여 필요한 경우 관계 중앙행정기관의 장에게 자료의 제출을 요청할 수 있다. 이 경우 관계 중앙행정기관의 장은 특별한 사유가 없으면 요청에 따라야 한다.

③ 정부는 제1항에 따른 국가보고서를 「기후변화에 관한 국제연합 기본협약」의 당사국총회에 제출할 때에는 위원회의 심의를 거쳐야 한다.

**제64조(과태료)** ① 다음 각 호의 자에게는 1천만원 이하의 과태료를 부과한다.

1. 제42조제6항·제9항 또는 제44조제1항에 따른 보고를 하지 아니하거나 거짓으로 보고한 자
2. 제42조제8항에 따른 개선명령을 이행하지 아니한 자
3. 제42조제9항에 따른 공개를 하지 아니한 자
4. 제44조제2항에 따른 시정이나 보완 명령을 이행하지 아니한 자

② 제1항에 따른 과태료는 대통령령으로 정하는 바에 따라 관계 행정기관의 장이 부과·징수한다.

**부칙** 〈제11965호, 2013.7.30.〉 (신에너지 및 재생에너지 개발·이용·보급 촉진법)

**제1조(시행일)** 이 법은 공포 후 3개월이 경과한 날부터 시행한다. 〈단서 생략〉

**제2조** 생략

**제3조(다른 법률의 개정)** ①부터 ⑥까지 생략

⑦ 저탄소 녹색성장 기본법 일부를 다음과 같이 개정한다.

제2조제14호 중 "「신에너지 및 재생에너지 개발·이용·보급 촉진법」 제2조제1호"를 "「신에너지 및 재생에너지 개발·이용·보급 촉진법」 제2조제1호 및 제2호"로 한다.

⑧부터 ⑬까지 생략

**제4조** 생략

## 온실가스 배출권의 할당 및 거래에 관한 법률

[시행 2013.3.23.] [법률 제11690호, 2013.3.23., 타법개정]

국무조정실(기후변화대응과) 044-200-2892

**제1장 총칙**

**제1조(목적)** 이 법은 「저탄소 녹색성장 기본법」 제46조에 따라 온실가스 배출권을 거래하는 제도를 도입함으로써 시장기능을 활용하여 효과적으로 국가의 온실가스 감축목표를 달성하는 것을 목적으로 한다.

**제2조(정의)** 이 법에서 사용하는 용어의 뜻은 다음과 같다.

1. "온실가스"란 「저탄소 녹색성장 기본법」(이하 "기본법"이라 한다) 제2조제9호에 따른 온실가스를 말한다.
2. "온실가스 배출"이란 기본법 제2조제10호에 따른 온실가스 배출을 말한다.
3. "배출권"이란 기본법 제42조제1항제1호에 따른 온실가스 감축 목표(이하 "국가온실가스감축목표"라 한다)를 달성하기 위하여 제5조제1항제1호에 따라 설정된 온실가스 배출허용총량의 범위에서 개별 온실가스 배출업체에 할당되는 온실가스 배출허용량을 말한다.
4. "계획기간"이란 국가온실가스감축목표를 달성하기 위하여 5년 단위로 온실가스 배출업체에 배출권을 할당하고 그 이행실적을 관리하기 위하여 설정되는 기간을 말한다.
5. "이행연도"란 계획기간별 국가온실가스감축목표를 달성하기 위하여 1년 단위로 온실가스 배출업체에 배출권을 할당하고 그 이행실적을 관리하기 위하여 설정되는 계획기간 내의 각 연도를 말한다.
6. "1 이산화탄소상당량톤($tCO_2$-eq)"이란 이산화탄소 1톤 또는 기본법 제2조제9호에 따른 기타 온실가스의 지구 온난화 영향이 이산화탄소 1톤에 상당하는 양을 말한다.

**제3조(기본원칙)** 정부는 배출권의 할당 및 거래에 관한 제도(이하 "배출권거래제"라 한다)를 수립하거나 시행할 때에는 다음 각 호의 기본원칙에 따라야 한다.

1. 「기후변화에 관한 국제연합 기본협약」 및 관련 의정서에 따른 원칙을 준수하고, 기후변화 관련 국제협상을 고려할 것
2. 배출권거래제가 경제 부문의 국제경쟁력에 미치는 영향을 고려할 것
3. 국가온실가스감축목표를 효과적으로 달성할 수 있도록 시장기능을 최대한 활용할 것

4. 배출권의 거래가 일반적인 시장 거래 원칙에 따라 공정하고 투명하게 이루어지도록 할 것
5. 국제 탄소시장과의 연계를 고려하여 국제적 기준에 적합하게 정책을 운영할 것

**제2장 배출권거래제 기본계획의 수립 등**

**제4조(배출권거래제 기본계획의 수립 등)** ① 정부는 이 법의 목적을 효과적으로 달성하기 위하여 10년을 단위로 하여 5년마다 배출권거래제에 관한 중장기 정책목표와 기본방향을 정하는 배출권거래제 기본계획(이하 "기본계획"이라 한다)을 수립하여야 한다.

② 기본계획에는 다음 각 호의 사항이 포함되어야 한다.

1. 배출권거래제에 관한 국내외 현황 및 전망에 관한 사항
2. 배출권거래제 운영의 기본방향에 관한 사항
3. 국가온실가스감축목표를 고려한 배출권거래제 계획기간의 운영에 관한 사항
4. 경제성장과 부문별·업종별 신규 투자 및 시설(온실가스를 배출하는 사업장 또는 그 일부를 말한다. 이하 같다) 확장 등에 따른 온실가스 배출 전망에 관한 사항
5. 배출권거래제 운영에 따른 에너지 가격 및 물가 변동 등 경제적 영향에 관한 사항
6. 무역집약도 또는 탄소집약도 등을 고려한 국내 산업의 지원대책에 관한 사항
7. 국제 탄소시장과의 연계 방안 및 국제협력에 관한 사항
8. 그 밖에 재원조달, 전문인력 양성, 교육·홍보 등 배출권거래제의 효과적 운영에 관한 사항

③ 정부는 제8조에 따른 주무관청이 변경을 요구하거나 기후변화 관련 국제협상 등에 따라 기본계획을 변경할 필요가 있다고 인정할 때에는 그 타당성 여부를 검토하여 기본계획을 변경할 수 있다.

④ 정부는 기본계획을 수립하거나 변경할 때에는 관계 중앙행정기관, 지방자치단체 및 관련 이해관계인의 의견을 수렴하여야 한다.

⑤ 기본계획의 수립 또는 변경은 대통령령으로 정하는 바에 따라 기본법 제14조에 따른 녹색성장위원회(이하 "녹색성장위원회"라 한다) 및 국무회의의 심의를 거쳐 확정한다. 다만, 대통령령으로 정하는 경미한 사항을 변경하는 경우에는 그러하지 아니하다.

**제5조(국가 배출권 할당계획의 수립 등)** ① 정부는 국가온실가스감축목표를 효과적으로

달성하기 위하여 계획기간별로 다음 각 호의 사항이 포함된 국가 배출권 할당계획(이하 "할당계획"이라 한다)을 매 계획기간 시작 6개월 전까지 수립하여야 한다.

1. 국가온실가스감축목표를 고려하여 설정한 온실가스 배출허용총량(이하 "배출허용총량"이라 한다)에 관한 사항
2. 배출허용총량에 따른 해당 계획기간 및 이행연도별 배출권의 총수량에 관한 사항
3. 배출권의 할당 대상이 되는 부문 및 업종에 관한 사항
4. 부문별·업종별 배출권의 할당기준 및 할당량에 관한 사항
5. 이행연도별 배출권의 할당기준 및 할당량에 관한 사항
6. 제8조에 따른 할당대상업체에 대한 배출권의 할당기준 및 할당방식에 관한 사항
7. 제12조제3항에 따라 배출권을 유상으로 할당하는 경우 그 방법에 관한 사항
8. 제15조에 따른 조기감축실적의 인정 기준에 관한 사항
9. 제18조에 따른 배출권 예비분의 수량 및 배분기준에 관한 사항
10. 제28조에 따른 배출권의 이월·차입 및 제29조에 따른 상쇄의 기준 및 운영에 관한 사항
11. 그 밖에 해당 계획기간의 배출권 할당 및 거래를 위하여 필요한 사항으로서 대통령령으로 정하는 사항

② 정부는 제1항 각 호에 관한 사항을 정할 때에는 부문별·업종별 배출권거래제의 적용 여건 및 국제경쟁력에 대한 영향 등을 고려하여야 한다.

③ 정부는 계획기간 중에 국내외 경제상황의 급격한 변화, 기술 발전 등으로 할당계획을 변경할 필요가 있다고 인정할 때에는 그 타당성 여부를 검토하여 할당계획을 변경할 수 있다.

④ 정부는 할당계획을 수립하거나 변경할 때에는 미리 공청회를 개최하여 이해관계인의 의견을 들어야 하며, 공청회에서 제시된 의견이 타당하다고 인정할 때에는 할당계획에 반영하여야 한다.

⑤ 할당계획의 수립 또는 변경은 대통령령으로 정하는 바에 따라 녹색성장위원회 및 국무회의의 심의를 거쳐 확정한다. 다만, 대통령령으로 정하는 경미한 사항을 변경하는 경우에는 그러하지 아니하다.

**제6조(배출권 할당위원회의 설치)** 배출권거래제에 관한 다음 각 호의 사항을 심의·조정하기 위하여 기획재정부에 배출권 할당위원회(이하 "할당위원회"라 한다)를 둔다.

1. 할당계획에 관한 사항

2. 제23조에 따른 시장 안정화 조치에 관한 사항

3. 제25조에 따른 배출량의 인증 및 제29조에 따른 상쇄와 관련된 정책의 조정 및 지원에 관한 사항

4. 제36조에 따른 국제 탄소시장과의 연계 및 국제협력에 관한 사항

5. 그 밖에 배출권거래제와 관련하여 위원장이 할당위원회의 심의·조정을 거칠 필요가 있다고 인정하는 사항

**제7조(할당위원회의 구성 및 운영)** ① 할당위원회는 위원장 1명과 20명 이내의 위원으로 구성한다.

② 할당위원회 위원장은 기획재정부장관이 되고, 위원은 다음 각 호의 사람이 된다. 〈개정 2013.3.23.〉

1. 기획재정부, 미래창조과학부, 농림축산식품부, 산업통상자원부, 환경부, 국토교통부, 국무조정실, 금융위원회, 그 밖에 대통령령으로 정하는 관계 중앙행정기관의 차관급 공무원 중에서 해당 기관의 장이 지명하는 사람
2. 기후변화, 에너지·자원, 배출권거래제 등 저탄소 녹색성장에 관한 학식과 경험이 풍부한 사람 중에서 기획재정부장관이 위촉하는 사람

③ 할당위원회 위원장은 위원회를 대표하고, 위원회의 사무를 총괄한다.

④ 제2항제2호에 따라 위촉된 위원의 임기는 2년으로 하며, 한 차례만 연임할 수 있다.

⑤ 할당위원회에는 대통령령으로 정하는 바에 따라 간사위원 1명을 둔다.

⑥ 간사위원은 위원장의 명을 받아 할당계획의 수립 준비 등 할당위원회의 사무를 처리한다.

⑦ 이 법에서 규정한 사항 외에 할당위원회의 구성 및 운영 등에 필요한 사항은 대통령령으로 정한다.

## 제3장 할당대상업체의 지정 및 배출권의 할당

### 제1절 할당대상업체의 지정

**제8조(할당대상업체의 지정)** ① 대통령령으로 정하는 중앙행정기관의 장(이하 "주무관청"이라 한다)은 매 계획기간 시작 5개월 전까지 제5조제1항제3호에 따라 할당계획에서 정하는 배출권의 할당 대상이 되는 부문 및 업종에 속하는 온실가스 배출업체 중에서 다음 각 호의 어느 하나에 해당하는 업체를 배출권 할당 대상업체(이하 "할당대상업체"라 한다)로 지정·고시한다.

1. 기본법 제42조제5항에 따른 관리업체(이하 "관리업체"라 한다) 중 최근 3년

간 온실가스 배출량의 연평균 총량이 125,000 이산화탄소상당량톤($tCO_2$-eq) 이상인 업체이거나 25,000 이산화탄소상당량톤($tCO_2$-eq) 이상인 사업장의 해당 업체

2. 제1호에 해당하지 아니하는 관리업체로서 할당대상업체로 지정받기 위하여 신청한 업체

② 제1항에 따른 할당대상업체의 지정·고시 및 신청 등에 관하여 필요한 세부 사항은 대통령령으로 정한다.

**제9조(신규진입자에 대한 할당대상업체의 지정)** ① 주무관청은 계획기간 중에 시설의 신설·변경·확장 등으로 인하여 새롭게 제8조제1항제1호에 해당하게 된 업체(이하 "신규진입자"라 한다)를 할당대상업체로 지정·고시할 수 있다.

② 제1항에 따른 신규진입자에 대한 할당대상업체 지정·고시에 관하여 필요한 세부 사항은 대통령령으로 정한다.

**제10조(목표관리제의 적용 배제)** 관리업체로서 제8조제1항 및 제9조제1항에 따라 할당대상업체로 지정·고시된 업체에 대하여는 제12조제1항에 따라 배출권을 할당받은 연도부터 기본법 제42조제5항부터 제9항까지 및 제64조제1항제1호(기본법 제42조제6항·제9항만 해당한다)부터 제3호까지의 규정을 적용하지 아니한다.

**제11조(배출권등록부)** ① 배출권의 할당 및 거래, 할당대상업체의 온실가스 배출량 등에 관한 사항을 등록·관리하기 위하여 주무관청에 배출권 거래등록부(이하 "배출권등록부"라 한다)를 둔다.

② 배출권등록부는 주무관청이 관리·운영한다.

③ 배출권등록부에는 다음 각 호의 사항을 등록한다.

1. 계획기간 및 이행연도별 배출권의 총수량
2. 할당대상업체, 그 밖의 개인 또는 법인 명의의 배출권 계정 및 그 보유량
3. 제18조에 따른 배출권 예비분 관리를 위한 계정 및 그 보유량
4. 제25조에 따라 주무관청이 인증한 온실가스 배출량
5. 그 밖에 효과적이고 안정적인 배출권의 할당 및 거래를 위하여 필요한 사항으로서 대통령령으로 정하는 사항

④ 배출권등록부는 기본법 제45조에 따른 온실가스 종합정보관리체계와 유기적으로 연계될 수 있도록 전자적 방식으로 관리되어야 한다.

⑤ 제20조에 따라 배출권등록부에 배출권 거래계정을 등록한 자는 그가 보유하고 있는 배출권의 수량 등 대통령령으로 정하는 등록사항에 대하여 증명서의 발급을 주무관청에 신청할 수 있다.

⑥ 배출권등록부의 관리·운영 방법 등에 관하여 필요한 세부 사항은 대통령령으로 정한다.

### 제2절 배출권의 할당

**제12조(배출권의 할당)** ① 주무관청은 계획기간마다 할당계획에 따라 할당대상업체에 해당 계획기간의 총배출권과 이행연도별 배출권을 할당한다. 다만, 신규진입자에 대하여는 해당 업체가 할당대상업체로 지정·고시된 다음 이행연도부터 남은 계획기간에 대하여 배출권을 할당한다.

② 제1항에 따른 배출권 할당의 기준은 다음 각 호의 사항을 고려하여 대통령령으로 정한다.

1. 할당대상업체의 이행연도별 배출권 수요
2. 제15조에 따른 조기감축실적
3. 제27조에 따른 할당대상업체의 배출권 제출 실적
4. 할당대상업체의 무역집약도 및 탄소집약도
5. 할당대상업체 간 배출권 할당량의 형평성
6. 부문별·업종별 온실가스 감축 기술 수준 및 국제경쟁력
7. 할당대상업체의 시설투자 등이 국가온실가스감축목표 달성에 기여하는 정도
8. 기본법 제42조제6항에 따른 관리업체의 목표 준수 실적

③ 제1항에 따른 배출권의 할당은 유상 또는 무상으로 하되, 무상으로 할당하는 배출권의 비율은 국내 산업의 국제경쟁력에 미치는 영향, 기후변화 관련 국제협상 등 국제적 동향, 물가 등 국민경제에 미치는 영향 및 직전 계획기간에 대한 평가 등을 고려하여 대통령령으로 정한다.

④ 제3항에도 불구하고 무역집약도가 대통령령으로 정하는 기준보다 높거나 이 법 시행에 따른 온실가스 감축으로 인한 생산비용이 대통령령으로 정하는 기준 이상으로 발생하는 업종에 속하는 할당대상업체에 대하여는 배출권의 전부를 무상으로 할당할 수 있다.

**제13조(배출권 할당의 신청)** ① 할당대상업체는 매 계획기간 시작 4개월 전까지(할당대상업체가 신규진입자인 경우에는 배출권을 할당받는 이행연도 시작 4개월 전까지) 다음 각 호의 사항이 포함된 배출권 할당신청서(이하 "할당신청서"라 한다)를 작성하여 주무관청에 제출하여야 한다.

1. 계획기간의 배출권 총신청수량
2. 이행연도별 배출권 신청수량

3. 할당대상업체로 지정된 연도의 직전 3년간의 온실가스 배출량
4. 계획기간 내 시설 확장 및 변경 계획
5. 계획기간 내 연료 및 원료 소비 계획
6. 계획기간 내 온실가스 감축설비 및 기술 도입 계획
7. 제4호부터 제6호까지에서 규정된 계획 실행 등에 따른 온실가스 배출량 증감 예상치
8. 제24조에 따라 작성된 직전 연도 명세서(최초로 할당대상업체로 지정된 경우에는 기본법 제44조제1항에 따른 명세서를 말한다)

② 제1항에 따른 배출권 할당의 신청 방법 및 절차 등에 관하여 필요한 세부 사항은 대통령령으로 정한다.

**제14조(할당의 통보)** ① 주무관청은 제12조에 따라 할당대상업체에 배출권을 할당한 때에는 지체 없이 그 사실을 할당대상업체에 통보하고, 배출권등록부의 각 업체별 계정에 그 할당 내역을 등록하여야 한다.

② 제1항에 따른 할당의 통보 및 할당 내역의 등록에 필요한 세부 사항은 대통령령으로 정한다.

**제15조(조기감축실적의 인정)** ① 주무관청은 할당대상업체가 제12조에 따라 배출권을 할당받기 전에 외부 전문기관(기본법 제42조제9항에 따른 외부 전문기관을 말한다. 이하 같다)의 검증을 받은 온실가스 감축량(이하 "조기감축실적"이라 한다)에 대하여는 대통령령으로 정하는 바에 따라 할당계획 수립 시 반영하거나 제12조에 따른 배출권 할당 시 해당 할당대상업체에 배출권을 추가 할당할 수 있다.

② 제1항에 따라 조기감축실적을 할당계획 수립 시 반영하거나 배출권을 추가 할당하는 경우에는 국가온실가스감축목표의 효과적인 달성과 배출권 거래시장의 안정적 운영을 위하여 할당계획에 반영되거나 추가 할당되는 배출권의 비율을 대통령령으로 정하는 바에 따라 총배출권 수량 대비 일정 비율 이하로 제한할 수 있다.

**제16조(배출권 할당의 조정)** ① 주무관청은 다음 각 호의 어느 하나에 해당하는 경우에는 직권으로 또는 신청에 따라 할당대상업체에 배출권을 추가 할당하거나 이행연도별 배출권 할당량을 조정할 수 있다.

1. 제5조제3항에 따른 할당계획 변경으로 배출허용총량이 증가한 경우
2. 계획기간 중에 시설의 신설 또는 증설, 생산품목의 변경, 사업계획의 변경 등으로 배출권의 추가 할당이 필요하거나 이행연도별 할당량의 조정이 필요한

경우로서 할당대상업체가 신청한 경우

② 제1항에 따른 배출권의 추가 할당 및 할당량 조정의 세부 기준과 절차는 대통령령으로 정한다.

**제17조(배출권 할당의 취소)** ① 주무관청은 다음 각 호의 어느 하나에 해당하는 경우에는 제12조 및 제16조에 따라 할당·조정된 배출권(무상으로 할당된 배출권만 해당한다)의 전부 또는 일부를 취소할 수 있다.

1. 제5조제3항에 따른 할당계획 변경으로 배출허용총량이 감소한 경우
2. 할당대상업체가 전체 시설을 폐쇄한 경우
3. 할당대상업체가 정당한 사유 없이 시설의 가동 예정일부터 3개월 이내에 시설을 가동하지 아니한 경우
4. 할당대상업체의 시설 가동이 1년 이상 정지된 경우
5. 거짓이나 부정한 방법으로 배출권을 할당받은 경우

② 제1항에 따른 배출권 취소의 세부 기준과 절차는 대통령령으로 정한다.

**제18조(배출권 예비분)** 주무관청은 신규진입자에 대한 배출권 할당 및 제23조에 따른 시장 안정화 조치를 위한 배출권 추가 할당 등을 위하여 계획기간의 총배출권의 일정 비율을 배출권 예비분으로 보유하여야 한다.

## 제4장 배출권의 거래

**제19조(배출권의 거래)** ① 배출권은 매매나 그 밖의 방법으로 거래할 수 있다.

② 배출권은 온실가스를 대통령령으로 정하는 바에 따라 이산화탄소상당량톤으로 환산한 단위로 거래한다.

③ 배출권 거래의 최소 단위 등 배출권 거래에 필요한 세부 사항은 대통령령으로 정한다.

**제20조(배출권 거래계정의 등록)** ① 배출권을 거래하려는 자는 대통령령으로 정하는 바에 따라 배출권등록부에 배출권 거래계정을 등록하여야 한다.

② 외국 법인 또는 개인은 대통령령으로 정하는 경우에만 제1항에 따른 등록을 신청할 수 있다.

**제21조(배출권 거래의 신고)** ① 배출권을 거래한 자는 대통령령으로 정하는 바에 따라 그 사실을 주무관청에 신고하여야 한다.

② 제1항에 따른 신고를 받은 주무관청은 지체 없이 배출권등록부에 그 내용을 등록하여야 한다.

③ 배출권 거래에 따른 배출권의 이전은 제2항에 따라 배출권 거래 내용을 등록

한 때에 효력이 생긴다.

④ 제1항부터 제3항까지의 규정은 상속이나 법인의 합병 등 거래에 의하지 아니하고 배출권이 이전되는 경우에 준용한다.

**제22조(배출권 거래소 등)** ① 주무관청은 배출권의 공정한 가격 형성과 매매, 그 밖에 거래의 안정성과 효율성을 도모하기 위하여 배출권 거래소를 지정하거나 설치·운영할 수 있다.

② 제1항에 따라 배출권 거래소를 지정하는 경우 그 지정을 받은 배출권 거래소는 다음 각 호의 사항이 포함된 운영규정을 정하여 거래소 개시일 전까지 주무관청의 승인을 받아야 한다. 승인을 받은 사항 중 대통령령으로 정하는 중요 사항을 변경하려는 경우에도 대통령령으로 정하는 바에 따라 주무관청의 승인을 받아야 한다.

1. 배출권 거래소의 회원에 관한 사항
2. 배출권 거래의 방법에 관한 사항
3. 배출권 거래의 청산·결제에 관한 사항
4. 배출권 거래의 정보 공개에 관한 사항
5. 배출권 거래시장의 감시에 관한 사항
6. 배출권 거래에 관한 분쟁조정에 관한 사항
7. 그 밖에 배출권 거래시장의 운영을 위하여 필요한 사항으로서 대통령령으로 정하는 사항

③ 배출권 거래소에서의 거래와 관련된 시세조종행위 등의 금지 및 배상책임, 부정거래행위 등의 금지 및 배상책임, 정보이용금지에 관하여는 「자본시장과 금융투자업에 관한 법률」 제176조제1항·제2항 및 제3항 각 호 외의 부분 본문, 제177조(「자본시장과 금융투자업에 관한 법률」 제176조제1항·제2항 및 제3항 각 호 외의 부분 본문을 위반한 경우만 해당한다)부터 제179조까지 및 제383조제1항·제2항을 각각 준용한다. 이 경우 "상장증권 또는 장내파생상품" 또는 "금융투자상품"은 "배출권"으로, "전자증권중개회사"는 "배출권 거래를 중개하는 회사"로, "거래소"는 "배출권 거래소"로, "금융투자업자 및 금융투자업관계기관"은 "배출권 거래소 회원"으로 본다.

④ 배출권 거래소의 지정 또는 설치 절차, 배출권 거래소의 업무 및 감독, 배출권 거래를 중개하는 회사 등에 필요한 사항은 대통령령으로 정한다.

**제23조(배출권 거래시장의 안정화)** ① 주무관청은 배출권 거래가격의 안정적 형성을 위하여 다음 각 호의 어느 하나에 해당하는 경우 또는 해당할 우려가 상당히 있는

경우에는 대통령령으로 정하는 바에 따라 할당위원회의 심의를 거쳐 시장 안정화 조치를 할 수 있다.

1. 배출권 가격이 6개월 연속으로 직전 2개 연도의 평균 가격보다 대통령령으로 정하는 비율 이상으로 높게 형성될 경우
2. 배출권에 대한 수요의 급증 등으로 인하여 단기간에 거래량이 크게 증가하는 경우로서 대통령령으로 정하는 경우
3. 그 밖에 배출권 거래시장의 질서를 유지하거나 공익을 보호하기 위하여 시장 안정화 조치가 필요하다고 인정되는 경우로서 대통령령으로 정하는 경우

② 제1항에 따른 시장 안정화 조치는 다음 각 호의 방법으로 한다.

1. 제18조에 따른 배출권 예비분의 100분의 25까지의 추가 할당
2. 대통령령으로 정하는 바에 따른 배출권 최소 또는 최대 보유한도의 설정
3. 그 밖에 국제적으로 인정되는 방법으로서 대통령령으로 정하는 방법

### 제5장 배출량의 보고·검증 및 인증

**제24조(배출량의 보고 및 검증)** ① 할당대상업체는 매 이행연도 종료일부터 3개월 이내에 대통령령으로 정하는 바에 따라 해당 이행연도에 그 업체가 실제 배출한 온실가스 배출량을 측정·보고·검증이 가능한 방식으로 작성한 명세서를 주무관청에 보고하여야 한다.

② 제1항에 따른 보고에 관하여는 기본법 제44조제2항을 준용한다. 이 경우 "관리업체"는 "할당대상업체"로, "정부"는 "주무관청"으로 본다.

③ 제1항 및 제2항에서 규정한 사항 외에 온실가스 배출량의 보고·검증에 필요한 세부 사항은 대통령령으로 정한다.

**제25조(배출량의 인증 등)** ① 주무관청은 제24조에 따른 보고를 받으면 그 내용에 대한 적합성을 평가하여 할당대상업체의 실제 온실가스 배출량을 인증한다.

② 주무관청은 할당대상업체가 제24조에 따른 배출량 보고를 하지 아니하는 경우에는 제37조에 따른 실태조사를 거쳐 대통령령으로 정하는 기준에 따라 직권으로 그 할당대상업체의 실제 온실가스 배출량을 인증할 수 있다.

③ 주무관청은 제1항 또는 제2항에 따라 실제 온실가스 배출량을 인증한 때에는 지체 없이 그 결과를 할당대상업체에 통지하고, 그 내용을 이행연도 종료일부터 5개월 이내에 배출권등록부에 등록하여야 한다.

④ 제1항부터 제3항까지의 규정에 따른 배출량 인증의 방법·절차, 통지 및 등록에 필요한 세부 사항은 대통령령으로 정한다.

**제26조(배출량 인증위원회)** ① 제25조에 따른 적합성 평가 및 실제 온실가스 배출량의 인증, 제29조에 따른 상쇄에 관한 전문적인 사항을 심의·조정하기 위하여 주무관청에 배출량 인증위원회(이하 "인증위원회"라 한다)를 둔다.

② 인증위원회의 구성 및 운영 등에 필요한 사항은 대통령령으로 정한다.

### 제6장 배출권의 제출, 이월·차입, 상쇄 및 소멸

**제27조(배출권의 제출)** ① 할당대상업체는 이행연도 종료일부터 6개월 이내에 대통령령으로 정하는 바에 따라 제25조에 따라 인증받은  온실가스 배출량에 상응하는 배출권(종료된 이행연도의 배출권을 말한다)을 주무관청에 제출하여야 한다.

② 주무관청은 제1항에 따라 배출권을 제출받으면 지체 없이 그 내용을 배출권등록부에 등록하여야 한다.

**제28조(배출권의 이월 및 차입)** ① 배출권을 보유한 자는 보유한 배출권을 주무관청의 승인을 받아 계획기간 내의 다음 이행연도 또는 다음 계획기간의 최초 이행연도로 이월할 수 있다.

② 할당대상업체는 제27조에 따라 배출권을 제출하기 위하여 필요한 경우로서 대통령령으로 정하는 사유가 있는 경우에는 주무관청의 승인을 받아 계획기간 내의 다른 이행연도에 할당된 배출권의 일부를 차입할 수 있다.

③ 제2항에 따라 차입할 수 있는 배출권의 한도는 대통령령으로 정한다.

④ 주무관청은 제1항 또는 제2항에 따라 이월 또는 차입을 승인한 때에는 지체 없이 그 내용을 배출권등록부에 등록하여야 한다. 이 경우 이월 또는 차입된 배출권은 각각 그 해당 이행연도에 제12조에 따라 할당된 것으로 본다.

⑤ 제1항 및 제2항에 따른 배출권의 이월 및 차입의 세부 절차는 대통령령으로 정한다.

**제29조(상쇄)** ① 할당대상업체는 국제적 기준에 부합하는 방식으로 외부사업에서 발생한 온실가스 감축량(이하 "외부사업 온실가스 감축량"이라 한다)을 보유하거나 취득한 경우에는 그 전부 또는 일부를 배출권으로 전환하여 줄 것을 주무관청에 신청할 수 있다.

② 주무관청은 제1항의 신청을 받으면 대통령령으로 정하는 기준에 따라 외부사업 온실가스 감축량을 그에 상응하는 배출권으로 전환하고, 그 내용을 제31조에 따른 상쇄등록부에 등록하여야 한다.

③ 할당대상업체는 제2항에 따라 상쇄등록부에 등록된 배출권(이하 "상쇄배출권"이라 한다)을 제27조에 따른 배출권의 제출을 갈음하여 주무관청에 제출할 수

있다. 이 경우 주무관청은 상쇄배출권 제출이 국가온실가스감축목표에 미치는 영향과 배출권 거래 가격에 미치는 영향 등을 고려하여 대통령령으로 정하는 바에 따라 상쇄배출권의 제출한도 및 유효기간을 제한할 수 있다.

**제30조(외부사업 온실가스 감축량의 인증)** ① 제29조에 따라 배출권으로 전환할 수 있는 외부사업 온실가스 감축량은 다음 각 호의 어느 하나에 해당하는 온실가스 감축량으로서 대통령령으로 정하는 기준과 절차에 따라 주무관청의 인증을 받은 것에 한정한다.

1. 이 법이 적용되지 아니하는 국내외 부분에서 국제적 기준에 부합하는 측정·보고·검증이 가능한 방식으로 실시한 온실가스 감축사업을 통하여 발생한 온실가스 감축량
2. 「기후변화에 관한 국제연합 기본협약」 및 관련 의정서에 따른 온실가스 감축사업 등 대통령령으로 정하는 사업을 통하여 발생한 온실가스 감축량

② 제1항에 따른 인증을 받으려는 자는 대통령령으로 정하는 바에 따라 주무관청에 신청하여야 한다.

③ 주무관청은 제1항에 따라 외부사업 온실가스 감축량을 인증한 때에는 지체 없이 제31조에 따른 상쇄등록부에 등록하여야 한다.

**제31조(상쇄등록부)** ① 제30조에 따라 인증된 외부사업 온실가스 감축량 등을 등록·관리하기 위하여 주무관청에 배출권 상쇄등록부(이하 "상쇄등록부"라 한다)를 둔다.

② 상쇄등록부는 주무관청이 관리·운영한다.

③ 상쇄등록부는 배출권등록부와 유기적으로 연계될 수 있도록 관리되어야 한다.

**제32조(배출권의 소멸)** 이행연도별로 할당된 배출권 중 제27조에 따라 주무관청에 제출되거나 제28조에 따라 다음 이행연도로 이월되지 아니한 배출권은 각 이행연도 종료일부터 6개월이 경과하면 그 효력을 잃는다.

**제33조(과징금)** ① 주무관청은 제27조에 따라 할당대상업체가 제출한 배출권이 제25조에 따라 인증한 온실가스 배출량보다 적은 경우에는 그 부족한 부분에 대하여 이산화탄소 1톤당 10만원의 범위에서 해당 이행연도의 배출권 평균 시장가격의 3배 이하의 과징금을 부과할 수 있다.

② 주무관청은 과징금을 부과하기 전에 미리 당사자 또는 이해관계인 등에게 의견을 제출할 기회를 주어야 한다.

③ 제1항 및 제2항에 따른 과징금의 부과 기준 및 절차 등에 관하여 필요한 사항은 대통령령으로 정한다.

**제34조(과징금의 징수 및 체납처분)** ① 주무관청은 과징금 납부의무자가 납부기한까지 과징금을 납부하지 아니한 경우에는 납부기한의 다음 날부터 납부한 날의 전날까지의 기간에 대하여 대통령령으로 정하는 가산금을 징수할 수 있다.

② 주무관청은 과징금 납부의무자가 납부기한까지 과징금을 납부하지 아니한 경우에는 기간을 정하여 독촉을 하고, 그 지정한 기간에 과징금과 제1항에 따른 가산금을 납부하지 아니한 경우에는 국세 체납처분의 예에 따라 징수할 수 있다.

③ 제1항 및 제2항에 따른 과징금의 징수 및 체납처분 절차 등에 관하여 필요한 사항은 대통령령으로 정한다.

## 제7장 보칙

**제35조(금융상·세제상의 지원 등)** ① 정부는 배출권거래제 도입으로 인한 기업의 경쟁력 감소를 방지하고 배출권 거래를 활성화하기 위하여 온실가스 감축설비를 설치하거나 관련 기술을 개발하는 사업 등 대통령령으로 정하는 사업에 대하여는 금융상·세제상의 지원 또는 보조금의 지급, 그 밖에 필요한 지원을 할 수 있다.

② 정부는 제1항에 따른 지원을 하는 경우 「중소기업기본법」 제2조에 따른 중소기업이 하는 사업에 우선적으로 지원할 수 있다.

③ 정부는 제12조제3항에 따라 배출권을 유상으로 할당하는 경우 발생하는 수입과 제33조에 따른 과징금, 제39조에 따른 수수료 및 제43조에 따른 과태료 수입의 전부 또는 일부를 제1항 및 제2항에 따른 지원활동에 사용할 수 있다.

**제36조(국제 탄소시장과의 연계 등)** ① 정부는 「기후변화에 관한 국제연합 기본협약」 및 관련 의정서 또는 국제적으로 신뢰성 있게 온실가스 배출량을 측정·보고·검증하고 있다고 인정되는 국가와의 합의서에 기초하여 국내 배출권 시장을 국제 탄소시장과 연계하도록 노력하여야 한다. 이 경우 정부는 할당대상업체의 영업비밀 보호 등을 고려하여야 한다.

② 주무관청은 대통령령으로 정하는 바에 따라 국제 탄소시장과의 연계를 위한 조사·연구 및 기술개발·협력 등을 전문적으로 수행하는 기관을 배출권 거래 전문기관으로 지정하거나 설치·운영할 수 있다.

③ 정부는 제2항에 따라 지정하거나 설치·운영하는 배출권 거래 전문기관의 사업 수행에 필요한 경비를 지원할 수 있다.

**제37조(실태조사)** 주무관청은 다음 각 호의 신청이나 처분 등에 관하여 그 사실 여부 및 적정성을 확인하기 위하여 필요하면 할당대상업체에 보고 또는 자료 제출을 요구하거나 필요한 최소한의 범위에서 현장조사 등의 방법으로 실태조사를 할

수 있다. 이 경우 할당대상업체는 정당한 사유가 없으면 이에 따라야 한다.

1. 제13조에.따른 배출권 할당의 신청
2. 제15조에 따른 조기감축실적의 인정
3. 제16조에 따른 배출권 할당의 조정
4. 제17조에 따른 배출권 할당의 취소
5. 제24조에 따른 배출량의 보고 및 검증
6. 제25조에 따른 배출량의 인증
7. 제30조에 따른 외부사업 온실가스 감축량의 인증

**제38조(이의신청)** ① 다음 각 호의 처분에 대하여 이의(異議)가 있는 자는 각 호에 규정된 날부터 30일 이내에 대통령령으로 정하는 바에 따라 소명자료를 첨부하여 주무관청에 이의를 신청할 수 있다.

1. 제8조제1항 및 제9조제1항에 따른 지정: 고시된 날
2. 제12조제1항에 따른 할당: 할당받은 날
3. 제16조에 따른 배출권 할당의 조정: 배출권이 추가 할당된 날 또는 이행연도별 배출권 할당량이 조정된 날
4. 제17조에 따른 배출권 할당의 취소: 배출권의 할당이 취소된 날
5. 제25조제1항에 따른 배출량의 인증: 인증받은 날
6. 제33조제1항에 따른 과징금 부과처분: 고지받은 날

② 주무관청은 제1항에 따라 이의신청을 받으면 이의신청을 받은 날부터 30일 이내에 그 결과를 신청인에게 통보하여야 한다. 다만, 부득이한 사정으로 그 기간 내에 결정을 할 수 없을 때에는 30일의 범위에서 기간을 연장하고 그 사실을 신청인에게 알려야 한다.

**제39조(수수료)** 다음 각 호의 어느 하나에 해당하는 자는 대통령령으로 정하는 바에 따라 수수료를 내야 한다.

1. 제11조제5항에 따라 증명서의 발급을 신청하는 자
2. 제20조에 따라 배출권 거래계정의 등록을 신청하는 자(할당대상업체는 제외한다)

**제40조(권한의 위임 또는 위탁)** ① 주무관청은 이 법에 따른 권한의 일부를 대통령령으로 정하는 바에 따라 다른 중앙행정기관의 장 또는 소속 기관의 장에게 위임하거나 위탁할 수 있다.

② 주무관청은 이 법에 따른 업무의 일부를 대통령령으로 정하는 바에 따라 공공기관 또는 대통령령으로 정하는 온실가스 감축 관련 전문기관에 위탁할 수 있다.

## 제8장 벌칙 및 과태료

**제41조(벌칙)** ① 다음 각 호의 어느 하나에 해당하는 자는 3년 이하의 징역 또는 1억원 이하의 벌금에 처한다. 다만, 그 위반행위로 얻은 이익 또는 회피한 손실액의 3배에 해당하는 금액이 1억원을 초과하는 경우에는 그 이익 또는 회피한 손실액의 3배에 해당하는 금액 이하의 벌금에 처한다.

1. 제22조제3항에서 준용하는 「자본시장과 금융투자업에 관한 법률」 제176조제1항을 위반하여 배출권의 매매에 관하여 그 매매가 성황을 이루고 있는 듯이 잘못 알게 하거나, 그 밖에 타인에게 그릇된 판단을 하게 할 목적으로 같은 항 각 호의 어느 하나에 해당하는 행위를 한 자
2. 제22조제3항에서 준용하는 「자본시장과 금융투자업에 관한 법률」 제176조제2항을 위반하여 배출권의 매매를 유인할 목적으로 같은 항 각 호의 어느 하나에 해당하는 행위를 한 자
3. 제22조제3항에서 준용하는 「자본시장과 금융투자업에 관한 법률」 제176조제3항 각 호 외의 부분 본문을 위반하여 배출권의 시세를 고정시키거나 안정시킬 목적으로 그 배출권에 관한 일련의 매매 또는 그 위탁이나 수탁을 한 자
4. 제22조제3항에서 준용하는 「자본시장과 금융투자업에 관한 법률」 제178조제1항을 위반하여 배출권의 매매, 그 밖의 거래와 관련하여 같은 항 각 호의 어느 하나에 해당하는 행위를 한 자
5. 제22조제3항에서 준용하는 「자본시장과 금융투자업에 관한 법률」 제178조제2항을 위반하여 배출권의 매매, 그 밖의 거래를 할 목적이나 그 시세의 변동을 도모할 목적으로 풍문의 유포, 위계(僞計)의 사용, 폭행 또는 협박을 한 자

② 다음 각 호의 어느 하나에 해당하는 사람은 1년 이하의 징역 또는 3천만원 이하의 벌금에 처한다.

1. 제22조제3항에서 준용하는 「자본시장과 금융투자업에 관한 법률」 제383조제1항을 위반하여 그 직무에 관하여 알게 된 비밀을 누설하거나 이용한 배출권 거래소의 임직원 또는 임직원이었던 사람
2. 제22조제3항에서 준용하는 「자본시장과 금융투자업에 관한 법률」 제383조제2항을 위반하여 배출권 거래소의 회원과 자금의 공여, 손익의 분배, 그 밖에 영업에 관하여 특별한 이해관계를 가진 배출권 거래소의 상근 임직원

③ 다음 각 호의 어느 하나에 해당하는 자는 1억원 이하의 벌금에 처한다. 다만, 그 위반행위로 얻은 이익 또는 회피한 손실액의 3배에 해당하는 금액이 1억원을

초과하는 경우에는 그 이익 또는 회피한 손실액의 3배에 해당하는 금액 이하의 벌금에 처한다.

1. 거짓이나 부정한 방법으로 배출권 할당·조정을 신청하여 제12조제1항 또는 제16조제1항제2호에 따른 할당·조정을 받은 자
2. 거짓이나 부정한 방법으로 외부사업 온실가스 감축량을 배출권으로 전환하여 줄 것을 신청하여 제29조제3항에 따라 상쇄배출권을 제출한 자
3. 거짓이나 부정한 방법으로 인증을 신청하여 제30조에 따른 외부사업 온실가스 감축량을 인증받은 자

**제42조(양벌규정)** 법인(단체를 포함한다. 이하 이 조에서 같다)의 대표자나 법인 또는 개인의 대리인, 사용인, 그 밖의 종업원이 그 법인 또는 개인의 업무에 관하여 제41조의 위반행위를 하면 그 행위자를 벌하는 외에 그 법인 또는 개인에게도 해당 조문의 벌금형을 과(科)한다. 다만, 법인 또는 개인이 그 위반행위를 방지하기 위하여 해당 업무에 관하여 상당한 주의와 감독을 게을리하지 아니한 경우에는 그러하지 아니하다.

**제43조(과태료)** 주무관청은 다음 각 호의 어느 하나에 해당하는 자에게는 1천만원 이하의 과태료를 부과·징수한다.

1. 제21조제1항에 따른 신고를 거짓으로 한 자
2. 제24조제1항에 따른 보고를 하지 아니하거나 거짓으로 보고한 자
3. 제24조제2항에서 준용하는 기본법 제44조제2항을 위반하여 시정이나 보완 명령을 이행하지 아니한 자
4. 제27조에 따른 배출권 제출을 하지 아니한 자

**부칙** 〈제11690호, 2013.3.23.〉 (정부조직법)

**제1조(시행일)** ① 이 법은 공포한 날부터 시행한다.

② 생략

**제2조**부터 **제5조**까지 생략

**제6조(다른 법률의 개정)** ①부터 〈701〉까지 생략

〈702〉 온실가스 배출권의 할당 및 거래에 관한 법률 일부를 다음과 같이 개정한다.

제7조 제2항제1호 중 "교육과학기술부, 농림수산식품부, 지식경제부, 환경부, 국토해양부, 국무총리실"을 "미래창조과학부, 농림축산식품부, 산업통상자원부, 환경부, 국토교통부, 국무조정실"로 한다.

〈703〉부터 〈710〉까지 생략

**제7조** 생략

## 에너지법

[시행 2015.7.1.] [법률 제12931호, 2014.12.30., 일부개정]

산업통상자원부(에너지자원정책과) 044-203-5125

**제1조(목적)** 이 법은 안정적이고 효율적이며 환경친화적인 에너지 수급(需給) 구조를 실현하기 위한 에너지정책 및 에너지 관련 계획의 수립·시행에 관한 기본적인 사항을 정함으로써 국민경제의 지속가능한 발전과 국민의 복리(福利) 향상에 이바지하는 것을 목적으로 한다.

[전문개정 2010.6.8.]

**제2조(정의)** 이 법에서 사용하는 용어의 뜻은 다음과 같다. 〈개정 2013.3.23., 2013.7.30., 2014.12.30.〉

1. "에너지"란 연료·열 및 전기를 말한다.
2. "연료"란 석유·가스·석탄, 그 밖에 열을 발생하는 열원(熱源)을 말한다. 다만, 제품의 원료로 사용되는 것은 제외한다.
3. "신·재생에너지"란 「신에너지 및 재생에너지 개발·이용·보급 촉진법」 제2조제1호 및 제2호에 따른 에너지를 말한다.
4. "에너지사용시설"이란 에너지를 사용하는 공장·사업장 등의 시설이나 에너지를 전환하여 사용하는 시설을 말한다.
5. "에너지사용자"란 에너지사용시설의 소유자 또는 관리자를 말한다.
6. "에너지공급설비"란 에너지를 생산·전환·수송 또는 저장하기 위하여 설치하는 설비를 말한다.
7. "에너지공급자"란 에너지를 생산·수입·전환·수송·저장 또는 판매하는 사업자를 말한다.

7의2. "에너지이용권"이란 저소득층 등 에너지 이용에서 소외되기 쉬운 계층의 사람이 에너지공급자에게 제시하여 에너지를 공급받을 수 있도록 일정한 금액이 기재(전자적 또는 자기적 방법에 의한 기록을 포함한다)된 증표를 말한다.

8. "에너지사용기자재"란 열사용기자재나 그 밖에 에너지를 사용하는 기자재를 말한다.

9. "열사용기자재"란 연료 및 열을 사용하는 기기, 축열식 전기기기와 단열성(斷熱性) 자재로서 산업통상자원부령으로 정하는 것을 말한다.

10. "온실가스"란 「저탄소 녹색성장 기본법」 제2조제9호에 따른 온실가스를 말한다.

[전문개정 2010.6.8.]

**제3조** 삭제 〈2010.1.13.〉

**제4조(국가 등의 책무)** ① 국가는 이 법의 목적을 실현하기 위한 종합적인 시책을 수립·시행하여야 한다.

② 지방자치단체는 이 법의 목적, 국가의 에너지정책 및 시책과 지역적 특성을 고려한 지역에너지시책을 수립·시행하여야 한다. 이 경우 지역에너지시책의 수립·시행에 필요한 사항은 해당 지방자치단체의 조례로 정할 수 있다.

③ 에너지공급자와 에너지사용자는 국가와 지방자치단체의 에너지시책에 적극 참여하고 협력하여야 하며, 에너지의 생산·전환·수송·저장·이용 등의 안전성, 효율성 및 환경친화성을 극대화하도록 노력하여야 한다.

④ 모든 국민은 일상생활에서 국가와 지방자치단체의 에너지시책에 적극 참여하고 협력하여야 하며, 에너지를 합리적이고 환경친화적으로 사용하도록 노력하여야 한다.

⑤ 국가, 지방자치단체 및 에너지공급자는 빈곤층 등 모든 국민에게 에너지가 보편적으로 공급되도록 기여하여야 한다.

[전문개정 2010.6.8.]

**제5조(적용 범위)** 에너지에 관한 법령을 제정하거나 개정하는 경우에는 「저탄소 녹색성장 기본법」 제39조에 따른 기본원칙과 이 법의 목적에 맞도록 하여야 한다. 다만, 원자력의 연구·개발·생산·이용 및 안전관리에 관하여는 「원자력 진흥법」 및 「원자력안전법」 등 관계 법률에서 정하는 바에 따른다. 〈개정 2011.7.25.〉

[전문개정 2010.6.8.]

**제6조** 삭제 〈2010.1.13.〉

**제7조(지역에너지계획의 수립)** ① 특별시장·광역시장·특별자치시장·도지사 또는 특별자치도지사(이하 "시·도지사"라 한다)는 관할 구역의 지역적 특성을 고려하여 「저탄소 녹색성장 기본법」 제41조에 따른 에너지기본계획(이하 "기본계획"이라 한다)의 효율적인 달성과 지역경제의 발전을 위한 지역에너지계획(이하 "지역계

획"이라 한다)을 5년마다 5년 이상을 계획기간으로 하여 수립·시행하여야 한다. 〈개정 2014.12.30.〉

② 지역계획에는 해당 지역에 대한 다음 각 호의 사항이 포함되어야 한다.

1. 에너지 수급의 추이와 전망에 관한 사항
2. 에너지의 안정적 공급을 위한 대책에 관한 사항
3. 신·재생에너지 등 환경친화적 에너지 사용을 위한 대책에 관한 사항
4. 에너지 사용의 합리화와 이를 통한 온실가스의 배출감소를 위한 대책에 관한 사항
5. 「집단에너지사업법」 제5조제1항에 따라 집단에너지공급대상지역으로 지정된 지역의 경우 그 지역의 집단에너지 공급을 위한 대책에 관한 사항
6. 미활용 에너지원의 개발·사용을 위한 대책에 관한 사항
7. 그 밖에 에너지시책 및 관련 사업을 위하여 시·도지사가 필요하다고 인정하는 사항

③ 지역계획을 수립한 시·도지사는 이를 산업통상자원부장관에게 제출하여야 한다. 수립된 지역계획을 변경하였을 때에도 또한 같다. 〈개정 2013.3.23.〉

④ 정부는 지방자치단체의 에너지시책 및 관련 사업을 촉진하기 위하여 필요한 지원시책을 마련할 수 있다.

[전문개정 2010.6.8.]

**제8조(비상시 에너지수급계획의 수립 등)** ① 산업통상자원부장관은 에너지 수급에 중대한 차질이 발생할 경우에 대비하여 비상시 에너지수급계획(이하 "비상계획"이라 한다)을 수립하여야 한다. 〈개정 2013.3.23.〉

② 비상계획은 제9조에 따른 에너지위원회의 심의를 거쳐 확정한다. 수립된 비상계획을 변경할 때에도 또한 같다.

③ 비상계획에는 다음 각 호의 사항이 포함되어야 한다.

1. 국내외 에너지 수급의 추이와 전망에 관한 사항
2. 비상시 에너지 소비 절감을 위한 대책에 관한 사항
3. 비상시 비축(備蓄)에너지의 활용 대책에 관한 사항
4. 비상시 에너지의 할당·배급 등 수급조정 대책에 관한 사항
5. 비상시 에너지 수급 안정을 위한 국제협력 대책에 관한 사항
6. 비상계획의 효율적 시행을 위한 행정계획에 관한 사항

④ 산업통상자원부장관은 국내외 에너지 사정의 변동에 따른 에너지의 수급 차질에 대비하기 위하여 에너지 사용을 제한하는 등 관계 법령에서 정하는 바에 따

라 필요한 조치를 할 수 있다. 〈개정 2013.3.23.〉

[전문개정 2010.6.8.]

**제9조(에너지위원회의 구성 및 운영)** ① 정부는 주요 에너지정책 및 에너지 관련 계획에 관한 사항을 심의하기 위하여 산업통상자원부장관 소속으로 에너지위원회(이하 "위원회"라 한다)를 둔다. 〈개정 2013.3.23.〉

② 위원회는 위원장 1명을 포함한 25명 이내의 위원으로 구성하고, 위원은 당연직위원과 위촉위원으로 구성한다.

③ 위원장은 산업통상자원부장관이 된다. 〈개정 2013.3.23.〉

④ 당연직위원은 관계 중앙행정기관의 차관급 공무원 중 대통령령으로 정하는 사람이 된다.

⑤ 위촉위원은 에너지 분야에 관한 학식과 경험이 풍부한 사람 중에서 산업통상자원부장관이 위촉하는 사람이 된다. 이 경우 위촉위원에는 대통령령으로 정하는 바에 따라 에너지 관련 시민단체에서 추천한 사람이 5명 이상 포함되어야 한다. 〈개정 2013.3.23.〉

⑥ 위촉위원의 임기는 2년으로 하고, 연임할 수 있다.

⑦ 위원회의 회의에 부칠 안건을 검토하거나 위원회가 위임한 안건을 조사·연구하기 위하여 분야별 전문위원회를 둘 수 있다.

⑧ 그 밖에 위원회 및 전문위원회의 구성·운영 등에 관하여 필요한 사항은 대통령령으로 정한다.

[전문개정 2010.6.8.]

**제10조(위원회의 기능)** 위원회는 다음 각 호의 사항을 심의한다.

1. 「저탄소 녹색성장 기본법」 제41조제2항에 따른 에너지기본계획 수립·변경의 사전심의에 관한 사항
2. 비상계획에 관한 사항
3. 국내외 에너지개발에 관한 사항
4. 에너지와 관련된 교통 또는 물류에 관련된 계획에 관한 사항
5. 주요 에너지정책 및 에너지사업의 조정에 관한 사항
6. 에너지와 관련된 사회적 갈등의 예방 및 해소 방안에 관한 사항
7. 에너지 관련 예산의 효율적 사용 등에 관한 사항
8. 원자력 발전정책에 관한 사항
9. 「기후변화에 관한 국제연합 기본협약」에 대한 대책 중 에너지에 관한 사항
10. 다른 법률에서 위원회의 심의를 거치도록 한 사항

11. 그 밖에 에너지에 관련된 주요 정책사항에 관한 것으로서 위원장이 회의에 부치는 사항

[전문개정 2010.6.8.]

**제11조(에너지기술개발계획)** ① 정부는 에너지 관련 기술의 개발과 보급을 촉진하기 위하여 10년 이상을 계획기간으로 하는 에너지기술개발계획(이하 "에너지기술개발계획"이라 한다)을 5년마다 수립하고, 이에 따른 연차별 실행계획을 수립·시행하여야 한다.

② 에너지기술개발계획은 대통령령으로 정하는 바에 따라 관계 중앙행정기관의 장의 협의와 「과학기술기본법」 제9조에 따른 국가과학기술심의회의 심의를 거쳐서 수립된다. 이 경우 위원회의 심의를 거친 것으로 본다. 〈개정 2013.3.23.〉

③ 에너지기술개발계획에는 다음 각 호의 사항이 포함되어야 한다.

1. 에너지의 효율적 사용을 위한 기술개발에 관한 사항
2. 신·재생에너지 등 환경친화적 에너지에 관련된 기술개발에 관한 사항
3. 에너지 사용에 따른 환경오염을 줄이기 위한 기술개발에 관한 사항
4. 온실가스 배출을 줄이기 위한 기술개발에 관한 사항
5. 개발된 에너지기술의 실용화의 촉진에 관한 사항
6. 국제 에너지기술 협력의 촉진에 관한 사항
7. 에너지기술에 관련된 인력·정보·시설 등 기술개발자원의 확대 및 효율적 활용에 관한 사항

[전문개정 2010.6.8.]

**제12조(에너지기술 개발)** ① 관계 중앙행정기관의 장은 에너지기술 개발을 효율적으로 추진하기 위하여 대통령령으로 정하는 바에 따라 다음 각 호의 어느 하나에 해당하는 자에게 에너지기술 개발을 하게 할 수 있다. 〈개정 2011.3.9., 2015.1.28.〉

1. 「공공기관의 운영에 관한 법률」 제4조에 따른 공공기관
2. 국·공립 연구기관
3. 「특정연구기관 육성법」의 적용을 받는 특정연구기관
4. 「산업기술혁신 촉진법」 제42조에 따른 전문생산기술연구소
5. 「소재·부품전문기업 등의 육성에 관한 특별조치법」에 따른 소재·부품기술개발전문기업
6. 「정부출연연구기관 등의 설립·운영 및 육성에 관한 법률」에 따른 정부출연연구기관
7. 「과학기술분야 정부출연연구기관 등의 설립·운영 및 육성에 관한 법률」에

따른 과학기술분야 정부출연연구기관

8. 「국가과학기술 경쟁력강화를 위한 이공계지원특별법」에 따른 연구개발업을 전문으로 하는 기업

9. 「고등교육법」에 따른 대학, 산업대학, 전문대학

10. 「산업기술연구조합 육성법」에 따른 산업기술연구조합

11. 「기초연구진흥 및 기술개발지원에 관한 법률」 제14조제1항제2호에 따른 기업부설연구소

12. 그 밖에 대통령령으로 정하는 과학기술 분야 연구기관 또는 단체

② 관계 중앙행정기관의 장은 제1항에 따른 기술개발에 필요한 비용의 전부 또는 일부를 출연(出捐)할 수 있다.

[전문개정 2010.6.8.]

**제13조(한국에너지기술평가원의 설립)** ① 제12조제1항에 따른 에너지기술 개발에 관한 사업(이하 "에너지기술개발사업"이라 한다)의 기획·평가 및 관리 등을 효율적으로 지원하기 위하여 한국에너지기술평가원(이하 "평가원"이라 한다)을 설립한다.

② 평가원은 법인으로 한다.

③ 평가원은 그 주된 사무소의 소재지에서 설립등기를 함으로써 성립한다.

④ 평가원은 다음 각 호의 사업을 한다.

1. 에너지기술개발사업의 기획, 평가 및 관리
2. 에너지기술 분야 전문인력 양성사업의 지원
3. 에너지기술 분야의 국제협력 및 국제 공동연구사업의 지원
4. 그 밖에 에너지기술 개발과 관련하여 대통령령으로 정하는 사업

⑤ 정부는 평가원의 설립·운영에 필요한 경비를 예산의 범위에서 출연할 수 있다.

⑥ 중앙행정기관의 장 및 지방자치단체의 장은 제4항 각 호의 사업을 평가원으로 하여금 수행하게 하고 필요한 비용의 전부 또는 일부를 대통령령으로 정하는 바에 따라 출연할 수 있다.

⑦ 평가원은 제1항에 따른 목적 달성에 필요한 경비를 조달하기 위하여 대통령령으로 정하는 바에 따라 수익사업을 할 수 있다.

⑧ 평가원의 운영 및 감독 등에 필요한 사항은 대통령령으로 정한다.

⑨ 삭제 〈2014.12.30.〉

⑩ 평가원에 관하여 이 법에 규정되지 아니한 사항은 「민법」 중 재단법인에 관한 규정을 준용한다.

[전문개정 2010.6.8.]

**제14조(에너지기술개발사업비)** ① 관계 중앙행정기관의 장은 에너지기술개발사업을 종합적이고 효율적으로 추진하기 위하여 제11조제1항에 따른 연차별 실행계획의 시행에 필요한 에너지기술개발사업비를 조성할 수 있다.

② 제1항에 따른 에너지기술개발사업비는 정부 또는 에너지 관련 사업자 등의 출연금, 융자금, 그 밖에 대통령령으로 정하는 재원(財源)으로 조성한다.

③ 관계 중앙행정기관의 장은 평가원으로 하여금 에너지기술개발사업비의 조성 및 관리에 관한 업무를 담당하게 할 수 있다.

④ 에너지기술개발사업비는 다음 각 호의 사업 지원을 위하여 사용하여야 한다.

1. 에너지기술의 연구·개발에 관한 사항
2. 에너지기술의 수요 조사에 관한 사항
3. 에너지사용기자재와 에너지공급설비 및 그 부품에 관한 기술개발에 관한 사항
4. 에너지기술 개발 성과의 보급 및 홍보에 관한 사항
5. 에너지기술에 관한 국제협력에 관한 사항
6. 에너지에 관한 연구인력 양성에 관한 사항
7. 에너지 사용에 따른 대기오염을 줄이기 위한 기술개발에 관한 사항
8. 온실가스 배출을 줄이기 위한 기술개발에 관한 사항
9. 에너지기술에 관한 정보의 수집·분석 및 제공과 이와 관련된 학술활동에 관한 사항
10. 평가원의 에너지기술개발사업 관리에 관한 사항

⑤ 제1항부터 제4항까지의 규정에 따른 에너지기술개발사업비의 관리 및 사용에 필요한 사항은 대통령령으로 정한다.

[전문개정 2010.6.8.]

**제15조(에너지기술 개발 투자 등의 권고)** 관계 중앙행정기관의 장은 에너지기술 개발을 촉진하기 위하여 필요한 경우 에너지 관련 사업자에게 에너지기술 개발을 위한 사업에 투자하거나 출연할 것을 권고할 수 있다.

[전문개정 2010.6.8.]

**제16조(에너지 및 에너지자원기술 전문인력의 양성)** ① 산업통상자원부장관은 에너지 및 에너지자원기술 분야의 전문인력을 양성하기 위하여 필요한 사업을 할 수 있다. 〈개정 2013.3.23.〉

② 산업통상자원부장관은 제1항에 따른 사업을 하기 위하여 자금지원 등 필요한 지원을 할 수 있다. 이 경우 지원의 대상 및 절차 등에 관하여 필요한 사항은 산업통상자원부령으로 정한다. 〈개정 2013.3.23.〉

[전문개정 2010.6.8.]

**제16조의2(에너지복지 사업의 실시)** 정부는 모든 국민에게 에너지가 보편적으로 공급되도록 하기 위하여 다음 각 호의 사항에 관한 지원사업(이하 "에너지복지 사업"이라 한다)을 할 수 있다.

1. 저소득층 등 에너지 이용에서 소외되기 쉬운 계층(이하 "에너지이용 소외계층"이라 한다)에 대한 에너지의 공급
2. 에너지이용 소외계층의 에너지이용 효율의 개선
3. 그 밖에 에너지이용 소외계층의 에너지 이용 관련 복리의 향상에 관한 사항

[본조신설 2014.12.30.]

**제16조의3(에너지이용권의 발급 등)** ① 산업통상자원부장관은 에너지이용 소외계층에 속하는 사람으로서 대통령령으로 정하는 요건을 갖춘 사람의 신청을 받아 에너지이용권을 발급할 수 있다.

② 산업통상자원부장관은 에너지이용권의 수급자 선정 및 수급 자격 유지에 관한 사항을 확인하기 위하여 가족관계증명·국세 및 지방세 등에 관한 자료 등 대통령령으로 정하는 자료의 제공을 당사자의 동의를 받아 관계 중앙행정기관의 장 또는 지방자치단체의 장에게 요청할 수 있다. 이 경우 요청을 받은 중앙행정기관의 장 또는 지방자치단체의 장은 특별한 사유가 없으면 그 요청에 따라야 한다.

③ 산업통상자원부장관은 제2항에 따른 자료의 확인을 위하여 「사회복지사업법」 제6조의2제2항에 따른 정보시스템을 연계하여 사용할 수 있다.

④ 산업통상자원부장관은 에너지공급자, 그 밖의 에너지 관련 기관 또는 단체에 다음 각 호의 자료의 제공을 요청할 수 있다. 이 경우 요청을 받은 에너지공급자, 기관 또는 단체는 특별한 사유가 없으면 그 요청에 따라야 한다.

1. 에너지 공급 현황
2. 에너지 이용 현황
3. 그 밖에 에너지이용권 수급 자격 기준 마련에 필요한 자료

⑤ 제1항부터 제4항까지에서 규정한 사항 외에 에너지이용권의 신청 및 발급 등에 필요한 사항은 대통령령으로 정한다.

[본조신설 2014.12.30.]

**제16조의4(에너지이용권의 사용 등)** ① 에너지이용권을 발급받은 사람(이하 "이용자"라 한다)은 에너지공급자에게 에너지이용권을 제시하고, 에너지를 공급받을 수 있다.

② 에너지이용권을 제시받은 에너지공급자는 정당한 사유 없이 에너지 공급을 거부할 수 없다.

③ 누구든지 에너지이용권을 판매·대여하거나 부정한 방법으로 사용해서는 아니 된다.

④ 산업통상자원부장관은 이용자가 에너지이용권을 판매·대여하거나 부정한 방법으로 사용한 경우에는 그 에너지이용권을 회수하거나 에너지이용권 기재금액에 상당하는 금액의 전부 또는 일부를 환수할 수 있다.

⑤ 제1항부터 제4항까지에서 규정한 사항 외에 에너지이용권의 사용 등에 필요한 사항은 산업통상자원부령으로 정한다.

[본조신설 2014.12.30.]

**제16조의5(전담기관의 지정)** ① 산업통상자원부장관은 에너지 관련 업무를 전문적으로 수행하는 기관 또는 단체를 에너지복지 사업 전담기관(이하 "전담기관"이라 한다)으로 지정하여 에너지이용권의 발급 및 운영 등 에너지복지 사업 관련 업무를 수행하게 할 수 있다.

② 산업통상자원부장관은 예산의 범위에서 전담기관에 대하여 제1항의 사업을 수행하는 데 필요한 경비의 전부 또는 일부를 지원할 수 있다.

③ 전담기관의 지정 기준 및 절차 등에 관한 세부사항은 대통령령으로 정한다.

[본조신설 2014.12.30.]

**제16조의6(전담기관 지정의 취소)** ① 산업통상자원부장관은 전담기관이 다음 각 호의 어느 하나에 해당하는 경우에는 지정을 취소하거나 6개월의 범위에서 기간을 정하여 업무의 전부 또는 일부를 정지할 수 있다. 다만, 제1호에 해당하는 경우에는 지정을 취소하여야 한다.

1. 거짓이나 그 밖의 부정한 방법으로 지정을 받은 경우
2. 제16조의5제3항에 따른 지정 기준에 적합하지 아니하게 된 경우

② 제1항에 따른 행정처분의 세부기준은 그 사유와 위반의 정도를 고려하여 대통령령으로 정한다.

[본조신설 2014.12.30.]

**제16조의7(과징금처분)** ① 산업통상자원부장관은 제16조의6제1항에 따라 업무정지를 명하여야 할 경우로서 업무정지가 이용자 등에게 심한 불편을 주거나 공익을 해칠 우려가 있는 경우에는 대통령령으로 정하는 바에 따라 업무정지처분을 갈음하여 1천만원 이하의 과징금을 부과할 수 있다.

② 제1항에 따른 과징금을 부과하는 위반행위의 종류와 위반정도 등에 따른 과징금의 금액 등에 필요한 사항은 대통령령으로 정한다.

③ 제1항에 따라 과징금 부과처분을 받은 자가 과징금을 기한까지 납부하지 아니

하면 국세 체납처분의 예에 따라 징수한다.

[본조신설 2014.12.30.]

**제17조(행정 및 재정상의 조치)** 국가와 지방자치단체는 이 법의 목적을 달성하기 위하여 학술연구·조사 및 기술개발 등에 필요한 행정적·재정적 조치를 할 수 있다.

[전문개정 2010.6.8.]

**제18조(민간활동의 지원)** 국가와 지방자치단체는 에너지에 관련된 공익적 활동을 촉진하기 위하여 민간부문에 대하여 필요한 자료를 제공하거나 재정적 지원을 할 수 있다.

**제19조(에너지 관련 통계의 관리·공표)** ① 산업통상자원부장관은 기본계획 및 에너지 관련 시책의 효과적인 수립·시행을 위하여 국내외 에너지 수급에 관한 통계를 작성·분석·관리하며, 관련 법령에 저촉되지 아니하는 범위에서 이를 공표할 수 있다. 〈개정 2010.6.8., 2013.3.23.〉

② 산업통상자원부장관은 매년 에너지 사용 및 산업 공정에서 발생하는 온실가스 배출량 통계를 작성·분석하며, 그 결과를 공표할 수 있다. 〈개정 2010.6.8., 2013.3.23.〉

③ 삭제 〈2010.1.13.〉

④ 산업통상자원부장관은 제1항과 제2항에 따른 통계를 작성할 때 필요하다고 인정하면 에너지 유관기관 또는 산업통상자원부령으로 정하는 에너지사용자에 대하여 자료의 제출을 요구할 수 있다. 〈개정 2010.6.8., 2013.3.23.〉

⑤ 산업통상자원부장관은 필요하다고 인정하면 대통령령으로 정하는 바에 따라 에너지 총조사를 할 수 있다. 〈개정 2010.6.8., 2013.3.23.〉

⑥ 산업통상자원부장관은 전문성을 갖춘 기관을 지정하여 제1항과 제2항에 따른 통계의 작성·분석·관리 및 제5항에 따른 에너지 총조사에 관한 업무의 전부 또는 일부를 수행하게 할 수 있다. 〈개정 2010.6.8., 2013.3.23.〉

**제20조(국회 보고)** ① 정부는 매년 주요 에너지정책의 집행 경과 및 결과를 국회에 보고하여야 한다.

② 제1항에 따른 보고에는 다음 각 호의 사항이 포함되어야 한다.

1. 국내외 에너지 수급의 추이와 전망에 관한 사항
2. 에너지·자원의 확보, 도입, 공급, 관리를 위한 대책의 추진 현황 및 계획에 관한 사항
3. 에너지 수요관리 추진 현황 및 계획에 관한 사항
4. 환경친화적인 에너지의 공급·사용 대책의 추진 현황 및 계획에 관한 사항

5. 온실가스 배출 현황과 온실가스 감축을 위한 대책의 추진 현황 및 계획에 관한 사항
6. 에너지정책의 국제협력 등에 관한 사항의 추진 현황 및 계획에 관한 사항
7. 그 밖에 주요 에너지정책의 추진에 관한 사항

③ 제1항에 따른 보고에 필요한 사항은 대통령령으로 정한다.

[전문개정 2010.6.8.]

**제21조(질문 및 조사)** 산업통상자원부장관은 다음 각 호의 어느 하나에 해당하는 경우에는 소속 공무원으로 하여금 에너지공급자, 에너지복지 사업의 대상자 또는 관계인에 대하여 질문하거나 장부 등 서류를 조사하게 할 수 있다.

1. 에너지복지 사업 대상자의 선정 및 자격 확인을 위하여 필요한 경우
2. 에너지이용권의 발급 및 사용의 적정성 여부 확인을 위하여 필요한 경우
3. 그 밖에 에너지복지 사업의 수행을 위하여 필요한 경우로서 대통령령으로 정하는 경우

[본조신설 2014.12.30.]

**제22조(청문)** 산업통상자원부장관은 제16조의6제1항에 따른 전담기관의 지정취소에 해당하는 처분을 하려면 청문을 하여야 한다.

[본조신설 2014.12.30.]

**제23조(권한의 위임·위탁)** ① 이 법에 따른 산업통상자원부장관의 권한은 그 일부를 대통령령으로 정하는 바에 따라 시·도지사 또는 시장·군수·구청장(자치구의 구청장을 말한다)에게 위임할 수 있다.

② 이 법에 따른 산업통상자원부장관의 업무는 그 일부를 대통령령으로 정하는 바에 따라 전담기관에 위탁할 수 있다.

[본조신설 2014.12.30.]

**제24조(벌칙 적용에서의 공무원 의제)** 다음 각 호의 어느 하나에 해당하는 사람은 「형법」 제129조부터 제132조까지의 규정을 적용할 때에는 공무원으로 본다.

1. 평가원의 임직원
2. 전담기관의 임직원(제16조의5제1항 또는 제23조제2항에 따른 업무에 종사하는 임직원에 한정한다)

[본조신설 2014.12.30.]

**제25조(벌칙)** 다음 각 호의 어느 하나에 해당하는 자는 1년 이하의 징역 또는 1천만원 이하의 벌금에 처한다.

1. 거짓 또는 그 밖의 부정한 방법으로 에너지이용권을 발급받거나 다른 사람

으로 하여금 에너지이용권을 발급받게 한 자

2. 제16조의4제3항을 위반하여 에너지이용권을 판매·대여하거나 부정한 방법으로 사용한 자(해당 에너지이용권을 발급받은 이용자는 제외한다)

[본조신설 2014.12.30.]

**제26조(과태료)** ① 정당한 사유 없이 제21조에 따른 질문에 대하여 진술 거부 또는 거짓 진술을 하거나 조사를 거부·방해 또는 기피한 에너지공급자에게는 500만원 이하의 과태료를 부과한다.

② 제1항에 따른 과태료는 대통령령으로 정하는 바에 따라 산업통상자원부장관이 부과·징수한다.

[본조신설 2014.12.30.]

**부칙** 〈제13082호, 2015.1.28.〉 (소재·부품전문기업 등의 육성에 관한 특별조치법)

**제1조(시행일)** 이 법은 공포 후 3개월이 경과한 날부터 시행한다.

**제2조** 생략

**제3조(다른 법률의 개정)** ① 생략

② 에너지법 일부를 다음과 같이 개정한다.

제12조제1항제5호 중 "「부품·소재전문기업 등의 육성에 관한 특별조치법」"을 "「소재·부품전문기업 등의 육성에 관한 특별조치법」"으로, "부품·소재"를 "소재·부품"으로 한다.

③부터 ⑤까지 생략

## 4. 색인